"十三五"国家重点出版物出版规划项目

持久性有机污染物
POPs 研究系列专著

持久性有机污染物的分析方法与检测技术

张庆华　王　璞　李晓敏　杨瑞强／著

科学出版社
北　京

内 容 简 介

持久性有机污染物（POPs）在环境中通常痕量存在且组分复杂、基质干扰强，其分离分析一直面临着挑战。推动POPs分析方法与检测技术的发展是国家履行《关于持久性有机污染物的斯德哥尔摩公约》，保护环境和人体健康的重大需求和支撑保障。本书从样品前处理、仪器分析和质量控制等方面系统介绍当前环境科学领域高度关注的多种POPs的分析方法与检测技术，并对POPs生物分析技术和国际前沿动态进行总结和展望。每种方法和技术均从背景、进展、原理、过程和应用示例等方面进行详细阐述，内容图文并茂，具有实用性和可操作性强的特点。

本书可供环境监测、环境化学、污染控制、环境管理领域的研究人员和技术人员参考，也可作为高等院校环境科学、环境分析、生态毒理和环境健康、分析化学及相关专业本科生及研究生教学参考书。

图书在版编目（CIP）数据

持久性有机污染物的分析方法与检测技术/张庆华等著. —北京：科学出版社，2019.6

（持久性有机污染物(POPs)研究系列专著）

"十三五"国家重点出版物出版规划项目　国家出版基金项目

ISBN 978-7-03-061283-0

Ⅰ.①持⋯　Ⅱ.①张⋯　Ⅲ.①持久性–有机污染物–分析方法 ②持久性–有机污染物–检测　Ⅳ.①X5

中国版本图书馆CIP数据核字（2019）第100059号

责任编辑：朱　丽　杨新改 / 责任校对：杜子昂
责任印制：肖　兴 / 封面设计：黄华斌

科学出版社 出版
北京东黄城根北街16号
邮政编码：100717
http://www.sciencep.com

北京画中画印刷有限公司 印刷
科学出版社发行　各地新华书店经销

*

2019年6月第　一　版　　开本：720×1000　1/16
2019年6月第一次印刷　　印张：19　插页：2
字数：385 000
定价：128.00元

（如有印装质量问题，我社负责调换）

《持久性有机污染物（POPs）研究系列专著》丛书编委会

主　编　江桂斌

编　委（按姓氏汉语拼音排序）

蔡亚岐　陈景文　李英明　刘维屏
刘咸德　麦碧娴　全　燮　阮　挺
王亚韡　吴永宁　尹大强　余　刚
张爱茜　张　干　张庆华　郑明辉
周炳升　周群芳　朱利中

丛 书 序

持久性有机污染物（persistent organic pollutants，POPs）是指在环境中难降解（滞留时间长）、高脂溶性（水溶性很低），可以在食物链中累积放大，能够通过蒸发–冷凝、大气和水等的输送而影响到区域和全球环境的一类半挥发性且毒性极大的污染物。POPs 所引起的污染问题是影响全球与人类健康的重大环境问题，其科学研究的难度与深度，以及污染的严重性、复杂性和长期性远远超过常规污染物。POPs 的分析方法、环境行为、生态风险、毒理与健康效应、控制与削减技术的研究是最近 20 年来环境科学领域持续关注的一个最重要的热点问题。

近代工业污染催生了环境科学的发展。1962 年，*Silent Spring* 的出版，引起学术界对滴滴涕（DDT）等造成的野生生物发育损伤的高度关注，POPs 研究随之成为全球关注的热点领域。1996 年，*Our Stolen Future* 的出版，再次引发国际学术界对 POPs 类环境内分泌干扰物的环境健康影响的关注，开启了环境保护研究的新历程。事实上，国际上环境保护经历了从常规大气污染物（如 SO_2、粉尘等）、水体常规污染物［如化学需氧量（COD）、生化需氧量（BOD）等］治理和重金属污染控制发展到痕量持久性有机污染物削减的循序渐进过程。针对全球范围内 POPs 污染日趋严重的现实，世界许多国家和国际环境保护组织启动了若干重大研究计划，涉及 POPs 的分析方法、生态毒理、健康危害、环境风险理论和先进控制技术。研究重点包括：①POPs 污染源解析、长距离迁移传输机制及模型研究；②POPs 的毒性机制及健康效应评价；③POPs 的迁移、转化机理以及多介质复合污染机制研究；④POPs 的污染削减技术以及高风险区域修复技术；⑤新型污染物的检测方法、环境行为及毒性机制研究。

20 世纪国际上发生过一系列由于 POPs 污染而引发的环境灾难事件（如意大利 Seveso 化学污染事件、美国拉布卡纳尔镇污染事件、日本和中国台湾米糠油事件等），这些事件给我们敲响了 POPs 影响环境安全与健康的警钟。1999 年，比利时鸡饲料二噁英类污染波及全球，造成 14 亿欧元的直接损失，导致该国政局不稳。

国际范围内针对 POPs 的研究，主要包括经典 POPs（如二噁英、多氯联苯、含氯杀虫剂等）的分析方法、环境行为及风险评估等研究。如美国 1991~2001 年的二噁英类化合物风险再评估项目，欧盟、美国环境保护署（EPA）和日本环境厅先后启动了环境内分泌干扰物筛选计划。20 世纪 90 年代提出的蒸馏理论和蚂蚱跳效应较好地解释了工业发达地区 POPs 通过水、土壤和大气之间的界面交换而长距离迁移到南北极等极地地区的现象，而之后提出的山区冷捕集效应则更加系统地解释了高山地区随着海拔的增加其环境介质中 POPs 浓度不断增加的迁移机理，从而为 POPs 的全球传输提供了重要的依据和科学支持。

2001 年 5 月，全球 100 多个国家和地区的政府组织共同签署了《关于持久性有机污染物的斯德哥尔摩公约》（简称《斯德哥尔摩公约》）。目前已有包括我国在内的 179 个国家和地区加入了该公约。从缔约方的数量上不仅能看出公约的国际影响力，也能看出世界各国对 POPs 污染问题的重视程度，同时也标志着在世界范围内对 POPs 污染控制的行动从被动应对到主动防御的转变。

进入 21 世纪之后，随着《斯德哥尔摩公约》进一步致力于关注和讨论其他同样具 POPs 性质和环境生物行为的有机污染物的管理和控制工作，除了经典 POPs，对于一些新型 POPs 的分析方法、环境行为及界面迁移、生物富集及放大，生态风险及环境健康也越来越成为环境科学研究的热点。这些新型 POPs 的共有特点包括：目前为正在大量生产使用的化合物、环境存量较高、生态风险和健康风险的数据积累尚不能满足风险管理等。其中两类典型的化合物是以多溴二苯醚为代表的溴系阻燃剂和以全氟辛基磺酸盐（PFOS）为代表的全氟化合物，对于它们的研究论文在过去 15 年呈现指数增长趋势。如有关 PFOS 的研究在 Web of Science 上搜索结果为从 2000 年的 8 篇增加到 2013 年的 323 篇。随着这些新增 POPs 的生产和使用逐步被禁止或限制使用，其替代品的风险评估、管理和控制也越来越受到环境科学研究的关注。而对于传统的生态风险标准的进一步扩展，使得大量的商业有机化学品的安全评估体系需要重新调整。如传统的以鱼类为生物指示物的研究认为污染物在生物体中的富集能力主要受控于化合物的脂–水分配，而最近的研究证明某些低正辛醇–水分配系数、高正辛醇–空气分配系数的污染物（如 HCHs）在一些食物链特别是在陆生生物链中也表现出很高的生物放大效应，这就向如何修订污染物的生态风险标准提出了新的挑战。

作为一个开放式的公约，任何一个缔约方都可以向公约秘书处提交意在将某一化合物纳入公约受控的草案。相应的是，2013 年 5 月在瑞士日内瓦举行的缔约方大会第六次会议之后，已在原先的包括二噁英等在内的 12 类经典 POPs 基础上，新增 13 种包括多溴二苯醚、全氟辛基磺酸盐等新型 POPs 成为公约受控名单。目前正在进行公约审查的候选物质包括短链氯化石蜡（SCCPs）、多氯萘（PCNs）、六氯丁二烯（HCBD）及五氯苯酚（PCP）等化合物，而这些新型有机污染物在我国均有一定规模的生产和使用。

中国作为经济快速增长的发展中国家，目前正面临比工业发达国家更加复杂的环境问题。在前两类污染物尚未完全得到有效控制的同时，POPs 污染控制已成为我国迫切需要解决的重大环境问题。作为化工产品大国，我国新型 POPs 所引起的环境污染和健康风险问题比其他国家更为严重，也可能存在国外不受关注但在我国环境介质中广泛存在的新型污染物。对于这部分化合物所开展的研究工作不但能够为相应的化学品管理提供科学依据，同时也可为我国履行《斯德哥尔摩公约》提供重要的数据支持。另外，随着经济快速发展所产生的污染所致健康问题在我国的集中显现，新型 POPs 污染的毒性与健康危害机制已成为近年来相关研究的热点问题。

随着 2004 年 5 月《斯德哥尔摩公约》正式生效，我国在国家层面上启动了对 POPs 污染源的研究，加强了 POPs 研究的监测能力建设，建立了几十个高水平专业实验室。科研机构、环境监测部门和卫生部门都先后开展了环境和食品中 POPs 的监测和控制措施研究。特别是最近几年，在新型 POPs 的分析方法学、环境行为、生态毒理与环境风险，以及新污染物发现等方面进行了卓有成效的研究，并获得了显著的研究成果。如在电子垃圾拆解地，积累了大量有关多溴二苯醚（PBDEs）、二噁英、溴代二噁英等 POPs 的环境转化、生物富集/放大、生态风险、人体赋存、母婴传递乃至人体健康影响等重要的数据，为相应的管理部门提供了重要的科学支撑。我国科学家开辟了发现新 POPs 的研究方向，并连续在环境中发现了系列新型有机污染物。这些新 POPs 的发现标志着我国 POPs 研究已由全面跟踪国外提出的目标物，向发现并主动引领新 POPs 研究方向发展。在机理研究方面，率先在珠穆朗玛峰、南极和北极地区"三极"建立了长期采样观测系统，开展了 POPs 长距离迁移机制的深入研究。通过大量实验数据证明了 POPs 的冷捕集效应，在新的源汇关系方面也有所发现，为优化 POPs 远距离迁移模型及认识 POPs 的环境归宿做出了贡献。在污染物控制方面，系统地摸清了二噁英类污染物的排放源，获得了我国二噁英类排放因子，相关成果被联合国环境规划署《全球二噁英类污染源识别与定量技术导则》引用，以六种语言形式全球发布，为全球范围内评估二噁英类污染来源提供了重要技术参数。以上有关 POPs 的相关研究是解决我国国家环境安全问题的重大需求、履行国际公约的重要基础和我国在国际贸易中取得有利地位的重要保证。

我国 POPs 研究凝聚了一代代科学家的努力。1982 年，中国科学院生态环境研究中心发表了我国二噁英研究的第一篇中文论文。1995 年，中国科学院武汉水生生物研究所建成了我国第一个装备高分辨色谱/质谱仪的标准二噁英分析实验室。进入 21 世纪，我国 POPs 研究得到快速发展。在能力建设方面，目前已经建成数十个符合国际标准的高水平二噁英实验室。中国科学院生态环境研究中心的二噁英实验室被联合国环境规划署命名为"Pilot Laboratory"。

2001 年，我国环境内分泌干扰物研究的第一个"863"项目"环境内分泌干扰物的筛选与监控技术"正式立项启动。随后经过 10 年 4 期"863"项目的连续资助，形成了活体与离体筛选技术相结合，体外和体内测试结果相互印证的分析内分泌干扰物研究方法体系，建立了有中国特色的环境内分泌污染物的筛选与研究规范。

2003 年，我国 POPs 领域第一个"973"项目"持久性有机污染物的环境安全、演变趋势与控制原理"启动实施。该项目集中了我国 POPs 领域研究的优势队伍，围绕POPs在多介质环境的界面过程动力学、复合生态毒理效应和焚烧等处理过程中POPs的形成与削减原理三个关键科学问题,从复杂介质中超痕量POPs的检测和表征方法学;我国典型区域POPs污染特征、演变历史及趋势;典型POPs的排放模式和运移规律;典型POPs的界面过程、多介质环境行为;POPs污染物的复合生态毒理效应;POPs的削减与控制原理以及POPs生态风险评价模式和预警方法体系七个方面开展了富有成效的研究。该项目以我国POPs污染的演变趋势为主,基本摸清了我国POPs特别是二噁英排放的行业分布与污染现状,为我国履行《斯德哥尔摩公约》做出了突出贡献。2009年,POPs项目得到延续资助,研究内容发展到以POPs的界面过程和毒性健康效应的微观机理为主要目标。2014年,项目再次得到延续,研究内容立足前沿,与时俱进,发展到了新型持久性有机污染物。这3期"973"项目的立项和圆满完成,大大推动了我国POPs研究为国家目标服务的能力,培养了大批优秀人才,提高了学科的凝聚力,扩大了我国POPs研究的国际影响力。

2008年开始的"十一五"国家科技支撑计划重点项目"持久性有机污染物控制与削减的关键技术与对策",针对我国持久性有机物污染物控制关键技术的科学问题,以识别我国POPs环境污染现状的背景水平及制订优先控制POPs国家名录,我国人群POPs暴露水平及环境与健康效应评价技术,POPs污染控制新技术与新材料开发,焚烧、冶金、造纸过程二噁英类减排技术,POPs污染场地修复,废弃POPs的无害化处理,适合中国国情的POPs控制战略研究为主要内容,在废弃物焚烧和冶金过程烟气减排二噁英类、微生物或植物修复POPs污染场地、废弃POPs降解的科研与实践方面,立足自主创新和集成创新。项目从整体上提升了我国POPs控制的技术水平。

目前我国POPs研究在国际SCI收录期刊发表论文的数量、质量和引用率均进入国际第一方阵前列,部分工作在开辟新的研究方向、引领国际研究方面发挥了重要作用。2002年以来,我国POPs相关领域的研究多次获得国家自然科学奖励。2013年,中国科学院生态环境研究中心POPs研究团队荣获"中国科学院杰出科技成就奖"。

我国POPs研究开展了积极的全方位的国际合作,一批中青年科学家开始在国际学术界崭露头角。2009年8月,第29届国际二噁英大会首次在中国举行,来自世界上44个国家和地区的近1100名代表参加了大会。国际二噁英大会自1980年召开以来,至今已连续举办了38届,是国际上有关持久性有机污染物(POPs)研究领域影响最大的学术会议,会议所交流的论文反映了当时国际POPs相关领域的最新进展,也体现了国际社会在控制POPs方面的技术与政策走向。第29届国际二噁英大会在我国的成功召开,对提高我国持久性有机污染物研究水平、加速国际化进程、推进国际合作和培养优秀人才等方面起到了积极作用。近年来,我国科学家多次应邀在国际二噁英大会上作大会报告和大会总结报告，一些高水平研究工作产生了重要的学术影响。与此同时，我国科学家自己发起的POPs研究的国内外学术会议也产生了重要影响。2004年开始的"International Symposium on Persistent Toxic Substances"系列国际会议至今已连续举行14届，近几届分别在美国、加拿大、中国香港、德国、日本等国家和地区召开，产生了重要学术影响。每年5月17～18日定期举行的"持久性有机污染物论坛"已经连续12届，在促进我国POPs领域学术交流、促进官产学研结合方面做出了重要贡献。

本丛书《持久性有机污染物（POPs）研究系列专著》的编撰，集聚了我国POPs研究优秀科学家群体的智慧，系统总结了20多年来我国POPs研究的历史进程，从理论到实践全面记载了我国POPs研究的发展足迹。根据研究方向的不同，本丛书将系统地对POPs的分析方法、演变趋势、转化规律、生物累积/放大、毒性效应、健康风险、控制技术以及典型区域POPs研究等工作加以总结和理论概括，可供广大科技人员、大专院校的研究生和环境管理人员学习参考，也期待它能在POPs环保宣教、科学普及、推动相关学科发展方面发挥积极作用。

我国的POPs研究方兴未艾，人才辈出，影响国际，自树其帜。然而，"行百里者半九十"，未来事业任重道远，对于科学问题的认识总是在研究的不断深入和不断学习中提高。学术的发展是永无止境的，人们对POPs造成的环境问题科学规律的认识也是不断发展和提高的。受作者学术和认知水平限制，本丛书可能存在不同形式的缺憾、疏漏甚至学术观点的偏颇，敬请读者批评指正。本丛书若能对读者了解并把握POPs研究的热点和前沿领域起到抛砖引玉作用，激发广大读者的研究兴趣，或讨论或争论其学术精髓，都是作者深感欣慰和至为期盼之处。

2017年1月于北京

前　　言

　　持久性有机污染物（POPs）在环境中滞留时间长，通过大气传输远距离迁移，广泛分布于全球各地的环境介质中，并可通过食物链逐渐累积和放大，对生物和人类健康造成严重危害。如何评价、控制或削减 POPs 对环境和人体的健康影响是环境科学领域的热点和难点问题，而相关科学研究都依赖于先进的分析方法和检测技术。

　　环境中 POPs 的分析检测一般包括样品采集、样品前处理和定性定量分析等几大步骤。由于 POPs 组分繁多且基质复杂，环境中痕量 POPs 的分离分析仍然面临着巨大的挑战。近年来，POPs 的分析检测技术在仪器检测水平、分析速度效率、自动化水平等方面有了长足发展，但尚缺乏较系统的和及时的总结，适合环境科学和环境工程专业相关人员参考的书籍仍显不足，这也是我们出版本书的初衷。本书首先系统地介绍了 POPs 的种类、性质、来源、危害；然后分别从样品前处理、仪器分析和质量控制以及应用示例等方面重点介绍了各类 POPs 的分析方法与检测技术。本书将 POPs 分析的方法、技术和原理与环境应用有机地结合在一起，内容不但系统介绍了典型 POPs 的常规分析方法，也全面综述了国内外 POPs 分析的最新进展和发展趋势。实用性和可操作性是本书的一大特点，以期对从事环境科学研究、分析检测和其他相关研究人员有所裨益。

　　本书共 10 章。第 1 章概述各类 POPs 的基本信息、化学分析和生物分析技术以及 POPs 分析面临的挑战，由杨瑞强撰写。第 2 章系统介绍二噁英类 POPs 包括二噁英、多氯联苯和多溴二苯醚的结构性质、污染来源和分析方法及其应用，由王璞撰写。第 3 章介绍多环芳烃的环境污染现状、分析方法和研究示例，由李兴红撰写。第 4 章对曾大量使用和高残留的有机氯农药的多种分析方法进行了全面介绍，由国家环境分析测试中心的朱超飞撰写。第 5 章对组分十分复杂的毒杀芬的分析现状和分析难点进行介绍和探讨，由环境保护部对外合作中心的李秋爽和高丽荣撰写。第 6 章介绍当前国际热点关注的公约新增 POPs 短链氯化石蜡的分析方法，由中国科学院大连化学物理研究所的高媛撰写。第 7 章介绍全氟及多氟烷基化合物的分析方法，由傅建捷撰写。第 8 章介绍新型卤代阻燃剂六溴环十二烷和得克隆的分析方法，分别由李红华和宝鸡文理学院的张海东撰写。发展快速、灵敏的 POPs 生物分析技术日益重要，与仪器分析方法相辅相成，谢群慧在第 9 章中给予专门介绍。第 10 章对当前 POPs 分析的新技术和新方法进行介绍，并展望未来的发展方向，由中国农业科学院质量标准与检测技术研究所的李晓敏撰写。张庆华对全书进行了统稿、审核和定稿。

本书涉及的相关研究内容得到了科技部、国家自然科学基金委员会和中国科学院等的项目的支持，本书的出版也得到了国家出版基金项目的资助。书中的许多谱图资料来自于环境化学与生态毒理学国家重点实验室等单位的相关一线科研人员的科研实践，也参考了大量国内外相关文献资料。在本书的撰写过程中，江桂斌院士自始至终给予了指导、鼓励和关怀；科学出版社朱丽和杨新改编辑提供了耐心细致的编校工作；在此一并表示诚挚的感谢！

由于作者水平有限，书中不足和疏漏之处在所难免，恳请专家读者批评指正。

作　者

2019 年 3 月

目　　录

丛书序
前言
第1章　持久性有机污染物分析检测技术概述 ·· 1
　1.1　持久性有机污染物背景介绍 ··· 2
　1.2　持久性有机污染物分析检测技术 ·· 6
　　1.2.1　化学分析方法 ·· 6
　　1.2.2　生物检测方法 ·· 8
　1.3　当前POPs分析面临的挑战 ··· 9
　参考文献 ··· 10
第2章　二噁英类化合物的分析 ·· 13
　2.1　二噁英类化合物背景介绍 ·· 13
　　2.1.1　PCDD/Fs ··· 13
　　2.1.2　PBDD/Fs ··· 16
　　2.1.3　PCBs ·· 16
　　2.1.4　PBDEs ·· 19
　2.2　二噁英类化合物仪器分析技术发展现状 ·· 20
　　2.2.1　PCDD/Fs ··· 21
　　2.2.2　PBDD/Fs ··· 22
　　2.2.3　PCBs ·· 23
　　2.2.4　PBDEs ·· 23
　2.3　二噁英类化合物分析前处理技术 ·· 24
　　2.3.1　样品萃取 ·· 25
　　2.3.2　样品净化 ·· 27
　2.4　气相色谱法分析二噁英类化合物 ·· 29
　2.5　高分辨气相色谱/低分辨质谱联用法分析二噁英类化合物 ··················· 31
　　2.5.1　PCDD/Fs/PBDD/Fs ··· 31
　　2.5.2　PCBs ·· 32
　　2.5.3　PBDEs ·· 33
　2.6　高分辨气相色谱/高分辨质谱联用法分析二噁英类化合物 ··················· 34
　　2.6.1　PCDD/Fs ··· 34

  2.6.2 PBDD/Fs ·· 40
  2.6.3 PCBs ··· 41
  2.6.4 PBDEs ·· 47
 2.7 高分辨气相色谱/串联质谱联用法分析二噁英类化合物 ·································· 51
  2.7.1 PCDD/Fs ·· 51
  2.7.2 PBDD/Fs ·· 54
  2.7.3 PCBs ··· 55
  2.7.4 PBDEs ·· 57
 2.8 液相色谱/质谱法分析二噁英类化合物 ·· 58
 参考文献 ·· 59

第3章 多环芳烃的分析 ·· 64
 3.1 多环芳烃背景介绍 ·· 64
  3.1.1 多环芳烃的结构及致癌性 ·· 64
  3.1.2 我国环境中多环芳烃污染现状 ·· 64
  3.1.3 多环芳烃的来源 ·· 67
 3.2 多环芳烃的分析检测方法 ·· 67
  3.2.1 多环芳烃的提取方法 ·· 68
  3.2.2 多环芳烃的净化 ·· 74
  3.2.3 多环芳烃的检测方法 ·· 81
  3.2.4 多环芳烃分析方法的质量保证/质量控制 ··· 88
 3.3 城市土壤中多环芳烃污染及来源研究——以北京为例 ································ 90
  3.3.1 研究背景 ·· 90
  3.3.2 土壤样品的采集 ·· 90
  3.3.3 材料与方法 ·· 90
  3.3.4 结果与讨论 ·· 92
 参考文献 ·· 98

第4章 有机氯农药的分析 ·· 100
 4.1 有机氯农药背景介绍 ·· 100
  4.1.1 有机氯农药的理化性质 ·· 101
  4.1.2 有机氯农药的毒性 ·· 104
  4.1.3 有机氯农药的分析方法 ·· 105
 4.2 气相色谱法分析有机氯农药 ·· 106
  4.2.1 方法原理 ·· 106
  4.2.2 样品前处理 ·· 106

     4.2.3　仪器分析 108
     4.2.4　质量控制/质量保证 109
  4.3　气相色谱/质谱联用法分析有机氯农药 109
     4.3.1　方法原理 110
     4.3.2　样品前处理 110
     4.3.3　仪器分析 110
     4.3.4　定量及质量控制 110
  4.4　高分辨气相色谱/高分辨质谱联用法分析有机氯农药 112
     4.4.1　实验试剂及耗材 112
     4.4.2　样品前处理 115
     4.4.3　仪器分析 116
     4.4.4　质量控制/质量保证 117
     4.4.5　环境标准中有机氯农药的方法检出限 118
  4.5　高分辨气相色谱/高分辨质谱联用法分析有机氯农药的应用 119
     4.5.1　样品采集 119
     4.5.2　样品前处理 120
     4.5.3　仪器分析 120
     4.5.4　浓度与分布特征 121
  参考文献 122

第5章　毒杀芬的分析 124
  5.1　毒杀芬背景介绍 124
     5.1.1　毒杀芬的性质及危害 124
     5.1.2　生产和使用情况 130
     5.1.3　生物毒性 131
     5.1.4　食品中的限值 132
  5.2　气相色谱法分析毒杀芬 133
  5.3　气相色谱/质谱联用法分析毒杀芬 135
     5.3.1　电子轰击电离源质谱 136
     5.3.2　负化学电离源质谱 136
     5.3.3　串联质谱检测器 137
  5.4　气相色谱/质谱联用法分析毒杀芬的应用 138
     5.4.1　样品采集 138
     5.4.2　样品前处理 138
     5.4.3　仪器分析 139

5.4.4　浓度与分布特征 ··· 139
　参考文献 ·· 140

第 6 章　短链氯化石蜡的分析 ·· 144
　6.1　氯化石蜡背景介绍 ··· 144
　6.2　SCCPs 的提取与净化 ··· 147
　　　6.2.1　SCCPs 的提取 ·· 147
　　　6.2.2　SCCPs 的净化 ·· 149
　6.3　色谱质谱联用法分析 SCCPs ·· 150
　　　6.3.1　SCCPs 的色谱分离 ·· 150
　　　6.3.2　SCCPs 的质谱检测 ·· 156
　　　6.3.3　SCCPs 的定量计算方法 ·· 161
　参考文献 ·· 164

第 7 章　全氟及多氟烷基化合物的分析 ·· 169
　7.1　全氟及多氟烷基化合物背景介绍 ·· 169
　7.2　PFASs 分析方法 ··· 173
　　　7.2.1　质量控制/质量保证 ·· 173
　　　7.2.2　样品前处理方法 ··· 174
　　　7.2.3　仪器检测技术 ·· 188
　　　7.2.4　快速及新型样品分析检测方法 ··· 189
　　　7.2.5　新型 PFASs 的识别与鉴定 ·· 192
　7.3　总结和展望 ··· 193
　参考文献 ·· 193

第 8 章　新型卤代阻燃剂的分析 ·· 204
　8.1　HBCD 的分析 ·· 204
　　　8.1.1　HBCD 背景介绍 ··· 204
　　　8.1.2　HBCD 分析方法 ··· 206
　　　8.1.3　应用案例 ·· 214
　8.2　DP 的分析 ··· 217
　　　8.2.1　DP 背景介绍 ·· 217
　　　8.2.2　DP 分析方法 ·· 219
　　　8.2.3　应用案例 ·· 224
　参考文献 ·· 226

第 9 章　持久性有机污染物的生物分析技术 ·· 232
　9.1　二噁英类污染物的生物分析技术 ·· 233

9.1.1 二噁英类生物分析技术概述 233
9.1.2 我国二噁英类生物分析方法的研究应用现状 238
9.1.3 基于报告基因的高灵敏二噁英类生物分析技术 239
9.2 其他持久性有机污染物的生物分析技术 245
9.2.1 多氯联苯生物分析技术 245
9.2.2 多环芳烃生物分析技术 246
参考文献 249

第10章 持久性有机污染物分析新方法与新技术 255
10.1 大气压化学电离技术 255
10.1.1 大气压光电离技术 256
10.1.2 大气压电离气相色谱技术 257
10.2 直接电离质谱技术 261
10.2.1 原理 261
10.2.2 DESI 技术 261
10.2.3 DART 技术 262
10.2.4 其他技术与原位电离技术的结合应用 263
10.3 大体积进样技术 264
10.4 热脱附技术 265
10.5 有机污染物非靶标筛查分析技术 268
参考文献 270

附录 缩略语（英汉对照） 280
索引 283
彩图

第1章 持久性有机污染物分析检测技术概述

> **本章导读**
> - 持久性有机污染物概况，包括传统的二噁英类化合物、多环芳烃、有机氯农药以及新型污染物包括毒杀芬、短链氯化石蜡、全氟化合物和卤代阻燃剂。
> - 持久性有机污染物的化学分析方法和生物检测方法。
> - 当前持久性有机污染物分析方法面临的挑战。

持久性有机污染物（persistent organic pollutants，POPs）是指具有环境持久性、生物富集性、长距离传输能力、高毒性，对人类健康和环境造成严重危害的天然或人工合成的一类有机化合物。多数 POPs 由于具有"三致"（致畸、致癌、致突变）效应，对环境和人类的健康造成了严重威胁，最近数十年持续成为环境科学领域研究的重要课题。2001 年，联合国环境规划署通过了旨在保护全球人类免受 POPs 危害的《关于持久性有机污染物的斯德哥尔摩公约》（以下简称《斯德哥尔摩公约》），目前包括我国在内有 179 个国家或地区加入该公约，受到世界各国科学界和政府的高度关注。首批受缔约方严格控制与削减的 POPs 名单包括 12 种物质：滴滴涕（dichlorodiphenyltrichloroethane，DDT）、艾氏剂、氯丹、狄氏剂、异狄氏剂、七氯、六氯苯、灭蚁灵、毒杀芬、多氯联苯、多氯代二苯并-对-二噁英和多氯代二苯并呋喃。其中前 9 种是有机氯农药，多氯联苯是工业化学品，后两种主要来源于生产五氯苯酚等农药所产生的衍生物杂质和含氯废物焚烧过程所产生的次生污染物。

《斯德哥尔摩公约》POPs 名单是开放性的，随着人们对 POPs 认识的不断加深，会有更多的有机污染物进入 POPs 名单而被加以控制和消除。2009 年缔约方第四次大会又增加了 9 种有机污染物，包括：全氟辛基磺酸（perfluorooctane sulfonic acid，PFOS）及其盐和全氟辛基磺酰氟、商用五溴二苯醚、商用八溴二苯醚、六溴联苯、五氯苯、开蓬、林丹、α-六六六和 β-六六六。2011 年缔约方第五次大会、2013 年缔约方第六次大会和 2015 年缔约方第七次大会分别决定将硫丹及硫丹硫酸盐、六溴环十二烷（hexabromocyclododecane，HBCD）、多氯萘（polychlorinated naphthalenes，PCNs）、六氯丁二烯及五氯苯酚等物质列入新增 POPs 名单。2017 年缔约方第八次大会将短链氯化石蜡（short-chain chlorinated paraffins，SCCPs）和十溴二苯醚列入新增 POPs 名单。近年来，新型 POPs 成为环境分析和环境行为研究热点。

由于 POPs 的危害性和在环境中痕量存在的特点，开展 POPs 分析方法的研究至关重要。POPs 在环境中的分布特征、污染来源、演变趋势、迁移转化、生物富集和毒理效应方面的研究都依赖于分析技术的发展。环境中 POPs 的分析检测一般包括样品采集、样品预处理和定性定量分析等几大步骤。但是由于 POPs 组分种类繁多，而且基质复杂的环境样品提取后通常存在大量共萃物，如腐殖酸、脂类、色素和其他杂质，环境中痕量 POPs 的分离分析一直面临着挑战，不断完善并开发新的分析技术是 POPs 环境分析者的使命。

1.1 持久性有机污染物背景介绍

POPs 在环境中滞留时间长，具有半挥发性和较强的亲脂性，可通过食物链逐渐累积和放大，并在环境中通过大气传输远距离迁移，使其广泛分布于环境介质中，并最终对处于高营养级的生物或人类健康造成危害。持久性有机污染物种类繁多，下面从传统 POPs 到近年来逐渐关注的一些新型 POPs 分别简单概述。

二噁英（dioxins）通常指氯代二噁英，即两类化学结构和毒理学性质相似的三环多氯代芳香烃类化合物的简称，包括多氯代二苯并-对-二噁英（polychlorinated dibenzo-p-dioxins，PCDDs）和多氯代二苯并呋喃（polychlorinated dibenzofurans，PCDFs），合称 PCDD/Fs。PCDDs 由 2 个氧原子联结 2 个苯环；PCDFs 由 1 个氧原子联结 2 个苯环。每个苯环上都可以取代 1~4 个氯原子，从而形成众多的同类物，其中 PCDDs 有 75 种同类物，PCDFs 有 135 种同类物。二噁英类物质的毒性因氯原子的取代数量和取代位置不同而有差异，其中 2,3,7,8-四氯代二苯并-对-二噁英（2,3,7,8-tecrachorodibenzo-p-dioxin，2,3,7,8-TCDD）是迄今为止人类已知的毒性最强的污染物，国际癌症研究机构已将其列为人类一级致癌物。PCDD/Fs 为无意识排放的环境污染物，来源十分广泛，90%以上是由人为活动引起，主要包括：废弃物焚烧，钢铁生产，金属冶炼，含氯化学品生产，纸浆漂白，汽车尾气等。此外一些自然来源如火山喷发和森林大火等自然燃烧过程也可以产生 PCDD/Fs（Bumb et al.，1980）。二噁英类物质在很多环境条件下相当稳定，尤其是四氯代和更高氯代的同系物，可在环境中存在数十年之久。

多氯联苯（polychlorinated biphenyls，PCBs）是联苯苯环上的氢原子被氯原子所取代的化合物的总称。PCBs 是由联苯在高温条件下通过金属催化作用氯化生成的无色或浅黄色油状物质，根据取代氯原子的数目和位置不同，PCBs 共有 209 种同类物。PCBs 属半挥发性物质，难溶于水，易溶于有机溶剂和油脂中；其结构稳定，自然条件下不易降解。PCBs 因具有良好的化学惰性、阻燃性、导热性和绝缘性，在电力设备、液压设备和导热系统中具有广泛的应用。工业上用的 PCBs 是以氯酚生产的副产物联苯为原料。PCBs 的商业化生产始于 1929 年，至今全球共生产约 150 万 t PCBs（Hanari et al.，2006）。随着 PCBs 对人类和环境危害的日益凸显，20 世纪 70 年代以来陆续停产。PCBs 类化合物具有严重的生物学影响，会导致哺乳动物性功能紊乱、阻碍生长、损害生殖能力，也会导致鱼类甲状腺功能亢进和对外界环境变化及疾病抵抗力的下降等。另外，PCBs 可以干扰内分泌系统和免疫系统。

多溴二苯醚（polybrominated diphenyl ethers，PBDEs）是由氧原子联结两个苯环及溴原子取代的一类芳香族化合物。与 PCBs 类似，根据溴原子取代数目和取代位置的不同，PBDEs 共有 209 种同类物。PBDEs 的沸点较高，热稳定性较好，在环境中难以自然降解。但因其独特的结构性质，良好的阻燃性能，被广泛应用于复合材料中。例如，在电子电器设备、自动控制设备壳体、建筑材料和纺织品等商业产品中广泛使用。在这些产品的制造、使用、循环回收或抛弃的过程中，PBDEs 会释放进入环境。PBDEs 具有很强的脂溶性，会随着食物链进行富集放大。研究表明，PBDEs 具有和 PCBs 类似的神经毒性，会对肝和神经系统的发育造成毒害，同时干扰甲状腺内分泌系统，可能致癌或引起生物性别错乱。2009 年商用五溴二苯醚（c-pentaBDE）和商用八溴二苯醚（c-octaBDE）分别被列入《斯德哥尔摩公约》POPs 受控名单中，2017 年商用十溴二苯醚（c-decaBDE）亦被列入 POPs 名单，其生产和使用受到严格控制。目前 PBDEs 的使用已经逐步被一些新型阻燃剂所替代，如有机磷阻燃剂和其他无机阻燃剂等。

多环芳烃（polycyclic aromatic hydrocarbons，PAHs）是指分子中含有两个或两个以上苯环，并以线状、角状或簇状排列的碳氢化合物。环境中 PAHs 主要来源于人类活动，包括化石燃料和生物燃料的不完全燃烧、机动车尾气排放、汽油产品爆炸以及运输过程泄漏和石油工业生产过程。除了人为污染源，还有自然排放源，主要有森林、植被的燃烧，火山爆发，有机物的降解，高等植物和微生物合成等（Wilcke et al.，2003）。大量调查研究表明，空气、土壤、水体及生物体等都受到了 PAHs 的污染，是一类全球性的环境污染物。因其致癌性强，对环境和人类健康构成威胁，已引起各国环境科学家的极大关注。美国环境保护署已在 20 世纪 80 年代将 16 种 PAHs 确定为环境中的优先污染物；中国也把其中 7 种多环芳烃，包括萘、荧蒽、苯并[b]荧蒽、苯并[k]蒽、苯并[a]芘、茚并[1,2,3-cd]芘及苯并[g,h,i]

芘，列入"中国环境优先污染物黑名单"。

有机氯农药（organochlorine pesticides，OCPs）是一类广谱性杀菌杀虫剂，自20世纪40～50年代相继问世以后，被广泛应用于农业除虫害、公共疾病预防等方面。OCPs主要分为以苯为原料和以环戊二烯为原料两大类，其中以苯为原料的OCPs包括使用最早、应用最广的杀虫剂滴滴涕（DDT）和六六六（hexachlorocyclohexane，HCH），以及三氯杀螨醇和五氯硝基苯等，而以环戊二烯为原料的杀虫剂主要包括氯丹、七氯、艾氏剂、灭蚁灵等。这些物质以其成本低、药效好而被大量生产和使用。然而，随着人们发现OCPs会沿食物链产生生物富集和放大作用，对人类及动物造成内分泌干扰作用、致癌作用以及生殖毒性，从20世纪70年代开始，发达国家相继禁止HCH和DDT在农业上的使用。我国也在1983年5月全面禁止使用HCH和DDT。截至目前，已有14种OCPs被列入《斯德哥尔摩公约》的受控名录。

毒杀芬（toxaphene）是一种广谱性有机氯农药杀虫剂，它是由多氯代莰烯或莰烷组成的一种混合物。毒杀芬的近似分子式为$C_{10}H_{10}Cl_8$，平均分子量为413.84。按照理论推算，仅1～18氯原子取代的氯代莰烷的同类物数量就高达32768种，其中6～9氯代烃同类物可能有16458种（Kucklick et al., 2006）。自20世纪70年代，由于滴滴涕及环戊二烯类杀虫剂的禁用或减产，毒杀芬作为上述两种农药的替代产品，广泛用于农业病害虫的防治，同时也可用于防治家禽和家畜的寄生虫。据统计，仅1970～1993年间毒杀芬在全球的使用量就高达6.7×10^5 t（Voldner and Li, 1995）。毒杀芬具有致畸、致癌、致突变等毒性（Saleh, 1991）。美国环境保护署于1982年严格限制毒杀芬的使用，20世纪90年代以后，世界上许多国家和地区也明令禁止毒杀芬的使用，其也是《斯德哥尔摩公约》中首批优先控制的有机污染物。虽然毒杀芬在全球已被禁用，但它稳定性高、半衰期长，仍长期滞留于环境中。

短链氯化石蜡（short-chain chlorinated paraffins，SCCPs）是一类碳原子数为10～13，人工合成的正构烷烃氯化衍生物。由于氯原子的位置变化、氯化比例以及碳链长度的不同，SCCPs是十分复杂的混合物。SCCPs具有耐火性、低挥发性、电绝缘性等特点，常被用作金属加工润滑剂、油漆、橡胶、密封剂、阻燃剂及塑料添加剂等（王亚韡等，2013）。SCCPs是高生产量的化学品，美国和欧洲的年总产量为0.75万～1.13万t（Sverko et al., 2012）。我国是世界上最大的氯化石蜡（CPs）生产国和出口国，2009年产量已达100万t（Ma et al., 2014）。SCCPs因其具有持久性有机污染物特性而引起高度关注，20世纪90年代起，欧盟、加拿大、美国和日本等陆续将SCCPs列为限制或禁止生产的化工品，2017年缔约方第八次大会将SCCPs列入公约新增POPs名单。

全氟及多氟烷基化合物（perfluoroalkyl and polyfluoroalkyl substances，PFASs）

是一类具有重要应用价值的含氟有机化合物，根据碳链末端的取代基团不同，主要有全氟羧酸（perfluorinated carboxylic acids，PFCAs）和全氟磺酸（perfluoroalkyl sulfonic acids，PFSAs）、全氟膦酸（perfluorophosphates，PFPAs）、全氟辛基磺酰氟（perfluorooctane sulfonyl fluoride，POSF），以及多氟烷基磷酸酯（polyfluoroalkyl phosphate esters，PAPs）等。PFASs 中 C—F 化学键具有极高的键能，使其具有良好的热稳定性和化学稳定性，同时其也具有疏油、疏水特性，广泛应用于日常生活和工业生产的各个领域，如纺织、造纸、包装、农药、地毯、皮革、地板打磨、洗发香波和灭火泡沫等（史亚利和蔡亚岐，2014）。研究证明 PFASs 是无处不在的全球性污染物，受到科学家和有关组织的高度关注。许多国际组织对 PFASs 的生产和使用都进行了规范性规定（Feo et al.，2009），2009 年 PFOS 及其盐和全氟辛基磺酰氟被正式列入 POPs 名单。

六溴环十二烷（hexabromocyclododecane，HBCD）是一种脂环族添加型溴代阻燃剂（brominated flame retardants，BFRs），具有用量低、阻燃效果好、对材料物理性能影响小等特点，被广泛应用于聚苯乙烯泡沫、室内装潢、纺织品和电子产品等领域（Covaci et al.，2006）。商品化 HBCD 由 3 种非对映异构体（α-HBCD、β-HBCD、γ-HBCD）组成，其中 γ-HBCD 约占混合物总量的 78%（Marvin et al.，2006）。20 世纪 60 年代，HBCD 开始规模化生产，随着 PBDEs 在全球的限制使用，HBCD 的生产和使用不断增加。2007 年我国 HBCD 的生产能力达到 7500 t，占全球的三分之一，并且产量在逐年增加（Luo et al.，2010）。HBCD 是一类疏水性高、非常稳定的持久性有机污染物，能够在环境中长期积累、迁移和转化，对人类和环境构成潜在的危害。2013 年，《斯德哥尔摩公约》宣布在全球范围内禁止生产和使用 HBCD，但在 2019 年前，HBCD 仍可用在建筑用聚苯乙烯领域（UNEP，2013）。

得克隆（dechlorane plus，DP），即双(六氯环戊二烯)环辛烷，是目前广泛使用的添加型氯代阻燃剂。DP 具有良好的阻燃性能和热稳定性，被广泛添加到电线、电缆、尼龙、电子元件以及计算机外壳等高分子材料中。早在 20 世纪 70 年代，其由美国 Hooker（现 OxyChem）化学公司生产，除该公司外，DP 也在中国江苏安邦电化有限公司生产，全球 DP 年产量约为 5000 t（Xian et al.，2011）。OxyChem 化学公司还生产了一系列氯代环戊二烯类的阻燃剂，其中包括 Dechlorane 602（Dec 602）、Dechlorane 603（Dec 603）和 Dechlorane 604（Dec 604）。Dec 602 主要添加于玻璃纤维强化的尼龙 6，添加量约为 18%；Dec 604 主要用于硅脂润滑剂，添加量约为 10%～30%，另外，工业灭蚁灵中也含有 2%的 Dec 604；关于 Dec 603，目前仅发现其存在于一些氯代杀虫剂中，如艾氏剂和狄氏剂（Shen et al.，2010）。DP 能够长久存在于环境中，并能沿食物链富集，通过长距离迁移到达极地地区

（Möller et al.，2010），具有持久性有机污染物的特性，对生态系统和人类健康构成潜在的威胁。

1.2 持久性有机污染物分析检测技术

由于多数POPs已禁用或限制使用，一般情况下，环境样品中POPs的含量属于痕量或超痕量水平，而且一些环境样品组成复杂，含有大量的干扰物质，因此样品必须经过相应的净化步骤，以去除大量的干扰化合物和基质成分。持久性有机污染物的分析检测主要分为化学分析方法和生物检测方法。

1.2.1 化学分析方法

对经过前处理的POPs样品的常用分析方法是化学分析法。化学分析法首先需要对样品中的各组分进行分离，然后用专用仪器进行检测。其中色谱学分析法是一种传统而常用的分离检测方法，也是目前主流的检测方法之一。目前色谱分析多采用色质联用分析技术，如气相色谱/质谱（gas chromatography/mass spectrometry，GC/MS）联用技术，液相色谱/质谱（liquid chromatography/mass spectrometry，LC/MS）联用技术。其中气相色谱/质谱联用适宜于分析小分子、易挥发的化合物。而液相色谱/质谱联用则适用于分析分子较大、热不稳定、较难挥发的化合物。不同化合物采用的分析技术与其物化性质密切相关。

1. 气相色谱（gas chromatography，GC）法

多数POPs类化合物属于半挥发性有机污染物，气相色谱方法以其快速、灵敏的特点成为分析的主要手段。GC法是利用待分离各组分在流动相（载气）和色谱柱的固定相两相间分配系数的差异，各组分从色谱柱中流出时间不同，从而达到组分分离的目的。

电子捕获检测器（electron capture detector，ECD）对含卤素等电负性较大的化合物有很好的响应。GC-ECD法是测定半挥发性含卤POPs最灵敏的方法之一。GC-ECD测定污染物残留的基本原理是根据保留时间来判定待测组分，但对色谱柱的共流出物无法分辨。为了进一步提高方法的准确性，通常采用不同极性双色谱柱的方法。有研究利用双柱DB-1701（30 m×0.53 mm×0.83 μm）和DB-608（30 m×0.53 mm×0.83 μm）对水样中22种有机氯农药成功分离检测，克服了单一色谱柱的不足（唐红卫等，2004）。

GC/MS法是利用电场和磁场将运动的离子（带电荷的原子、分子或分子碎片）按它们的质荷比分离后进行检测的方法。GC/MS法是将GC仪和MS仪通过接口

连接起来，通过 GC 仪将复杂混合物分离成单组分后进入 MS 仪，使用电子轰击（electron impact，EI）或电子捕获负电离（electron capture negative ionization，ECNI）源进行检测。普通的 GC/MS 法对于一些简单组分的 POPs 可以适用，是环境样品 PAHs 检测的最常用方法。大多数卤代阻燃剂是含有溴或氯原子的化合物，常用气相色谱-质谱-电子捕获负电离-选择离子监测（GC-MS-ECNI-SIM，SIM：selected ion monitoring）模式定量分析，具有较高的灵敏度。Hoh 等（2006）利用 GC-MS-ECNI-SIM 定量技术首次在北美五大湖沉积物和大气中发现了 DP 两种异构体化合物。对于具有大量同系物或同类物的 POPs 分析，色谱-质谱多级联用（GC-MS/MS）技术已经显现了优异的性能。van de Merwe 等（2009）建立了 GC-MS/MS 同时分析血液和生物组织中 125 种 POPs 物质，其方法检测限分别低于 35 pg/g。而对于更为复杂的二噁英类化合物，高分辨气相色谱/高分辨质谱（high-resolution gas chromatography/high-resolution mass spectrometry，HRGC/HRMS）法是国际上公认的标准检测方法。该法检出限低、灵敏度高、能准确对二噁英单体进行定量和定性分析，但样品制备的前处理过十分烦琐，检测费用较高。

对于一些超复杂组分 POPs，比如毒杀芬和短链氯化石蜡的同分异构体总数超万种，其一维色谱峰重叠十分严重，无法实现不同同类物的色谱分离，因此无法进行准确的定性和定量分析。而全二维气相色谱（GC×GC）作为一种新型色谱技术，与传统的一维气相色谱相比，具有峰容量大、分辨率和灵敏度高等优势，能改善同类物的色谱分离程度，提高检测的准确度，特别适合复杂样品的分析，在石油化工、食品及环境样品分析方面应用越来越广泛（Zhu et al.，2014）。

2. 液相色谱（liquid chromatography，LC）法

与气相色谱原理类似，以液体作为流动相的色谱法称为液相色谱法。在经典的液相色谱基础上采用高压泵、高效固定相和高灵敏度检测器，实现了分析速度快、分离效率高和操作自动化的色谱方法称为高效液相色谱（high performance liquid chromatography，HPLC）法。HPLC 法适于检测分子量大、挥发性低、热稳定性差的有机污染物，能够弥补 GC 法的不足。我国《水和废水监测分析方法》和《空气和废气监测分析方法》分别将 HPLC 法定为测定水中的多环芳烃以及空气中苯并[a]芘的推荐方法。近年来液相色谱/质谱（LC/MS）或液相色谱串联质谱（LC-MS/MS）的分析技术在 POPs 环境分析领域得到迅速发展，可对较宽质量范围和极性范围的众多有机污染物进行分析。对于一些新型 POPs 如全氟类化合物（Campo et al.，2016）和热不稳定的化合物如 HBCD（Jin et al.，2009），LC-MS/MS 是最常见的分析方法。

1.2.2 生物检测方法

生物检测方法具有简便、高效、费用低的特点，不仅可测定环境样品中 POPs 的含量，还可对 POPs 的毒性及生物活性进行测定，特别适合于大批量样品的快速筛查、半定量测定和常规的环境检测。近年来 POPs 生物检测技术也得到了快速发展，逐渐受到国际上的重视，目前已有成套的生物学分析仪器平台，相关方法也逐渐被政府部门认可和采用。生物检测方法主要通过生物体对不同 POPs 的反应差异进行检测，主要包括生物传感器检测法、基于抗原-抗体的酶联免疫吸附测定（enzyme-linked immunosorbent assay，ELISA）法等。

1. 生物传感器检测法

生物传感器检测法是利用生物活性材料（如酶、蛋白质、DNA、抗体、抗原、生物膜等）与待测物质具有良好的选择性反应，随着反应的进行，生物分子及其反应生成物的浓度发生变化，通过转换器转变为可测定的电信号，从而测定 POPs。Meimaridou 等（2011）采用基于微球编码技术的多通道流式细胞分析，成功检测了食品中的 PAHs、PCBs 和 PBDEs。研究者采用全细胞光学生物传感器对 17 种共平面 PCBs 进行测定，最低检出限为 0.5 μg/mL（Gavlasova et al.，2008）。研究报道将芳香烃受体固定到石英晶体微天平上，然后通过石英晶体微天平的频率变化达到检测二噁英的目的，检测范围可达 0.01~100 ng/mL（赵勇等，2011）。

2. 酶联免疫检测法

酶联免疫吸附测定（ELISA）法是结合免疫学检测技术、抗原-抗体机制发展而来的一种检测 POPs 的方法，具有检测速度快、费用低、灵敏度高和选择性强等优点。Lambert 等（1997）采用商业化的试剂盒，测定了润滑油中的 PCBs，并和 GC-ECD 仪器方法相对比，具有很好的相关性。通过对 PCBs 单体进行修饰，合成出相应的半抗原，检出限达到 1.3~19.2 ng/mL，而且和 20 多种同系物反应，具有很好的特异性（Chuang et al.，1998）。ELISA 法也成功应用于环境样品中二噁英的快速筛查，与 HRGC/HRMS 标准方法的测定结果相比，二者具有很高的相关性（周志广等，2013）。

相比于化学分析方法，生物检测方法虽然能快速检测出环境样品中 POPs 的总量，但无法区分同类物组分，也无法检测代谢产物的含量。因此，在实际应用中需将二者相结合，取长补短，有效利用这两种方法的优势。

1.3　当前 POPs 分析面临的挑战

近年来，POPs 的分析检测技术得到了长足发展，具有检出限低、灵敏度高的特点，但由于样品前处理过程烦琐、仪器设备投入和实验室环境要求高而受到一定的限制。目前大多实验室对环境样品 POPs 纯化手段以传统的人工填装色谱柱为主，在填料准备和样品洗脱方面存在较大差异。而近年来一些自动化前处理仪器如美国 FMS 公司推出的全自动样品前处理净化设备 FMS Power-Prep，采用模块化设计，可以同时有效分离较多种类的 POPs（Helaleh and Al-Rashdan, 2013）。但是，该自动净化设备价格昂贵，分析样品的成本仍然较高，目前无法在众多实验室普及，而且该系统批处理能力有限，对于提高实验分析效率仍然存在较多限制。因此，未来开发成本相对较低，可以快速、大批量净化环境样品中 POPs 的自动净化技术和智能化前处理设备具有重要意义。此外，生物检测方法虽具有简单、高效、费用低、灵敏度高等优点，但无法对样品中的单一组分定性定量分析。因此，加强 POPs 特异性识别探针制备的研究是未来研究的重要方向，如实现 POPs 的快速、简便甚至现场分析的检测技术。

一些组成复杂的 POPs 的定性定量分析仍是当前有机污染物分析面临的重要挑战。全二维气相色谱（GC×GC）与传统一维气相色谱相比，具有更高的峰容量、分辨率和灵敏度，在一些复杂组分 POPs 如毒杀芬和 SCCPs 的定性定量分析中发挥着越来越重要的作用。全二维气相色谱在环境污染物的分析中具有非常广阔的应用前景。然而，全二维气相色谱作为一种新型的分离手段，许多相关技术有待进一步改进。例如，商品化的仪器主要是全二维气相色谱串接低分辨的质谱。在复杂污染物的分析中，由于污染物同系物之间分子量差别很小、含量很低，而环境基质又极其复杂，全二维气相色谱串接普通的低分辨质谱很难满足分析要求，需要采用高分辨质谱进一步提高方法的选择性，进一步扩大全二维气相色谱的应用范围。因此，全二维气相色谱与高分辨质谱尤其是高分辨飞行时间质谱的联用将更好地促进复杂污染物的定性定量分析（夏丹等，2017）。

复杂基质中的非目标有机污染物的筛查分析是当前 POPs 分析中的热点和难点问题。这些化合物通常缺乏有效的标准样品，现有的质谱库也没有收录相关的质谱数据。近年来，一些质谱新技术如飞行时间质谱（TOF-MS）、四极杆-飞行时间质谱（Qq-TOF-MS）、四极杆-线性离子阱质谱（Qq-LITs-MS）、加速器质谱（AMS）与气相色谱和液相色谱的联用技术在未知有机污染物的甄别鉴定和分析方面发挥着重要的作用（史亚利等，2014）。相比气相色谱，液相色谱适用分析的化合物更为广泛，对于一些不易汽化、热不稳定化合物更适宜于液相色谱/质谱联用技术。

而液相色谱/质谱联用技术的核心则是其离子源的电离方式。相比于大气压化学电离（atmospheric pressure chemical ionization，APCI）方式，大气压光电离（atmospheric pressure photoionization，APPI）方式可以对非极性的有机污染物进行较好的离子化，较低的离子抑制效应明显提高了质量分析的准确度和检测灵敏度（Chiaia-Hernandez et al.，2013），其应用将会受到越来越多的重视。另外，效应导向分析（effect-directed analysis）可以将污染物的化学特征和毒性效应密切结合，做到有的放矢，极大地提高环境分析的效率，值得进一步加强研究。

参 考 文 献

史亚利, 蔡亚岐, 2014. 全氟和多氟化合物环境问题研究. 化学进展, 26(4): 665-681.

史亚利, 魏东斌, 阮挺, 杨翠强, 王亚韡, 李英明, 蔡亚岐, 2014. 新型污染物的环境质谱技术研究进展. 中国科学: 化学, 44(5): 710-718.

唐红卫, 夏凡, 刘鸣, 钱瑾, 谢争, 2004. 双柱双ECD检测器气相色谱仪测定有机氯农药的方法. 环境化学, 23(5): 596-597.

王亚韡, 王宝盛, 傅建捷, 阮挺, 曲广波, 汪畅, 曾力希, 刘倩, 袁博, 江桂斌, 2013. 新型有机污染物研究进展. 化学通报, 76(1): 3-14.

夏丹, 高丽荣, 郑明辉, 2017. 全二维气相色谱分析持久性有机污染物的应用进展. 色谱, 35(1): 91-98.

赵勇, 刘宪华, 赵友全, 张林, 冯梦南, 鲁逸人, 2011. QCM生物传感器检测二噁英类物质. 现代仪器, 4(17): 39-47.

周志广, 许鹏军, 任玥, 李楠, 齐丽, 郑森, 赵虎, 范爽, 张烃, 刘爱民, 黄业茹, 高木阳子, 2013. 自动净化及新型酶联免疫法测定废气中的二噁英. 分析测试学报, 32(1): 127-132.

Bumb R R, Crummett W B, Cutie S S, Gledhill J R, Hummel R H, Kagel R O, Lamparski L L, Luoma E V, Miller D L, Nestrick T J, Shadoff L A, Stehl R H, Woods J S, 1980. Trace chemistries of fire: A source of chlorinated dioxins. Science, 210: 385-390.

Campo J, Lorenzo M, Pérez F, Picó Y, la Farré M, Barceló D, 2016. Analysis of the presence of perfluoroalkyl substances in water, sediment and biota of the Jucar River (E Spain). Sources, partitioning and relationships with water physical characteristics. Environmental Research, 147: 503-512.

Chiaia-Hernandez A C, Krauss M, Hollender J, 2013. Screening of lake sediments for emerging contaminants by liquid chromatography atmospheric pressure photoionization and electrospray ionization coupled to high resolution mass spectrometry. Environmental Science & Technology, 47: 976-986.

Chuang J C, Miller L S, Davis D B, Peven C S, Johnson J C, Van Emon J M, 1998. Analysis of soil and dust samples for polychlorinated biphenyls by enzyme-linked immunosorbent assay (ELISA). Analytica Chimica Acta, 376(1): 67-75.

Covaci A, Gerecke A C, Law R J, Voorspoels S, Kohler M, Heeb N V, Leslie H, Allchin C R, de Boer J, 2006. Hexabromocyclododecanes (HBCDs) in the environment and humans: A review. Environment Science & Technology, 40: 3679-3688.

Feo M L, Eljarrat E, Barceló D, 2009. Occurrence, fate and analysis of polychlorinated *n*-alkanes in the environment. TrAC Trends in Analytical Chemistry, 28: 778-791.

Gavlasova P, Kuncova G, Kochankova M, Mackova M, 2008. Whole cell biosensor for polychlorinated biphenyl analysis based on optical detection. International Biodeterioration & Biodegradation, 62(3): 304-312.

Hanari N, Kannan K, Miyake Y, Okazawa T, Kodavanti P R S, Aldous K M, Yamashita N, 2006. Occurrence of polybrominated biphenyls, polybrominated dibenzo-*p*-dioxins, and polybrominated dibenzofurans as impurities in commercial polybrominated diphenyl ether mixtures. Environmental Science & Technology, 40(14): 4400-4405.

Helaleh M I H, Al-Rashdan A, 2013. Automated pressurized liquid extraction (PLE) and automated power-prep (TM) clean-up for the analysis of polycyclic aromatic hydrocarbons, organochlorinated pesticides and polychlorinated biphenyls in marine samples. Analytical Methods, 5(6): 1617-1622.

Hoh E, Zhu L, Hites R A, 2006. Dechlorane plus, a chlorinated flame retardant, in the Great Lakes. Environmental Science & Technology, 40: 1184-1189.

Jin J, Yang C Q, Wang Y, Liu A M, 2009. Determination of Hexabromocyclododecane diastereomers in soil by ultra performance liquid chromatography-electrospray ion source/tandem mass spectrometry. Chinese Journal of Analytical Chemistry, 37: 585-588.

Kucklick J R, Helm P A, 2006. Advances in the environmental analysis of polychlorinated naphthalenesand toxaphene. Analytical and Bioanalytical Chemistry, 386(4): 819-836.

Lambert N, Fan T S, Pilette J F, 1997. Analysis of PCBs in waste oil by enzyme immunoassay. Science of the Total Environment, 196(1): 57-61.

Luo X J, Chen S J, Mai B X, Fu J M, 2010. Advances in the study of current-use non-PBDE brominated flame retardants and dechlorane plus in the environment and humans. Science China Chemistry, 53: 961-973.

Ma X D, Zhang H J, Wang Z, Yao Z W, Chen J W, Chen J P, 2014. Bioaccumulation and trophic transfer of short chain chlorinated paraffins in a marine food web from Liaodong Bay, North China. Environmental Science & Technology, 48(10): 5964-5971.

Marvin C H, Tomy G T, Alaee M, Macinnis G, 2006. Distribution of hexabromocyclododecane in Detroit River suspended sediments. Chemosphere, 64: 268-275.

Mauriz E, Calle A, Montoya A, Lechuga L M, 2006. Determination of environmental organic pollutants with a portable optical immunosensor. Talanta, 69: 359-364.

Meimaridou A, Kalachova K, Shelver W L, Franek M, Pulkrabova J, Haasnoot W, Nielen M W F, 2011. Multiplex screening of persistent organic pollutants in fish using spectrally encoded microspheres. Analytical Chemistry, 83: 8696-8702.

Möller A, Xie Z Y, Sturm R, Ebinghaus R, 2010. Large-scale distribution of dechlorane plus in air and seawater from the Arctic to Antarctica. Environmental Science & Technology, 44: 8977-8982.

Rogers K R, 2006. Recent advances in biosensor techniques for environmental monitoring. Analytica Chimica Acta, 568(1-2): 222-231.

Saleh M A, 1991. Toxaphene: Chemistry, biochemistry, toxicity and environmental fate. Reviews of Environment Contamination Toxicology, 118: 1-85.

Shen L, Reiner E J, Macpherson K A, Kolic T M, Sverko E, Helm P A, Bhavsar S P, Brindle I D, Marvin C H, 2010. Identification and screening analysis of halogenated norhornene flame retardants in the Laurentian Great Lakes: Dechloranes 602, 603, and 604. Environmental Science

& Technology, 44: 760-766.

Sverko E D, Tomy G T, Marvin C H, Muir D C G, 2012. Improving the quality of environmental measurements on short chain chlorinated paraffins to support global regulatory efforts. Environmental Science & Technology, 46(9): 4697-4698.

UNEP, 2013. Recommendation by the persistent organic pollutants review committee to list hexabromocyclododecane in annex A to the Stockholm convention and draft text of the proposed amendment. *In*: Sixth Meeting of the Conference of the Parties to the Stockholm Convention. https://www.unenvironment.org/news-and-stories/press-release/un-experts-recommend-phasing-out-widely-used-flame-retardant[2019-2-1].

van de Merwe J P, Hodge M, Whittier J M, Lee S Y, 2009. Analyzing persistent organic pollutants in eggs, blood and tissue of the green sea turtle (*Chelonia mydas*) using gas chromatography with tandem mass spectrometry (GC-MS/MS). Analytical and Bioanalytical Chemistry, 393(6-7): 1719-1731.

Voldner E C, Li Y F, 1995. Global usage of selected persistent organochlorines. Science of the Total Environment, 225(2): 201-210.

Wilcke W, Amelung W, Krauss M, Martius C, Bandeira A, Garcia M, 2003. Polycyclic aromatic hydrocarbon (PAH) patterns in climatically different ecological zones of Brazil. Organic Geochemistry, 34(10): 1405-1417.

Xian Q M, Siddique S, Li T, Feng Y L, Takser L, Zhu J P, 2011. Sources and environmental behavior of dechlorane plus—A review. Environment International, 37: 1273-1284.

Zhu S, Gao L, Zheng M, Liu H, Zhang B, Liu L, Wang Y, 2014. Determining indicator toxaphene congeners in soil using comprehensive two-dimensional gas chromatography-tandem mass spectrometry. Talanta, 18(15): 210-216.

第 2 章　二噁英类化合物的分析

本章导读

- 二噁英类化合物，包括氯代二噁英、溴代二噁英、多氯联苯和多溴二苯醚四类化合物的背景情况。
- 氯代二噁英、溴代二噁英、多氯联苯和多溴二苯醚的仪器分析技术发展现状。
- 二噁英类化合物的分析前处理技术，包括样品萃取和样品净化两个方面。
- 五种常见二噁英类化合物仪器分析方法，包括气相色谱法、高分辨气相色谱/低分辨质谱法、高分辨气相色谱/高分辨质谱法、高分辨气相色谱/串联质谱法和液相色谱/质谱法。
- 高分辨气相色谱/低分辨质谱法、高分辨气相色谱/高分辨质谱法和高分辨气相色谱/串联质谱法用于不同二噁英类化合物分析的具体方法及其应用。

2.1　二噁英类化合物背景介绍

2.1.1　PCDD/Fs

二噁英（dioxins）通常指氯代二噁英，即为两类化学结构和毒理学性质相似的三环多氯代芳香烃类化合物的简称，包括多氯代二苯并-对-二噁英（polychlorinated dibenzo-*p*-dioxins，PCDDs）和多氯代二苯并呋喃（polychlorinated dibenzofurans，PCDFs）（合称 PCDD/Fs），其分子结构式如图 2-1 所示。根据取代氯原子数目和位置的不同，PCDDs 和 PCDFs 各有 75 个和 135 个同类物（congener）。PCDD/Fs 不同氯代水平的表示和相应异构体数目如表 2-1 所示。

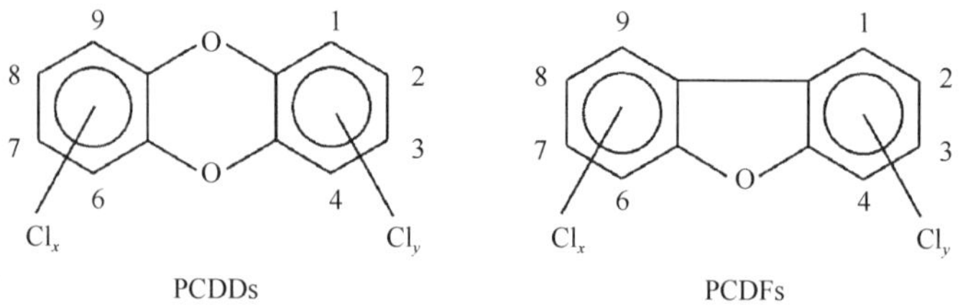

图 2-1 PCDD/Fs 的分子结构式

表 2-1 PCDD/Fs 同类物和异构体数目

氯代原子数	多氯代二苯并-对-二噁英（PCDDs）		多氯代二苯并呋喃（PCDFs）	
	缩写	异构体数	缩写	异构体数
一氯代	MoCDD	2	MoCDF	4
二氯代	DiCDD	10	DiCDFF	16
三氯代	TrCDD	14	TrCDF	28
四氯代	TCDD	22	TCDF	38
五氯代	PeCDD	14	PeCDF	28
六氯代	HxCDD	10	HxCDF	16
七氯代	HpCDD	2	HpCDF	4
八氯代	OCDD	1	OCDF	1
总计	PCDDs	75	PCDFs	135

PCDD/Fs 在常态下呈无色晶体状，具有较高的熔点和沸点，700℃以上才开始分解，化学性质稳定。自然界的微生物、光和水解等作用对 PCDD/Fs 的分子结构影响很小，使其在环境中难以自然降解，环境中半衰期长达数十年，而人体内的半衰期亦达数年之久（Milbrath et al.，2009）。PCDD/Fs 具有较高的辛醇-水分配系数（octanol-water partition coefficient，K_{ow}），极难溶于水，易溶于有机溶剂，属无色无味的脂溶性物质，极易在生物体内富集，并通过食物链传递、放大。因此，PCDD/Fs 是一类典型的 POPs。PCDD/Fs 为无意识排放的环境污染物，迄今为止，除了研究与测试的需要，尚无任何关于 PCDD/Fs 的商业应用。但是 PCDD/Fs 来源十分广泛，90%以上是由人为活动引起，尤其是近代大工业生产是 PCDD/Fs 产生的主要来源，包括：废弃物的露天焚烧，钢铁生产，有色金属冶炼，含氯化学品生产，纸浆漂白，汽车尾气等。此外，一些自然来源如火山喷发和森林大火等自然燃烧过程也可以产生微量的 PCDD/Fs，但不足以对人类产生严重危害。而一些日常生活行为也可能带来痕量的 PCDD/Fs，如吸烟、干洗等（Bumb et al.，1980）。

PCDD/Fs 的毒性一直是人们关注的焦点。20 世纪 70 年代,科学家用 2,3,7,8-TCDD 对雄性小豚鼠进行的毒性试验表明其半数致死剂量（medium lethal dose，LD_{50}）仅为 0.6 μg/kg ww（Schwetz et al.，1973），被认为是已知毒性最强的化合物，被世界卫生组织（World Health Organization，WHO）的国际癌症研究机构（International Agency for Research on Cancer，IARC）列为一级致癌物（McGregor et al.，1998）。但其毒性在物种之间的差异较大，比如对兔子的毒性为豚鼠的 1/500（Schwetz et al.，1973）。PCDD/Fs 对动物及人体的毒性效应主要表现为可引起肝、免疫、生殖及发育等毒性和废物综合征、胸腺萎缩、氯痤疮等症，并可能导致染色体损伤、心力衰竭等（Safe，2003）。此外，PCDD/Fs 也被认定为典型的环境内分泌干扰物（environmental endocrine disruptors，EEDs）（Geyer et al.，2000）。

　　PCDD/Fs 同类物繁多，虽然具有分子结构和毒性效应上的相似性，但由于氯代水平和氯原子取代位置的不同，同类物之间的毒性差异很大。PCDD/Fs 作用于一系列的毒性终点，包括离体和活体效应，其致毒机理被认为主要是通过和芳香烃受体（aryl hydrocarbon receptor，AhR）结合形成二聚体结构，和位于核内染色体上的 PCDD/Fs 响应片断结合，诱导基因表达，改变激酶活性和蛋白质功能，从而产生毒性效应（Birnbaum，1994）。研究发现具有 2,3,7,8 位氯取代的 PCDD/Fs 同类物毒性远远高于其他同类物，WHO 规定这 17 种 PCDD/Fs 同类物为主要的毒性同类物，其毒性通过毒性当量因子（toxicity equivalency factor，TEF）来评价（表 2-2）（van den Berg et al.，2006）。TEF 有两种体系，即

表 2-2　**PCDD/Fs 的毒性当量因子**

	I-TEF	WHO(1998)-TEF	WHO(2005)-TEF
2,3,7,8-TCDF	0.1	0.1	0.1
1,2,3,7,8-PeCDF	0.05	0.05	0.03
2,3,4,7,8-PeCDF	0.5	0.5	0.3
1,2,3,4,7,8-HxCDF	0.1	0.1	0.1
1,2,3,6,7,8-HxCDF	0.1	0.1	0.1
2,3,4,6,7,8-HxCDF	0.1	0.1	0.1
1,2,3,7,8,9-HxCDF	0.1	0.1	0.1
1,2,3,4,6,7,8-HpCDF	0.01	0.001	0.001
1,2,3,4,7,8,9-HpCDF	0.01	0.001	0.001
OCDF	0.001	0.0001	0.0003
2,3,7,8-TCDD	1	1	1
1,2,3,7,8-PeCDD	0.5	1	1
1,2,3,4,7,8-HxCDD	0.1	0.1	0.1
1,2,3,6,7,8-HxCDD	0.1	0.1	0.1
1,2,3,7,8,9-HxCDD	0.1	0.1	0.1
1,2,3,4,6,7,8-HpCDD	0.01	0.001	0.001
OCDD	0.001	0.0001	0.0003

1989 年建立的国际毒性当量因子（I-TEF）和 1998 年由 WHO 建立的评价体系（WHO-TEF），其中 WHO-TEF 于 2005 年进行了重新评估，部分化合物的 TEF 做了调整。计算时 PCDD/Fs 的毒性当量（toxicity equivalency quantity，TEQ）为样品中化合物实测浓度与对应 TEF 的乘积。由于 TEF 之间的差异很大，对毒性同类物和其他同类物的充分分离成为准确评价样品毒性的关键。

2.1.2 PBDD/Fs

多溴代二苯并-对-二噁英（polybrominated dibenzo-p-dioxins，PBDDs）和多溴代二苯并呋喃（polybrominated dibenzofurans，PBDFs）统称溴代二噁英（PBDD/Fs），其分子结构式如图 2-2 所示。PBDD/Fs 与 PCDD/Fs 具有相同的化学结构和命名方式，相似的理化性质和毒理学效应（如"三致"效应）。PBDD/Fs 共有 210 种同类物，包括 75 种 PBDDs 和 135 种 PBDFs。由于溴的原子量大于氯的原子量，使得 PBDD/Fs 具有比 PCDD/Fs 更大的分子量，更高的熔点和沸点、亲脂性和 K_{ow}，更低的蒸气压和溶解度。目前有关 PBDD/Fs 的理化实验数据较少，相关实验表明其具有一定的热稳定性，与 PCDD/Fs 相比更易发生降解。PBDD/Fs 易与脂肪结合，易溶于油类和有机溶剂，毒性最强的是 17 种 2,3,7,8 位溴取代的同类物，且与其相同取代位置的 PCDD/Fs 有着相似的毒理学特性（van den Berg et al.，2013）。关于 PBDD/Fs 毒性研究的数据相对较少，van den Berg 等（2013）推荐采用 WHO 的 TEF 值来评价其毒性暴露风险。由于分析程序的复杂性和标准品的缺乏，目前只有十几种 PBDD/Fs 的同类物可以被定量分析。

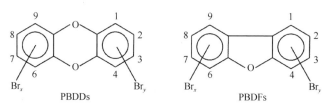

图 2-2 PBDD/Fs 的分子结构式

PBDD/Fs 的主要来源包括：①溴代阻燃剂（BFRs）的生产和处置过程；②废弃物焚烧过程；③金属冶炼过程等。在这些主要的排放源中，与 BFRs 相关的生产和处置过程排放的 PBDD/Fs 浓度水平最高，电子垃圾拆解居次，而生活垃圾焚烧和冶金过程排放的烟道气中浓度水平基本相当。但鉴于冶金行业产量巨大，对环境污染的贡献总量不容忽视（李素梅等，2013）。

2.1.3 PCBs

多氯联苯（polychlorinated biphenyls，PCBs）是联苯苯环上的氢原子被氯原子所取代的化合物的总称，分子结构式如图 2-3 所示。根据取代氯原子的数目和位置不同，PCBs 共有 209 个同类物（表 2-3），并按国际理论和应用化学联合会（International Union of Pure and Applied Chemistry，IUPAC）命名规则对其进行系统编号。报道较多的一些 PCBs 同类物的结构和命名见表 2-4。

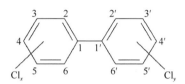

图 2-3 PCBs 的分子结构式

表 2-3 PCBs 同类物和异构体数目

氯代原子数	多氯联苯（PCBs）	
	缩写	异构体数
一氯代	MoCB/1-PCB	3
二氯代	DiCB/2-PCB	12
三氯代	TrCB/3-PCB	24
四氯代	TeCB/4-PCB	42
五氯代	PeCB/5-PCB	46
六氯代	HxCB/6-PCB	42
七氯代	HpCB/7-PCB	24
八氯代	OcCB/8-PCB	12
九氯代	NoCB/9-PCB	3
十氯代	DeCB/10-PCB	1
总计	PCBs	209

表 2-4 常见的 PCBs 同类物的结构、命名和毒性当量因子

	PCBs 的结构命名	IUPAC 编号	WHO(1998)-TEF	WHO(2005)-TEF
非邻位（non-ortho）PCBs	3,3′,4,4′-TeCB	77	0.0001	0.0001
	3,4,4′,5-TeCB	81	0.0001	0.0003
	3,3′,4,4′,5-PeCB	126	0.1	0.1
	3,3′,4,4′,5,5′-HxCB	169	0.01	0.03
单邻位（mono-ortho）PCBs	2,3,3′,4,4′-PeCB	105	0.0001	0.00003
	2,3,4,4′,5-PeCB	114	0.0005	0.00003
	2,3′,4,4′,5-PeCB	118	0.0001	0.00003

续表

PCBs 的结构命名		IUPAC 编号	WHO(1998)-TEF	WHO(2005)-TEF
单邻位（mono-ortho）PCBs	2′,3,4,4′,5-PeCB	123	0.0001	0.00003
	2,3,3′,4,4′,5-HxCB	156	0.0005	0.00003
	2,3,3′,4,4′,5′-HxCB	157	0.0005	0.00003
	2,3′,4,4′,5,5′-HxCB	167	0.00001	0.00003
	2,3,3′,4,4′,5,5′-HpCB	189	0.0001	0.00003
指示性（indicator）PCBs	2,4,4′-TrCB	28		
	2,2′,5,5′-TeCB	52		
	2,2′,4,5,5′-PeCB	101		
	2,2′,3,4,4′,5-HxCB	138		
	2,2′,4,4′,5,5′-HxCB	153		
	2,2′,3,4,4′,5,5′-HpCB	180		
其他	3,3′-DiCB	11		
	DeCB	209		

PCBs 具有良好的化学惰性、抗热性、不可燃性和绝缘性，主要作为一些电力设备、液压设备和导热系统中的绝缘油、阻燃剂、导热剂、液压油、增塑剂等。在商业生产中，PCBs 是指氯代联苯同系物与商业混合物的混合体系，不同国家的 PCBs 产品一般都有不同的商品名，如 Aroclor（美国）、Phenochlor（法国）、Clophen（德国）、Kanechlor（日本）、Fenchlor（意大利）和 Sovol（苏联）。根据氯含量的不同又细分为各种特定产品。一般最常见的是 Aroclor 12××系列，12 代表联苯，后两位表示混合物中氯的百分含量，例如：Aroclor 1221 表示该联苯混合体系中含有 21%的氯元素。但 Aroclor 1016 例外，它是 Aroclor 1242（含有 1%的 5 个或 5 个以上氯原子的组分）的蒸馏产物。在 Aroclor 系列产品中，Aroclor 1254 最为普遍，其中含有联苯和 54%的氯，由 11%的四氯代、49%的五氯代、34%的六氯代和 6%的七氯代联苯组成。

工业 PCBs 是以氯酚生产的副产物联苯为原料，金属催化作用下高温氯化而成。PCBs 的商业化生产始于 1929 年，60 年代中期生产达到顶峰，年产量约为 10 万 t。全球共生产约 150 万 t（Xing et al.，2005）。因 PCBs 对人类健康和环境造成了危害，20 世纪 70 年代以后陆续停产。目前已无 PCBs 的商业生产和使用。

低氯代 PCBs 为无色油状液体，五氯、六氯代 PCBs 呈黏稠状，高氯代 PCBs

则为树脂状。PCBs 基本不溶于水，但溶于多数有机溶剂，具有很高的亲脂性，在环境中很难降解，持久性强，可以通过食物链被生物高度富集。2001 年，PCBs 被《斯德哥尔摩公约》列为首批需要削减和控制的 12 种 POPs 之一。

具有共平面结构（co-planar）的 PCBs 同类物，包括四氯代及以上的非邻位和单邻位 PCBs，具有和 PCDD/Fs 相似的毒性效应，因此被称为二噁英类 PCBs（dioxin-like PCBs，DL-PCBs）。WHO 规定共有 12 种 DL-PCBs 是有毒的二噁英类化合物，其 TEF 列于表 2-4 中（van den Berg et al.，2006）。

PCBs 的毒性主要表现为：致癌性，生殖毒性，神经毒性和内分泌干扰作用。IARC 已将 PCBs 列为人体致癌物质；生殖毒性表现在能导致男性精子质量下降和数量减少，女性不孕以及动物生育能力减弱；神经毒性表现在对人体造成脑损伤，抑制脑细胞合成，引起发育迟缓和智商降低等。此外 PCBs 具有导致水生动物雌性化等内分泌干扰作用（Loganathan and Masunaga，2015）。历史上有三次大的环境公害事件与其有关，分别是 1967 年日本米糠油事件，1978～1979 年我国台湾食用油污染事件，1986 年加拿大变压器油泄漏事件，均造成严重的环境污染和人体健康损害。

PCBs 的仪器分析技术相对比较成熟，目前基本能够实现对 209 种同类物的完全定量分析，这对其环境行为和暴露风险的研究起到了积极作用。

2.1.4 PBDEs

多溴二苯醚（polybrominated diphenyl ethers，PBDEs）是由氧原子连接两个苯环及不同溴原子数取代的一类芳香族化合物，分子结构式如图 2-4 所示。与 PCBs 类似，根据溴原子取代数目和取代位置的不同，PBDEs 共有 209 种同类物，且遵循 IUPAC 编号命名系统。PBDEs 的沸点较高，热稳定性较好，在环境中难以自然降解。但高溴代同类物如十溴二苯醚（BDE-209）高温则会发生降解，且在光照（紫外光或太阳光）条件下可生成低溴代二苯醚和 PBDD/Fs（Soderstrom et al.，2004；Hanari et al.，2006）。PBDEs 具有较高的 K_{ow}，表现出较强的亲脂性和疏水性，极易在生物体内富集并通过食物链放大。

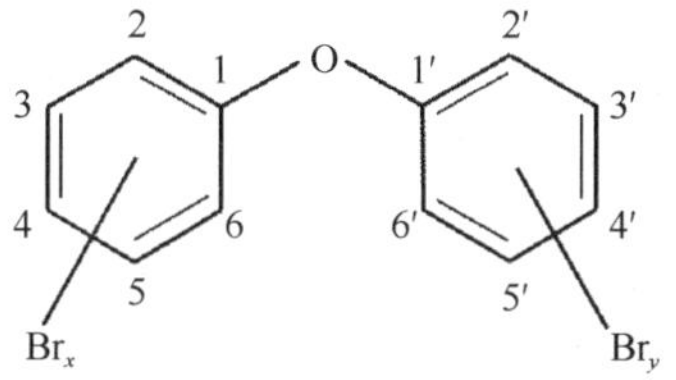

图 2-4 PBDEs 的分子结构式

PBDEs 因其良好的阻燃性能，被广泛应用于复合材料中，常见于电子电器设备、自动控制设备壳体、建筑材料和纺织品等商业产品中。虽然 PBDEs 有 209 个同类物，但商品 PBDEs 的种类是有限的。三种主要的 PBDEs 混合物商品有：①c-decaBDEs，包括 98% 10-BDEs 和 2% 9-BDEs；②c-octaBDEs，大约包括 10% 6-BDEs、40% 7-BDEs、30% 8-BDEs、20% 9-BDEs；③c-pentaBDEs，由约 40% 4-BDEs、45% 5-BDEs 和 6% 6-BDEs 组成（Darnerud et al.，2001）。c-decaBDEs 是一种产量和消耗量较大的添加型含溴阻燃剂。它的含溴量高（83.3%）、热稳定性好、阻燃效能高，而且产品价格为市场所接受，所以被广泛地应用于聚苯乙烯、聚丙烯腈-丁二烯-苯乙烯（ABS）、聚烯烃、聚酯、聚酰胺等热塑性塑料的加工，也可用于环氧树脂、酚醛树脂、不饱和聚酯等热固性树脂的阻燃加工。

自 20 世纪 70 年代确立了 BFRs 化学阻燃剂的主导地位以来，作为其主力军的 PBDEs 产量逐年上升。据统计，1990 年全球 PBDEs 的产量为 4 万 t，其中 c-decaBDEs、c-octaBDEs 和 c-pentaBDEs 分别为 3 万 t、6000 t 和 4000 t（Tanabe，2004；罗孝俊等，2009）。我国自 80 年代初进行研究开发以来，已有 20 余家企业生产过 c-decaBDEs，这些企业主要分布在我国东部沿海一带，企业的装置能力大部分为 100~200 t/a，少数为 300 t/a（陈玉琴等，1998）。

PBDEs 可与 AhR 相结合，具有类似于 PCDD/Fs 的致毒机理（Chen et al.，2001）。PBDEs 对大鼠具有神经毒性和生殖发育毒性，且有致癌作用；对甲状腺和肾脏具有明显影响，并妨碍学习和记忆等行为，在脑发育阶段还可以引起严重的神经行为损伤（Birnbaum and Staskal，2004）。此外，PBDEs 还具有环境内分泌干扰作用，可以干扰甲状腺激素和性激素水平（Turyk et al.，2008）。3 种主要的 PBDEs 产品中，c-pentaBDEs 的毒性最强，主要影响神经系统的发育，导致学习记忆衰退和自发性运动活性的损伤；c-octaBDEs 次之，主要表现为胚胎毒性和致畸性；c-decaBDEs 毒性最弱，具有肝毒性、甲状腺毒性和潜在的致癌性等（Hardy，2002）。由于 PBDEs 具有与 PCDD/Fs 相似的致毒机理和毒性效应，也被认为是二噁英类化合物（Behnisch et al.，2003）。目前，商用 PBDEs 产品包括 c-pentaBDEs、c-octaBDEs 和 c-decaBDEs 均已被列入《斯德哥尔摩公约》中，其生产和使用将受到严格控制。

2.2 二噁英类化合物仪器分析技术发展现状

二噁英类化合物同类物繁多，且环境中含量通常处于痕量或超痕量水平，这对其分析检测带来极大挑战。目前二噁英类化合物的分析主要采用仪器分析法，包括气相色谱（gas chromatography，GC）法，气相色谱/质谱（gas chromatography/mass spectrometry，GC/MS）联用法以及液相色谱/质谱（liquid chromatography/mass spectrometry，LC/MS）联用法等，不同化合物采用的分析技术与其物化性质密切相关。此外，对于 PCDD/Fs 和 DL-PCBs，国际上开发出多种不同的生物检测法，具有快捷灵敏等特点，且降低了分析成本，成为样品筛查和毒性检测的重要手段。以下就二噁英类化合物仪器分析技术的发展现状进行介绍。

2.2.1 PCDD/Fs

PCDD/Fs 的仪器检测方法基本上都是先利用 GC 包括全二维气相色谱（GC×GC）进行目标物分离，搭配不同的检测器进行检测分析。这些检测器主要包括电子捕获检测器（electron capture detector，ECD）、氢火焰离子化检测器（flame ionization detector，FID）、原子发射检测器（atomic emission detector，AED）和各种 MS 等，其中 GC/MS 法是最常用的检测手段。根据样品基质以及污染程度的不同，具体分析要求有一定的差异。但 PCDD/Fs 异构体繁多，在环境中一般以超痕量存在，仪器分析时受基质或其他化合物的干扰严重。因此，PCDD/Fs 分析必须满足以下基本要求（Liem，1999）：

（1）高灵敏度和低检测限：PCDD/Fs 的剧毒性要求其检测定量达到 pg/g（ppt）甚至更低的浓度水平。

（2）高选择性：提取物中干扰物质的含量往往比 PCDD/Fs 高几个数量级，因此须将目标物与干扰物进行区分。

（3）高确认性：PCDD/Fs 同类物之间毒性差异很大，分析时应该将毒性大的 2,3,7,8-氯取代的同类物与其他同类物分开。

（4）高准确度和精确度：分析结果应该获得样品中真实准确的浓度或含量；在重复测试或不同实验室间分析的结果应该满足一定的吻合度。

同类物确认（congener-specific）分析时，质谱检测器能够实现（1）、（2）、（4）项的要求，在采用选择离子监测（SIM）模式时，可以达到 pg 甚至 fg 水平。但是 MS 无法实现高确认性，即不能分离同氯代水平的异构体。高分辨 GC 正好弥补了这一缺陷，可以实现多数情况下的分析要求。但 GC 易受到基质干扰，因此有效的样品前处理必不可少。

1987 年，美国环境保护署（Environmental Protection Agency，EPA）首次公布采用高分辨气相色谱/高分辨质谱（HRGC/HRMS）法进行分辨率≥10000 的超痕量 PCDD/Fs 分析方法（EPA 1613）（USEPA，1997），此后日本和欧盟等分别建立了各自的标准方法。具有代表性的标准方法有美国 EPA 1613B、EPA 8290、EPA 23、欧盟 EN 1948 和日本 JIS K0311 等。目前国际上通行的 PCDD/Fs 分析方法基本上都要求分辨率≥10000。要对复杂基质中二噁英类化合物进行 pg/g（ppt）水平的准确定性和定量，同位素稀释（isotope dilution）技术结合 HRGC/HRMS 是必不可少的手段。此外,国际上对食品或饲料等制定的二噁英类化合物(PCDD/Fs 和 DL-PCBs)的控制指标基本上都要求对有毒性(即赋予 TEF)的异构体进行确认分析(isomer-specific determination),因此 HRGC/HRMS 法逐渐成为世界各国共同认可的仪器分析方法。目前我国已经制定了多个 PCDD/Fs 相关的标准方法,如国家标准 GB 18484—2001《危险废物焚烧污染控制标准》和 GB 18485—2001《生活垃圾焚烧污染控制标准》,环境保护部 HJ 77—2008 系列标准《水质/环境空气和废气/固体废物/土壤和沉积物 二噁英类的测定 同位素稀释高分辨气相色谱-高分辨质谱法》,国家标准 GB/T 28643—2012《饲料中二噁英及二噁英类多氯联苯的测定 同位素稀释-高分辨气相色谱/高分辨质谱法》,国家标准 GB 5009.205—2013《食品中二噁英及其类似物毒性当量的测定》等,为我国开展 PCDD/Fs 相关分析和控制提供了重要保障。

由于 HRGC/HRMS 法分析成本高,高分辨气相色谱/低分辨质谱(high-resolution gas chromatography/low-resolution mass spectrometry,HRGC/LRMS)法在 PCDD/Fs 分析中也是常用的分析方法,广泛用于含量高并且基质干扰少的样品定性定量,另外也常作为 HRGC/HRMS 法的筛选方法。近年来串联质谱(tandem mass spectrometry,MS/MS)技术得到快速发展,这使得采用成本较低的仪器进行超痕量 PCDD/Fs 的检测成为可能。目前采用 GC-MS/MS 分析 PCDD/Fs 的方法已经被欧盟列为可以替代 HRGC/HRMS 进行食品和饲料中二噁英类化合物(PCDD/Fs 和 DL-PCBs)分析的确证方法(confirmatory method)(EU,2014a;2014b)。

2.2.2 PBDD/Fs

PBDD/Fs 在环境中的含量水平与 PCDD/Fs 基本相同,其检测亦属于超痕量分析,样品检测限(limit of detection,LOD)要求在 pg/g(或 pg/L)与 fg/g(或 fg/L)的级别。PBDD/Fs 的检测在国际上属于难点和热点,目前还没有标准的检测方法。因此,在 PBDD/Fs 的分析过程中需要充分的前处理分离和高灵敏度的仪器来保证分析结果的质量。目前 PBDD/Fs 的分析采用与 PCDD/Fs 相同的仪器和前处理手段,主要包括 HRGC-MS/MS 和 HRGC/HRMS 法,但溴代化合物通常要比氯代化合物更易脱卤,且易发生热解和光解,因此前处理过程应尽量避光操作,利用 GC 分离 PBDD/Fs 时尽量避免高温的影响。

此外,由于 PBDEs 也存在光解和热解现象,能够降解产生 PBDD/Fs,从而导致 PBDD/Fs 检测结果偏高,对其准确定量造成一定干扰。当前采用的 GC 进样方式多数是不分流(splitless)进样,进样口的温度范围在 240~300℃之间(李素梅等,2013)。为了降低 PBDD/Fs 和 PBDEs 的热降解,冷柱头进样技术不失为一种好的选择(Watanabe et al.,2004),即样品直接进入色谱柱,省略了样品进入色谱柱前的汽化步骤。对于基质复杂的样品，具有程序升温汽化（programmed-temperature vaporizer，PTV）功能的大体积进样方式可以提高高溴代 PBDD/Fs 的响应。研究表明，PTV 脉冲进样模式与冷柱头进样模式均可以提高溴代化合物的回收率（Bjorklund et al.，2004）。此外，为了避免 PBDD/Fs 在色谱柱分离过程中发生热降解，通常选用柱长较短（15～30 m）、固定相较薄（0.1 μm）的色谱柱。使用短色谱柱虽然可以提高检测高溴代化合物的灵敏度，但是会降低其分离效果（Bjorklund et al.，2004），因此，一些研究报道也采用两根不同长度的色谱柱分别检测低溴代和高溴代的 PBDD/Fs，取得了较好的分离效果和回收率（Tue et al.，2010）。

2.2.3 PCBs

PCBs 在环境中的浓度水平相对较高，常见的分析方法包括 GC-ECD、HRGC/LRMS 和 HRGC/HRMS 等。由于 PCBs 同类物繁多，要获得比较准确的定性定量需要先采用高分辨的 GC 色谱柱进行同类物分离。ECD 对氯的响应灵敏，是 PCBs 分析常见的检测器，但 ECD 去干扰能力差，无法区分色谱保留行为相同的化合物。LRMS 具有较好的选择性，能够实现比较准确的定性定量，且仪器分析成本较低，因此，HRGC/LRMS 法成为目前分析 PCBs 最主要的分析方法。

为检测环境中超痕量的 PCBs，1997 年美国 EPA 建立了 EPA 1668 方法。该方法从 EPA 1613 发展而来，与 PCDD/Fs 分析要求基本一致。经过多次修订后，目前最新版本为 EPA 1668C，建立了比较完善的方法体系和质控要求。此外，随着质谱技术的发展，采用 MS/MS 技术已经能够实现对超痕量 PCBs 准确的定性定量分析，因此在食品、人体样品和背景环境样品中亦得到较多应用（Sun et al.，2017）。

2.2.4 PBDEs

PBDEs 在环境中的浓度水平与 PCBs 较为接近，常见的分析技术有 GC/MS、GC-ECD、GC-MS/MS 和 GC/HRMS 等（Król et al.，2012）。ECD 对溴的响应远不及氯，因此对 PBDEs 的检测分析以 GC/MS 法为主。质谱的电离方式包括电子轰击（electron impact，EI^+）和电子捕获负电离（electron capture negative ionization，ECNI）两种模式。ECNI 模式比 EI^+ 的灵敏度高，但是对溴代化合物的选择性较差（存在共流出现象），而 EI^+ 模式可采用同位素稀释法进行分析定量，从而获得更加准确的分析结果。GC 进样方式通常包括常规分流/不分流进样、PTV 进样、加压无分流进样，以及冷柱头进样等，均能满足仪器分析的灵敏度和样品检测限要求（Król et al.，2012；李素梅等，2013）。由于高溴代二苯醚具有热敏感性，分析检测中常采用比 PCBs 和 PCDD/Fs 分析较短的色谱柱，如 30 m 的毛细管色谱柱，柱径≤0.25 mm，且固定相液膜厚度较小（0.1~0.25 μm）。常用的色谱柱型号包括 DB-1，DB-5，HP-5，CP-Sil8，AT-5 等。为减少 BDE-209 在色谱柱上的热降解，分析常用更短的色谱柱（10~15 m），炉温升至 320℃并保持数分钟使其从色谱柱上完全流出。近年来，一些研究报道采用大气压化学电离（APCI）模式结合 GC-MS/MS 的方法实现了对高溴代二苯醚较好的分析效果，仪器检测限（instrument detection limit，IDL）< 10 fg（Portolés et al.，2015）。APCI 主要产生的是单电荷离子，所以分析的化合物分子质量一般小于 1000 Da。用这种电离源得到的质谱很少有碎片离子，主要是准分子离子。

通常样品中含有的 PCBs 会干扰 PBDEs 的仪器检测，HRGC/HRMS 的引入使得 PBDEs 的检测灵敏度和选择性达到更高的水平。美国 EPA 于 2003 年推出了利用 HRGC/HRMS 分析 PBDEs 的方法草案 EPA 1614（draft），并于 2007 年推出正式版本（EPA 1614），目前已被广泛用于 PBDEs 的高分辨率检测分析。该方法要求仪器分辨率≥5000（10%峰谷），因此对于环境中痕量和超痕量 PBDEs 具有更好的分析效果。此外，有研究报道采用 GC/飞行时间质谱（time-of-flight mass spectrometry，TOFMS）和 GC×GC/TOFMS，以及 GC/电感耦合等离子体质谱（inductively coupled plasma mass spectrometry，ICPMS）等方法进行 PBDEs 的分析检测（Wang and Li，2010；Ballesteros-Gómez et al.，2013），尽管这些方法具有较高的灵敏度和选择性，但或线性范围较窄（如 TOF），或分析结果无法给出质谱结构信息（如 ICP），相关研究应用并不多见。

由于 PBDEs 的分子量范围较宽（m/z：248~973），因此其分析亦可采用 LC-MS/MS 法（Wang and Li，2010）。该方法可以避免 GC 升温造成的目标物热降解现象。相比于 GC/MS 法，LC-MS/MS 法的方法检测限（method detection limit，MDL）较高，具有较好的选择性，且可以应用同位素稀释法进行目标物的准确定量，因此在实际样品检测中也得到较多应用（Król et al.，2012）。

2.3　二噁英类化合物分析前处理技术

二噁英类化合物在环境中的浓度通常处于痕量或超痕量水平，因此在其仪器分析之前往往需要对样品进行必要的前处理，以保证样品分析结果的质量。常见的样品前处理流程见图 2-5。样品前处理过程通常包括萃取和净化等步骤，以下对这两方面技术分别进行介绍。

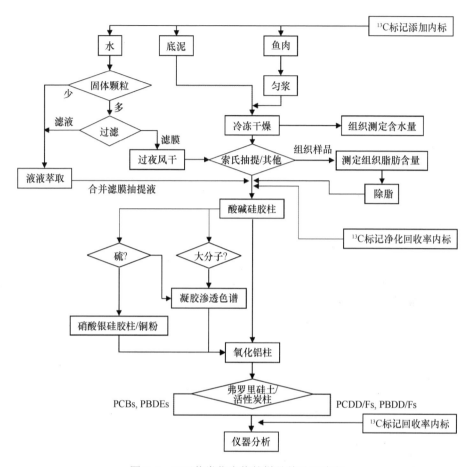

图 2-5 二噁英类化合物的样品前处理流程

2.3.1 样品萃取

二噁英类化合物所采用的样品萃取技术与其他 POPs 基本相同。对于固体样品的萃取，经典的萃取方法有索氏提取（Soxhlet extraction，SE），常用的萃取溶剂包括正己烷、甲苯、二氯甲烷、正己烷/二氯甲烷和正己烷/丙酮混合液等。双溶剂混合液（包括极性和非极性溶剂）因萃取效率高而被广泛采用。SE 方法被许多国家的标准方法所采用，如美国 EPA 1613B、EU/CEN EN-1948、JIS K0311 等，因此成为评价其他萃取方法效果的标尺。但 SE 需要大量的萃取溶剂和超过 20 小时的萃取时间，大大延长了样品的分析周期。随着科技的发展，近年来出现了一批新型的萃取技术，如自动索氏提取（Soxtec）、超声辅助萃取（ultrasonic-assisted extraction，UAE）、微波辅助萃取（microwave-assisted extraction，MAE）、超临界流体萃取（supercritical fluid extraction，SFE）、加速溶剂萃取（accelerated solvent extraction，ASE）等。这些技术的优点在于显著降低了萃取时间和溶剂量，因此被广泛用于各种环境介质中二噁英类化合物的萃取。

Soxtec 与 SE 具有相同的原理，改进之处在于将装有样品的萃取筒置于沸腾的溶剂中进行萃取，大大提高了萃取效率。MAE 技术被认为是可替代传统 SE 的新型技术。MAE 利用微波能量激发分子不规则运动，使分子间摩擦生热从而导致溶剂和样品的快速加热和充分接触以完成萃取，其优点在于除显著降低萃取时间和溶剂量外，可同时萃取多种介质中的不同污染物。但是单一极性的溶剂不适合 MAE，因此不同极性的溶剂混合液成为首选，如正己烷/丙酮、正己烷/二氯甲烷等。ASE 是近年来发展最快的萃取技术之一。它利用高温高压技术使得萃取溶剂处于临界状态，增加了与目标物分子接触的可能性，提高了萃取效率，并且显著降低了萃取时间和溶剂使用量，因此得到广泛的应用。但是对于 PBDD/Fs 和 PBDEs 等存在热降解现象的化合物，使用这些利用高温增加萃取效率的技术之前，须对其进行方法考察评价，以保证样品中目标物的萃取效果。

对于液态样品的萃取，通常采用与样品溶液不同极性的溶剂进行液液萃取（liquid-liquid extraction，LLE）。采用 LLE 法萃取水、血液和牛奶样品中多种 POPs 已被列入标准方法中，包括 PCDD/Fs 和 PCBs 等（Xu et al.，2013），是最经典的萃取方法之一。LLE 具有操作简单、萃取效果良好等优点，但也存在耗时耗溶剂等缺点。实验中亦可将液态样品先进行冷冻干燥处理（如牛奶等），再利用与固体样品相同的处理方法进行样品萃取，亦有较好的萃取效果。此外，近年来发展起来的固相萃取（solid-phase extraction，SPE）技术具有富集效率高、溶剂使用量小等优点，被广泛应用于萃取环境和生物样品中的二噁英类化合物（Ramos et al.，2007；Salihovic et al.，2012），成为可替代 LLE 的重要方法。

几种典型的针对环境和生物样品中 POPs 萃取的方法如下所述。

1）SE

提取溶剂：正己烷：二氯甲烷=1：1（V/V），250 mL；

提取时间：18~24 h；

回流速度：3~4 次/h。

2）ASE

提取溶剂：正己烷：二氯甲烷=1：1（V/V），100 mL；

压力：10.3 MPa（1500 psi）；

温度：150℃（对于大气样品［聚氨酯泡沫（PUF）］，80℃<T<100℃）；

加热时间：7 min；静态提取时间：8 min；吹扫时间：2 min；

循环 3 次。

3）MAE

提取溶剂：正己烷：丙酮=1：1（V/V），20~50 mL；

微波功率：60%~100%（最大功率1200 W）；

温度：10 min 内从 20℃升至 110~135℃，并保持 15 min，然后在 20 min 内降低至 20℃。

4）SPE

a）Oasis® HLB 小柱（Waters, Milford, MA, USA），规格 60 mg/3 mL（Ramos et al., 2007）

预淋洗：2 mL 二氯甲烷、1 mL 甲苯、2 mL 甲醇、2 mL 去离子水，之后反转顺序淋洗一遍，最后用 1 mL 甲苯、2 mL 甲醇、2 mL 去离子水淋洗；

样品准备：1 mL 血清样品，加入 1mL 甲酸和 50 μL 乙腈并在 50℃的超声浴中平衡 20 min；

洗脱：先用氮气吹干 SPE 小柱（15 min），4 mL 甲苯洗脱。

b）C_{18} 小柱（LC-18 SPE, Supelco, Bellefonte, PA, USA），规格 1 g/6 mL

预淋洗：6 mL 乙腈；

洗脱：12 mL 乙腈。

2.3.2 样品净化

样品萃取液中含有大量的杂质，这些杂质浓度水平通常远高于目标物，从而对仪器分析结果造成明显干扰。因此，样品萃取液需要进一步分离纯化才能进行仪器检测。环境样品的净化处理主要包括除脂、除硫、去除大分子物质和其他影响色谱分离和定性定量的干扰物质（参见图 2-5）。除硫主要针对土壤和底泥样品，常用的方法包括：铜粉除硫、硝酸银硅胶除硫和凝胶渗透色谱（gel permeation chromatography，GPC）；对于生物样品，除脂和大分子物质是净化处理的关键，常用的方法有：GPC、酸性硅胶、浓硫酸磺化等，氧化铝柱、弗罗里硅土柱和硅胶柱也可以用于除脂和大分子物质等。GPC 是基于体积排阻的分离机理，通过具有分子筛性质的固定相，去除对目标组分有干扰的大分子（如脂肪、色素）和小分子物质（如硫）。酸性硅胶除脂与浓硫酸除脂原理相同，区别在于将浓硫酸加入到硅胶中，利用硅胶将磺化后的产物吸附从而易于分离。进一步的样品纯化包括硅胶柱、氧化铝柱、活性炭柱和弗罗里硅土柱等，通过目标物在色谱柱上保留行为的差别用不同极性溶剂进行洗脱，最终分离得到纯化后的目标物。PBDEs 是 PBDD/Fs 在仪器分析中的最大干扰物，因此在净化过程中要尽量实现与 PBDD/Fs 的分离。弗罗里硅土柱和活性炭柱均可以实现 PBDD/Fs 和 PBDEs 较为彻底的分离。此外，溴代化合物通常要比氯代化合物更易脱卤，发生光解现象，因此 PBDD/Fs

和 PBDEs 的样品前处理过程中需尽量避光操作，避免目标物发生光降解行为。

目前针对 PCDD/Fs、PBDD/Fs、PCBs 和 PBDEs 的样品纯化手段以传统的手工填装色谱柱为主，在填料准备和样品洗脱方面存在较大差异，但基本都能满足目标物的分析要求。20 世纪末出现了商品化的全自动样品前处理设备，将实验人员从烦琐的前处理操作中解放出来，有效提高了样品的前处理效率，保证了分析结果的一致性。这些设备仍然采用商品化的酸碱复合硅胶柱、氧化铝柱和活性炭柱等填装色谱柱来完成样品纯化处理，能够有效分离二噁英（PCDD/Fs 和 PBDD/Fs）与其他目标物（PBDEs 和 PCBs），从而保证了更低浓度水平的 PCDD/Fs 和 PBDD/Fs 的定性定量。

几种典型的净化柱操作如下所述。

1）酸碱复合硅胶柱

硅胶属弱酸性吸附剂，一般使用前在 450～550℃下烘烤 12 h 左右，降温后使用。实验中通常结合使用酸化和碱化的硅胶，以达到最佳净化效果。玻璃净化柱内径为 12～15 mm，长为 300 mm，从下至上依次填充：中性硅胶 1.0 g、1.2% NaOH 的碱性硅胶 4.0 g、中性硅胶 1.0 g、40% H_2SO_4 的酸性硅胶 8.0 g、中性硅胶 2.0 g、无水硫酸钠 2.0 cm。样品净化前先用 100 mL 正己烷对净化柱进行预淋洗，上样后用 100 mL 正己烷进行目标物洗脱。

2）碱性氧化铝柱

氧化铝是强极性吸附剂，包括碱性（pH 9～10）、中性和酸性（pH 4～5）三种。二噁英类化合物通常采用碱性氧化铝纯化。碱性氧化铝使用前在 500～600℃下烘烤 24 h。其规格与硅胶柱相同，填料依次为：碱性氧化铝 6 g、无水硫酸钠 2.0 cm。样品净化前用 50 mL 正己烷进行预淋洗，上样后先用 30 mL 正己烷洗脱干扰物，再用 40 mL 正己烷：二氯甲烷（1：1，V/V）洗脱二噁英类化合物。

3）弗罗里硅土柱

弗罗里硅土属硅镁型吸附剂，吸附性能较强。一般使用前于 140℃活化至少 7 h，降温后 1 h 内使用。净化柱规格：8 mm（内径）×250 mm（柱长），依次填装弗罗里硅土 1 g、无水硫酸钠 2 cm。净化前采用 50 mL 二氯甲烷预淋洗，上样后先用 30 mL 二氯甲烷：正己烷（1：19，V/V）洗脱 PCBs 和 PBDEs 组分，再用 40 mL 二氯甲烷洗脱 PCDD/Fs 和 PBDD/Fs 组分。

4）活性炭柱

采用硅藻土作为分散剂，与活性炭混匀后使用。其规格：12～15 mm（内径）×300 mm（柱长），填料依次为：活性炭/硅藻土（18%活性炭）1.5 g、无水硫酸钠 2 cm。净化柱使用前分别用 20 mL 甲苯和 20 mL 正己烷依次预淋洗，上样后先用 50 mL 正己烷洗脱 PCBs 和 PBDEs 组分，再用 80 mL 甲苯洗脱 PCDD/Fs 和 PBDD/Fs 组分。

2.4 气相色谱法分析二噁英类化合物

GC 分离主要基于内壁涂渍不同固定相的石英毛细管柱来实现，其本身具有较强的分离能力，所配备的 FID、ECD 等检测器可以满足一般 POPs 样品的分析。目前 GC 法主要应用于环境浓度水平较高的 PCBs 和有机氯农药（organochlorine pesticides，OCPs）等，此外亦被用于分离商用 PBDEs 产品等（Bezares-Cruz et al.，2004；Korytár et al.，2005）。对于痕量、超痕量的二噁英类化合物，由于无法避免色谱分离中存在的共流出现象，抗干扰能力相对较差，因此较少单独使用。

GC-ECD 法可以满足一般环境或生物样品中存在的主要 PCBs 同类物检测需求，例如指示性 PCBs。由于 ECD 灵敏度高、成本低且易于操作，成为 PCBs 分析中最常用的手段。但是 GC-ECD 容易受到其他含氯化合物的干扰，无法满足含量较低的共平面 PCBs（即 DL-PCBs）的检测要求。对于 DL-PCBs 的分析要求与 PCDD/Fs 基本相同，需要采用 HRGC/HRMS 法分析。利用 GC-ECD 进行 PCBs 定性定量的标准品可以选择同类物标准物，也可以采用 Aroclor 等标准品。目前还没有色谱柱能够完全无重叠地分离所有的同类物。由于 Aroclor 产品有多种，它们的色谱指纹具有一定的差别，需要利用 5 个（或更多）特征峰的峰面积等进行定量，同时要考虑可能的降解等情况，否则结果可能产生较大的偏差。7 种常见的 Aroclor 标准品 GC-ECD 色谱图参见图 2-6（USEPA，2007）。

ECD 对于高浓度水平的 PBDEs 同样有良好的响应，能够提供比较准确的定性定量结果。一些研究报道了利用 GC-ECD 分析商用 PBDEs 产品的结果（Korytár et al.，2005），其分析质量色谱图见图 2-7。

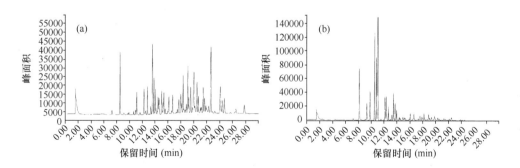

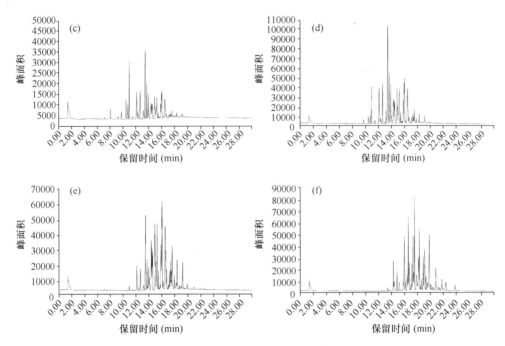

图 2-6　7 种 Aroclor 标准品在 GC-ECD 上的分析质量色谱图（USEPA，2007）

色谱柱：RTX-5 30 m×0.53 mm×1.5 μm

检测器：ECD

升温程序：150℃（1 min）→（8℃/min）→280℃（18 min）

色谱图：(a) Aroclor 1210/1216；(b) Aroclor 1221；(c) Aroclor 1232；(d) Aroclor 1242；
(e) Aroclor 1248；(f) Aroclor 1254

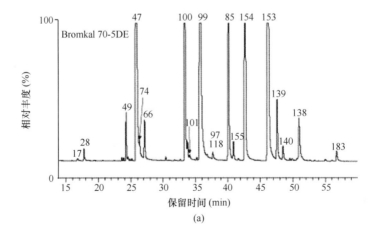

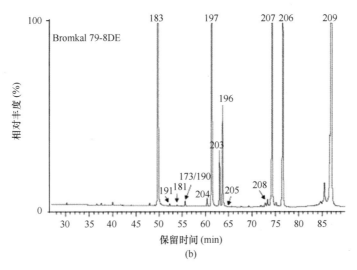

图 2-7 两种商用 PBDEs 产品在 GC-ECD 上的分析质量色谱图（Korytár et al.，2005）
   色谱柱：DB-5（30 m×0.25 mm×0.25 μm）（a），DB-1（30 m×0.25 mm×0.25 μm）（b）
   进样口：290℃
   升温程序：90℃（2 min）→（30℃/min）→200℃→（1.5℃/min）→325℃（1 min）
   检测器：ECD，温度：330℃
   色谱图：以 IUPAC 编号在图上标出

2.5 高分辨气相色谱/低分辨质谱联用法分析二噁英类化合物

2.5.1 PCDD/Fs/PBDD/Fs

GC 与各种 MS 联用技术较为成熟，定性和定量准确性高，是目前 POPs 特别是二噁英类化合物分析最主要的技术手段。美国 EPA 于 1996 年建立了 HRGC/LRMS 分析 PCDD/Fs 的方法 8280A，最新版本为 2007 年发布的 8280B（Revision 2）。HRGC/LRMS 分析成本低，操作简单，对于含量较高样品的分析结果与 HRGC/HRMS 具有较好的一致性。对于 PCDD/Fs 污染较为严重的地区或化学品等进行检测分析，HRGC/LRMS 完全可以胜任。HRGC/LRMS 与 HRGC/HRMS 方法的样品前处理步骤基本相同，但由于仪器分辨率低，LRMS 检测结果更容易受到基质和其他物质的干扰，因此 HRGC/LRMS 对于含量较低的样品一般仅作为筛选手段，能够避免未知高污染样品对 HRMS 造成污染等。图 2-8 给出了利用 HRGC/LRMS 分析一个垃圾焚烧烟道气样品中 PCDD/Fs 的结果（蔡亚岐等，2009）。对于 PBDD/Fs，尚未见有利用 HRGC/LRMS 分析实际样品的研究报道。

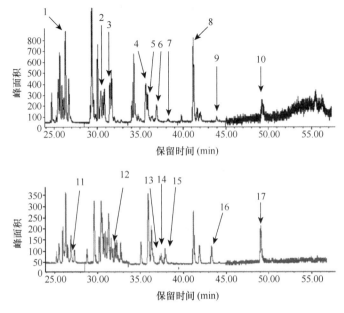

图 2-8 HRGC/LRMS 分析一个垃圾焚烧烟道气样品中 PCDD/Fs 的质量色谱图（蔡亚岐等，2009）

色谱柱：DB-5 MS，30 m×0.25 mm×0.25 μm

载气：氢气，恒流模式，1 mL/min

柱温：80℃→（10℃/min）→220℃（2 min）→（2℃/min）→270℃（5 min）

进样口：无分流，280℃，吹扫时间 1.5 min

检测器：Agilent 5973 MSD 低分辨质谱，EI^+ 模式

色谱峰：1. 2,3,7,8-TCDF；2. 1,2,3,7,8-PeCDF；3. 2,3,4,7,8-PeCDF；4. 1,2,3,4,7,8-HxCDF；5. 1,2,3,6,7,8-HxCDF；6. 2,3,4,6,7,8-HxCDF；7. 1,2,3,7,8,9-HxCDF；8. 1,2,3,4,6,7,8-HpCDF；9. 1,2,3,4,7,8,9-HpCDF；10. OCDF；11. 2,3,7,8-TCDD；12. 1,2,3,7,8-PeCDD；13. 1,2,3,4,7,8-HxCDD；14. 1,2,3,6,7,8-HxCDD；15. 1,2,3,7,8,9-HxCDD；16. 1,2,3,4,6,7,8-HpCDD；17. OCDD

2.5.2 PCBs

HRGC/LRMS 被广泛地应用于 PCBs 的分析检测。常用的色谱柱为 DB-5 MS，规格为 60 m（或 30 m）×0.25 mm×0.25 μm，载气为氢气，恒流模式，流速为 1.0～1.2 mL/min；进样口温度 270～290℃，传输线温度为 270～290℃。质谱参数：电子轰击源（EI^+），源温 230～250℃，四极杆温度 150℃，选择离子监测（SIM）模式。图 2-9 是利用 HRGC/LRMS 分析 Aroclor 1254 和 Aroclor 1260 标准品混合液（100 μg/mL）中 PCBs 的质量色谱图（Robles Martínez et al.，2005）。

由于 LRMS 的分辨率最高只能到 1000 左右，对 PCBs 离子碎片质量的精确程度只能到十分位，因此去除质量干扰的能力有限，对于某些超痕量组分（如 DL-PCBs）则需要使用更高分辨率或灵敏度的质谱技术进行确认分析，以达到准确定性定量。

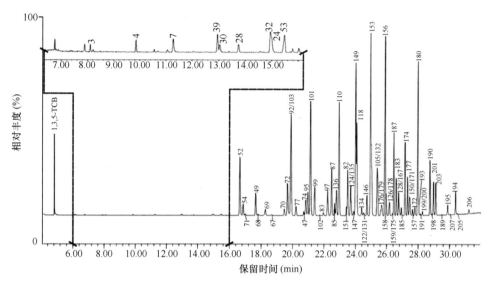

图 2-9　HRGC/LRMS 分析 Aroclor 1254 和 Aroclor 1260 标准品混合液（100 μg/mL，1∶1，$V\colon V$）中 PCBs 的质量色谱图（Robles Martínez et al.，2005）

色谱柱：HP-5 MS，30 m×0.25 mm×0.25 μm

载气：氦气，恒压模式，18 psi，1.9 mL/min

进样口：270℃，无分流模式

柱温：70℃（2 min）→（25℃/min）→150℃→（3℃/min）→200℃→（8℃/min）→280℃（5 min）

检测器：Agilent 5980-1472E 低分辨质谱，EI$^+$模式，源温 230℃，

四极杆温度 150℃，传输线温度 280℃

色谱峰：以 IUPAC 编号在图上标出

2.5.3　PBDEs

与 PCBs 相同，HRGC/LRMS 被广泛地应用于 PBDEs 的分析检测。由于溴代化合物在环境中易发生脱溴作用，因此在 HRGC/LRMS 检测过程中通常采用软电离模式，如 ECNI，具有较高的检测灵敏度，MDL 往往比在 EI 模式下低一个数量级（Wang and Li，2010）。但由于检测主要针对电离过程中产生的溴离子，即[^{79}Br]$^+$和[^{81}Br]$^+$，因此选择性相对较差。图 2-10 是采用 HRGC/LRMS 结合 ECNI 模式分析 PBDEs 标准品和实际样品的质量色谱图（Akutsu et al.，2001）。

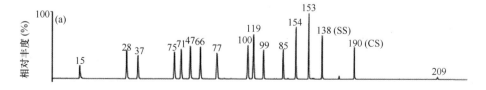

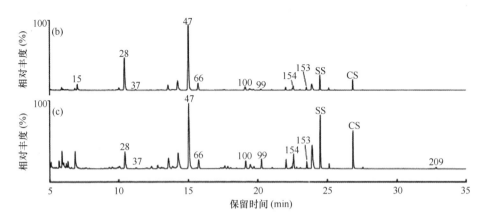

图 2-10　HRGC/LRMS-ECNI 分析 PBDEs 的质量色谱图（Akutsu et al., 2001）

(a) 标准溶液（10 ng/mL）；(b) 生物样品 1（乌鱼）；(c) 生物样品 2（比目鱼）。SS：进样内标；CS：净化内标

色谱柱：DB-1, 15 m×0.25 mm×0.25 μm

载气：氢气，恒压模式，6 psi

柱温：140℃（2 min）→（10℃/min）→180℃→（3℃/min）→ 220℃→（10℃/min）→ 325℃（5 min）

进样口：275℃，无分流模式

检测器：Auto Mas 150M（JOEL, Tokyo, Japan）低分辨质谱，ECNI 模式色谱峰：以 IUPAC 编号在图上标出

2.6　高分辨气相色谱/高分辨质谱联用法分析二噁英类化合物

2.6.1　PCDD/Fs

PCDD/Fs 的质谱分析时常会受到许多质量和结构类似物的干扰，因此分辨率≥10000 是准确分析 PCDD/Fs 的保证。目前应用最广的 HRGC/HRMS 方法体系为美国 EPA 1613B 方法，适用于多种环境样品和生物组织样品的分析。该方法分析 PCDD/Fs 时具有很宽的线性范围（>10^5），且采用同位素稀释技术和平均响应因子法进行定量，保证了定性定量的准确性。表 2-5 给出了 PCDD/Fs 同位素内标的相关信息。EPA 1613B 方法要求 HRGC/HRMS 测定 PCDD/Fs 的最低浓度水平如表 2-6 所示。图 2-11 是利用该方法进行 2,3,7,8-TCDD 分析时的标准曲线。五点标准曲线溶液浓度从 0.5 ng/mL 到 200 ng/mL，五点相对响应因子之间的相对标准偏差（relative standard deviation，RSD）为 6.4%（EPA 1613B 方法要求<20%），具有非常好的线性。

目前还没有单一色谱柱能够将毒性 PCDD/Fs 同类物与其他同类物完全分离。DB-5 MS（或相当）是二噁英类化合物分析中最常用的色谱柱，可以满足日常分析分离的需要。图 2-12 为 DB-5 MS 上 2,3,7,8 位氯取代同类物的分析质量色谱图。但 DB-5 MS 无法满足 EPA 1613B 方法关于分离确认 2,3,7,8-TCDF

表 2-5　$^{13}C_{12}$ 标记的 PCDD/Fs 内标成分表

替代内标	浓度	进样内标	浓度
$^{13}C_{12}$-2,3,7,8-TCDD	100 ng/mL	$^{13}C_{12}$-1,2,3,4-TCDD	100 ng/mL
$^{13}C_{12}$-1,2,3,7,8-PeCDD	100 ng/mL	$^{13}C_{12}$-1,2,3,7,8,9-HxCDD	100 ng/mL
$^{13}C_{12}$-1,2,3,4,7,8-HxCDD	100 ng/mL		
$^{13}C_{12}$-1,2,3,6,7,8-HxCDD	100 ng/mL		
$^{13}C_{12}$-1,2,3,4,6,7,8-HpCDD	100 ng/mL		
$^{13}C_{12}$-OCDD	200 ng/mL		
$^{13}C_{12}$-2,3,7,8-TCDF	100 ng/mL		
$^{13}C_{12}$-1,2,3,7,8-PeCDF	100 ng/mL		
$^{13}C_{12}$-2,3,4,7,8-PeCDF	100 ng/mL		
$^{13}C_{12}$-1,2,3,4,7,8-HxCDF	100 ng/mL		
$^{13}C_{12}$-1,2,3,6,7,8-HxCDF	100 ng/mL		
$^{13}C_{12}$-1,2,3,7,8,9-HxCDF	100 ng/mL		
$^{13}C_{12}$-2,3,4,6,7,8-HxCDF	100 ng/mL		
$^{13}C_{12}$-1,2,3,4,6,7,8-HpCDF	100 ng/mL		
$^{13}C_{12}$-1,2,3,4,7,8,9-HpCDF	100 ng/mL		

表 2-6　EPA 1613B 中要求的 PCDD/Fs 分析的最低浓度水平

二噁英同类物	最低浓度水平		
	固体（ng/kg）	水（pg/L）	提取物（pg/μL）
2,3,7,8-TCDD	1	10	0.5
1,2,3,7,8-PeCDD	5	50	2.5
1,2,3,4,7,8-HxCDD	5	50	2.5
1,2,3,6,7,8-HxCDD	5	50	2.5
1,2,3,7,8,9-HxCDD	5	50	2.5
1,2,3,4,6,7,8-HpCDD	5	50	2.5
OCDD	10	100	5.0
2,3,7,8-TCDF	1	10	0.5
1,2,3,7,8-PeCDF	5	50	2.5
2,3,4,7,8-PeCDF	5	50	2.5
1,2,3,4,7,8-HxCDF	5	50	2.5
1,2,3,6,7,8-HxCDF	5	50	2.5
1,2,3,7,8,9-HxCDF	5	50	2.5
2,3,4,6,7,8-HxCDF	5	50	2.5
1,2,3,4,6,7,8-HpCDF	5	50	2.5
1,2,3,4,7,8,9-HpCDF	5	50	2.5
OCDF	10	100	5.0

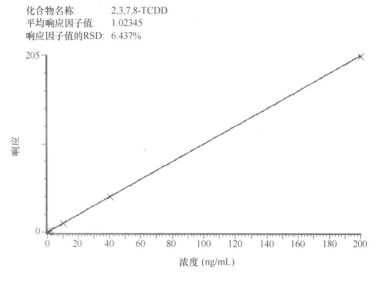

图 2-11　2,3,7,8-TCDD 的五点标准曲线图

的条件（多个峰完全重叠），所以对某些需要准确检测 2,3,7,8-TCDF 的样品，需要用一定极性的色谱柱来分离确认，EPA 1613B 方法建议使用极性较强的 DB-225 色谱柱。此外 SP-2330 或 SP-2331 亦经常用来对某些结果进行确认。由于这些色谱柱对高氯代 PCDD/Fs，特别是 OCDD/F 的重现效果较差，日本 JIS 方法建议分别使用 SP-2331 和 DB-17 或 DB-5 来分离 4~6 氯代和 7~8 氯代的 PCDD/Fs（JIS，2005），但分析成本有所提升。近年来，Agilent 公司、Thermo Fisher 公司和 Restek 公司均开发了 PCDD/Fs 分析的专用柱，如 Agilent J&W CP-Sil 88、TR-Dioxin 5MS 和 Rtx-Dioxin 色谱柱等，能够有针对性地提高目标物色谱峰的分离效果。

EPA 1613B 方法中规定 DB-5 分离 2,3,7,8-TCDD 时，保留时间应大于 25 min（随着色谱柱技术的发展，这个要求在很多实验室被淡化），与最近的同类物 1,2,3,7-TCDD 间的峰谷比 2,3,7,8-TCDD 峰高≤25%，因此分析过程中对色谱条件应进行优化，以达到必要的分离要求。图 2-13 给出 DB-5 MS 色谱柱分析飞灰样品中 PCDD/Fs 的质量色谱图。从图中可以看出 2,3,7,8-TCDF 仍然存在和其他无毒同类物的部分重叠。此种情况下，如果所占比重过大（一般在涉及超标的情况下），则需要其他色谱柱进一步确认。图 2-14 给出了 DB-5 MS 用于分析一个生物样品（肝脏）中 PCDD/Fs 的质量色谱图，可以看出对于生物样品中超低含量的 17 种 2,3,7,8 位氯取代的 PCDD/Fs，HRGC/HRMS 能够给出有效的分离，保证了目标物定性定量的准确性。

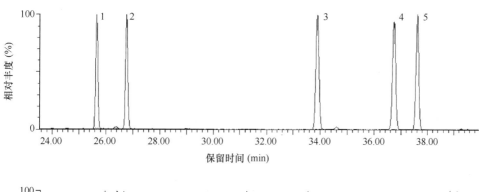

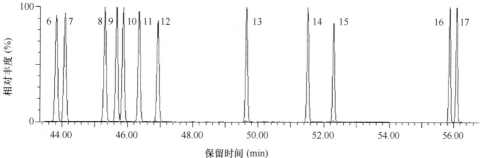

图 2-12　2,3,7,8 位氯取代 PCDD/Fs 标准分析色谱图

色谱柱：DB-5 MS，60 m×0.25 mm×0.25 μm

载气：氦气，恒流模式，1.2 mL/min

柱温：150℃ (3 min)→(20℃/min)→ 230℃ (18 min) →(5℃/min)→ 235℃ (10 min) →(4℃/min)→330℃ (3min)

进样口：无分流，270℃，吹扫时间 2 min

检测器：AutoSpec Ultima 高分辨质谱（Waters, USA），EI$^+$，电子能量 35 eV，分辨率 $R \geqslant 10000$

色谱峰：1. 2,3,7,8-TCDF；2. 2,3,7,8-TCDD；3. 1,2,3,7,8-PeCDF；4. 2,3,4,7,8-PeCDF；5. 1,2,3,7,8-PeCDD；6. 1,2,3,4,7,8-HxCDF；7. 1,2,3,6,7,8-HxCDF；8. 2,3,4,6,7,8-HxCDF；9. 1,2,3,4,7,8-HxCDD；10. 1,2,3,6,7,8-HxCDD；11. 1,2,3,7,8,9-HxCDD；12. 1,2,3,7,8,9-HxCDF；13. 1,2,3,4,6,7,8-HpCDD；14. 1,2,3,4,6,7,8-HpCDF；15. 1,2,3,4,7,8,9-HpCDF；16. OCDD；17. OCDF

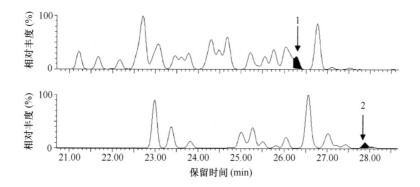

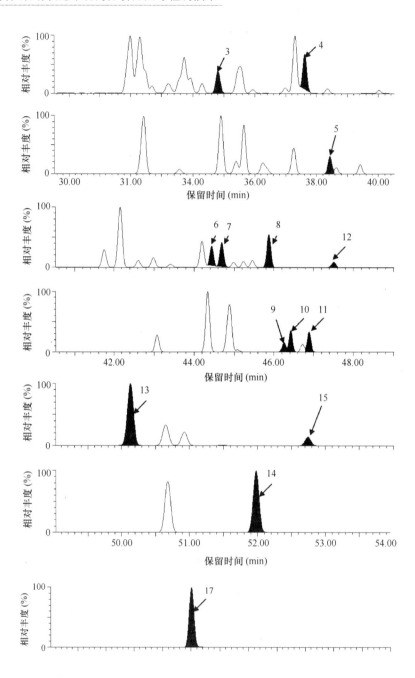

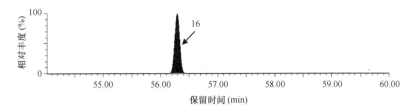

图 2-13　一个垃圾焚烧炉烟道气样品中 PCDD/Fs 的分析质量色谱图

色谱柱：DB-5 MS，60 m×0.25 mm×0.25 μm

其他条件同图 2-12

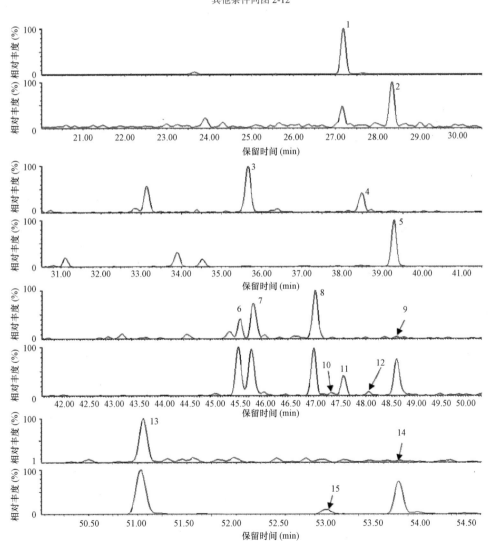

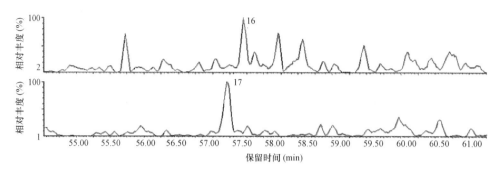

图 2-14　一个生物样品（肝脏）中 PCDD/Fs 的分析质量色谱图
色谱柱：DB-5 MS，60 m×0.25 mm×0.25 μm
载气：氦气，恒流模式，1.0 mL/min
柱温：150℃（3 min）→（20℃/min）→230℃（18 min）→（5℃/min）→235℃（10 min）→
（4℃/min）→330℃（3 min）
进样口：无分流，270℃，吹扫时间 2 min
检测器：AutoSpec Ultima 高分辨质谱，EI$^+$，电子能量 35 eV，分辨率 $R \geqslant 10000$
色谱峰：1. 2,3,7,8-TCDF；2. 2,3,7,8-TCDD；3. 1,2,3,7,8-PeCDF；4. 2,3,4,7,8-PeCDF；5. 1,2,3,7,8-PeCDD；
6. 1,2,3,4,7,8-HxCDF；7. 1,2,3,6,7,8-HxCDF；8. 2,3,4,6,7,8-HxCDF；9. 1,2,3,7,8,9-HxCDF；10. 1,2,3,4,7,8-HxCDD；
11. 1,2,3,6,7,8-HxCDD；12. 1,2,3,7,8,9-HxCDD；13. 1,2,3,4,6,7,8-HpCDF；14. 1,2,3,4,7,8,9-HpCDF；
15. 1,2,3,4,6,7,8-HpCDD；16. OCDF；17. OCDD

2.6.2　PBDD/Fs

PBDD/Fs 的准确质量分析亦采用 HRGC/HRMS 法，电子轰击源（EI$^+$），质谱分辨率 $\geqslant 10000$。为降低 PBDD/Fs 在 GC 进样口发生热降解的可能性，提高仪器响应，通常采用 PTV 进样方式或脉冲不分流进样。PTV 进样的体积可达 10 μL，进样口升温程序为初始温度 110℃保持 0.25 min，之后以 700℃/min 升至 325℃并保持 5 min（Bjurlid et al.，2018）；采用脉冲不分流进样时的脉冲压力为 220 kPa，进样口温度为 300℃，进样体积为 1 μL（Li et al.，2015）。载气为氦气，流速为 1.0 mL/min。利用 DFS 高分辨双聚焦磁质谱仪器（Thermo Fisher，USA）分析时，电子能量为 45 eV，离子源温度为 280℃，传输线温度为 280℃。而采用 Autospec 磁质谱仪器（Waters，USA）分析时，电子能量为 35 eV，吸极电流为 500 μA，离子源温度为 250℃。分析 PBDD/Fs 通常采用较短的色谱柱，如 15 m 的 DB-5 MS（0.25 mm ×0.1 μm）。图 2-15 是 HRGC/HRMS 方法分析 PBDD/Fs 标准溶液的分析质量色谱图。图 2-16 是一个烟道气样品中 PBDD/Fs 的分析质量色谱图。从图中可以看出 HRGC/HRMS 基本能够保证 PBDD/Fs 的完全分离（除 HxBDDs 外），但高溴代同类物的响应相对较低，这为其准确定量带来了一定的困难。

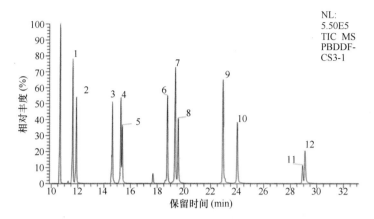

图 2-15　2,3,7,8-氯取代 PBDD/Fs 标准溶液的分析质量色谱图

色谱柱：DB-5 MS，15 m×0.25 mm×0.10 μm

载气：氢气，恒流模式，1 mL/min

柱温：120℃（1 min）→（12℃/min）→220℃→（4℃/min）→260℃（3℃/min）→320℃（7 min）

进样口：脉冲无分流进样，290℃，吹扫时间 2 min

检测器：DFS 高分辨双聚焦磁质谱（Thermo Fisher, USA），EI$^+$，电子能量 45 eV，分辨率 $R \geqslant 10000$

色谱峰：1. 2,3,7,8-TBDF；2. 2,3,7,8-TCDD；3. 1,2,3,7,8-PeBDF；4. 2,3,4,7,8-PeBDF；5. 1,2,3,7,8-PeBDD；6. 1,2,3,4,7,8-HxBDF；7. 1,2,3,4,7,8/1,2,3,6,7,8-HxBDD；8. 1,2,3,7,8,9-HxBDD；9. 1,2,3,4,6,7,8-HpBDF；10. 1,2,3,4,6,7,8-HpBDD；11. OBDF；12. OBDD

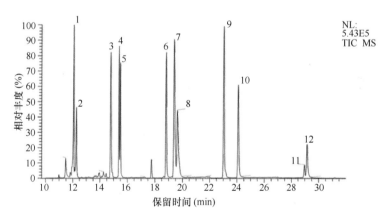

图 2-16　一个烟道气样品中 PBDD/Fs 的分析质量色谱图

仪器分析条件同图 2-15

2.6.3　PCBs

1997 年美国 EPA 基于 PCDD/Fs 的高分辨分析方法（EPA 1613）建立了用于分析环境和生物样品中超痕量 PCBs 的 EPA 1668 方法。该方法的分析条件与

PCDD/Fs 基本相同，不同之处在于 GC 进样口温度和色谱柱升温程序末端温度均较高，以保证高氯代 PCBs 的进样和分离效果。表 2-7 给出了 EPA 1668C 方法（USEPA，2010）中关于 PCBs 同位素内标的相关信息。图 2-17 是利用该方法制作的 PCB-126 的标准曲线，采用平均响应因子法进行定量。五点标准曲线溶液浓度从 1.0 ng/mL 到 2000 ng/mL，五点相对响应因子的 RSD 为 1.1%（EPA 1668C 要求<20%），具有非常好的线性。表 2-8 给出了该方法要求的 DL-PCBs 分析的最低浓度水平。图 2-18 是基于该方法分析 DL-PCBs 标准溶液的分析质量色谱图，图 2-19 和图 2-20 分别给出了环境样品（底泥）和生物样品（鱼）中 PCBs 的分析质量色谱图。目前 HRGC/HRMS 方法已被广泛应用于各种环境样品、生物样品以及人体血液样品等中超痕量 PCBs 的分析检测（van den Berg et al.，2017）。

表 2-7 $^{13}C_{12}$ 标记的 PCBs 内标成分表

替代内标	浓度	进样内标	浓度
$^{13}C_{12}$-PCB-1	100 ng/mL	$^{13}C_{12}$-PCB-9	100 ng/mL
$^{13}C_{12}$-PCB-3	100 ng/mL	$^{13}C_{12}$-PCB-52	100 ng/mL
$^{13}C_{12}$-PCB-4	100 ng/mL	$^{13}C_{12}$-PCB-101	100 ng/mL
$^{13}C_{12}$-PCB-15	100 ng/mL	$^{13}C_{12}$-PCB-138	100 ng/mL
$^{13}C_{12}$-PCB-19	100 ng/mL	$^{13}C_{12}$-PCB-194	100 ng/mL
$^{13}C_{12}$-PCB-37	100 ng/mL		
$^{13}C_{12}$-PCB-54	100 ng/mL		
$^{13}C_{12}$-PCB-81	100 ng/mL		
$^{13}C_{12}$-PCB-77	100 ng/mL		
$^{13}C_{12}$-PCB-104	100 ng/mL		
$^{13}C_{12}$-PCB-114	100 ng/mL		
$^{13}C_{12}$-PCB-105	100 ng/mL		
$^{13}C_{12}$-PCB-126	100 ng/mL		
$^{13}C_{12}$-PCB-155	100 ng/mL		
$^{13}C_{12}$-PCB-167	100 ng/mL		
$^{13}C_{12}$-PCB-156	100 ng/mL		
$^{13}C_{12}$-PCB-157	100 ng/mL		
$^{13}C_{12}$-PCB-169	100 ng/mL		

续表

替代内标	浓度	进样内标	浓度
$^{13}C_{12}$-PCB-188	100 ng/mL		
$^{13}C_{12}$-PCB-189	100 ng/mL		
$^{13}C_{12}$-PCB-202	100 ng/mL		
$^{13}C_{12}$-PCB-205	100 ng/mL		
$^{13}C_{12}$-PCB-206	100 ng/mL		
$^{13}C_{12}$-PCB-208	100 ng/mL		
$^{13}C_{12}$-PCB-209	100 ng/mL		

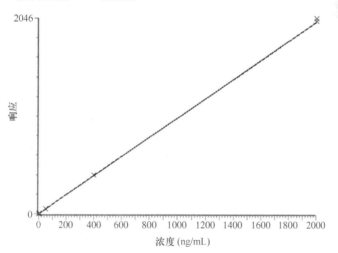

图 2-17　PCB-126 的五点标准曲线

除 HRGC/HRMS 方法能提供高分辨率和灵敏度之外，Waters 公司开发了飞行时间-多重反应监测（TOF-MRM）技术用于分析超痕量 PCBs（Ladak and Mullin，2015）。该方法不仅能收集信息量丰富的精确质量数全扫描数据，同时还能实现更低的检测限。TOF-MRM 分析的原理是：在四极杆中选择了一个母离子之后，在 T-Wave™碰撞池中完成碰撞诱导解离（collision induced dissociation，CID），根据特定子离子的时间来调整 TOF 推斥频率的时间，从而改进特定子离子的采集周期

表 2-8 EPA 1668C 中要求的 DL-PCBs 分析的最低浓度水平

同类物	最低浓度水平		
	其他（ng/kg）	水（pg/L）	提取物（pg/μL）
PCB-77	5	50	2.5
PCB-81	5	50	2.5
PCB-126	5	50	2.5
PCB-169	5	50	2.5
PCB-105	5	50	2.5
PCB-114	5	50	2.5
PCB-118	10	100	5
PCB-123	5	50	2.5
PCB-156	10	100	5
PCB-157			
PCB-167	5	50	2.5
PCB-189	5	50	2.5

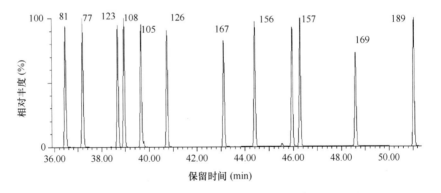

图 2-18 DL-PCBs 标准质量色谱图
色谱柱：DB-5 MS，60 m×0.25 mm×0.25 μm
载气：氦气，恒流模式，1.0 mL/min
柱温：120℃（1 min）→（30℃/min）→150℃ →（2.5℃/min）→300℃（1 min）
进样口：无分流，290℃，吹扫时间 1 min
检测器：AutoSpec Ultima 高分辨质谱，EI$^+$，电子能量 35 eV，分辨率 $R \geqslant 10000$
色谱峰：以 IUPAC 编号在图上标出

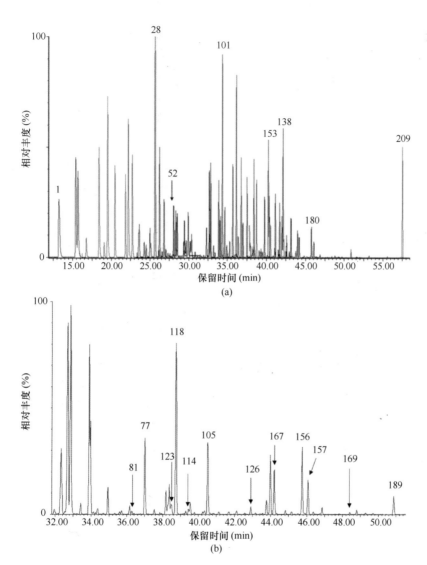

图 2-19　一个污染底泥样品中 PCBs 的分析质量色谱图（蔡亚岐等，2009）
（a）全部 PCBs 色谱图：特别标注出指示性 PCBs；（b）DL-PCBs 的色谱图
色谱柱：Rtx-5 SILMS，60 m×0.25 mm×0.25 μm
其他条件：恒流模式 1 mL/min
柱温：80℃（2min）→（7.5℃/min）→220℃（16min）→（5℃/min）→235℃（7min）→（5℃/min）→330℃（1min）
色谱峰：以 IUPAC 编号在图上标出

（图 2-21）。针对复杂生物基质（鲸脂提取物）的分析结果表明，与 TOF-MS 采集相比，TOF-MRM 采集得到的 PCB-118 信噪比更高（图 2-22）。目前该技术尚未见应用研究报道，其分析效果有待进一步验证。

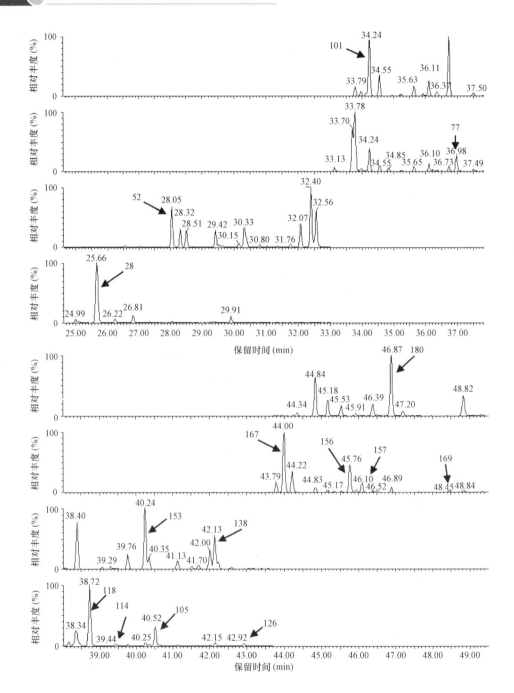

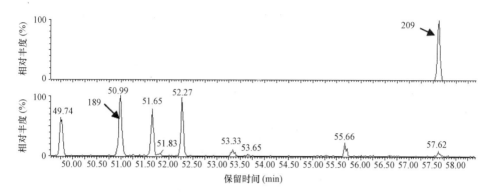

图 2-20 一个生物样品（鱼）中 PCBs 的分析质量色谱图
色谱柱：DB-5 MS，60 m×250 μm i.d.×0.25 μm
其他条件：恒流模式，1 mL/min，其他同图 2-18
色谱峰：以 IUPAC 编号在图上标出

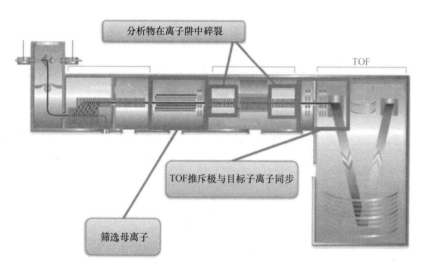

图 2-21 基于 SYNAPT G2-Si 仪器的 TOF-MRM 分析原理示意图（Ladak and Mullin，2015）

2.6.4 PBDEs

目前采用 HRGC/HRMS 分析 PBDEs 主要依据美国 EPA 1614 方法。与 HRGC/LRMS 方法不同，HRGC/HRMS 分析 PBDEs 主要采用 EI$^+$ 源，EPA 1614 方法要求仪器的分辨率≥5000，监测离子为分子离子峰，质量范围为 248~973。但由于 HRMS 的参比物质全氟煤油（perfluorokerosene，PFK）在高质量端响应较弱，加之仪器分辨率太高会导致离子的响应强度降低，因此实际分析中监测离子碎片主要为分子离子（低溴代）和脱溴后的产物（高溴代），即 $[M]^+$ 和 $[M-Br_2]^+$。表 2-9 给出了 PBDEs 分析的质谱采集质量碎片 m/z 及相关信息。

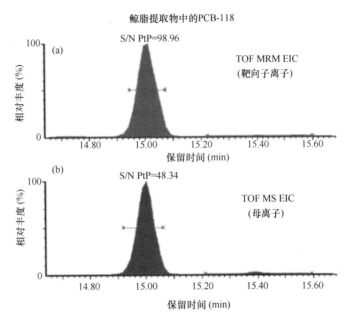

图 2-22 TOF-MRM（a）和 TOF-MS（b）分析得到的 PCB-118 提取离子色谱图（EIC）
(Ladak and Mullin，2015)

表 2-9 PBDEs 质谱采集质量碎片 m/z 和相关信息

窗口；溴代水平	m/z	碎片类型	元素组成	碎片名
1；Br-3	371.8817	M+2	$^{13}C_{12}H_5^{35}Cl_5^{37}Cl$	$^{13}C_{12}$HxCB
	373.8788	M+4	$^{13}C_{12}H_6^{35}Cl_4^{37}Cl_2$	$^{13}C_{12}$HxCB
	380.9760	Lock	$^{12}C_8F_{15}$	PFK
	405.8021	M+2	$^{12}C_{12}H_7^{16}O^{79}Br_2^{81}Br$	triBDE
	407.8001	M+4	$^{12}C_{12}H_7^{16}O^{79}Br^{81}Br_2$	triBDE
2；Br-4	480.9696	Lock	$^{12}C_{10}F_{19}$	PFK
	483.7126	M+2	$^{12}C_{12}H_6^{16}O^{79}Br_3^{81}Br$	tetraBDE
	485.7106	M+4	$^{12}C_{12}H_6^{16}O^{79}Br_2^{81}Br_2$	tetraBDE
	495.7529	M+2	$^{13}C_{12}H_6^{16}O^{79}Br_3^{81}Br$	$^{13}C_{12}$-tetraBDE
	497.7508	M+4	$^{13}C_{12}H_6^{16}O^{79}Br_2^{81}Br_2$	$^{13}C_{12}$-tetraBDE
3；Br-5	403.7865	M-2Br+2	$^{12}C_{12}H_5^{16}O^{79}Br_2^{81}Br$	pentaBDE
	404.9761	Lock	$^{12}C_{10}F_{15}$	PFK
	405.7845	M-2Br+4	$^{12}C_{12}H_5^{16}O^{79}Br^{81}Br_2$	pentaBDE
	415.8267	M-2Br+2	$^{13}C_{12}H_5^{16}O^{79}Br_2^{81}Br$	$^{13}C_{12}$-pentaBDE
	417.8247	M-2Br+4	$^{13}C_{12}H_5^{16}O^{79}Br^{81}Br_2$	$^{13}C_{12}$-pentaBDE

续表

窗口；溴代水平	m/z	碎片类型	元素组成	碎片名
4；Br-6	480.9696	Lock	$^{12}C_{10}F_{19}$	PFK
	481.6970	M-2Br+2	$^{12}C_{12}H_4^{16}O^{79}Br_3^{81}Br$	hexaBDE
	483.6950	M-2Br+4	$^{12}C_{12}H_4^{16}O^{79}Br_2^{81}Br_2$	hexaBDE
	493.7372	M-2Br+2	$^{13}C_{12}H_4^{16}O^{79}Br_3^{81}Br$	$^{13}C_{12}$-hexaBDE
	495.7352	M-2Br+4	$^{13}C_{12}H_4^{16}O^{79}Br_2^{81}Br_2$	$^{13}C_{12}$-hexaBDE
5；Br-7	554.9663	Lock	$^{12}C_{13}F_{21}$	PFK
	561.6055	M-2Br+4	$^{12}C_{12}H_3^{16}O^{79}Br_3^{81}Br_2$	heptaBDE
	563.6035	M-2Br+6	$^{12}C_{12}H_3^{16}O^{79}Br_2^{81}Br_3$	heptaBDE
6；Br-8,9,10	604.9624	Lock	$^{12}C_{14}F_{23}$	PFK
	639.5160	M-2Br+4	$^{12}C_{12}H_2^{16}O^{79}Br_4^{81}Br_2$	octaBDE
	641.5140	M-2Br+6	$^{12}C_{12}H_2^{16}O^{79}Br_3^{81}Br_3$	octaBDE
	719.4245	M-2Br+6	$^{12}C_{12}H^{16}O^{79}Br_4^{81}Br_3$	nonaBDE
	721.4425	M-2Br+8	$^{12}C_{12}H^{16}O^{79}Br_3^{81}Br_4$	nonaBDE
	797.3350	M-2Br+6	$^{12}C_{12}^{16}O^{79}Br_5^{81}Br_3$	decaBDE
	799.3329	M-2Br+8	$^{12}C_{12}^{16}O^{79}Br_4^{81}Br_4$	decaBDE
	809.3752	M-2Br+6	$^{13}C_{12}^{16}O^{79}Br_5^{81}Br_3$	$^{13}C_{12}$-decaBDE
	811.3732	M-2Br+8	$^{13}C_{12}^{16}O^{79}Br_4^{81}Br_4$	$^{13}C_{12}$-decaBDE

为保证高溴代化合物的分析效果，分析 3~8 个溴原子取代同类物的色谱柱通常采用 30 m 的 DB-5 MS（0.25 mm×0.1μm），而分析 9~10 个溴原子取代同类物的色谱柱采用 15 m 的 DB-5 MS（0.25 mm ×0.1μm）。色谱柱升温程序为：初始温度 100℃（保持 2 min），以 15℃/min 升到 230℃，然后 5.0℃/min 升到 270℃，最后以 10℃/min 升到 330℃（保持 8 min）（李素梅，2015）。图 2-23 是利用 EPA1614 方法分析 BDE-99 的五点标准曲线，图 2-24 是一个生物样品（鱼肉）中 PBDEs 的分析质量色谱图。

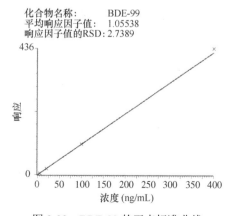

图 2-23　BDE-99 的五点标准曲线

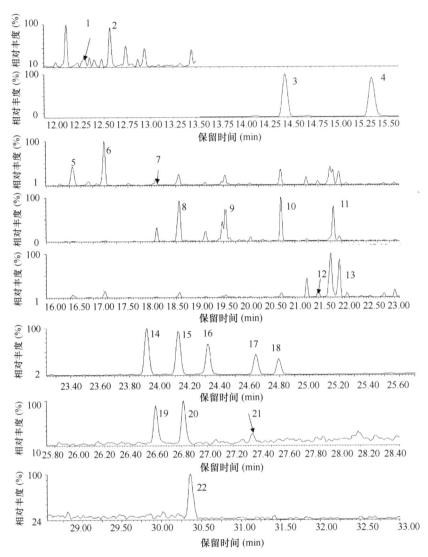

图 2-24 一个生物样品（鱼肉）中 PBDEs 的分析质量色谱图

色谱柱：DB-5 MS 30 m×0.25 mm×0.10 μm

进样口：温度 290℃，无分流进样

传输线温度：270℃

升温条件：100℃（2 min）→（15℃/min）→230℃→（5℃/min）→270℃→（10℃/min）→330℃（8 min）

载气：氦气（≥99.999%）1 mL/min（恒流）

质谱条件：AutoSpec Ultima 高分辨质谱，分辨率≥10000；电子能量 35 eV；吸极电流 500 mA；

检测器电压 350 V；源温 270℃

色谱峰：1. BDE-17；2. BDE-28. 3；BDE-47；4. BDE-77；5. BDE-100；6. BDE-99；7. BDE-85；8. BDE-154；9. BDE-153；10. BDE-138；11. BDE-128；12. BDE-184；13. BDE-183；14. BDE-201；15. BDE-204；16. BDE-197；17. BDE-203；18. BDE-196；19. BDE-208；20. BDE-207；21. BDE-206；22. BDE-209

2.7 高分辨气相色谱/串联质谱联用法分析二噁英类化合物

2.7.1 PCDD/Fs

近年来，HRGC-MS/MS 和大气压气相色谱(APGC)-MS/MS 作为 HRGC/HRMS 的替代方法用于环境和生物组织样品中 PCDD/Fs 的测定，并出现在许多研究报道中。2014 年，欧盟委员会修订了分析检测食品和饲料中 PCDD/Fs 和 DL-PCBs 含量的法规［EU No. 589/2014（EU，2014a）和 EU No. 709/2014（EU，2014b）］，并将 GC-MS/MS 作为确证方法用于判断样品中 PCDD/Fs 和 DL-PCBs 含量是否符合限量标准的要求。这标志着在满足法规要求的前提下，GC-MS/MS 已基本具备与 HRGC/HRMS 同等的分析能力。

GC-MS/MS 通过多重反应监测（multiple reaction monitoring，MRM）模式对具有目标物结构特征的母离子（前体离子）及其子离子（产物离子）进行选择离子监测（selected ion monitoring，SIM），对 2,3,7,8 位氯取代 PCDD/Fs 标准品的分析质量色谱图如图 2-25 所示。该方法兼具选择离子扫描的高灵敏度和二级质谱结构特征的高选择性，检测目标化合物范围广，且可用于筛选、确证和定量。

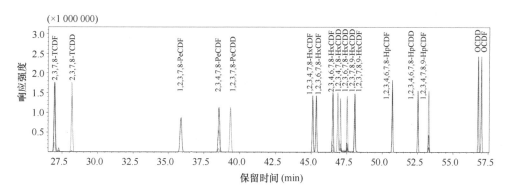

图 2-25　17 种 2,3,7,8 位氯取代 PCDD/Fs 标准品的分析质量色谱图
色谱柱：DB-5 MS，60 m×0.25 mm×0.25 μm
载气：氦气，恒线速度模式，1.0 mL/min
柱温：150℃（3 min）→（20℃/min）→ 230℃（18 min）→（5℃/min）→ 235℃（10 min）→（4℃/min）→320℃（1 min）
进样口：不分流进样，290℃，高压进样（300 kPa，2 min）
检测器：岛津 GCMS-TQ8050，EI$^+$源，电子能量 70 eV，分辨率：Q1 (0.8)，Q2 (0.8)

GC-MS/MS 对超痕量的 PCDD/Fs 分析具有较好的灵敏度（20~200 fg，信噪比 S/N>50）（图 2-26），多次进样（日内和日间）重现性较好。表 2-10 是 17 种 2,3,7,8 位氯取代 PCDD/Fs 的线性范围及平均相对响应因子（relative response factor，RRF），目标化合物 RRF 的 RSD 均小于 15%，说明该方法在较低浓度下仍然具有良好的线性范围。

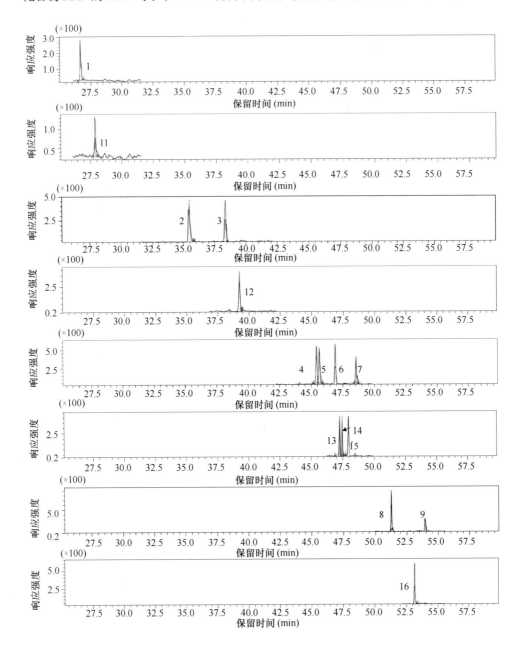

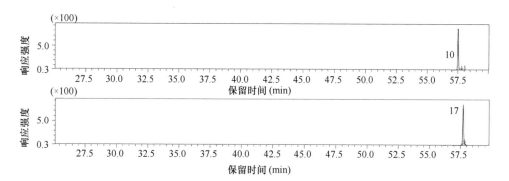

图 2-26　17 种 2,3,7,8 位氯取代 PCDD/Fs（20～200 fg）的分析质量色谱图

仪器分析条件同图 2-25

色谱峰：1. 2,3,7,8-TCDF；2. 1,2,3,7,8-PeCDF；3. 2,3,4,7,8-PeCDF；4. 1,2,3,4,7,8-HxCDF；5. 1,2,3,6,7,8-HxCDF；6. 2,3,4,6,7,8-HxCDF；7. 1,2,3,7,8,9-HxCDF；8. 1,2,3,4,6,7,8-HpCDF；9. 1,2,3,4,7,8,9-HpCDF；10. OCDF；11. 2,3,7,8-TCDD；12. 1,2,3,7,8-PeCDD；13. 1,2,3,4,7,8-HxCDD；14. 1,2,3,6,7,8-HxCDD；15. 1,2,3,7,8,9-HxCDD；16. 1,2,3,4,6,7,8-HpCDD；17. OCDD

表 2-10　PCDD/Fs 的标准曲线（6 点）线性范围和平均相对响应因子

化合物	浓度范围（ng/mL）	平均相对响应因子（RRF）	相对标准偏差（RSD）（%）
2,3,7,8-TCDF	0.1～40	1.19	4.5
1,2,3,7,8-PeCDF	0.5～200	1.08	4.5
2,3,4,7,8-PeCDF	0.5～200	1.12	6.6
1,2,3,4,7,8-HxCDF	0.5～200	1.08	7.1
1,2,3,6,7,8-HxCDF	0.5～200	1.06	6.8
2,3,4,6,7,8-HxCDF	0.5～200	1.11	8.6
1,2,3,7,8,9-HxCDF	0.5～200	0.99	4.7
1,2,3,4,6,7,8-HpCDF	0.5～200	1.13	5.7
1,2,3,4,7,8,9-HpCDF	0.5～200	1.12	5.0
OCDF	1.0～400	1.30	7.1
2,3,7,8-TCDD	0.1～40	1.32	11.5
1,2,3,7,8-PCDD	0.5～200	1.10	5.5
1,2,3,4,7,8-HxCDD	0.5～200	1.09	4.2
1,2,3,6,7,8-HxCDD	0.5～200	1.06	7.1
1,2,3,7,8,9-HxCDD	0.5～200	0.99	7.6
1,2,3,4,6,7,8-HpCDD	0.5～200	1.15	9.2
OCDD	1.0～400	1.10	6.1

针对环境、食品和饲料样品进行比对分析，样品经前处理净化后，分别使用 GC-MS/MS 和 HRGC/HRMS 对其中 PCDD/Fs 进行定量，以 HRGC/HRMS 的测定

结果作为参考进行比较发现，GC-MS/MS 测得大气、土壤、污泥、鱼肉、牛肉和饲料样品中 PCDD/Fs 的浓度水平和分布特征与 HRGC/HRMS 基本一致（图 2-27），TEQ 与 HRGC/HRMS 的相对偏差均小于 15%，表明 GC-MS/MS 法能够取得较好的分析效果。

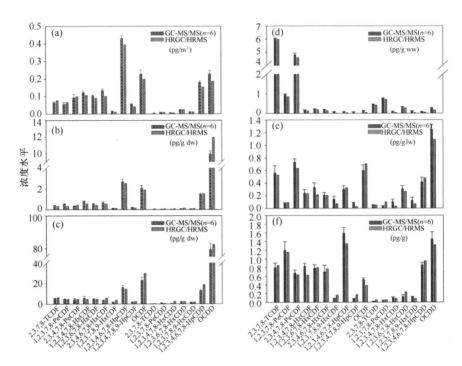

图 2-27 GC-MS/MS 和 HRGC/HRMS 分析环境、食品和饲料样品中 PCDD/Fs 的结果比较
（a）大气；（b）土壤；（c）污泥；（d）鱼肉；（e）牛肉；（f）饲料
GC-MS/MS 仪器分析条件同图 2-25

2.7.2 PBDD/Fs

GC-MS/MS 分析 PBDD/Fs 的研究报道十分有限。MRM 有助于降低检测过程中的噪声以及其他干扰，从而降低检测限。2007 年，Wang 等（2007）报道了利用离子阱 GC-MS/MS 分析沉积物中 PBDD/Fs 和 PBDEs 的方法。该方法采用 DB-5 MS（30 m×0.25 mm×0.25 μm）色谱柱，进样口温度 290℃，无分流进样，柱温箱升温程序：150℃保持 2 min，以 20℃/min 升温至 250℃并保持 5 min，再以 2℃/min 升至 290℃，保持 15 min；氦气流速 1.2 mL/min，恒流模式，传输线温度 250℃。质谱监测以分子离子碎片作为母离子，$[M-COBr]^+$、$[M-2(COBr)]^+$、$[M-Br]^+$ 和 $[M-2Br]^+$ 作为子离子，离子源温度 300℃，电子轰击源（EI^+），电子能量

70 eV。方法的线性良好（$r^2 = 0.985$，25～1000 ng/mL），沉积物加标实验结果表明 LOD 在 0.02～0.40 ng/g dw（干重）范围内。近年来，中国科学院生态环境研究中心郑明辉研究组（聂志强等，2014）基于三重四极杆 GC-MS/MS 建立了飞灰样品中 PBDD/Fs 的分析方法（图 2-28）。12 种 2,3,7,8-PBDD/Fs 平均响应因子的 RSD 均小于 20%，校准曲线在 0.1～500 ng/mL 范围内具有良好的线性（$r^2>0.99$），IDL 在 0.08～4.00 ng/mL 之间。但对于部分 PBDD/Fs 的响应相对较低，用于分析实际样品中 PBDD/Fs 仍然面临较大挑战。

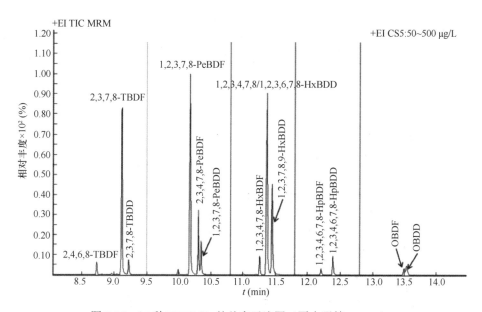

图 2-28　14 种 PBDD/Fs 的总离子流图（聂志强等，2014）

色谱柱：DB-5 HT，15 m×0.25 mm×0.1 μm

载气：氦气，恒流模式，1 mL/min

柱温：90℃（1min）→（20℃/min）→320℃（2.5 min）

进样口：多模式进样口（MMI），脉冲不分流模式；升温程序：90℃（0.1 min）→（720℃/min）→320℃；

脉冲压力：30 psi，时间 2.5 min

检测器：Agilent 7000B 三重四极杆 MS/MS，EI$^+$模式

碰撞气流速：氦气 2.25 mL/min，氮气 1.5 mL/min

2.7.3　PCBs

近年来，HRGC-MS/MS 技术在一定程度上可以替代分析成本较高的 HRGC/HRMS 来完成痕量 PCBs 的分析检测，相关应用研究较为常见。2014 年，欧盟委员会将 GC-MS/MS 方法列入作为判断食品和饲料样品中 PCDD/Fs 和 DL-PCBs 含量是否符合其限量标准的确证方法 [EU No. 589/2014（EU，2014a）和 EU No. 709/2014（EU，2014b）]，表明 GC-MS/MS 方法用于分析超痕量 DL-PCBs 已基本具备与

HRGC-HRMS 同等的分析效果。HRGC-MS/MS 方法分析 DL-PCBs 的仪器条件与 PCDD/Fs 基本一致。图 2-29 是利用 HRGC-MS/MS 分析 12 种 DL-PCBs 标准溶液的质量色谱图,可以看出在 60 m 的 DB-5 MS 色谱柱上能够实现有效分离。表 2-11 给出了 DL-PCBs 的标准曲线线性范围和平均相对响应因子,平均响应因子的 RSD 值均小于 10%,说明该方法具有良好的线性响应。图 2-30 是分别使用 GC-MS/MS 和 HRGC/HRMS 测试鱼肉、牛肉和饲料样品中 DL-PCBs 的结果对比,二者之间具有较好的一致性,TEQ 的相对偏差均小于 15%。

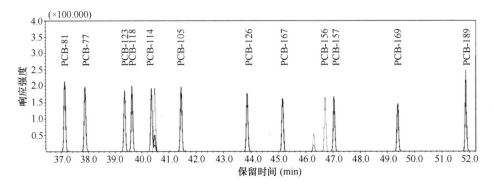

图 2-29　12 种 DL-PCBs 的标准分析质量色谱图

色谱柱：DB-5 MS，60 m×0.25 mm×0.25 μm

载气：氦气，恒线速度模式，1.0 mL/min

柱温：120℃（1 min）→（30℃/min）→150℃→（2.5℃/min）→300℃（1 min）

进样口：不分流进样，290℃，高压进样（300 kPa, 2 min）

检测器：岛津 GCMS-TQ8050 三重四极杆质谱，EI$^+$源，电子能量 70 eV，分辨率：Q_1（0.8），Q_2（0.8）

表 2-11　DL-PCBs 的标准曲线（6 点）线性范围和平均相对响应因子

化合物	浓度范围 （ng/mL）	R^2	平均相对响应因子 （RRF）	相对标准偏差 （RSD）（%）
PCB-77	0.2～2000	0.9997	1.11	5
PCB-81	0.2～2000	0.9998	1.10	4
PCB-105	0.2～2000	0.9999	1.03	3
PCB-114	0.2～2000	0.9999	1.04	8
PCB-118	0.2～2000	1.0000	1.06	2
PCB-123	0.2～2000	1.0000	1.03	5
PCB-126	0.2～2000	0.9999	1.11	3
PCB-156	0.2～2000	0.9999	1.01	8
PCB-157	0.2～2000	0.9999	1.02	6
PCB-167	0.2～2000	0.9999	1.04	9
PCB-169	0.2～2000	0.9999	1.01	6
PCB-189	0.2～2000	0.9999	0.89	7

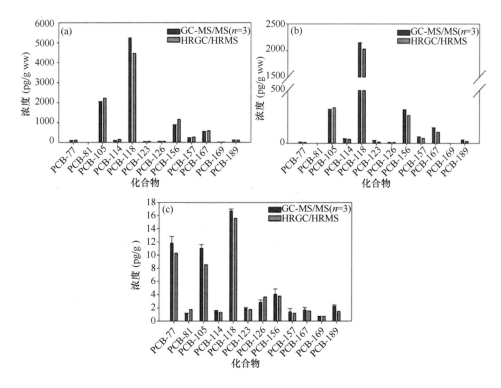

图 2-30 GC-MS/MS 和 HRGC/HRMS 分析食品和饲料样品中 DL-PCBs 的结果比较
（a）鱼肉；（b）牛肉；（c）饲料
仪器分析条件同图 2-29

2.7.4 PBDEs

近年来有研究报道采用 APCI 源结合 GC-MS/MS 实现了对高溴代 PBDEs 尤其是 BDE-209 较好的分析效果，IDL< 10 fg （Portolés et al., 2015）。该方法采用 APCI 正离子模式，色谱柱为 DB-1 HT（15 m × 0.25 mm × 0.1μm），进样口温度 280℃，脉冲无分流进样；色谱升温程序：140℃保持 1 min，之后以 10℃/min 升至 200℃，再以 20℃/min 升至 300℃，最后以 40℃/min 升至 350℃ 并保持 1 min。载气为氦气，流速 4 mL/min，恒流模式。传输线温度 340℃，氮气做辅助气，流速 250 L/h，补偿气流速 300 mL/min，锥孔气流速 170 L/h，APCI 电晕放电针电流 1.6 μA。GC-MS/MS 结合 APCI 源和 EI$^+$源分析 BDE-209 的质谱图见图 2-31。

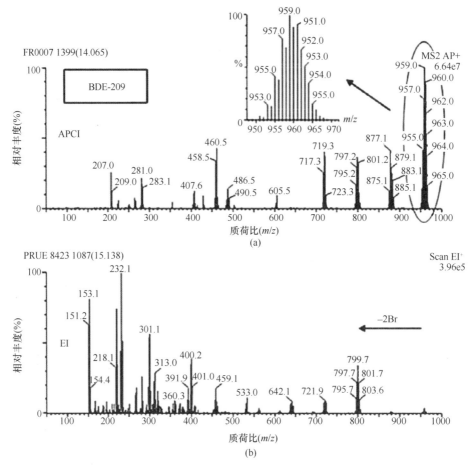

图 2-31 GC-MS/MS 结合 APCI 源（a）和 EI 源（b）分析 BDE-209 的质谱图
（Portolés et al.，2015）

2.8 液相色谱/质谱法分析二噁英类化合物

在 POPs 净化手段中，硅胶、氧化铝和弗罗里硅土等净化柱即利用了液相色谱原理对样品进行纯化处理。这些净化柱可以手工填制，也可以直接购买商品柱。本节介绍液相色谱/质谱法（LC/MS）在二噁英类化合物分析中的应用。

POPs 组分和异构体繁多，在分析中有时需要将不同组分进行比较精细地分离。高效液相色谱法（HPLC）是比较常用的分离技术之一，日本 JIS 国家标准方法中将 HPLC 推荐为 PCDD/Fs 和 PCBs 分析常规的净化手段之一（JIS，

2005）。利用 HPLC 可以将不同氯代水平的 PCDD/Fs 进行分离（图 2-32）（Lamparski and Nestrick，1980）。在进行实际样品分析时，可能出现个别组分特别高的情况，可以利用 HPLC 预先分离这些组分。另外此项分离也是制备 PCDD/Fs 的手段之一。

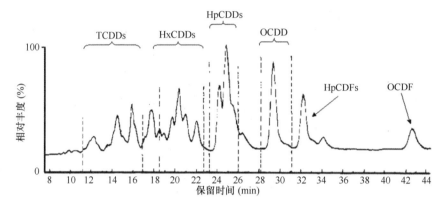

图 2-32　RP-HPLC 对一个飞灰样品中 PCDD/Fs 进行组分分离的色谱图
（Lamparski and Nestrick，1980）
色谱柱：Zorbax-ODS，250 mm×6.2 mm
流动相：甲醇，2 mL/min；柱温：50℃
检测：UV，235 nm

在实际环境样品中，共平面的 PCBs，即 DL-PCBs 含量往往比其他组分低几个数量级。为了减少干扰，得到准确的分析结果，将 DL-PCBs 分离出来单独分析十分必要。Echols 等（1997）报道了利用 HPLC 对 PCDD/Fs 和 PCBs 分离的效果，结果表明，HPLC 可以有效实现两大组分的分离。

由于 PBDEs 和 PBDD/Fs 的分子量较大，利用 GC 分离高溴代化合物的效果较差，因此 LC/MS 亦被广泛用于溴代化合物的分析。LC-MS/MS 结合大气压光电离（atmospheric pressure photoionization，APPI）技术分析室内灰尘和生物样品中 11 种 PBDEs 的结果表明，IDL 在亚 ppb（10^{-9}）水平，校正曲线的线性系数 R 值>0.999，对于 NIST 灰尘标准参考物的分析结果回收率在 92%～119%之间，表明该方法具有良好的分析效果（Rut，2015）。

参 考 文 献

蔡亚岐, 牟世芬, 江桂斌, 等. 色谱在环境分析中的应用. 北京: 化学工业出版社, 2009.
陈玉琴, 张志德, 耿玉敏, 张秀玲, 1998. 含溴阻燃剂的现状及发展前景. 化学工程师, 2: 33-35.

李素梅, 2015. 钢铁生产过程中 UP-POPs 的排放水平和特征研究. 北京: 中国科学院大学: 115.

李素梅, 郑明辉, 刘国瑞, 刘文彬, 王美, 2013. 溴代二噁英类的来源、检测与污染现状. 环境化学, 32: 1137-1148.

罗孝俊, 麦碧娴, 陈社军, 2009. PBDEs 研究的最新进展. 化学进展, 21: 359-368.

聂志强, 高丽荣, 刘国瑞, 李素梅, 王雯雯, 张兵, 郑明辉, 2014. 溴代二噁英同位素稀释气相色谱/三重四极质谱法(GC/MS/MS)的建立与应用. 环境化学, 33: 365-368.

Akutsu K, Obana H, Okihashi M, Kitagawa M, Nakazawa H, Matsuki Y, Makino T, Oda H, Hori S, 2001. GC/MS analysis of polybrominated diphenyl ethers in fish collected from the Inland Sea of Seto, Japan. Chemosphere, 44: 1325-1333.

Ballesteros-Gómez A, de Boer J, Leonards P E G, 2013. Novel analytical methods for flame retardants and plasticizers based on gas chromatography, comprehensive two-dimensional gas chromatography, and direct probe coupled to atmospheric pressure chemical ionization-high resolution time-of-flight-mass spectrometry. Analytical Chemistry, 85: 9572-9580.

Behnisch P A, Hosoe K, Sakai S, 2003. Brominated dioxin-like compounds: *In vitro* assessment in comparison to classical dioxin-like compounds and other polyaromatic compounds. Environment International, 29: 861-877.

Bezares-Cruz J, Jafvert C T, Hua I, 2004. Solar photodecomposition of decabromodiphenyl ether: Products and quantum yield. Environmental Science & Technology, 38: 4149-4156.

Birnbaum L S, 1994. The mechanism of dioxin toxicity: Relationship to risk assessment. Environmental Health Perspectives, 102: 157-167.

Birnbaum L S, Staskal D F, 2004. Brominated flame retardants: Cause for concern? Environmental Health Perspectives, 112: 9-17.

Bjorklund J, Tollback P, Hiarne C, Dyremark E, Ostman C, 2004. Influence of the injection technique and the column system on gas chromatographic determination of polybrominated diphenyl ethers. Journal of Chromatography A, 1041: 201-210.

Bjurlid F, Roos A, Ericson Jogsten I, Hagberg J, 2018. Temporal trends of PBDD/Fs, PCDD/Fs, PBDEs and PCBs in ringed seals from the Baltic Sea (*Pusa hispida botnica*) between 1974 and 2015. Science of the Total Environment, 616-617: 1374-1383.

Bumb R, Crummett W, Cutie S, Gledhill, Hummel R, Kagel R, Lamparski L, Luoma E, Miller D, Nestrick T, Shadoff L, Stehl R, Woods J, 1980. Trace chemistries of fire: A source of chlorinated dioxins. Science, 210: 385-390.

Chen G, Konstantinov A D, Chittim B G, Joyce E M, Bols N C, Bunce N J, 2001. Synthesis of polybrominated diphenyl ethers and their capacity to induce CYP1A by the Ah receptor mediated pathway. Environmental Science & Technology, 35: 3749-3756.

Darnerud P O, Eriksen G S, Jóhannesson T, Larsen P B, Viluksela M, 2001. Polybrominated diphenyl ethers: Occurrence, dietary exposure, and toxicology. Environmental Health Perspectives, 109: 49-68.

Echols K, Gale R, Tillitt D, Schwartz T, O'Laughlin J, 1997. An automated HPLC method for the fractionation of polychlorinated biphenyls, polychlorinated dibenzo-*p*-dioxins, and polychlorinated dibenzofurans in fish tissue on a porous graphitic carbon column. Environmental Toxicology and Chemistry, 16: 1590-1597.

EU, 2014a. COMMISSION REGULATION (EU) No 589/2014 of 2 June 2014. Laying down methods of sampling and analysis for the control of levels of dioxins, dioxin-like PCBs and non-dioxin-like PCBs in certain foodstuffs and repealing regulation (EU) No 252/2012. Official

Journal of the European Union, European Commission, 18-40. https://eur-lex.europa.eu/legal-content/EN/TXT/?qid=1550726661977&uri=CELEX:32014R0589[2019-2-21].

EU, 2014b. COMMISSION REGULATION (EU) No 709/2014 of 20 June 2014. Amending regulation (EC) No 152/2009 as regards the determination of the levels of dioxins and polychlorinated biphenyls. Official Journal of the European Union, European Commission: 18. https://eur-lex.europa.eu/legal-content/EN/TXT/?qid=1550726795862&uri=CELEX:32014R0709 [2019-2-21].

Geyer H J, Rimkus G G, Scheunert I, Kaune A, Schramm K W, Kettrup A, Zeeman M, Muir D C G, Hansen L G, Mackay D, 2000. Bioaccumulation and occurrence of endocrine-disrupting chemicals (EDCs), persistent organic pollutants (POPs), and other organic compounds in fish and other organisms including humans. In: Beek B. (Ed.). Bioaccumulation-New Aspects and Developments. Berlin, Heidelberg: Springer, 1-166.

Hanari N, Kannan K, Okazawa T, Kodavanti P R S, Aldous K M, Yamashita N, 2006. Occurrence of polybrominated biphenyls, polybrominated dibenzo-p-dioxins, and polybrominated dibenzofurans as impurities in commercial polybrominated diphenyl ether mixtures. Environmental Science & Technology, 40: 4400-4405.

Hardy M L, 2002. The toxicology of the three commercial polybrominated diphenyl oxide (ether) flame retardants. Chemosphere, 46: 757-777.

JIS, 2005. JIS K 0311: Method for determination of tetra- through octa-chlorodibenzo-p-dioxins, tetra- through octa-chlorodibenzofurans and coplanar polychlorobiphenyls in stationary source emissions. https://webdesk.jsa.or.jp/books/W11M0090/index/?bunsyo_id=JIS K 0311:2005 [2019-2-21].

Korytár P, Covaci A, de Boer J, Gelbin A, Brinkman, U A T, 2005. Retention-time database of 126 polybrominated diphenyl ether congeners and two Bromkal technical mixtures on seven capillary gas chromatographic columns. Journal of Chromatography A, 1065: 239-249.

Król S, Zabiegała B, Namieśnik J, 2012. PBDEs in environmental samples: Sampling and analysis. Talanta, 93: 1-17.

Ladak A, Mullin L, 2015. Increasing sensitivity for Tof-MS detection of polychlorinated biphenyls (PCBs) using Tof MRM. Waters Corporation, Milford, MA, USA: 3.

Lamparski L L, Nestrick T J, 1980. Determination of tetra-, hexa-, hepta-, and octachlorodibenzo-p-dioxin isomers in particulate samples at parts per trillion levels. Analytical Chemistry, 52: 2045-2054.

Li S, Liu W, Liu G, Wang M, Li C, Zheng M, 2015. Atmospheric emission of polybrominated dibenzo-p-dioxins and dibenzofurans from converter steelmaking processes. Aerosol and Air Quality Research, 15: 1118-1124.

Liem A K D, 1999. Basic aspects of methods for the determination of dioxins and PCBs in foodstuffs and human tissues. TrAC Trends in Analytical Chemistry, 18: 429-439.

Loganathan B G, Masunaga S, 2015. Chapter 19-PCBs, Dioxins and furans: human exposure and health effects A2-Gupta, Ramesh C. Handbook of Toxicology of Chemical Warfare Agents. Second Edition. Boston: Academic Press, 239-247.

McGregor D B, Partensky C, Wilbourn J, Rice J M, 1998. An IARC evaluation of polychlorinated dibenzo-p-dioxins and polychlorinated dibenzofurans as risk factors in human carcinogenesis. Environmental Health Perspectives, 106: 755-760.

Milbrath M O G, Wenger Y, Chang C W, Emond C, Garabrant D, Gillespie B W, Jolliet O, 2009. Apparent half-lives of dioxins, furans, and polychlorinated biphenyls as a function of age, body fat, smoking status, and breast-feeding. Environmental Health Perspectives, 117: 417-425.

Portolés T, Sales C, Gómara B, Sancho J V, Beltrán J, Herrero L, González M J, Hernández F, 2015. Novel analytical approach for brominated flame retardants based on the use of gas chromatography-atmospheric pressure chemical ionization-tandem mass spectrometry with emphasis in highly brominated congeners. Analytical Chemistry, 87: 9892-9899.

Ramos J J, Gomara B, Fernandez M A, Gonzalez M J, 2007. A simple and fast method for the simultaneous determination of polychlorinated biphenyls and polybrominated diphenyl ethers in small volumes of human serum. Journal of Chromatography A, 1152: 124-129.

Robles Martínez H A, Rodríguez G C, Castillo D H, 2005. Determination of PCBs in transformers oil using gas chromatography with mass spectroscopy and Aroclors (A1254: A1260). Journal of the Mexican Chemical Society, 49: 263-270.

Rut B, 2015. Determination of polybrominated diphenyl ethers (PBDEs) and hexabromocyclodo-decanes (HBCDs) in indoor dust and biological material using APPI-LC-MS/MS. AB Sciex, Framingham, USA: 4.

Safe S, 2003. Toxicology and risk assessment of POPs. *In*: Fiedler H. (Ed.). Persistent Organic Pollutants. Berlin, Heidelberg: Springer, 223-235.

Salihovic S, Mattioli L, Lindstrom G, Lind L, Lind P M, van Bavel B, 2012. A rapid method for screening of the Stockholm Convention POPs in small amounts of human plasma using SPE and HRGC/HRMS. Chemosphere, 86: 747-753.

Schwetz B A, Norris J M, Sparschu G L, Rowe V K, Gehring P J, Emerson J L, Gerbig C G, 1973. Toxicology of chlorinated dibenzo-*p*-dioxins. Environmental Health Perspectives, 87-99.

Soderstrom G, Sellstrom U, de Wit C A, Tysklind M, 2004. Photolytic debromination of decabromo-diphenyl ether (BDE 209). Environmental Science & Technology, 38: 127-132.

Sun H, Wang P, Li H, Li Y, Zheng S, Matsiko J, Hao Y, Zhang W, Wang D, Zhang Q, 2017. Determination of PCDD/Fs and dioxin-like PCBs in food and feed using gas chromatography-triple quadrupole mass spectrometry. Science China Chemistry, 60: 670-677.

Tanabe S, 2004. PBDEs, an emerging group of persistent pollutants. Marine Pollution Bulletin, 49: 369-370.

Tue N M, Suzuki G, Takahashi S, Isobe T, Trang P T, Viet P H, Tanabe S, 2010. Evaluation of dioxin-like activities in settled house dust from Vietnamese E-waste recycling sites: Relevance of polychlorinated/brominated dibenzo-*p*-dioxin/furans and dioxin-like PCBs. Environmental Science & Technology, 44: 9195-9200.

Turyk M E, Persky V W, Imm P, Knobeloch L, Chatterton R, Anderson H A, 2008. Hormone disruption by PBDEs in adult male sport fish consumers. Environmental Health Perspectives, 116: 1635-1641.

USEPA, 1997. Tetra-through octa-chlorinated dioxins and furans by isotope dilution HRGC/HRMS. United States Environmental Protection Agency, Office of Water, Washington, DC: 48393-48442.

USEPA, 2007. Method 8082A (SW-846): Polychlorinated biphenyls (PCBs) by gas chromatography. Revision 1. United States Environmental Protection Agency. https://www.epa.gov/sites/production/files/2015-12/documents/8082a.pdf[2019-2-21].

USEPA, 2010. Method 1668C: Chlorinated Biphenyl Congeners in Water, Soil, Sediment, Biosolids, and tissue by HRGC/HRMS. U.S. Environmental Protection Agency, Office of Water, Washington, DC, 118. https://nepis.epa.gov/Exe/ZyPDF.cgi/P100IJHQ.PDF?Dockey=P100IJHQ.PDF [2019-2-21].

van den Berg M, Birnbaum L S, Denison M, De Vito M, Farland W, Feeley M, Fiedler H, Hakansson H, Hanberg A, Haws L, Rose M, Safe S, Schrenk D, Tohyama C, Tritscher A, Tuomisto J, Tysklind M, Walker N, Peterson R E, 2006. The 2005 World Health Organization reevaluation of human and Mammalian toxic equivalency factors for dioxins and dioxin-like compounds. Toxicological Sciences, 93: 223-241.

van den Berg M, Denison M S, Birnbaum L S, Devito M J, Fiedler H, Falandysz J, Rose M, Schrenk D, Safe S, Tohyama C, Tritscher A, Tysklind M, Peterson R E, 2013. Polybrominated dibenzo-p-dioxins, dibenzofurans, and biphenyls: Inclusion in the toxicity equivalency factor concept for dioxin-like compounds. Toxicological Sciences, 133: 197-208.

van den Berg M, Kypke K, Kotz A, Tritscher A, Lee S Y, Magulova K, Fiedler H, Malisch R, 2017. WHO/UNEP global surveys of PCDDs, PCDFs, PCBs and DDTs in human milk and benefit-risk evaluation of breastfeeding. Archives of Toxicology, 91: 83-96.

Wang D, Jiang G, Cai Z, 2007. Method development for the analysis of polybrominated dibenzo-p-dioxins, dibenzofurans and diphenyl ethers in sediment samples. Talanta, 72: 668-674.

Wang D, Li Q X, 2010. Application of mass spectrometry in the analysis of polybrominated diphenyl ethers. Mass Spectrometry Reviews, 29: 737-775.

Watanabe K, Senthilkumar K, Masunaga S, Takasuga T, Iseki N, Morita M, 2004. Brominated organic contaminants in the liver and egg of the common cormorants (*Phalacrocorax carbo*) from Japan. Environmental Science & Technology, 38: 4071-4077.

Xing Y, Lu Y, Dawson R W, Shi Y, Zhang H, Wang T, Liu W, Ren H, 2005. A spatial temporal assessment of pollution from PCBs in China. Chemosphere, 60: 731-739.

Xu W, Wang X, Cai Z, 2013. Analytical chemistry of the persistent organic pollutants identified in the Stockholm Convention: A review. Analytica Chimica Acta, 790: 1-13.

第 3 章 多环芳烃的分析

本章导读
- 多环芳烃的结构和致癌性、环境水平及污染源。
- 多环芳烃的前处理方法及仪器分析方法。
- 以北京城市土壤为例,介绍多环芳烃分析方法的具体应用及数据解析结果。

3.1 多环芳烃背景介绍

3.1.1 多环芳烃的结构及致癌性

据研究,人类及动物癌症病变有 70%～90%是环境中化学物质引起的,而多环芳烃则是环境致癌化学物质中最大的一类。多环芳烃主要可以引起皮肤癌、肺癌和胃癌。例如,1775 年英国发现烟道中高浓度的 BaP 是烟囱清扫工人多患阴囊癌的主要诱因;1892 年又有人发现从事煤焦油和沥青作业的工人多患皮肤癌;大气中 BaP 浓度和肺癌的死亡率存在高度的正相关。由于多环芳烃的物理化学、环境行为及潜在毒性、致癌性及致畸作用,对人类健康和生态环境具有很大的潜在危害,因而对其监测控制变得非常重要。图 3-1 为美国环境保护署(EPA)规定的 16 种优先监测污染物 PAHs 的分子结构。

3.1.2 我国环境中多环芳烃污染现状

1. 我国大气中多环芳烃

大气是 PAHs 接纳、扩散、转输的主要通道,也是 PAHs 降解和储存的重要场所。我国城市大气中苯并[a]芘浓度范围通常在几个 ng/m^3 到几十个 ng/m^3 之间。空气中 PAHs 污染程度与功能区类型、季节、交通流量及燃料种类等诸因素有关。其中城市工业区由于工业生产,冬春季由于采暖燃煤,空气中 PAHs 浓度高于夏秋季;由于居民的工作、生活、商业、交通的影响,市区大气中 PAHs 普遍高于郊区,白天高于夜间;主要交通路口处由于受到各种燃油车辆尾气污染,空气中 PAHs 浓度

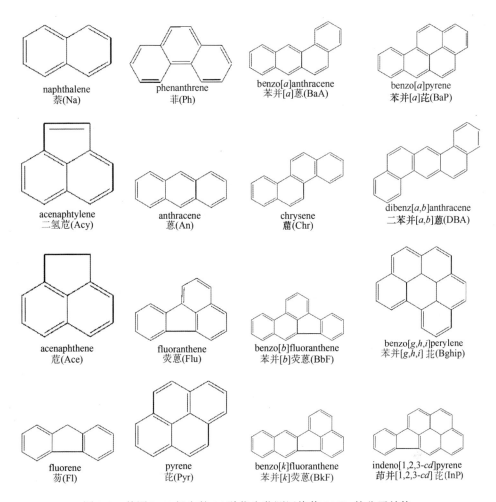

图 3-1　美国 EPA 规定的 16 种优先监测污染物 PAHs 的分子结构

和种类亦高于其他地区。

大气中 PAHs 主要以气、固两种形态存在。四环下的 PAHs 如菲、荧蒽、芘等主要集中在气相部分，四环 PAHs 在气态、颗粒态中的分配基本相同，五环以上的则主要集中在颗粒物上或散布在大气飘尘中。煤炭、木材、石油类的不完全燃烧是大气中 PAHs 的主要来源（Dat and Chang，2017）。

2. 水体和底泥中多环芳烃

国内各种水体都普遍受到 PAHs 污染（Wang et al.，2013）。我国主要城市自水厂出水中 PAHs 总量在几百 ng/L 之间，地表水中 PAHs 的含量通常为几百到几千 ng/L。水体中 PAHs 的来源主要包括城市生活污水、工业废弃物、大气沉降、表面径流以及土壤浸析等。海洋水体中 PAHs 还有可能来自海上石油的开采、轮船燃油的渗漏等。

由于 PAHs 水溶性低，主要被吸附在水体悬浮颗粒上，并最终随颗粒物的沉降而沉积到底泥中。沉积到底泥中的 PAHs，生化降解速度很慢，因而在底泥中逐渐富集，造成沉积物中 PAHs 通常高于水体几个数量级。由于底泥中的 PAHs 可通过颗粒再悬浮进入水体，使生物中毒，甚至引起死亡。一方面渔业产值受到严重影响，许多珍稀鱼类濒临灭绝；另一方面通过食物链进入人体。研究表明，我国厦门西港、珠江三角洲河流和珠江口、黄河、长江和辽河、长江口、湄洲湾的表层沉积物均受到了 PAHs 的污染。

3. 土壤和食品中的多环芳烃

土壤是各种污染物的最终归趋地。未受污染土壤中 PAHs 的背景浓度在 1~10 μg/kg 左右，一般土壤浓度在 10^2~10^3 μg/kg 范围内，而城市土壤和交通干线两侧土壤由于人为活动和汽车尾气的影响，PAHs 的浓度更高，达 10^3~10^4 μg/kg（Li et al.，2006）。高浓度的 PAHs 多分布在土壤的表层或亚表层，并随着土壤剖面的加深而减少。土壤中 PAHs 的来源相关于人口密度、区域发展程度（以 GDP 为参考）、土地应用类型、区域燃料使用类型等因子（Zhang and Chen，2017）。

就目前所知，除抽烟者外，食物是人类摄入 PAHs 的主要来源。例如，我国海产品中 PAHs 总量可达到几十到几百 ng/g；经过熏烤、烹炸等加工后的食品中 PAHs 浓度更高，如熏肉中苯并[a]芘（BaP）含量可达几个到几十 μg/kg。目前，我国已经根据各类食品中 BaP 的含量制定了食品中 BaP 的允许含量。例如，粮食谷类、各种熏烤肉类为<5 μg/kg，各种植物油为<10 μg/kg。

4. 人体中多环芳烃

PAHs 可以通过呼吸、皮肤接触、饮水和饮食等途径进入人体。PAHs 及其取代衍生物非常易溶于类脂物中，因此普遍存在于人体脂肪组织。孕妇人群母体胎盘、脐带血、母血和乳汁中也含有 PAHs，其中脐带血与乳汁中 PAHs 含量较高。另外，尿液中 1-羟基芘（1-HP）可以作为人群 PAHs 环境及职业暴露的生物标志物（Hansen et al.，2008）。

5. 环境中多环芳烃衍生化合物

烷基化、卤化、氧化、硝基化和氨基化可使多种非致癌性和致癌性 PAHs 转变成具有直接致突变活性的 PAHs 衍生化合物，如含氧/含氮/含卤 PAHs。例如，济南地区室内外空气中检出多种硝基多环芳烃（NPAHs）和含氧多环芳烃（OPAHs）（Li et al., 2018）；上海区域 $PM_{2.5}$ 及 PM_{10} 中检出多种氯代 PAHs（Ma et al., 2013）。

3.1.3 多环芳烃的来源

多环芳烃有天然源和人为源，环境中 PAHs 是多种污染源综合作用的结果。微生物、藻类、植物的生物合成，森林、草原的天然火灾，以及火山活动等，构成了 PAHs 的天然本底值，不过这些天然本底值所占的比例并不大。与天然 PAHs 相比，人为的 PAHs 数量要大得多。人类能源利用过程，如石油、煤、木材等的燃烧过程、石油及石油化工产品生产过程、海上石油开发及石油运输中的溢漏等是环境中 PAHs 的主要来源。

由于 PAHs 及其衍生物的强致癌性等毒性，宜对其环境行为、分布特征、来源和对人体健康影响的综合评价进行长期深入的研究，以达到有效控制 PAHs 污染、保护人体健康及生态安全的目的。

3.2 多环芳烃的分析检测方法

通过前面的简介可知，水、土/底泥、气、食品及人体中均存在多环芳烃类物质。虽然其赋存的样本基质不同，多环芳烃的分析检测均包含提取、净化及仪器检测三个固有的程序：①提取流程。准备适量样本，加入代用标准后，混匀、平衡，然后按照选择的提取方法进行多环芳烃的提取富集；固体/半固体样本的提取富集方式通常选择索氏提取、加速溶剂萃取、超声萃取、微波辅助萃取等方式，液体样本通常选择液液萃取、超声萃取、固相萃取等方式。②净化流程。选择合适的吸附剂及装置进行提取液的净化，浓缩定容。③仪器检测流程。通常选择气相色谱仪或高效液相色谱仪配置适当的检测器进行多环芳烃的定性定量分析。多环芳烃三个分析检测流程中包含一些通用原则：①代用标准及内标选择。气相色谱适用代用标准一般采用 2-氟联苯、对三联苯-D_{14}、氘代多环芳烃等，而高效液相色谱可选用十氟联苯作为代用标准；代用标准的量应该与样本中的多环芳烃量近似，一般添加在几十 ng 左右；内标一般选择六甲基苯或氘代多环芳烃，内标的量应根据校正曲线范围及样本中的多环芳烃量做适当调整。②固体/半固体样本提取试剂的选择。提取试剂与样品基质及检测仪器相关，一般可选择苯、甲苯、二氯甲烷、丙酮-正己烷或二氯甲烷-正己烷的混合溶剂，这些试剂可单独使用，也可组合使用。③净化选择。净化吸附剂一般选择硅胶、弗罗里硅土、氧化铝、C_{18} 等，这些吸附剂使用前均需要经过活化处理；吸附剂通常以自装填的单层/多层层析柱或商品化的固相萃取小柱形式对多环芳烃进行净化；洗脱溶剂一般选择二氯甲烷-正己烷混合溶剂、甲醇、乙腈等，洗脱溶剂的选择与样本基质、吸附剂性能及用量、后续检测仪器等相关。④后续检测仪器一般选择气相色谱-火焰离子检测器（GC-FID）、气相色谱/质谱（GC/MS）或气相色谱/质谱/质谱（GC/MS/MS）、高效液相色谱-紫外检测器（HPLC-UV）、高效液相色谱-荧光检测器 [HPLC-FLDC(fluorescence detector)]、超高效液相色谱/质谱检测器（UPLC/MS）及超高效液相色谱/质谱/质谱检测器（UPLC/MS/MS）等（Kumar et al.，2017）。最常用的是高分辨气相色谱/低分辨质谱（HRGC/LRMS）及高效液相色谱-紫外/荧光检测器（HPLC-UV/FLD）。

PAHs 在环境中无处不在，但浓度较低、干扰物较多。仪器测定之前，必须先对样品进行提取和净化。提取方法需要尽可能地将样品中多环芳烃提取出来，净化方法则要求尽可能从提取液中除去多环芳烃以外的杂质。下面就多环芳烃的分析检测所涉及的提取、净化及仪器检测三大部分分类进行详细说明。

3.2.1 多环芳烃的提取方法

多环芳烃的提取方法与样本基质的形态有关，选择何种提取方法，通常由样本基质呈现的状态（液体或固体）决定。常用的多环芳烃提取方法有液液萃取、固相萃取、索氏提取（自动索氏提取）、加速溶剂萃取及超声萃取等（Raza et al.，2018）。

1. 液液萃取法

液液萃取方法适用于液态样本的提取，是富集水体中多环芳烃的经典方法。

液液萃取方法利用多环芳烃在与水不混溶（或微溶）的有机相中的溶解度或分配系数远远大于水相的特点，通过有机相与水相高频接触（振荡），促使水相中多环芳烃分配进入有机相。经过反复多次的液液萃取操作，可将绝大部分的多环芳烃从水相中转移进入有机相中，达到分离和提取的目的。HJ 478—2009 推荐的水体中液液萃取多环芳烃方法如下：量取 1000 mL 水样（萃取所用水样体积根据水质情况可适当增减），倒入 2000 mL 的分液漏斗中，加入代用标准十氟联苯，加入 30 g 氯化钠，再加入 50 mL 二氯甲烷或正己烷作为萃取剂，振荡 5 min，静置分层，收集有机相，重复萃取两遍，合并有机相，加入无水硫酸钠脱水干燥，浓缩、净化处理后利用高效液相色谱检测。

液液萃取具有设备简单、操作方便、提取效率高等优点，但也存在费时、费力、有机溶剂消耗大等缺点。液液萃取方法具体的操作步骤及注意事项如表 3-1 所示。

表 3-1 液液萃取方法提取水体多环芳烃的操作要点

编号	操作步骤	操作要点	简要说明
1	准备	①玻璃分液漏斗的体积需大于萃取剂和被萃取总体积一倍以上；②检查是否漏液	①分液漏斗瓶塞及旋塞不能漏液，不能涂凡士林等；②分液漏斗塞子可以为聚四氟乙烯材质，瓶体以玻璃为好
2	加料	①水样和代用标准加入分液漏斗，混匀、平衡；②加入有机萃取溶剂，盖好瓶塞	①水体中多环芳烃的液液萃取有机相通常选择正己烷或二氯甲烷，正己烷可以用石油醚或环己烷代替；二氯甲烷萃取效果好于正己烷，但毒性较强；②正己烷做提取剂，有机相在上层，水相在下层；二氯甲烷做提取剂，水相在上层，有机相在下层
3	振荡	振荡分液漏斗，把分液漏斗倒置或按一定角度倾斜大力高频振荡，使两相液层充分接触，形成均匀的乳浊液	①振荡时力度、频率及时间与萃取效率密切相关；此为决定提取效率的关键步骤；②应尽量大力高频振荡混合液体，保持时间10 min以上为佳；采用商品化振荡仪可大大节约人力
4	放气	打开漏斗旋塞，放出由于振荡而产生的气体，使漏斗内外压力平衡	①放气时，分液漏斗的上口要倾斜朝下，而下口处不要有液体；②振荡初期，力度及频率不宜过于激烈，防止气体产生过多导致爆炸
5	静置/分离	①将漏斗放在铁环中，静置，使液体分为清晰的两层；②对分层的含PAHs有机相和水相进行分离。下层液体经旋塞放出，上层液体从漏斗上口倒出，收集有机层，水相重复萃取	①一般情况静置几分钟即可使不稳定的乳浊液分层；②若两相溶液分界处出现乳化层，一般采取长时间静置、轻轻地晃动漏斗或加入少量电解质（如氯化钠或硫酸钠）等方式即可破坏乳化层
6	合并	分离出的水样再按加入萃取溶剂—振荡—放气—静置/分离步骤重复进行，收集萃取液后合并，用无水硫酸钠进行干燥处理	多环芳烃萃取不能一次完成，一般3次重复操作即可达到满意的效果
7	浓缩	蒸馏去除大部分有机萃取剂，得到多环芳烃的浓缩液	由于部分多环芳烃较易挥发，减压蒸馏进行浓缩较好

2. 固相萃取提取法

固相萃取方法是目前富集水体中多环芳烃最常用的方法，该方法还可实现与液相色谱的联用，自动化程度高，非常方便。

固相萃取是由液固萃取和柱液相色谱技术结合发展而来一种样品前处理技术。相比于传统的液液萃取，因具有方便、简便、低耗、高效等优点，已成为提取水体中多环芳烃类物质的普适方法。其原理如下：当含有多环芳烃的水样通过固相吸附剂时，由于多环芳烃与吸附剂之间有较强的作用力，多环芳烃被吸附剂保留，水体及水体中其他不被保留的干扰组分则流出；然后，选择与多环芳烃作用力强于吸附剂的有机溶剂，通过与吸附材料的竞争，将保留的多环芳烃洗脱下来，从而实现对水体中多环芳烃的富集和浓缩。小体积水样（<2 L）通常可采用固相小柱完成，大体积水样可采用固相萃取圆盘或高分子树脂（如 XAD-2 树脂）进行富集。

GB/T 26411—2010 推荐使用固相萃取对海水中 PAHs 进行富集，该方法也适用于地表水及地下水。固相萃取小柱型号为 500 mg/3 mL C_{18} 固相萃取小柱，固相萃取小柱活化方法如下：首先加入 3 mL 正己烷，保持柱材料浸润 1 min 后，放出正己烷；待溶剂液面刚接近柱填充物时，再加入 3 mL 正己烷，重复 3 次，保持溶剂流速为 1 滴/s；随后，依次采用二氯甲烷、甲醇和水作为溶剂，按照前面加入的 3 mL 正己烷活化方法进行操作。水体的富集方法：移取 1 L 海水，滤膜过滤后，加入 100 mL 异丙醇及 20 ng 多环芳烃替代物标准（替代物内标为含萘-D_8、苊-D_{10}、菲-D_{10}、䓛-D_{12}、芘-D_{12} 的市售有证溶液），混匀。水样容器接入已淋洗并活化的 C_{18} 固相萃取小柱（500 mg/3 mL），打开真空泵，保持水样流速为 6~8 mL/min，进行目标物的富集。当水样全部进入萃取柱，且水样液面接近柱填充物时，关闭真空泵，加入 3 mL 甲醇/水（体积比 1∶1）入柱中清洗，打开真空泵，调整流速为 1 滴/s，待溶液全部流出后，维持真空 1 min，通入高纯氮气干燥 10 min。水体中 PAHs 富集完毕后，加入 1.5 mL 丙酮入萃取柱中，保持丙酮浸润柱填充物 3 min 后，收集流出液。待洗脱液丙酮液面接近柱填充物时，继续加入 3 mL 二氯甲烷溶液，按照丙酮洗脱液的步骤操作，重复一次。收集并合并丙酮及二氯甲烷洗脱液，干燥，浓缩后待仪器（GC/MS）分析。

从 GB/T 26411—2010 方法中固相萃取操作步骤的描述来看，固相萃取从水体中富集有机物有较多需要关注的地方，比如固相萃取小柱的活化、清洗、干燥及洗脱、富集速度等，均涉及目标物的提取效率及重现性、精密度等。采用固相萃取小柱富集水体中多环芳烃操作要点如表 3-2 所示。

3. 索氏提取法

索氏提取法是固体基质中 PAHs 提取的经典方法之一，是 ISO 及 EPA 标准测定方法之一，适用于土壤/沉积物、大气采样膜及 PUF、XAD-2 等吸附剂及固体废弃物中多环芳烃的提取。

索氏提取法利用溶剂回流和虹吸原理，使含目标物的固体基质反复多次地浸润在新鲜的有机提取剂中，从而使溶于提取剂的多环芳烃得到循环萃取。无论大分子量还是小分子量的多环芳烃，索氏提取法萃取效率均能令人满意。中国环境保护行业标准 HJ 805—2016 首推采用索氏提取方法对土壤和沉积物多环芳烃进行提取。20 g 新鲜土壤样本，提取前加入替代物 2-氟联苯及对 4,4′-三联苯-D_{14}，待样

表 3-2　固相萃取法提取水体多环芳烃的操作要点

编号	操作步骤	操作要点	简要说明
1	柱的选择	根据 PAHs 物化性质及水体复杂程度选择柱材料及柱容量。通常选择 C_{18} 或 HLB 小柱,柱容量为 1000 mg/6 mL 或 500 mg/3 mL	①多环芳烃属于中等极性及非极性化合物,C_{18} 或 HLB 等弱极性或中等极性材料对多环芳烃有较强的保留作用; ②水体中多环芳烃的绝对质量不应超 SPE 柱填料的 5%,否则柱容易过载
2	制备水样	过滤后水样中加入少量的有机溶剂及代用标准,混匀,平衡。当选用反相小柱萃取时,推荐水体中加入 5%~10%甲醇、乙醇或异丙醇	①水体中悬浮物较多,对水体进行过滤处理,可防止柱体堵塞; ②有机溶剂可改善固相吸附材料表面和 PAHs 的作用能力,并可减少多环芳烃在容器壁上的吸附
3	淋洗/清洗	①当小柱为反相材料时,通常用 1~3 个柱体积的正己烷和二氯甲烷清洗柱材料; ②清洗液需要从柱中排干	消除柱填料上吸附的杂质,减少其对目标化合物的干扰
4	活化	通常用水溶性有机溶剂对柱材料进行活化,如甲醇或乙腈,然后用水平衡;活化有机溶剂体积一般为 1~3 个柱体积;活化过程需保持柱材料润湿	①对反相柱来说,甲醇可润湿吸附剂表面和渗透键合烷基相,便于水体更有效地润湿硅胶表面; ②水的进一步淋洗可替换滞留在柱中的甲醇,创造了与水体近似的溶剂环境,以使样品水溶液与吸附剂表面有良好的接触,提高萃取效率
5	上样	将水样引入小柱中,按照一定的速度通过萃取柱,建议<10 mL/min。上样体积通常<2 L	①上样流速不要过快,建议<10 mL/min; ②根据分析仪器的定量下限及水样中 PAHs 浓度,估算所需水体的最小体积,根据 SPE 柱的最大容量和水样中 PAHs 浓度,估算上样水体的最大体积
6	淋洗/清洗	HJ 478—2009 推荐,利用一个柱体积 1:1 甲醇/水(体积比)入柱清洗	常选用 0~50%极性有机溶剂-水混合液淋洗杂质,有机溶剂比例应大于样品溶液而小于洗脱剂溶液。较洁净的水体基质,此步骤可忽略
7	干燥	采用抽真空、氮气吹扫或低速离心的方式,均可去除柱中大部分水基质	①分子量相对低的 PAHs 相对容易挥发,抽真空脱水的时间不宜过长(如 5~30 min); ②离心干燥需要严格控制转速和离心时间,如以转速 3000~3200 r/min 离心,时间 4~6 min 为宜
8	洗脱	采用正己烷、二氯甲烷或正己烷/二氯甲烷的混合溶剂洗脱柱上保留的多环芳烃。洗脱体积一般每次 3~5 mL,分 2~3 次洗脱。可用加入的洗脱溶剂浸润柱材料 3~5 min 后脱	①洗脱溶剂流速不能过快,以 1mL/min 为宜; ②若干燥步骤忽略或不是很彻底,可以在洗脱液中加入少量丙酮,或先用少量丙酮洗脱,而后用洗脱溶剂洗脱。如 GB/T 26411—2010 推荐,先用 1.5 mL 丙酮洗两次,而后用 3 mL 二氯甲烷洗两次
9	干燥	转移提取液入装有无水硫酸钠的漏斗(漏斗底部填干净玻璃毛)中脱水,待提取液全部流出后用 2~3 倍无水硫酸钠体积的提取溶剂清洗其 2~3 次。合并溶剂后浓缩,待进一步处理	无水硫酸钠在 450℃下烘烤 4~6 h 后干燥器中保存

注:水样、溶剂的引入及导出,可采用抽真空、加压或离心的方式实现。固相萃取填料从活化开始至水样上样/淋洗步骤结束,都应保持湿润。

本与替代物平衡后装入索氏提取仪中，加入 100 mL 等体积比例的正己烷和丙酮混合溶剂进行提取。在索提仪中，溶剂的回流时间保持 16～18 h，加热温度控制在溶剂回流速度以 4～6 次/小时为宜。收集提取液后，干燥脱水，采用氮吹或者旋转蒸发仪对提取液进行浓缩后待进一步净化处理。索氏提取法操作中需要关注的提取温度、回流速度等要点及注意事项见表 3-3。

表 3-3 索氏提取方法提取固体样本中多环芳烃的操作要点

编号	操作步骤	操作要点	简要说明
1	选择容量	根据样本量选择索氏提取装置容量	如 10～20 g 干燥土壤或沉积物样本，250 mL 容量的索氏提取装置可满足要求
2	装置组装	索氏提取装置应尽量与水平面垂直	以保证虹吸时溶剂顺利回流
3	样本制备	固体基质与无水硫酸钠共同研磨成细粉，并成流动状态；加入代用标准后，平衡	①研磨可脱水，也可增加有机溶剂与基质浸溶的概率；②若样本含有少量水，建议提取剂中混入一定比例的丙酮
4	提取	将制备好的固体样本放入滤纸套内或砂芯玻璃套中；加入提取溶剂，加热；保证溶剂不断循环回流，进行多环芳烃的提取	①固体粉末不能漏出滤纸套内或砂芯玻璃套。②滤纸套内或砂芯玻璃套中固体粉末高度不能超过回流弯管最高处，不超过滤纸套内或砂芯玻璃套体积的三分之二。③提取剂的加入量以保证虹吸能发生两次，不超过烧瓶体积的三分之二为宜。提取溶剂可选择正己烷、二氯甲烷、苯及丙酮；土壤/沉积物中多环芳烃的提取溶剂推荐选用正己烷与丙酮的等体积混合液或正己烷与二氯甲烷的等体积混合液。④提取时温度不能过高，一般使提取剂刚开始沸腾即可（如正己烷和丙酮等体积比混合溶剂，提取温度在 60～65℃）。回流速度以 5～10 次/时为宜。正己烷可以用石油醚替代，石油醚沸点以 30～60℃ 为好。⑤提取时间推荐 12～48 h
5	干燥	转移烧瓶中提取液入无水硫酸钠漏斗中脱水，待提取液全部流出后用 2～3 倍无水硫酸钠体积的提取溶剂清洗其 2～3 次。合并溶剂后浓缩，待进一步处理	无水硫酸钠在 450℃ 下烘烤 4～6 h 后于干燥器中保存

索氏提取的不足之处在于抽提时间较长，有机溶剂使用量大；而自动索氏提取方法极大地弥补了传统索氏提取的不足，具有提取时间短、溶剂用量少等特点，为美国 EPA 3541 推荐使用的方法。自动索氏提取技术已经应用于土壤中 16 种 EPA-PAHs 的提取，在抽提液为 80 mL 等体积比的丙酮-正己烷混合溶液，抽提温度为160℃，沸腾时间为 60 min，淋洗时间为 60 min 的抽提条件下，可得到80%～105%的回收率，结果满意（李斌等，2014）。

4. 加速溶剂萃取法

加速溶剂萃取（ASE）法是美国环境保护署及我国推荐的处理固体样品的标

准方法之一。加速溶剂萃取法是在较高温度和压力下，用溶剂萃取固体或半固体样品中目标成分的一种样品前处理方法。其工作原理是通过加温加压的方式，提高目标物在有机提取剂中的溶解能力及从基质中扩散出来的能力，促使目标物得以高效提取。与传统萃取方式相比，加速溶剂萃取具有溶剂用量少、快速，对不同基体可用相同的萃取条件、萃取效率高、选择性好、使用方便、安全性好和自动化程度高等优点；缺点是投资大、运行成本高，存在热降解问题（牟世芬，2001）。

ASE 的提取步骤相对简单，简单来说，制备好干燥样本，装入萃取池中，放于加速溶剂萃取仪上设置适当提取条件，开启仪器待仪器按设定程序自动完成提取即可。HJ 782—2016 推荐了固体废物中 PAHs 及 HJ 783—2016 推荐了土壤/沉积物中 PAHs 的提取条件，推荐设置为：等体积比混合的丙酮-正己烷溶液为提取溶剂（提取需要对溶剂进行前脱气处理），温度为 100℃，压力为 1200～2000 psi，预热平衡时间为 5 min，静态萃取时间为 5 min，溶剂淋洗体积为 60%池体积；载气压力设置为 0.8 MPa，吹扫时间为 60 s。静态萃取循环次数 1～2 次（在实际实验中建议 3 次循环为佳）。萃取结束后，收集提取溶剂，浓缩后待进一步处理。固体基质中多环芳烃的 ASE 法及注意事项如表 3-4 所示。

表 3-4 加速溶剂萃取法提取固体样本中多环芳烃的操作要点

编号	操作步骤	操作要点	简要说明
1	样本制备	适量样本与干燥剂混匀，研磨成流动状，加入代用标准，混匀、平衡	①干燥剂推荐使用硅藻土或石英砂。由于硫酸钠遇水易板结，应慎重使用。②称量的样本量由分析目的、样本污染程度及后续分析仪器的灵敏度等决定。土壤/沉积物推荐控制在 10～30 g 之间；有机质含量高的沉积物应减量
2	选择容量	根据固体样本量选择萃取池容量	根据样本量及掺入干燥剂量等的总和选取萃取池容量。一般来说，萃取池的容积大致对应着相应的可以容纳的样本重量。如戴安公司的 ASE 仪器，通常配备 11 mL、22 mL、34 mL、66 mL 等规格的萃取池，相对应可以容纳大约 10g、20 g、30 g、60 g 的固体物
3	装样	拧紧萃取池底盖，水平放置，放入专用的滤膜入萃取池底部后压紧。采用专用的漏斗转移称量好的固体混合物入萃取池中，拧紧萃取池上（顶）盖	①滤膜可为玻璃或石英材质，使用前高温烘烤。②萃取池螺旋上不能有固体颗粒物存在，否则萃取池盖子不能拧紧，提取剂容易泄漏。③装入样品后应保留萃取池上部保留 0.5～1.0 cm 的剩余空间；若空间高度>1.0 cm 时，需要装入硅藻土或石英砂填充
4	提取	①配置提取剂，提取前需要对萃取剂进行前脱气处理；②按照顺序对萃取池进行编号，与提取溶剂接收瓶一一对应后放入仪器样品盘中；③设置提取参数，开动仪器	①HJ 783—2016 推荐固体废物中多环芳烃的提取溶剂为等体积比混合的丙酮-正己烷溶液；其他参数如下：温度为 100℃，压力为 1200～2000 psi，预热平衡时间为 5 min，静态萃取时间为 5 min，溶剂淋洗体积为 60%池体积；载气压力设置为 0.8 MPa，吹扫时间为 60 s。静态萃取循环次数 1～2 次。②静态萃取循环次数建议 3 次循环为佳。③固体废物中多环芳烃提取溶剂也可采用等体积比混合的二氯甲烷-正己烷溶液
5	干燥	萃取结束后，收集提取溶剂，利用无水硫酸钠干燥，浓缩，待进一步处理	

5. 超声波萃取法

超声波萃取法广泛应用于固体样本（如土壤和底泥、生物固体样本）、半固体样本及小量液体样本（如血液样本）中多环芳烃的提取。

超声波萃取法利用超声波辐射产生的多级效应，如空化扰动效应、机械振动效应及热效应等，能增加物质分子运动的频率和速度，提高溶剂穿透样本基质的能力，从而降低目标物与样本基质的作用力，促使目标物在提取溶剂中得到快速的提取。超声波提取多环芳烃具有耗时短、操作方便简单、回收率高等优点。目前，超声波萃取仪的装置基本可分为两种，一种为浴槽式，另一种为探针式。利用浴槽式超声波萃取仪的设备简单，可一次性处理多个样本；缺陷在于，由于其超声波能量分布不均匀，目标物提取效率的再现性不能得到有效保证。对于探针式超声波萃取仪来说，一个样本需要一个探头，单个样本所获得的超声波能量能得到有效保证，提取效率高，重现性好；不足之处在于，批量样本的处理需要较多的设备。

HJ 911—2017 推荐探针式超声波萃取法应用于固体废物中多环芳烃等有机物的提取，其步骤如下：①样本的制备，适量无水硫酸钠加入 20 g 土壤中（总体积不超过超声提取玻璃杯的一半），研磨至流动状；②制备好的样本转移进入超声提取杯（离心杯或烧杯）中，加入 50 mL 提取剂（总体来说，二氯甲烷效率好于丙酮-正己烷或二氯甲烷-正己烷的等体积比混合溶剂），保证提取剂液面高于固体试样表面 2 cm，超声波探头插入至液面以下 1 cm 处，但必须在固体试样表面以上（可根据试样的体积，适当增加或减少提取剂的加入量）；③调整超声波提取仪（探头式超声波提取仪，功率>500 W，可调节）的功率及探头深度，保证试样在提取时能完全被翻动，超声提取 3 min。无水硫酸钠置于漏斗中，提取液经无水硫酸钠干燥后收集。加入新的萃取剂再次提取。重复超声提取 3 次后，合并提取液，浓缩，待进一步处理。

超声萃取中，样品的量及粒度、提取前样品的浸泡时间、超声波强度（功率）、超声波频率及提取时间等，均可影响目标物的提取效率。表 3-5 详细说明探针式超声波萃取仪提取多环芳烃的操作步骤及注意事项。

3.2.2 多环芳烃的净化

经过提取富集步骤，样品中绝大部分 PAHs 被提取出来，但色素、脂类及其他非目标物质等也同时进入了提取液中。这些物质的存在，会干扰色谱柱分离及后续仪器检测的效果，导致多环芳烃定性定量出现误差，甚至错误。因此，在分析前，需要对提取液进一步净化（Ncube et al., 2018）。通用的多环芳烃净化方法是

表 3-5　超声波萃取法提取固体样本中多环芳烃的操作要点

编号	操作步骤	操作要点	注意事项及简要说明
1	样本制备	①固体：适量样本与干燥剂混匀，磨细成流动状，加入代用标准，平衡；②液体（以血液为例）：加入代用标准，平衡后，加入少量盐酸及异丙醇	①干燥剂推荐无水硫酸钠；②样本颗粒越小、越均匀，超声提取效率越好；③血液中少量盐酸及异丙醇的加入，可使蛋白质变性
2	提取杯容量	样本总容量不超过提取杯容量的一半	①根据样本及加入的其他辅助剂的总体积选择超声提取杯容量；②样本总容量过大，容易导致液体溅出；③固体样本过多，可造成超声波不能穿透样品，导致提取效率差
3	加料	①可选择二氯甲烷或丙酮-正己烷或二氯甲烷-正己烷混合液作为提取剂；②提取剂的加入量应高于试样表面2 cm	①针对样本不同，三类溶剂提取效率略有差异；②推荐用提取剂浸泡样本一定时间
4	探头直径/功率	①样品容量<10 mL：超声探头直径2 mm 或 3 mm 探头，功率<200 W；②样品容量 10～200 mL：超声探头直径 6 mm 超声探头，功率 200～400 W；③样品容量 100～500 mL：超声探头直径 10 mm 超声探头，功率 300～600 W	①产生超声波的探头变幅杆直径与提取杯中样品总容积相关；探头功率与样本量及总体积相关；②超声功率不宜太大，以免样品飞溅或起泡沫
5	超声间歇时间/次数	可选超声时间 3 s，间歇时间 4 s，次数 60 次，总时间 7 min	超声时间每次最好不要超过 10 s，间隙时间应大于或等于超声时间，以便于热量散发。时间设定应以超声时间短，超声次数多为原则
6	超声萃取	放入超声探头，设置超声参数，超声开始	①提取杯中液面高度最好高出样品界面 3 cm 以上；探头插至液面以下 1 cm 处，插入太深不容易形成对流，影响破碎效率。②超声波只有在液体中才能发出空化作用，将超声变幅杆插入液面后再启动超声操作；超声变幅杆应居中放置，不能碰到提取杯，否则容易碰断变幅杆或不超声
7	离心	提取杯中的超声提取液与样本离心或过滤分离，收集提取液	推荐提取杯为离心杯，离心杯中样本低速离心后，样本基质与提取液能得到较好的分离
8	再提	加入新鲜溶剂，重复 6～7 步操作。收集提取液，合并	推荐重复加入新鲜溶剂,超声操作提取以 3 次为佳
9	干燥、浓缩	合并的提取液用无水硫酸钠干燥后浓缩，待进一步处理	

柱层析方法，包括自装填层析柱和商品化固相萃取，吸附剂常用硅胶、中性氧化铝、弗罗里硅土等；如果样本含硫（如底泥），需要增加脱硫净化步骤；如果样本含有大量色素或脂类等大分子物质，还需要在柱层析之前，增加凝胶渗透色谱（GPC）净化或碱解步骤。选取何种净化方法主要由样本的类型、抽提溶剂的种类等决定。脱硫、柱层析法、凝胶渗透净化法及碱解法可单独应用，也可几种方法组合应用。样本相对干净，如未被污染的地下水，净化步骤甚至可以根据样品情况而省去。

1. 含硫样本的脱硫净化处理

一些样品，如底泥/沉积物或一些生物样本，提取液中通常含有较高浓度的硫元素。硫元素的存在会极大地干扰样品中多环芳烃的检测，仪器检测前需要对其进行去除。利用铜除硫是最通用的脱硫方法。先用稀盐酸（6 mol/L）或稀硝酸（等体积水稀释浓硝酸溶液）去除薄铜片（也可为细铜丝或铜粉）表层的氧化物，清水及丙酮分步洗净后，氮气吹干，保存于空气中或正己烷中。中国环境保护行业标准 HJ 805—2016 推荐把铜粉放于净化柱上端，保持浓缩后的提取液浸润在铜粉中 5 min 以脱硫。铜粉也可以和样本混合后进行提取，提取的同时进行了脱硫处理；或者在提取液浓缩，加入铜粉后放入超声仪中超声脱硫（几分钟即可）；总的来说，脱硫环节也可以安排在提取时、提取浓缩后净化前，甚至进样前完成。除了采用铜脱硫外，汞脱硫也是备选方法，不过，考虑汞的毒性，不推荐使用。样本的硫元素还可以采用凝胶渗透色谱法去除，其原因在于硫元素的分子量很小，在 GPC 中通常最后流出。也就是说，在检测样本中多环芳烃时，GPC 方法不仅可以去除样本中其他杂质，同时也可以脱硫。

2. 固相萃取净化法

目前，固相萃取法是净化提取液中多环芳烃的常用方法。除含大量色素及脂类等干扰物的提取液外，该方法基本适用于所有样本 PAHs 的净化。

采用固相萃取小柱净化提取液时，选择合适的固相萃取填料（吸附剂）是净化效果好坏的关键因素。多环芳烃提取液的净化，多选取硅胶、硅藻土及氧化铝等具有中等极性的材料作为吸附剂，以促使一些有极性官能团的干扰物质，如色素等，与其紧密结合，然后以低极性试剂（正己烷）为淋洗溶剂洗去部分杂质，再以中等极性溶剂（二氯甲烷或二氯甲烷-正己烷混合液）洗脱目标物。

在 HJ 646—2013（或 HJ 647—2013）中关于环境空气和废气、气相和颗粒物中多环芳烃的测定中，推荐采用商业化的吸附剂含量为 1 g 的硅胶小柱或弗罗里硅土小柱进行提取液的净化。该方法首先把固相萃取小柱固定于固相萃取装置上，用 4 mL 二氯甲烷和 10 mL 正己烷依次冲洗柱床。至少保持正己烷浸润柱床中吸附剂 5 min 以上，转移浓缩后的提取液入柱头，采用 10 mL 等体积比的二氯甲烷和正己烷混合溶液淋洗萃取柱，收集淋洗液后浓缩，根据后续检测仪器的不同置换为不同的溶剂，待仪器检测。当后续检测仪器采用 GC/MS 时，溶剂置换为非极性溶剂（如正己烷），当后续检测仪器为反向液相色谱时，溶剂置换为与流动相匹配极性溶剂（如乙腈）。固相萃取小柱净化 PAHs 成功的一个关键在于净化过程中小柱内溶剂不能流干。HJ 805—2016 及 HJ 784—2016 推荐了土壤及沉积物中 PAHs

的净化方法，柱吸附剂种类、小柱活化、淋洗方法及淋洗溶剂同 HJ 646—2013 及 HJ 647—2013。

不过，当分析基质复杂的样本时，采用硅胶/氧化铝复合层析柱并不能有效去除提取液中的一些干扰杂质（如色素）。可将层析柱净化后的洗脱液氮吹吹干后，用适量乙腈溶解，加入 C_{18} 固相萃取小柱做进一步的净化，采用乙腈洗脱，洗脱液氮吹近干，正己烷溶解后 GC/MS 测定。采用此种方法处理牧草中 PAHs，结果令人满意（谢婷等，2014）。需要说明的是，该方法选择固相萃取吸附剂类型的策略与提取部分相似。C_{18} 可以将多环芳烃较强地保留在柱中，而不保留色素等极性成分，从而实现对干扰物的去除。

当利用固相萃取小柱对样本提取液进行净化时，由于 PAHs 提取浓缩液通常为非极性的溶剂，固相萃取小柱中吸附材料的选择、预处理、活化及洗脱，不同于液体样本中多环芳烃固相萃取提取方法。具体操作要点及简要说明见表 3-6。

表 3-6 多环芳烃固相萃取净化方法操作要点

编号	操作步骤	操作要点	简要说明
1	柱填料	根据多环芳烃物化性质、浓度及溶剂性质选择柱材料及柱容量。通常选择硅胶、硅藻土及氧化铝为柱填料	硅胶、硅藻土及氧化铝等吸附剂对色素等极性物质有较强的保留
2	淋洗/清洗	通常用淋洗液清洗柱材料，淋洗体积为 1～3 个柱体积。淋洗液需要从柱中排干	消除柱填料上吸附的杂质，减少其对目标化合物的干扰
3	活化	通常用正己烷对柱材料进行活化平衡	创造了与提取浓缩液近似的溶剂环境，以使样品与吸附剂表面有良好的接触，提高吸附效率
4	上样	将提取浓缩液转移入小柱	
5	淋洗/清洗	利用 1～2 个柱体积的正己烷清洗柱吸附剂，弃去流出液	正己烷的加入可去除或部分去除样品中的正构烷烃类物质
6	洗脱	①采用二氯甲烷或正己烷/二氯甲烷的混合溶剂洗脱柱上保留的多环芳烃；正己烷/二氯甲烷的混合溶剂的体积比，一般为 3∶2 或 1∶1。②洗脱体积一般共 1～2 个柱体积，每次 3～5 mL，分 2～3 次洗脱；可用加入的洗脱溶剂浸润柱材料 3～5 min	洗脱溶剂流速不能过快，以 1 mL/min 为宜

3. 层析柱净化法

目前，多环芳烃净化最常用的方法仍然为层析柱净化法。除含大量色素及脂类等干扰物的提取液外，该方法基本适用于所有样本 PAHs 的净化。

层析柱净化法中装填的吸附剂通常有中性氧化铝、弗罗里硅土柱和层析硅胶三种，这三种吸附剂可单独使用也可组合使用。其中，层析硅胶应用最为广泛；弗罗里硅土吸附剂对于色素去除效果较好，对高分子量的 PAHs 分离纯化效果好；中性氧化铝对烃类的吸附能力很强，洗脱时需要极性较强的溶剂，杂质易于同多环芳烃同时流出，因此其通常不单独应用于 PAHs 的净化，而是以一定比例与硅胶组合成复合层析柱使用。相比于商品化的固相萃取小柱，自装填层析柱净化方法有消耗试剂少、成本低廉、可根据样本灵活调整吸附剂种类进行净化、容量大不容易过载等优点，缺点是有机溶剂消耗量偏大、程序较多、容易引入目标物污染等。

HJ 646—2013 采用硅胶层析柱方法对空气和废气气相及颗粒物提取液中多环芳烃进行了净化，步骤如下：层析柱中从下至上依次填入玻璃棉，以二氯甲烷为溶剂湿法填充 10 g 活化的硅胶（130℃活化 16 h），无水硫酸钠。置换柱中溶剂为正己烷，保持柱子上端的无水硫酸钠不暴露在空气中。转移样本浓缩液入柱头（正己烷清洗浓缩液瓶的部分需要合并转入柱头）后，打开层析柱阀门，让浓缩液中目标物吸附在层析柱柱头，待无水硫酸钠刚刚欲暴露于空气中时，加入 25 mL 正己烷淋洗液淋洗，该部分淋洗液弃去；待正己烷流出，至无水硫酸钠刚刚欲暴露于空气中时，再加入 30 mL 体积比为 2∶3 的二氯甲烷-正己烷混合溶液洗脱多环芳烃，收集该部分淋洗液，浓缩，置换溶剂为正己烷后浓缩至 1 mL，加入氘代多环芳烃内标液后检测。SN/T 3823—2014 推荐复合层析柱净化化妆品中多环芳烃。采用二氯甲烷作为溶剂，从下至上逐次装填 10 g 硅胶（130℃活化 16 h）、5 g 中性氧化铝（160℃活化 16 h，3%的水失活，平衡 48 h 后使用）及 3 g 无水硫酸钠。以 40 mL 正己烷置换柱体中的二氯甲烷后，上样，以 25 mL 正己烷淋洗，弃去；再用 40 mL 正己烷-二氯甲烷（体积比 3∶2）混合溶剂洗脱，收集洗脱液，浓缩后置换溶剂为正己烷，定容 1 mL 待 GC/MS 分析。

层析柱净化过程中，吸附剂的种类及粒度选择、活化及装填方法等均可影响净化效果，多环芳烃层析柱净化法操作步骤如表 3-7 所示。

4. 凝胶渗透色谱净化法

凝胶渗透色谱法是一种非毁损性质的干扰方法，适用于各种生物体（植物、动物组织、人体组织等）及其他复杂基体提取液中色素及脂类等干扰物质与多环芳烃的分离净化（Bansal et al.，2017；Dusek et al.，2002）。

从本质上来说，GPC 是一种液相色谱。常规液相色谱主要根据物质在柱填料上的吸附解吸能力的不同来分离，GPC 主要根据物质相对分子尺寸的不同而分离。GPC 的柱填料为表面惰性的凝胶，不能与物质发生吸附、分配及离子交换等作用；凝胶具有三维网状结构，含有许多大小均匀的孔穴。当待分离物质经过 GPC 柱填料时，色素、脂类、生物碱、蛋白质等大分子物质不能进入或部分进入凝胶孔穴，随洗脱剂最早流出；较小的分子完全或部分进入凝胶孔穴，在柱中的滞留时间较

表 3-7 多环芳烃层析柱净化法操作要点

编号	操作步骤	操作要点	简要说明
1	柱填料	通常选择硅胶、弗罗里硅土、中性氧化铝为柱填料	三者可单独使用，也可组合使用
2	填料活化	①硅胶：130℃（或 180℃）下活化 16 h；②弗罗里硅土：130℃下活化 16 h 或 550℃下活化（烘烤）12 h 后，加入水（3%质量分数）失活；③中性氧化铝：450℃下活化 20 h 后，用 2%（质量分数）水失活	活化目的在于提高吸附剂吸附性能，排除水分，提高结果重异性。①吸附剂活化温度不同，其吸附能力差异很大；水加入比例的不同，活性差异很大。②根据样本基质选择活化温度及失活水比例
3	填料粒度及量	粒度：①硅胶：100~200 目；②弗罗里硅土：60~100 目；③中性氧化铝：100~200 目。量：通常 5~10 g	粒度越细，吸附能力越强，越易堵，溶剂流速越慢；量越多净化效果相对更好，相应的成本消耗大
4	柱型	通常的柱型：1.20 mm 内径×350 mm 长；2.10 mm 内径×300 mm 长；配置聚四氟乙烯材质旋塞	根据吸附剂用量选择柱内径及长度：吸附剂高度一般为 15 cm 左右，太短或太长均会导致分离效果不好
5	装柱	①湿法：柱底用玻璃棉塞紧，加入半个柱体积二氯甲烷，吸附剂用二氯甲烷搅成匀浆，打开旋塞，转移匀浆入柱中，不断轻敲柱体，待二氯甲烷液面与吸附剂液面平齐时，加入正己烷置换溶剂，最后加入无水 Na₂SO₄ 至柱头，待 Na₂SO₄ 与正己烷液面平齐后关闭旋塞。②干法：称量后的吸附剂直接加入柱中，敲实，加入正己烷（或先用二氯甲烷再用正己烷）洗涤，加入无水 Na₂SO₄ 入柱头，待 Na₂SO₄ 与正己烷液面平齐时，关闭旋塞	①干法和湿法装柱均可；湿法装柱时液体可常压流出，也可加压。②柱填料一定要均匀，适度密实；柱填料间不能有气泡及断层。③上样前柱体中的溶剂，与需净化的样品溶剂相同或极性相似。④柱头的无水硫酸钠 1~2 cm 即可，帮助去除水分
6	上样及洗脱	浓缩后的提取液转移入柱头，打开旋塞，保持液滴以约 1 滴/s 速度流出；用少量正己烷分三次清洗装提取液的容器，每一次清洗液都在刚好没过上层无水硫酸钠时加入，然后先用正己烷洗脱正构烷烃类（去掉），再加入二氯甲烷及正己烷的混合溶剂洗脱 PAHs 即可	①上样前，提取液溶剂需要置换为非极性的溶剂（例如正己烷）。②洗脱剂用量与吸附剂类型、活性及用量有关。例如，10 g 硅胶吸附剂（130℃活化），20~30 mL 正己烷可洗脱正构烷烃类；30~50 mL 二氯甲烷-正己烷（体积比：2:3）可洗脱 PAHs。③上样的提取液体积在 0.2~1.0 mL 为宜
7	浓缩	收集洗脱液，浓缩，待进一步处理	若溶液颜色深或浑浊，需要对其进一步净化处理

长，随洗脱剂后流出。在恰当的时间段内，收集含有目标组分的洗脱剂就可以实现油脂、色素等大分子组分与小分子组分的分离。

在从样本基质（主要指植物、动物及人体样本、底泥等）中提取多环芳烃的过程中，部分色素、油脂及蛋白质、硫元素等杂质随着目标物一起进入提取液，而色素、脂类物质及硫元素的存在会极大地干扰仪器的检测，必须去除。常用的多环芳烃净化方法，如固相萃取净化及层析柱净化，并不能除去提取液中大量的色素、蛋白质及脂类等物质。对多环芳烃来说，色素、蛋白质及脂类物质等的分子尺寸大很多，而硫元素的分子尺寸小很多，凝胶渗透色谱技术可以利用它们分子尺寸之间的差异，将多环芳烃与色素、油脂及硫元素等干扰物分离。目前，GPC 技术已经成功应用于植物、动物及人体样本中多环芳烃与色素、脂类、硫元素等的净化上。

GPC 方法净化多环芳烃通常采用亲油性的聚苯乙烯凝胶 Bio-Beads S-X$_3$ 作为柱填料，孔径 200～400 目，柱尺寸及填料量根据具体样品选择。GPC 方法的核心是柱体，可商品购买，也可自装填。GPC 商品柱根据操作说明即可，GPC 自装填柱可参考以下步骤进行。准确称取一定量（20～70 g 不等）Bio-Beads S-X$_3$ 树脂于烧杯中，加入等体积比的二氯甲烷-正己烷混合液（可置换为其他溶剂）浸泡过夜（>12 h）；柱体中加入等体积比二氯甲烷-正己烷混合液，将溶胀后树脂均匀转入柱中，保证柱中树脂无断层、无气泡、无沉降分界层现象；填装好后，需时刻保持树脂被二氯甲烷-正己烷混合液覆盖。GPC 填料初次使用或长时间搁置后再次使用时，先用约 1～2 个柱体积、等体积比的二氯甲烷-正己烷混合液预淋洗除杂，待溶液恰好流到 GPC 柱顶部时，加入需净化的样本浓缩液，用一定量的等体积比二氯甲烷-正己烷混合液洗脱，收集适当时间段内的洗脱液，即可获得含多环芳烃的较洁净级分。随洗脱液最先流出的为色素、油脂等大分子物质，最后流出的为硫元素等小分子成分，抛弃该两部分级分即可。

GPC 洗脱剂与流动相需要保持一致，常用的有等体积比的二氯甲烷-正己烷混合液、等体积比的二氯甲烷-环己烷混合液、体积比为 15∶85 的二氯甲烷-环己烷混合溶液、等体积比的环己烷-乙酸乙酯混合液或二氯甲烷等，等体积比的环己烷-乙酸乙酯混合液为首推溶剂。这些溶剂均可在 GPC 上实现多环芳烃的净化；流动相的流速通常为 5 mL/min。例如，以二氯甲烷为流动相，2 mL 浓缩液过滤后进入全自动凝胶渗透色谱系统（填料为 Bio-beads S-X$_3$ 凝胶、20 mm×300 mm 凝胶净化柱），流量为 5 mL/min，收集 13.5～18.5 min 的淋出液，可实现土壤中多环芳烃的净化（马可婧等，2017）；使用自动凝胶渗透色谱系统（填料为 Bio-Beads S-X$_3$，25 mm×500 mm 凝胶净化柱），流动相为等体积比的环己烷-乙酸乙酯混合溶液，柱流速为 5 mL/min，收集时间 1020～3260 s，可实现沉积物中硫的去除及多环芳烃净化（李斌等，2014）；使用 20 g Bio-Beads S-X$_3$ 自装填的 GPC 柱子，采用 50 mL 二氯甲烷/正己烷（1∶1，体积比）预淋洗，50 mL 二氯甲烷/正己烷（1∶1，体积比）洗脱目标物，50 mL 二氯甲烷/正己烷（1∶1，体积比）再生柱的方法可实现对植物中 PAHs 的净化（罗东霞，2016）。GPC 对物质没有保留，柱性能可以保持较长时间，可循环利用，但有机溶剂用量较大。

多环芳烃容易被浓硫酸氧化，不能采用磺化的方法去除样本基质中的色素、脂类杂质。GPC 是一种非破坏性的样品净化方法，在从植物、动物及人体样本中提取多环芳烃的净化中发挥着重要的作用。虽然 GPC 能有效地去除色素及油脂等大分子干扰物，但对链烃等小分子物质与 PAHs 的分离帮助不大。GPC 分离后，通常需要对样本进行进一步的净化。

5. 皂化反应净化法

植物及动物样本提取液中含有的大量色素及脂类等物质，这些物质的存在会导致净化过程中吸附剂过载、柱体堵塞等系列问题，必须在净化步骤前去除。除 GPC 方法可规避生物大分子对多环芳烃的干扰外，通过碱性皂化反应去除样本中色素及脂类等物质也是一种有效手段。其原理为样本中的色素及脂类物质在 KOH 或 NaOH 的甲醇/乙醇水溶液中进行碱水解，生产溶于水的醇及盐，从而与脂溶性的多环芳烃分离。如甘油三酯碱解生成甘油及相应的脂肪酸盐，叶绿素碱解生成甲醇、叶绿醇及能溶于水的叶绿酸盐等。

可通过微波、超声及热水浴等辅助皂化反应发生。多环芳烃提取液皂化反应效率与皂化时间、皂化液中醇的含量等相关。通常情况下，经过皂化后，样本还需通过后续手段进行进一步处理。例如，在植物萃取液中加入 20 mL 皂化液（2 mol/L KOH + 80%甲醇水溶液）后，60℃水浴中皂化 1 h，提取液中的叶绿素得以有效去除；后续用 HLB 小柱进一步净化，用 5 mL 二氯甲烷活化萃取小柱的固定相，再分别用 5 mL 甲醇和水润洗。将皂化后的萃取液以 1 mL/min 的流速通过萃取小柱，待样液全部通过柱子后，用 10 mL 水以 2 mL/min 的流速洗去杂质，将固定相中的水分充分抽干。最后以 10 mL 二氯甲烷以 1 mL/min 的流速洗脱，将洗脱液收集浓缩后待 GC/MS 和 HPLC 测定（张军，2006）。

3.2.3 多环芳烃的检测方法

目前，GC-FID、HRGC/LRMS、HPLC-UV/FLD、HRGC/HRMS、HRGC-MS/MS、UPLC-MS/MS 等均可实现多环芳烃的检测（Hayakawa et al., 2017）。但是，HRGC/HRMS、HRGC-MS/MS 和 UPLC-MS/MS 等仪器的消耗及维护成本较高，并不能推广应用。在完全满足多环芳烃精准检测要求的情况下，仪器的消耗及维护成本相对较低的 GC-FID、HRGC/LRMS、HPLC-UV/FLD、HPLC-PDA/FLD 成为多环芳烃的常用检测方法。其中，气相色谱或液相色谱主要对多环芳烃类物质起分离作用，分离后的目标物在 FID、UV/FL 或质谱部分获得信号响应，主要起到定性定量的作用。

1. 气相色谱检测方法

顾名思义，气相色谱（GC）法是指以气体为流动相的柱色谱分离方法。GC

的流动相为惰性气体（如 N_2，He 等），当固定相为具有一定吸附能力的固体时，称为气固色谱；当固定相为涂覆于载体上的液体时，称为气液色谱。

GC 主要是利用化合物在气相与固定相之间分配能力（系数）的不同来实现混合组分的分离。样品在 GC 进样口气化后进入色谱柱，在流动相（也称载气）的带动下，在色谱柱中进行反复多次的分配。由于分配能力不同，经过一定时间后，各组分在色谱柱中的运行路程也就不同。吸附力弱的组分最先离开色谱柱进入检测器，而吸附力最强的组分最后离开色谱柱进入检测器，各组分由此得以在色谱柱中逐次分离。

毛细管气相色谱是气相色谱的一种，其特征是柱体为一根长几十米的毛细管，柱内空心，固定相为直接或间接涂敷在毛细管管壁上的固定液。由于固定液面积大，厚度薄，组分在气相和液相相间的传质阻力较低，导致毛细管柱柱效很高。这些特征使得毛细管气相色谱成为分离低沸点、挥发性/半挥发性复杂混合物的有效方法。毛细管气相色谱结合火焰离子化检测器和质谱检测器，已成为多环芳烃检测最常用的方法之一，被各行业推荐使用。

1）气相色谱柱类型

多环芳烃同类物众多，通常选用毛细管柱对其进行分离。中等极性或弱极性固定相涂层材料的毛细管柱都可实现多环芳烃的分离，如 5%苯基-甲基聚硅氧烷固定相涂层材料至 50%苯基-甲基聚硅氧烷固定相涂层材料均可用；最常用的柱涂层有 DB-5、DB-17 及类似柱等。毛细管色谱柱的长度、内径及涂层厚度可根据分离多环芳烃类物质的复杂程度及量进行选择。分离 16 种 EPA-PAHs，最常用的毛细管气相色谱柱型号为长 30 m、内径 250 μm、液膜厚度 0.25 μm。多环芳烃气相色谱分离以程序升温的方式可以实现，但分离时间较长。对 16 种 EPA-PAHs 的分离，30 m 的毛细管柱一般需要 30～60 min 才能实现。

2）氢火焰离子化检测器

氢火焰离侧器（FID）属于质量型检测器。有机化合物利用氢气和氧气燃烧产生的能量，在高温下发生化学电离，电离产生的离子在高压电场的定向作用下，形成离子流；离子流的强度与进入火焰的有机化合物的量成正比，通过测量离子流的强度就可对有机物进行检测。氢火焰离子化检侧器也属于通用型检测器，其几乎对所有挥发性/半挥发性的有机化合物均有响应，而且具有灵敏度高、线性范围宽、死体积小、响应快、稳定性好等优点，是应用最广泛的气相色谱检测器之一。

气相色谱-氢火焰离子化检测器（GC-FID）检测多环芳烃，成本相对低廉，适合 PAHs 含量高的、基质较单一的样本检测。GC-FID 是电子电气产品中 16 种 EPA-PAHs 检测的国标推荐性方法（GB/T 29784.4—2013），该方法采用保留时间进行目标物的定性，内标法菲-D_{12}进行定量。色谱柱为 DB-5（30 m×0.25 mm×0.25 μm），色谱升温程序为：60℃保留 3 min，以 15℃/min 升温到 110℃保留 3 min，以 15℃/min 升温到 250℃保留 10 min，以 10℃/min 升温到 310℃保留 5 min，进样口温度为 280℃，FID 温度为 310℃，载气为高纯氮气，流速 1.4 mL/min，恒流不分流进样模式，进样量 1.0 μL。该方法没有加入替代物进行质量控制。

环境中的多环芳烃类物质有几百种，对性质相近的同分异构体毛细管柱并不能实现完全分离，如苯并[k]荧和苯并[b]荧蒽。由于仅仅采用保留时间对目标物进行定性，没有目标物的结构信息指标，可能造成假阳性结果，导致定量数据偏高甚至错误。因此，使用该方法时，有必要结合气相色谱/质谱方法或者气相色谱双柱方法对选择性样本目标物进行确认。同时，样品基底中存在的烷烃类物质在 FID 中有较强的响应，可能会对多环芳烃的检测造成一定的干扰；因此，在采用气相色谱-氢火焰离子化检测器（GC-FID）检测时，在净化步骤需要尽量去除烷烃类的干扰。

为了保证仪器的状态最佳，FID 使用时需要注意以下事项：①由于氢气的使用，FID 使用时对防爆有严格的要求；②载气、氢气和空气使用前须过滤净化；③载气和氢气、空气流速对检测灵敏度有较大的影响，一般情况下，N_2 和 H_2 流速的最佳比为 1∶1～1.5∶1，氢气和空气的比例为 1∶10 时灵敏度高、稳定性好；④离子头、管道和离子室必须定期清洁，不得有积碳，否则引起本底电流增大，噪声增大，灵敏度降低，若不清洁，可用水、酒精和苯依次清洗烘干；⑤应在氢气通气半小时以上再点火，等火点着了后再通尾吹气；⑥高分子量端多环芳烃较难气化。在样本预处理不佳或柱头较脏的情况下，高分子量端多环芳烃在检测器上的响应较低甚至可能没有响应。这就需要改进样本预处理环节，并维护好气相色谱进样口。

3）低分辨质谱（LRMS）

质谱（MS）法是一种测定化合物离子质荷比（m/z）的分析方法。其基本原理是化合物气态分子在离子源中与高速电子束碰撞，发生电离而产生不同荷质比的带电离子。这些带电离子经过加速后，以离子束的形式进入质量分析器；在电场和磁场的作用下，质量分析器根据质荷比将这些离子分开，将它们分别收集和记录，即得到质谱图。质谱图中包含多种离子峰（如分子离子峰、碎片离子峰及同位素离子峰等）质量及相对强度等信息，据此可以对化合物进行定性定量分析。不过，质谱仪本身对混合物分离无能为力，在分离复杂样本基质或混合物时通常需要与色谱法结合使用，如气相色谱-质谱及液相色谱-质谱等。在色谱-质谱联用技术中，色谱部分可将复杂组分逐次分开，质谱部分逐一进行定性定量，既具有色谱的高分离性能，又能对化合物进行准确的定性定量，已成为现代分离鉴定的理想手段。

对多环芳烃的 GC/MS 检测而言，质谱部分通常配置电子轰击（EI）离子源和四极杆质量分析器。EI 电离源是目前应用最为广泛的一种离子源。含多环芳烃的样品以气态的形式进入离子源，在 70 eV 能量的电子轰击下，被裂解为分子离子及碎片离子等（此种能量下，可获得标准谱图）；然后，这些带有结构信息的离子从离子源进入四极杆质量分析器，按照质荷比进行分离后到达检测器被检测。四极杆质量分析器通常采用全扫描模式及选择离子监测模式对多环芳烃离子进行筛选。全扫描（Scan）模式对化合物的分子离子及所有的碎片离子进行扫描，可得到化合物的全部离子结构及强度等信息，与标准谱图比对后可以方便地进行结构定性，也可选择特征离子进行定量；不足之处在于，由于记录所有的离子，干扰大，可能导致一些低浓度化合物不能被检测。选择离子监测（SIM）模式下，只有某些质荷比的离子被允许通过四极杆质量分析器而获得检测。由于 SIM 采用的策略仅仅选择化合物特征离子进行记录，可以有效地避免大部分离子带来的干扰，灵敏度很高，更适合多环芳烃的定量分析。缺点在于没有对化合物的全部谱图信息进行记录，不能进行定性分析及质谱比对。70 eV 下，GC/MS-EI 检测多环芳烃的推荐定量离子及辅助定性离子如表 3-8 所示。

表 3-8　GC/MS-EI 检测多环芳烃的推荐定量离子及辅助定性离子

序号	化合物	简写	定量离子	辅助定性离子 1	辅助定性离子 2
1	萘	Na	128	127	129
2	萘-D_8	Na-D_8	136	108	154
3	2-氟联苯	2-FBP	172	171	170
4	苊	Ace	154	153	152
5	二氢苊	Acy	152	151	153
6	二氢苊-D_{10}	Acy-D_{10}	162	160	163
7	芴	Fl	166	165	167
8	菲	Ph	178	179	176
9	菲-D_{10}	Ph-D_{10}	188	189	160
10	蒽	An	178	179	176
11	荧蒽	Flu	202	200	203
12	芘	Pyr	202	200	203
13	4,4'-三联苯-D_{14}	TP	244	245	243
14	苯并[a]蒽	BaA	228	226	229
15	䓛	Chr	228	226	229
16	䓛-D_{12}	Chr-D_{12}	240	236	238
17	苯并[b]荧蒽	BbF	252	250	253
18	苯并[k]荧蒽	BkF	252	250	253
19	苯并[a]芘	BaP	252	250	253
20	芘-D_{12}	Pl-D_{12}	264	260	265
21	茚并[1,2,3,-cd]芘	InP	276	138	277
22	二苯并[a,h]蒽	DBA	278	276	279
23	苯并[g,h,i]苝	BghiP	276	275	277
24	六甲基苯	HMB	147	162	148

由于仪器成本相对低廉，同时可以得到定性定量数据，复杂基质中多环芳烃的检测推荐的优选方法为 HRGC/LRMS。如 GB/T 26411—2010 推荐采用 GC/MS-EI 分析海水中 16 种 EPA-PAHs。气相色谱部分的色谱分离柱固定相为 5% 苯基-甲基聚硅氧烷，长 30 m，直径 250 μm，液膜厚 0.25 μm 的色谱柱。色谱条件推荐为：载气为高纯氦气，流速为 1.5 mL/min；进样口温度为 250℃；进样量为 1～2 μL，不分流进样模式；升温程序为 50℃，以 20℃/min 的速率升至 150℃，并保持 2 min；再以 12℃/min 的速率升至 290℃，并保持 7 min；质谱部分的离子源和接口温度分别为 200℃和 250℃；全扫描模式进行定性分析，范围（50～500）m/z；选择离子监测（SIM）模式进行定量分析，内标法定量，内标物为四氯间二甲苯或六甲基苯，加入量为 40 ng。5 点标准曲线线性范围在 2～80 μg/L 之间。1 L 水样，定容体积为 0.5 mL 时，检测限为 1～2 ng/L。美国 EPA 8270 系列也收录了 GC/MS 法，对包括 PAHs 在内的 200 多种半挥发性有机物进行定性定量分析。

2. 高效液相色谱检测方法

高效液相色谱对混合物的分离原理与气相色谱法相似，分离过程均通过混合物各组分在固定相和流动相之间不断分配而得以实现。两种方法最大的不同在于流动相，气相色谱的流动相为惰性气体，而液相色谱的流动相为液体。在液相色谱中，混合物在液体流动相携带下流经固定相，并在固定相与流动相间反复分配；由于混合物各组分化学性质及结构上的差异，其与固定相间的作用力不同导致在液相色谱柱中的保留时间不同，混合物各组分逐次从色谱柱固定相中流出，从而实现混合物的分离。气相色谱和高效液相色谱有各自的适用范围。气相色谱适用于挥发性或半挥发性而热稳定的化合物的分离，而液相色谱对一些热不稳定、分子量较大物质的分离更合适；相对于气相色谱而言，液相色谱的分析范围更广。

对多环芳烃各同类物的分离而言，气相色谱法存在一定的不足。如由于高环多环芳烃沸点较高及分子量较大，导致其不易气化，存在峰展宽，灵敏度相对较低等现象；不能有效解决多环芳烃的一些同分异构体的分离；分离时间相对较长等。利用 HPLC 分离多环芳烃类物质时，并不需要气化过程，一些挥发性较差及分子量较大的多环芳烃在较短的时间内也能得到很好的分离；多环芳烃大多具有大的共扼体系，很容易吸收太阳光中可见区（400～760 nm）和紫外区（290～400 nm）的光，其大多数溶液具有一定的荧光。分离后串联紫外检测器、二极阵列检测器或荧光检测器，进行梯度淋洗，可实现多环芳烃的定性和定量。对多环、大分子量的 PAHs 的分析检测，液相色谱法具有其他方法不可替代的优势，已经成为主要的分析方法之一。

1）高效液相色谱色谱柱类型及分离梯度程序

高效液相色谱柱类型的选择在多环芳烃分离中起到关键的作用。高效液相色谱通常选用反相键合相柱分离多环芳烃，其中以多环芳烃专用柱最为常用。柱填料粒径、柱长及柱内径均有各种规格，可根据样品的复杂程度、量及分析目的选择。一般来说，填料粒径及柱内径细、柱短的分析柱在灵敏度、分离度、分离效率及分离时间方面占据优势，而填料粒径及柱内径粗、柱长的分析柱有柱容量大、仪器性能要求相对不高等优势。

液相色谱分离多环芳烃时，流动相通常为水-甲醇或水-乙腈，按照一定比例进行二元梯度淋洗，即可实现多环芳烃的分离。在利用 HPLC 测定 PAHs 时，分离条件可借鉴，但是由于样品基质、色谱柱、泵系统及检测器等都会有差异，最佳条件应该根据实际确定。

近年来，超高效液相色谱的出现，为 PAHs 的分离与分析提供了更为有效的工具。高效液相色谱柱对 16 种 EPA-PAHs 的分离一般在几十分钟内完成，而超高效液相色谱柱仅仅需要几分钟即可达到目的，极大地缩短了分析时间。不过，超高效液相色谱柱需要配置超高效液相色谱系统使用，仪器成本高；同时，其柱填料粒径及柱内径细，容易堵塞，对样本前处理的要求相对更高。

2）高效液相色谱-紫外检测器/二极阵列检测器

高效液相色谱-紫外检测器（UV）/光电二极管阵列检测器（PDA）是常用的多环芳烃检测仪器。紫外检测器的工作原理基于光吸收的朗伯比尔定律，当一束光辐射通过目标物溶液时，紫外光被目标物吸收，溶液的吸光度与目标物浓度成正比。多环芳烃类化合物具有共轭双键，对紫外光有较强的吸收，在紫外检测器上有较强的响应及灵敏度；同时，紫外检测器对流动相组成变化不是很敏感，通过梯度淋洗方式非常容易实现多环芳烃类物质的分离。需要注意的是，在 HPLC-UV 使用过程中，必须以没有紫外可见光吸收的溶剂作为流动相。同时，不同环数的多环芳烃在同一波长下的响应因子差异较大，给低浓度复杂样本中多环芳烃的定性定量带来一定的困难。

光电二极管阵列检测器的检测原理同紫外检测器一样。紫外检测器通常只能获得单一波长的光谱图，而光电二极管阵列检测器获得的是一定范围内所有波长的光谱图。当液相色谱-紫外检测器联用时，获得的是时间和吸收光强度的二维谱图；而液相色谱-光电二极管阵列检测器联用时，获得的是时间、吸收光强度和波长的三维谱图。由此可见，光电二极管阵列检测器记录了更多的化合物信息，更有利于物质的定性。

3）高效液相色谱-荧光检测器

高效液相色谱-荧光检测器（HPLC-FLD）在复杂基体中多环芳烃的检测中起

着不可替代的作用。大多数多环芳烃具有多个苯环结构，存在大的共轭双键结构，其电子易于吸收能量发生跃迁，在从跃迁态回到基态的过程中能发射出较强的荧光。由于只对荧光物质有响应，荧光检测器选择性好、灵敏度高，非常适合复杂基体中多环芳烃类物质的检测。需要注意的是，部分多环芳烃荧光强度不高，如萘、苊、芴、二氢苊等，利用紫外检测器对它们进行测定效果更好。为了获得最好的检测效果，通常的检测策略为高效液相色谱分离后，荧光检测器结合紫外检测器同时使用对分离组分进行检测。例如，SL 465—2009 利用液相色谱结合紫外检测器/荧光检测器测定了水中 16 种 EPA-PAHs。当水样量为 2 L、进样为 5 μL、定容体积为 500 μL 时，萘、苊、二氢苊及芴采用紫外检测器检测，检测限分别为 0.70 μg/L、0.26 μg/L、0.32 μg/L 及 0.037 μg/L；其他多环芳烃采用荧光检测器检测，检测限在 0.003~0.068 μg/L 范围内变动。HJ 784—2016 利用液相色谱结合紫外检测器/荧光检测器测定了土壤/沉积物中 16 种 EPA-PAHs。当样本量为 10 g、进样为 10 μL、定容体积为 1.0 mL 时，检测器为紫外检测器时，方法检出限为 3~5 μg/kg；检测器为荧光检测器时，方法检出限为 0.3~0.5 μg/kg。

某些物质的电子在吸收了一定能量后，可从基态跃迁至激发态，电子再从激发态回到基态的跃迁过程中以光的形式释放出多余的能量，所发出的光即是荧光。物质发荧光有吸收和发射两个过程，因此荧光光谱包含激发光谱和发射光谱两种。激发光谱通过扫描激发单色器，使不同波长的入射光激发荧光化合物，产生的荧光通过固定波长的发射单色器后，得到荧光强度与激发波长的关系曲线；在激发光谱上，选择激发光谱曲线的最大波长作为激发波长，发射单色器进行波长扫描得到荧光强度随荧光波长变化的曲线，即为发射光谱。选择合适的激发波长和发射波长，是提高荧光光谱检测灵敏度和选择性的重要参数。HJ 784—2016 方法中紫外检测器/荧光检测器选定的各多环芳烃测定波长如表 3-9 所示。

表 3-9　用紫外和荧光检测器检测多环芳烃时对应的波长（HJ 784—2016，单位：nm）

序号	组分名称	缩写	紫外吸收波长	推荐激发波长/发射波长	最佳激发波长/发射波长
1	萘	Na	220	280/324	280/334
2	二氢苊（苊烯）	Acy	230		
3	苊	Ace	254	280/324	268/308
4	芴	Fl	230	280/324	280/324
5	菲	Ph	254	254/350	292/366
6	蒽	An	254	254/400	253/402
7	荧蒽	Flu	230	290/460	360/460
8	芘	Pyr	230	336/376	336/376
9	苯并[a]蒽	BaA	290	275/385	288/390
10	䓛	Chr	254	275/385	268/383

续表

序号	组分名称	缩写	紫外吸收波长	推荐激发波长/发射波长	最佳激发波长/发射波长
11	苯并[b]荧蒽	BbF	254	305/430	300/436
12	苯并[k]荧蒽	BkF	290	305/430	308/414
13	苯并[a]芘	BaP	290	305/430	296/408
14	二苯并[a,h]蒽	DBA	290	305/430	297/398
15	苯并[g,h,i]芘	BghiP	220	305/430	300/410
16	茚并[1,2,3-cd]芘	InP	254	305/500	302/506
17	十氟联苯	DFBP	230		

注：荧光检测器不适用二氢苊及十氟联苯的检测，而这两者可用紫外检测器检测。

3.2.4 多环芳烃分析方法的质量保证/质量控制

1. 净化流程中的质量保证/质量控制（quality assurance/quality control，QA/QC）

1）试剂空白实验及全程空白实验

估计整个前处理流程所需要的试剂量，对试剂进行浓缩处理后仪器分析为试剂空白实验；没有样本，按照样品分析全流程进行前处理操作后仪器分析为全程空白实验。此步骤可保证试剂无多环芳烃污染，或前处理过程中环境中的多环芳烃不被引入样品中。通过高温烘烤玻璃器皿，使用农残级或重蒸馏溶剂等方式可避免或减少多环芳烃的引入。

2）溶剂空白加标实验及基质加标实验

添加高中低浓度水平的多环芳烃入空白溶剂和样品基质中，按照样品分析全流程进行前处理操作后，仪器分析。计算目标物的加标回收率及相对标准偏差。加标回收率控制在70%~130%，RSD控制在小于30%较好。此过程可保证方法的准确性。

3）批次间控制样

在样本前处理过程中，应保证每批次样本（通常10~20个样为一批次）中均插入溶剂空白样及全程空白加标样、空白加标样及基体加标样、基体加标平行样和样品平行样。此过程可保证不同批次样本的数据可重现性。

4）代用标准回收

含多环芳烃的样本提取前，加入代用标准。通过代用标准的回收率来评价前处理过程的有效性，多环芳烃代用标准的回收率应控制在70%~130%之间。

5）浓缩操作

多环芳烃中低分子量端化合物较容易挥发。提取液及净化液浓缩过程中应小心操作。如氮吹时，在合理的时间段内，氮气的流速应尽量保持慢速；溶剂旋转蒸发去除时，蒸馏速度不可太快；浓缩后溶剂最好保留 0.5 mL 以上，绝对不可蒸干。

2. 仪器分析过程中的 QA/QC

1）仪器性能检查

每个工作日，需要分析一次校准曲线中间浓度点，保证响应因子与平均响应因子之间的标准偏差≤20%；气相色谱分析多环芳烃时，进样口被污染将不利于高分子量端的多环芳烃的气化，必须注意维护好进样口。

2）校正曲线

色谱方法定量多环芳烃，至少应该制作五点校正曲线，校正曲线的浓度范围通常在 2~3 个数量级之间，线性回归方程回归系数至少大于 0.99；校正曲线的最低点应尽量接近方法检测限。

3）检测限

检测限包括仪器检测限和方法检测限。检测限的计算方法较多，通常的计算方法如下：

（1）仪器检测限（IDL）的估计：制备 7 个含目标物的平行标准品溶液，溶液的浓度大约为仪器信噪比为 3 时所对应的标准溶液浓度或接近校正曲线最低端所对应的浓度；仪器测量后，计算 7 次测定的标准偏差（SD），按照公式（3-1）计算 IDL：

$$IDL = 3.14 \times SD_{标样} \tag{3-1}$$

（2）方法检测限（MDL）的估计：平行分析 7 份基体加标浓度为 5 倍 LOD 的平行样品，按照样品前处理分析程序进行处理后，进行仪器分析，计算 7 次测定的标准偏差（SD），根据公式（3-2）计算 MDL：

$$MDL = 3.14 \times SD_{基体加标} \tag{3-2}$$

（3）定性标准：色谱方法对多环芳烃类物质的定性，通常比对样本中多环芳烃单体与标样中目标物的保留时间，如果样本中目标物的保留时间在标样保留时间正负三倍标准偏差范围内，可以初步判定为该目标物；如果后续检测器为质谱，还可以通过谱库检索后与标准谱图的比较、结合目标物的质谱图中目标离子及辅助离子丰度比等信息进行。一般情况下，谱库检索可信度至少 70%以上，样品中多环芳烃单体目标离子及辅助离子丰度比与标样中目标物相应的丰度比的相对偏差在 30%以内。

（4）内标法定量：多环芳烃的定量方法有外标法及内标法。推荐采用内标法，内标法可以对进样体积进行校正，减少定容体积及进样体积带来的误差。

3.3 城市土壤中多环芳烃污染及来源研究——以北京为例

3.3.1 研究背景

作为一种全球性的环境污染物，多环芳烃因其分布广、稳定性强、生物富集率高、致癌性强，而对环境和人类健康构成极大的威胁。快速发展已经给北京的环境带来了沉重的压力。土壤是环境中多环芳烃的最终归趋地，因此土壤中多环芳烃浓度被认为是一种能反映当地环境污染状况的稳定方便的指示剂。在污染点源的研究上，并没有在大尺度层面上开展北京地区土壤中多环芳烃的现状调查。城市区域存在PAHs的多种来源，城市各种环境介质中PAHs浓度较高，研究PAHs的组成特征和浓度空间分布特点对保护城市居民的健康有重要的意义。本研究中，选定北京城区四环以内土壤作为研究对象，采取均匀布点的采样方式，对土壤中多环芳烃的含量和分布特征进行了探讨，根据特征比值进而推导其来源，进行风险评估。

3.3.2 土壤样品的采集

于2003年8月采集表层（5～30 cm）土壤样品480个。在北京自城市中心向四周发散，采取经纬度相等的均匀网格布点，其中每1 km^2取多个土壤样品混为一个小样，16个相邻的小样再混合组成本研究的一个表层样品，共获得30个混合样本。从野外采回的土壤经在室温下自然阴干，在研钵中研磨过35目筛，装入棕色玻璃瓶中密封起来，在-4℃下冷藏保存。

土壤样品几乎都取自城市绿地土壤，土壤氯化钙提取态pH在7.35～8.06之间，平均为7.77，土壤属于碱性。土壤有机碳含量介于0.31%～3.59%之间，平均值为2.17%。

3.3.3 材料与方法

1）试剂与标样

石油醚、乙醚、丙酮、二氯甲烷和异辛烷均为分析纯，经全玻璃系统精密蒸馏后使用；无水硫酸钠（分析纯，北京化学试剂厂）在600℃下活化8 h；硅胶（100～200目，青岛海洋化工厂）在130℃下活化16 h；弗罗里硅土（柱层析用，60～100目，SUPELCO公司）在130℃下活化16 h。

16种美国环境保护署优先监测多环芳烃混合标样（100 μg/mL）购买自Sigma公司。多环芳烃混合标样含萘、苊、二氢苊、芴、菲、蒽、荧蒽、芘、苯并[a]蒽、䓛、苯并[b]荧蒽、苯并[k]荧蒽、苯并[a]芘、茚并[1,2,3-cd]芘、二苯并[a,h]蒽和苯并[g,h,i]苝。16种多环芳烃标准样、2-氟联苯（2-FBP；Supelco公司）、六甲基苯

（Sigma 公司）分别溶于异辛烷中并稀释至一定浓度备用。

2）仪器

Agilent 6890N 气相色谱仪带火焰离子检测器（FID），6890/5973 色谱-质谱联用仪（Hewlett-Packard，USA）；两套系统均备有 DB-5 石英毛细管柱（30 m×0.25 mm I.D.；液膜厚度为 0.25 μm）；超声波发生器（宁波新芝超声波破碎仪，配置 Φ6 mm 超声探头）；净化分离玻璃柱（30 cm×10 mm I.D.）。

3）样品净化

称取 5 g 土壤样品与等量的无水硫酸钠充分研磨混合后加入超声提取杯，加入代用标准 2-FBP，混匀，平衡后在 30 mL 等体积比的丙酮-石油醚中超声萃取，6 mm 超声探头，功率 300 W，超声时间 3 s，间歇时间 4 s，次数 60 次，总时间 7 min；超声提取结束后，离心机中 3000 r/min 离心 5 min，收集上层萃取液；共需重复进行加入萃取液萃取—离心—收集萃取液操作三次；合并萃取液后用无水硫酸钠柱脱水，经 Kuderna-Danish（K-D）浓缩进一步硅胶层析柱净化。

称取 10 g 活化的硅胶，二氯甲烷湿法装柱，硅胶柱上面加 2 g 无水硫酸钠，用 40 mL 的石油醚淋洗使柱内充满非极性的石油醚。转移浓缩提取液于净化柱顶端。先用 25 mL 石油醚淋洗，得到第一个馏分，为正构烷烃类化合物；再用 50 mL 石油醚-二氯甲烷（1/1，V/V）淋洗，得到第二个馏分，为多环芳烃类化合物。馏分分别收集于心形瓶中，在水浴中减压浓缩，转移至 K-D 管中，在温和的氮气下继续浓缩，定量至 0.2 mL，加入六甲基苯后用 GC-FID 及 GC/MS 进行测定。

4）分析条件

GC-FID 条件：载气为高纯氮，采用不分流进样方式，进样量为 1.0 μL。分析烃类时，进样口温度为 280℃；检测器温度为 310℃；流速为 1.2 mL/min；升温程序为：初温 70℃，保持 1 min，然后以 4℃/min 升至 290℃后保持 2 min，再以 10℃/min 上升到 300℃保持 10 min。

GC/MS-EI 条件：GC/MS 色谱系统升温方式同 GC-FID，离子源温度为 230℃，电子能量为 70 eV，采用全扫描模式，扫描范围为 50～500 amu。结合标样保留时间和质谱谱库检索定性。典型样本中多环芳烃 GC/MS 总离子流色谱图如图 3-2 所示。

5）质量控制

为了控制提取及分离操作过程中可能带来的污染，进行了溶剂空白、全程空白、基质空白和基质加标实验。溶剂空白中没有发现多环芳烃的污染，但是在全程空白及基质空白中，发现少量低分子量多环芳烃存在，包括萘、苊、二氢苊、芴、菲。为了消除空白值带来的分析误差，每批次样本添加 2 个全程空白样本，以两次平均值作为该批样本的空白，在实际样本的分析结果中须扣除该全程空白值。实验中所用到的玻璃器皿全部经过清洗后，用重铬酸钾溶液浸泡，清洗，再

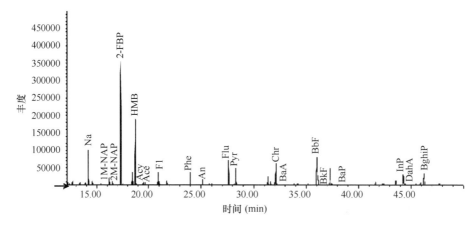

图 3-2　实际样本中多环芳烃 GC/MS 总离子流色谱图

在 450℃高温烘烤后使用。同时，仪器分析时，每天都进行仪器的校正工作，保证所有目标物仪器响应的偏差<15%。目标物的基质加标实验中，目标物的添加回收率均落在 70%～120%之间，相对标准偏差均<20%；在实际样本的分析过程中，每个样本均添加代用标准 2-FBP 进行回收率控制，代用标准的回收率均落在 68%～104%之间。检测限按照 3 倍信噪比进行计算，16 种 EPA-PAHs 范围为 0.02～0.53 ng/g dw。

3.3.4　结果与讨论

1. 多环芳烃的浓度

通过数据处理后，获得了北京城市土壤中多环芳烃的平均浓度、最小值、最大值、平均值和标准偏差，所有的浓度均以干重计算。Σ16 EPA-PAHs 指的是美国 EPA 规定的环境中 16 种优先检测的多环芳烃的总浓度，Σ2～3r PAHs 代表 2～3 环小分子量的具有急性毒性作用的萘、苊、二氢苊、芴、菲和蒽的总浓度，Σ4～6r PAHs 代表 4～6 环具有高分子量的具有急性毒性作用的荧蒽、芘、苯并[a]蒽、䓛、苯并[b]荧蒽、苯并[k]荧蒽、苯并[a]芘、茚并[1,2,3-cd]芘、二苯并[a,h]蒽和苯并[g,h,i]芘的总浓度；Σ7car-PAHs 指的是萘、荧蒽、苯并[b]荧蒽、苯并[k]蒽、苯并[a]芘、茚并[1,2,3-cd]芘及苯并[g,h,i]芘等 7 种致癌性多环芳烃的总浓度。Σ2～3r PAHs 和 Σ4～6r PAHs 的中值浓度分别为 0.26 μg/g 和 0.99 μg/g，后者浓度几乎是前者的 4 倍，明显高于前者；Σ7car-PAHs 和 Σ16 EPA-PAHs 的中值浓度分别为 0.63 μg/g 和 1.3 μg/g，7 种致癌的多环芳烃在 16 种优先监测的多环芳烃中占据约一半的比例。土壤中 Σ16 EPA-PAHs 的最小值为 0.47 μg/g，最高值达到 5.5 μg/g（16～33 位置）。通过对 PAHs 含量的分析，发现研究区域所有样品中 Σ16 EPA-PAHs 远远超过 PAHs 的自然背景浓度（0.001～0.01 μg/g）和偏远地区的 PAHs 浓度值（0.1 μg/g）。与荷兰政府制定的不同用途和功能土壤 PAHs 的限量比较，16 种多环芳烃的总浓度远远超过未受 PAHs 污染土壤的设置值（0.02～0.05 μg/g）。不过，大多数采样点的 PAHs 浓度落在城市土壤 PAHs 的浓度范围之内（0.6～3.0 μg/g），一个样品（16～33 位置）中 PAHs 的浓度超出荷兰政府制定的土壤卫生标准（4 mg/g）。

城区土壤相对于城郊土壤有更高的 ΣPAHs 和 Σcar-PAHs 浓度，表明人为活动是影响 PAHs 的一个相当重要的因素。与其他城市土壤中 PAHs 浓度相比较，北京城区土壤与塔林、赫尔辛基、维尔纽斯、芝加哥和伦敦城市土壤中 PAHs 的中值浓度相接近；显著低于新奥尔良城市中心区域土壤中 PAHs 的中值浓度和爱沙尼亚城市土壤中 PAHs 的浓度；不过，研究区域 PAHs 平均浓度又高于天津城区、泰国清迈城区和日本德岛城区，PAHs 浓度范围明显高于热带城市曼谷城区土壤。

多环芳烃总浓度的空间分布特征可以通过空间等值线图（contour map）清晰明了地表示出来，表层土壤中 16 种优先检测多环芳烃总浓度的空间分布等值线图如图 3-3 所示。从图中很容易看出大部分点土壤中检测到的 PAHs 含量在 1.0 μg/g 以上。由于北京地理位置西北高东南低，北部工业化程度低，北部的污染物容易随着风和水向南部区域扩散，这可能是导致北部区域 PAHs 污染程度较轻的缘故；而四环和五环交接的东南部、西南部区域有相当多的工业企业，工业燃煤燃油活动可能是导致高浓度多环芳烃的缘故。最高浓度出现在北京城南三环中部区域，这可能与该区域为以前的化工区有关系。

2. 多环芳烃组成特征及浓度与总有机碳的关系

所有样品中多环芳烃的组成特征相似。总体上来看，呈现 B[b,k]F>Flu>Chr>Ph>Pyr。B[b,k]F 为 BbF 与 BkF 之和。这五种化合物分别占多环芳烃总浓度的 16.3%、15.2%、12.5%、11.2%和 11.2%。城区土壤中 7 种致癌的 PAHs 占总量的 29%～51%。这种特征和马来西亚吉隆坡路边土壤中 PAHs 的特征相似。从 PAHs 苯环高低来看，四环和五环 PAHs 占优势，百分含量分别为 46.2%和 24.8%。进一步来说，4～6 环的 PAHs 的平均浓度占了 16 种 EPA-PAHs 的五分之四左右，2～3 环的 PAHs 仅占五分之一左右。土壤中多环芳烃以高分子量化合物为主，可能由于北京大气颗粒物中以 4～5 环的高分子量的多环芳烃为主，颗粒物沉降到地面后累积于土壤中。此外，土壤中低分子量的多环芳烃容易被微生物或光降解，其较高的水溶性也使其比高分子量的多环芳烃更容易再挥发到大气中或迁移到深层土壤中，所以土壤中的多环芳烃更容易以高分子量的化合物占优势。与城郊土壤中

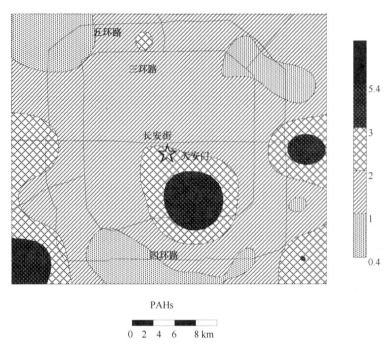

图 3-3 北京城区土壤中多环芳烃总浓度的空间分布等值线图（μg/g）

PAHs 的平均浓度相比较，色谱图中 Ph、Flu 及 Flu 以后流生的 PAHs 体现为城区高于或约等于城郊，而低分子量的 PAHs 则体现为城郊高于城区的特点。

PAHs 的代表性化合物 BaP 浓度在 0.023～0.40 μg/g 范围内变动，中值浓度为 0.075 μg/g。绝大部分土壤中 BaP 的浓度在 0.05～0.2 μg/g 之间，最高浓度出现在 16～33 位置。北京城区土壤中 BaP 的浓度范围明显窄于塔林、赫尔辛基、维尔纽斯、芝加哥和伦敦城市土壤，BaP 浓度范围上限比日本东京城区土壤下限还低；不过，研究区域土壤中 BaP 的浓度下限和曼谷地区 BaP 的浓度上限相接近，平均浓度几乎是泰国清迈城区的 5 倍。BaP 在所有样品中均检测出，占 16 种 EPA-PAHs 总浓度的 1.8%～8.5%，仅仅一个样品中 BaP 的浓度低于荷兰政府设置的土壤 BaP 的目标值，必须引起注意。

大多数多环芳烃彼此之间有较好的相关性（$r>0.4$，$p<0.05$）；16 种 EPA-PAHs 的总浓度和单体多环芳烃之间相关性较好，相关系数 $r>0.6$（$p<0.05$），这可能暗示着北京土壤中 PAHs 有着相似的来源。

土壤有机碳是土壤中 PAHs 的一种重要吸附剂。北京城区总有机碳（total organic carbon，TOC）含量在 0.38%～2.8% 之间。从多环芳烃与 TOC 的关系来看，Na、Acy、Ace、Fl、Ph、An 和 TOC 的相关系数在 0.62～0.76 之间，Flu、Pyr、

BaA、Chr、BbF、BkF、BaP、Per、InP、DBA、BghiP 和 TOC 的相关系数在 0.38~0.54 之间，TOC 的含量与低分子量多环芳烃比与高分子量多环芳烃呈现更好的相关性。不过，多环芳烃总浓度和 TOC 含量之间相关性显著，相关系数达到 0.53，这说明 TOC 可能影响研究区域 PAHs 的空间分布。

3. 多环芳烃来源解析

环境中 PAHs 是多种污染源综合作用的结果。不过，不同污染源排放或产生的 PAHs 种类和数量不同，贡献率大小各异，其在环境中的组成分布取决于其来源和传输过程，因而可以根据这一依据来反推环境介质中 PAHs 的来源以及各个来源之间的比例，进一步用于推断各个污染源对天然环境的污染程度。多环芳烃污染源的分子指示物主要有：低环/高环（2~3 环/4~6 环，LMW/HMW），菲与蒽的比值（Phe/Ant 或 Ant/Ant+Phe），荧蒽与芘的比值（Flu/Pyr 或 Flu/Pyr+Flu），苯并[a]芘与苯并[g,h,i]芘的比值（BaP/BghiP），芘与苯并[a]芘的比值（Pyr/BaP），茚并[1,2,3-cd]芘与苯并[g,h,i]芘的比值（InP/BghiP 或 InP/BghiP+InP）。

化石燃料的高温裂解（裂解源）和石油产品的渗漏（石油源）等人为因素是环境中 PAHs 的主要来源。低环/高环（2~3 环/4~6 环，LMW/HMW）是区别裂解源和石油源的一种较为可靠的比值。一般情况下，较高浓度的 2~3 环多环芳烃意味着 PAHs 的污染来源于石油产品的渗漏，大比例的高分子量 PAHs 是燃烧源的典型特征。正如前面多环芳烃的组成部分提到的一样，北京城区土壤中高分子量的 PAHs 平均含量占了 ΣPAHs 的 80%，低分子量的 PAHs 平均含量占了 ΣPAHs 的 20%，这说明研究区域 PAHs 主要来自于化石燃料的不完全燃烧，而不是石油产品的渗漏。

菲和蒽的比值也是一种判断 PAHs 的高温燃烧源或石油来源的特征比值。在热力学上，菲比其同分异构体的蒽更稳定，因此，在石油中，菲的含量比蒽高。石油来源的 PAHs，菲与蒽的比值通常很高；而高温燃烧源的菲与蒽的比值较低。若蒽/(蒽+菲)<0.1，PAHs 主要来源于石油泄漏；蒽/(蒽+菲) >0.1，PAHs 主要来源于燃料的高温燃烧；或则，菲/蒽>10，意味着 PAHs 主要来源于石油源；菲/蒽<10，意味着 PAHs 主要来源于高温裂解源。北京城区土壤中蒽/(蒽+菲)的比值在 0.05~0.18 范围内，平均值为 0.12。80%样品点的比值大于 0.1；菲/蒽的比值在 4.6~20.5 范围内，平均值为 8.33。87%样品点的比值小于 10，可见北京城区表层土壤的 PAHs 主要来源于化石燃料的不完全燃烧。

荧蒽与芘的比值除了可用来区分 PAHs 的裂解源和石油源外，还可以进一步指示不同类型的裂解源（如液体化石燃料的燃烧或煤、木头和草的燃烧等）。在热力学上，芘比荧蒽更稳定。Flu/Pyr+Flu<0.4，指示样品的 PAHs 来源于原油产品；

Flu/Pyr+Flu>0.4，指示样品的 PAHs 来源于燃料的高温燃烧；进一步细分，0.4<Flu/Pyr+Flu<0.5，意味着液体化石燃料的燃烧是 PAHs 的来源，Flu/Pyr+Flu>0.5 则意味着煤等固体燃料的燃烧是主要来源。当 Flu/Pyr<1 时，表明有石油源 PAHs 的输入；比值为 1 时，代表木材燃烧来源；比值为 1.4 时，代表煤燃烧来源。在本研究区域，Flu/Pyr+Flu 的比值在 0.55～0.62 之间变动，平均值为 0.58。所有样品点的比值均大于 0.5，显示出典型的裂解源中煤等固体燃料不完全燃烧的来源特征；Flu/Pyr 的比值 100%大于 1，在 1.2～1.6 之间变动，平均值为 1.4，与煤的燃烧特征相似。Flu/Pyr+Flu 和 Flu/Pyr 的判断结果表明，煤等固体燃料的不完全燃烧是研究区域土壤中 PAHs 的主要来源。

有报道认为典型交通污染的 Pyr/BaP 比值在 2～6 之间，燃煤和生活污染的该比值一般小于 2；或者，交通污染源 BaP/BghiP 的比值在 0.3～0.44 之间，而燃煤排放在 0.9～6.6 之间。本研究中，1.2<Pyr/BaP<6.6，平均为 2.0。但是 77%的采样点该比值大于 1 而小于 2；BaP/BghiP 的比值为 0.3～5.1，平均为 1.3，90%位置的该比值落在 0.9～6.6 范围之内；由 Pyr/BaP 和 BaP/BghiP 判断发现研究区域交通污染和燃煤污染共存，燃煤和生活污染等燃烧的贡献更为突出。

除了以上的比值外，InP 与 BghiP 的比值是判断来源的另一个特征指示值。InP/(InP+BghiP)<0.2 意味着石油来源，InP/(InP+BghiP)>0.2 意味着 PAHs 来自于燃料的燃烧；进一步细分，0.2～0.5 指示着液体化石燃料的高温燃烧，而大于 0.5 则指示着草、木头和煤等的燃烧；该比值在 0.35～0.70 之间可能指示着 PAHs 主要来源于柴油燃烧的排放。在北京城区获得的 InP/(InP+BghiP)比值为 0.32～0.78，平均值为 0.40，93%位点的比值在 0.2～0.5，90%位点的比值在 0.35～0.7 之间，显示出液体化石燃料的高温燃烧尤其是柴油引擎尾气排放对研究区域 PAHs 的主要贡献。不过，位置 16～30 和 16～23 处 InP/(InP+BghiP)比值，分别达到了 0.64 和 0.78，可能暗示着木头、煤等燃料的低温燃烧对这两个位置区域的 PAHs 的含量有突出的贡献。

通过以上 PAHs 特征比值的研究，基本上可以推断化石燃料的高温燃烧是北京城区土壤中 PAHs 的主要来源。不过，在更为具体的来源推断过程中，InP/(InP+BghiP)的判断结果与利用 Fl/(Fl+Py)或 Flu/Pyr、BaP/BghiP 和 Pyr/BaP 的比值做出的判断不完全一致。InP/(InP+BghiP)更多地显示出柴油引擎尾气排放源的特征，而其他比值更多地显示出煤的燃烧特征。虽然 PAHs 的比值可以用来对它的一些可能的来源作出判断，但是各种单体 PAHs 的稳定性不完全相同，自然界中的微生物和光照等因素均会导致 PAHs 的不同程度降解，从而影响比值。另外，自然环境中往往多种来源共同存在，它们之间的相互作用也可能对比值的准确性产生影响。

4. 多环芳烃主成分分析

为了更好地了解多环芳烃来源特征，我们对样品中单体多环芳烃之间进行了主成分分析（principal component analysis，PCA）。由于 PCA 分析中各因子量纲、大小及评价指标往往差别很大，可比性差，故先对数据进行标准化，使其具有良好的可比性。

多环芳烃数据标准化后进行主成分分析，保留特征值大于 1 的因子。PAHs 按照分子量的不同被分为两个成分：第一主成分（PC1）包含信息量的 66%，第二主成分（PC2）包含信息量的 24%，两个主成分共包含了总信息量的 90%。经过正交旋转后，可以看出，PC1 主要与 4~6 环的高分子量多环芳烃 InP、BaP、BghiP、BbF、BkF、Chr、Flu、BaA、Pyr 和 DBA 相关，PC2 主要与 2~3 环的低分子量多环芳烃 Ace、Na、Fl、Acy、An 和 Ph 相关。而 An 和 Ph 在与 PC1 和 PC2 上均有较高的荷载。

研究表明，Flu、Pyr、Chr、BbF、BkF、BaP、InP 和 BghiP 等高分子量 PAHs 也经常指示着 PAHs 的燃烧源。所以和高分子量相关的 PC1 基本上反映了化石燃料不完全燃烧的影响。Pyr 是化石燃料（尤其是煤和柴油）及其他的有机材料燃烧后生成的主要成分之一。由于石油产品中几乎不含 BaP，BaP 也常被当作燃烧 PAHs 来源的标志（常见于燃煤和机动车尾气中）。BaA 和 Chr 常是柴油和天然气的燃烧产物；InP 和 BghiP 经常被用作判断交通污染排放辅助性标志。柴油产品燃烧后的生成物中含有较高百分比的 Ph 和 Flu，因此 Ph、Flu、Pyr 和 Chr 是 PAHs 来源于柴油引擎排放的追踪标志物。An、Ph、Flu、BaA、Pyr 和 Chr 也被当作煤燃烧 PAHs 来源的特征。可见，PC1 中主要含有与煤燃烧和柴油燃烧排放相关的 PAHs 特征，说明煤的燃烧、柴油燃烧废气及汽油引擎排放可能是北京城区 PAHs 的主要来源。由于 PC2 主要代表了易挥发的低分子量 PAHs，其反映了石油产品渗漏的贡献。

综上所述，经过 PAHs 分子特征比值和主成分分析，可以得出煤的燃烧和柴油燃烧废气及机动车排放等对北京城区 PAHs 来源有最大的贡献。2000 年左右，在北京的能源消费中，用煤比重占 70%左右，年耗煤量已达 2700 万吨，是世界上烧煤最多的首都。此外，还烧掉上百万吨的燃料油与数百万吨机动车用汽油、柴油等。北京已经被世界卫生组织列为世界污染严重的十大城市之一。据有关资料，2000 年，北京大气污染属于燃煤型的大气污染，其中每年采暖燃用 600~700 万吨煤，是最大污染源。另外，交通的不断发展也给北京的环境带来了严重的污染问题。据北京市交通管理部门最新统计数据，截至 2004 年 7 月，北京市机动车保有量将达到 222 万辆。北京市公交集团共有公交车辆 17000 台，其中柴油车大约 7000 台，但柴油车均没有达到欧 I 标准，其污染物的排放量是欧 I 车的 5 倍、欧 II 车的 7 倍、欧III车的 14 倍。2004 年上半年，机动车尾气污染量占大气污染总量的 23.3%。如此的结果造成机动车尾气的排放污染日益严重和突出。这提醒我们应该主要从减少煤的燃烧和控制机动车尾气的排放两方面入手来削减 PAHs 的产生。

5. 风险评价

目前，我国还没有制定土壤中 PAHs 的治理标准，只是规定农用污泥中 BaP 的含量不得超过 3 mg/g。加拿大环境部在 1991 年制订了污染区域质量标准，该标准分为评价标准和治理标准两种，前者指土壤和水体中 PAHs 的背景浓度值，为判断某区域是否污染以及污染轻重提供依据；后者把水和土壤的特定用途与保护人类健康结合起来考虑，根据土壤的不同用途，所允许的 PAHs 含量也应不同，为此又把治理标准分成不同的等级。该标准共涉及 16 种 EPA-PAHs 中的 7 种：Na、Ph、Pyr、BaA、BaP、InP 和 DBA。比较加拿大土壤评价标准（#）或农业区域所采用的治理标准（A*），北京城区表层土壤中多环芳烃化合物浓度水平较高。按照 B* 和 C* 点来看，表层土壤中的所有多环芳烃都没有超标。当北京城区土壤用作居民区、公园、停车场、商业及工业用途时，可以放心使用（表 3-10）。

表 3-10 PAHs 标准及北京土壤单体 PAHs 超标率（mg/kg dw）

组分名称	评价 #	治理			超标率（%）
		A*	B*	C*	B*
Na	0.1	0.1	5	50	0
Ph	0.1	0.1	5	50	0
An					
Flu					
Pyr	0.1	0.1	10	100	0
BaA	0.1	0.1	1	10	0
Chr					
BbF					
BkF					
BaP	0.1	0.1	1	10	0
InP		0.1			
DBA	0.1	0.1	1	10	0
BghiP					

A*：农业区域所采用的治理标准；B*：居民区、公园、停车场采用的治理标准；C*：商业区、工业区所采用的治理标准。

参 考 文 献

李斌, 刘昕宇, 解启来, 汤嘉骏, 贾妍艳, 徐晨, 2014. 自动索氏抽提-凝胶渗透色谱(GPC)-气相色谱/质谱法测定沉积物中多环芳烃和有机氯农药. 环境化学, 33(2): 236-242.

罗东霞, 2016. 典型环境因素对藏东南持久性有机污染物分布的影响研究. 北京: 中国科学院大学.

马可婧, 张国祯, 李小燕, 2017. 弗罗里硅土净化和凝胶色谱净化在土壤苯并[a]芘测定中的应用. 环境监测管理与技术, 29(2): 41-44.

牟世芬, 2001. 加速溶剂萃取的原理及应用. 环境化学, 03: 299-300.

谢婷, 张淑娟, 杨瑞强, 2014. 青藏高原湖泊流域土壤与牧草中多环芳烃和有机氯农药的污染特征与来源解析. 环境科学, 35(7): 2680-2690.

张军, 2006. 典型红树林湿地中多环芳烃的含量、来源和迁移研究. 厦门: 厦门大学.

Bansal V, Kumar P, Kwon E E, Kim K H, 2017. Review of the quantification techniques for polycyclic aromatic hydrocarbons (PAHs) in food products. Critical Reviews in Food Science and Nutrition,57(15): 3297-3312.

Dat N D, Chang M B, 2017. Review on characteristics of PAHs in atmosphere, anthropogenic sources and control technologies. Science of the Total Environment, 609: 682-693.

Dusek B, Hajskova J, Kocourek V, 2002. Determination of nitrated polycyclic aromatic hydrocarbons and their precursors in biotic matrices. Journal of Chromatography A , 982(1): 127-143.

Hansen A M, Mathiesen L, Pedersen M, Knudsen L E, 2008. Urinary 1-hydroxypyrene (1-HP) in environmental and occupational studies—A review. International Journal of Hygiene and Environmental Health, 211(5-6): 471-503.

Hayakawa K, Tang N, Toriba A, 2017. Recent analytical methods for atmospheric polycyclic aromatic hydrocarbons and their derivatives. Biomedical Chromatography, 31(1): 1-10.

Kumar S, Negi S, Maiti P, 2017. Biological and analytical techniques used for detection of polyaromatic hydrocarbons. Environmental Science and Pollution Research, 24(33): 25810-25827.

Li X H, Ma L L, Liu X F, Fu S, Cheng H X, Xu X B, 2006. Polycyclic aromatic hydrocarbon in urban soil from Beijing, China. Journal of Environmental Sciences, 18(5): 944-950.

Li Y Y, Yane L X, Chen X F, Jiang P, Gao Y, Zhang J M, Yu H, Wang W X, 2018. Indoor/outdoor relationships, sources and cancer risk assessment of NPAHs and OPAHs in $PM_{2.5}$ at urban and suburban hotels in Jinan, China. Atmospheric Environment, 182: 325-334.

Ma J, Chen Z Y, Wu M H, Feng J L, Horii Y, Ohura T, Kannan K, 2013. Airborne $PM_{2.5}/PM_{10}$-associated chlorinated polycyclic aromatic hydrocarbons and their parent compounds in a suburban area in Shanghai, China. Environmental Science & Technology, 47(14): 7615-7623.

Ncube S, Madikizela L, Cukrowska E, Chimuka L, 2018. Recent advances in the adsorbents for isolation of polycyclic aromatic hydrocarbons (PAHs) from environmental sample solutions. TrAC-Trends in Analytical Chemistry, 99: 101-116.

Raza N, Hashemi B, Kim K H, Lee S H, Deep A, 2018. Aromatic hydrocarbons in air, water, and soil: Sampling and pretreatment techniques. TrAC-Trends in Analytical Chemistry, 103: 56-73.

Wang J Z, Zhu C Z, Chen T H, 2013. PAHs in the Chinese environment: Levels, inventory mass, source and toxic potency assessment. Environmental Science-Processes & Impacts, 15(6): 1104-1112.

Zhang P, Chen Y G, 2017. Polycyclic aromatic hydrocarbons contamination in surface soil of China: A review. Science of the Total Environment, 605: 1011-1020.

第 4 章 有机氯农药的分析

本章导读

- 有机氯农药的背景情况,包括来源、理化性质、毒理和目前的各种仪器分析手段。
- 气相色谱法在分析有机氯农药方面的应用,以及样品提取、净化方法和仪器分析的相关参数和质控要求。
- 气相色谱/质谱法在分析有机氯农药方面的应用。
- 高分辨气相色谱/高分辨质谱联用技术在分析有机氯农药方面的应用,以及该方法的优越性。
- 高分辨气相色谱/高分辨质谱联用技术是测定极地及高山地区低浓度有机氯农药的重要工具,并介绍该技术在极地样品分析中的应用。

4.1 有机氯农药背景介绍

有机氯农药(organochlorine pesticides,OCPs)是一类典型的持久性有机污染物,从生产伊始至今,持续受到关注。OCPs 主要来自人工合成,滴滴涕(DDT)作为首次合成的 OCPs,自从它的杀虫剂效应被发现后,类似的物质如艾氏剂、艾氏剂、狄氏剂、异狄氏剂等相继问世。这些物质以其成本低、药效好、应用范围广被大量生产和使用,给人类带来巨大的经济效益。

1962 年,美国海洋生物学家蕾切尔·卡逊在其著作《寂静的春天》一书中描述了由于农药的使用导致鸟类和其他动物种群数量大量减少的事实后,人们逐渐意识到农药残留背后对环境的严重污染和对生物体的巨大危害。OCPs 化学性质稳定,在环境中残留时间长,且通过大气长距离迁移,广泛分布于世界各地,即使在南北极人迹罕至的地方,也有 OCPs 的检出。此外 OCPs 的亲脂性,使其通过食物链(网)的富集放大作用,对高营养级造成极大危害。

20 世纪 70 年代开始,发达国家相继禁止六六六(HCH)和滴滴涕(DDT)

在农业上使用。我国也在 1983 年 5 月全面禁止使用上述 OCPs。2001 年 5 月 23 日，联合国环境规划署在瑞典首都通过的《关于持久性有机污染的斯德哥尔摩公约》中将氯丹、滴滴涕、艾氏剂、狄氏剂、异狄氏剂、七氯、灭蚁灵、毒杀芬和六氯苯 9 种 OCPs 确认为首批持久性有机污染物。截至目前，已有 14 种 OCPs 被列入该公约的受控名录（UNEP，2017），其他五种分别为 γ-六六六、α-六六六、β-六六六、开蓬和硫丹。

4.1.1 有机氯农药的理化性质

OCPs 属于氯代芳香烃衍生物，主要分为两大类：一类是以苯为原料的衍生物，如滴滴涕、六六六和六氯苯等；另一类是以环戊二烯为原料的衍生物，包括氯丹、七氯、艾氏剂、狄氏剂、异狄氏剂和灭蚁灵等，常见 OCPs 的结构式如图 4-1 所示，理化性质见表 4-1。大多数有机氯农药为白色或淡黄色结晶或固体，不溶于水，易溶于有机溶剂，化学性质稳定，在环境中残留时间长，不易分解。

1. 滴滴涕

滴滴涕全称为双对氯苯基三氯乙烷（dichlorodiphenyltrichloroethane，DDT），分子式为 $C_{14}H_9Cl_5$。DDT 是最早的人工合成 OCPs，工业品 DDT 主要由 85%的 p,p'-DDT、15%的 o,p'-DDT 和微量的 o,o'-DDT 组成，均为白色晶体，没有气味。p,p'-DDT 是工业品 DDT 杀虫剂的主要活性成分，o,p'-DDT 是非活性成分；通常所说的 DDT 是指 p,p'-DDT。工业品 DDT 可能含有代谢产物滴滴伊（DDE）和滴滴滴（DDD）。DDD 也具有杀虫特性，但是效果远低于 DDT。环境中存在的 DDT 主要是这三种化合物。

2. 六氯环己烷

六氯环己烷（hexachlorocyclohexane，HCH）的分子式为 $C_6H_6Cl_6$，因分子中有含碳、氢、氯原子各 6 个，又称为六六六。HCH 是合成的杀虫剂，存在 8 种异构体，其中 α-HCH、β-HCH、γ-HCH、δ-HCH 四种最为常见。工业品主要由 65%～70%的 α-HCH、5%～12%的 β-HCH、10%～15%的 γ-HCH 以及约 10%其他异构体组成。

异构体 γ-HCH 是杀虫活性最高的异构体，因此工业品 HCH 逐渐被 γ-HCH 的纯品（>99%）即林丹（lindane）所取代。林丹为白色固体，挥发至空气中为无色蒸气，当浓度超过 12 ppm（10^{-6}）时，呈现轻微的霉臭味。

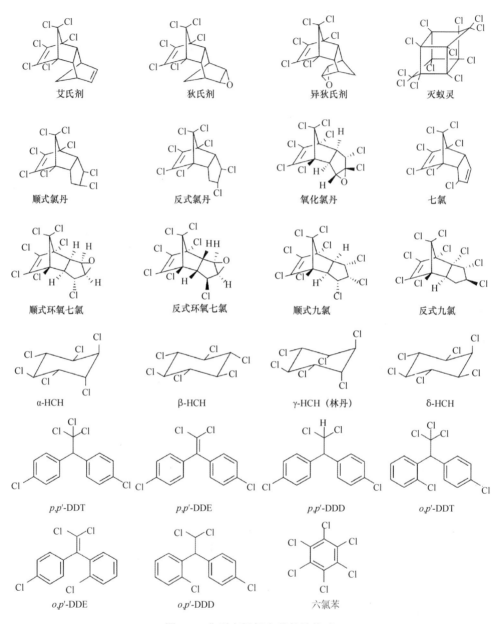

图 4-1 典型有机氯农药的结构式

3. 氯丹

氯丹（chlordane）的分子式为 $C_{10}H_6Cl_8$，是无色或淡黄色液体。商品化氯丹为杉木气味的琥珀色液体，由 140 多种化合物组成，大多数处于痕量或微量水平，其中

表 4-1 部分有机氯农药的物理-化学性质（数据源自：Mackay et al.，2006）

化合物	英文名	简写	M_W^a	V_P^b	K_H^c	log K_{ow}	log K_{oa}	大气半衰期[d]
艾氏剂	aldrin	—	364.91	0.064	23	6.50	8.08	0.17
狄氏剂	dieldrin	—	380.91	0.014	1.1	5.40	8.90	1.16
异狄氏剂	endrin	—	380.91	0.003	1.1	5.20	8.90	1.16
灭蚁灵	mirex	—	545.54	3.9×10^{-4}	8.22	6.89	8.37	—
顺式氯丹	cis-chlordane	CC	409.8	0.0073	5.7	6.16	8.92	2.12
反式氯丹	trans-chlordane	TC	409.8	0.01	6.8	6.16	8.92	2.12
氧化氯丹	oxy-chlordane	OxC	423.77	9.9×10^{-4}	0.008	5.48	8.39	2.23
七氯	heptachlor	HEPT	373.32	0.05	38	6.10	7.64	0.18
顺式环氧七氯	cis-heptachlor epoxide	cis-HE	389.32	0.002	1.7	4.98	8.05	2.10
反式环氧七氯	trans-heptachlor epoxide	trans-HE	389.32	0.002	1.7	4.98	8.05	2.10
顺式九氯	cis-nonachlor	CN	444.23	2.9×10^{-4}	2.51	6.08	9.66	2.2
反式九氯	trans-nonachlor	TN	444.23	2.9×10^{-4}	2.51	6.08	9.66	2.2
α-六六六	α-hexachlorocyclohexane	α-HCH	290.83	0.313	0.521	3.94	7.46	18.7
β-六六六	β-hexachlorocyclohexane	β-HCH	290.83	0.266	0.037	3.78	8.74	18.7
γ-六六六	γ-hexachlorocyclohexane	γ-HCH	290.83	0.150	0.309	3.83	7.74	18.7
δ-六六六	δ-hexachlorocyclohexane	δ-HCH	290.83	0.166	0.083	4.14	8.85	18.7
p,p'-滴滴涕	p,p'-DDT	p,p'-DDT	354.49	0.321	0.843	6.91	9.82	3.11
p,p'-滴滴伊	p,p'-DDE	p,p'-DDE	318.03	0.009	4.22	6.51	9.68	1.44
p,p'-滴滴滴	p,p'-DDD	p,p'-DDD	320.05	2.3×10^{-3}	0.50	6.02	10.0	2.64
o,p'-滴滴涕	o,p'-DDT	o,p'-DDT	354.49	6.9×10^{-4}	0.751	6.79	9.45	3.11
o,p'-滴滴伊	o,p'-DDE	o,p'-DDE	318.03	1.2×10^{-3}	1.87	6.00	9.12	1.44
o,p'-滴滴滴	o,p'-DDD	o,p'-DDD	320.05	2.3×10^{-3}	0.828	5.87	9.35	2.64
六氯苯	hexachlorobenzene	HCB	284.78	4.4×10^{-4}	5.88	5.73	7.38	633

a. 分子质量（g/mol）；b. 25℃下的蒸气压（Pa）；c. 25℃下的亨利常数（Pa·m³/mol）。d. 半衰期数据利用美国环境保护署的 EPI Suite 计算所得，单位为天（d）（基于每天 12 h；1.5E6 OH/cm³）。

60%～80%由两个立体异构体顺式氯丹（cis-chlordane）和反式氯丹（trans-chlordane）构成，两者又称为 α-氯丹（α-chlordane）和 γ-氯丹（γ-chlordane）。除此之外，工业上使用的氯丹的其他构成包括反式九氯、顺式九氯、七氯、环氧七氯等。

4. 硫丹

硫丹（endosulfane）的分子式为 $C_9H_6Cl_6O_3S$，包括 α-硫丹和 β-硫丹两种不同

的异构体，又称为硫丹Ⅰ和硫丹Ⅱ。它是具有奶油味的棕色固体，有时呈现出晶体或鳞片状，闻起来有松节油的气味，不可燃。硫丹通常用来预防一些农作物病虫害，比如玉米穗、马铃薯、棉花以及烟草等。工业硫丹中94%以上为α-硫丹和β-硫丹，比例为7∶3。硫丹硫酸盐是在工业品硫丹中发现的反应产物，环境中的生物转化也可生成硫丹硫酸盐。

5. 七氯/环氧七氯

七氯（heptachlor）的分子式为 $C_{10}H_5Cl_7$，纯品为白色粉末，有樟脑的气味；含杂质的产品呈棕色。七氯曾广泛用于家庭、建筑物和农作物，尤其是玉米的杀虫剂；目前仅用于变压器的火蚁控制。环氧七氯（heptachlor epoxide）分子式为 $C_{10}H_5Cl_7O$，是七氯和氯丹的氧化产物，白色粉末，比七氯更容易在环境中检测到。几个小时内，20%的七氯会在细菌和生物体内代谢成环氧七氯。

6. 其他 OCPs

艾氏剂（aldrin）和狄氏剂（dieldrin）是具有相似性质的杀虫剂；在生物体和环境中，艾氏剂能够很快地降解为狄氏剂。两者的纯品均是具有轻微化学气味的白色粉末，不纯的产品呈黄褐色。异狄氏剂（endrin）是狄氏剂的一种立体异构体，分子式为 $C_{12}H_8Cl_6O$，白色晶体，几乎没有气味。异狄氏剂主要作用于棉花和谷类等，也能杀灭家鼠和野鼠等啮齿类动物。异狄氏剂的降解产物有异狄氏剂醛（endrin aldehyde，$C_{12}H_8Cl_6O$）和异狄氏剂酮（endrin ketone，$C_{12}H_9Cl_5O$），但是对于这些代谢产物的性质了解有限。

灭蚁灵（mirex）分子式为 $C_{10}Cl_{12}$，白色无味结晶体，挥发性很小，主要用于杀蚁剂，并且以商品名 Dechlorane 作为阻燃剂进行销售。十氯酮（chlordecone）的分子式为 $C_{10}Cl_{10}O$，与灭蚁灵化学结构相似，呈褐色晶体，无味。十氯酮又称为开蓬（kepone），主要用于烟草、装饰性灌木、橡胶树和柑橘树的杀虫剂。

4.1.2 有机氯农药的毒性

作为一类典型的持久性有机污染物（POPs），OCPs 在环境中普遍存在，它的毒性主要在于自身难以降解，并且具有亲脂性，极易通过食物链（网）的富集作用，最终进入生物体或人体，造成累积而发生作用。OCPs 对人类的危害主要为慢性毒性作用，影响神经系统，还对人体的内分泌系统产生潜在的威胁。

早在20世纪60年代人们就发现 DDT 与 HCH 对五大湖区多种野生动物的繁殖有影响。有机氯农药还可导致男性的睾丸癌、精子数降低、生殖功能异常，而且可以通过胎盘屏障进入胎儿体内，引起下一代发生慢性中毒。HCH 进入机体后主要蓄积于中枢神经和脂肪组织中,刺激大脑运动及小脑,还能通过皮层影响植物神经系统及周围神经系统,在脏器中影响细胞氧化磷酸化,使脏器营养失调,发生坏死,能诱导肝细胞微粒体氧化酶,影响内分泌活动,抑制 ATP 酶。HCH 还会影响人体的消化系统、呼吸循环系统。

DDT 对人和其他大多数生物体具有中等强度的急性毒性,它能经皮肤吸收。六氯苯具有一定的急性、慢性中毒性,在生物体内含量达到一定量后,会扰乱生物体的内分泌系统,导致生物体生殖及免疫机能失衡,更有甚者会导致生物体的神经错乱、发育系统紊乱和诱发癌症。研究发现,DDT 的代谢产物 DDE 能有效地提高淋巴细胞微核率,具有诱导基因癌变的可能性。

氯丹对人体的急性毒性发作很快,几小时内即可导致死亡,主要症状为中枢神经系统兴奋,如激动、震颤、全身抽搐。此外,它还能够导致生物体致癌和致基因突变,易富集在生物体的脂肪组织中,另外皮肤接触到氯丹会引起皮炎,甚至出现红斑氏疹。硫丹类似于氯丹,也具有较强的亲脂性,容易积累在动物和人的脂肪组织中,导致生物免疫力下降、内分泌紊乱,以及致癌和致基因突变。

4.1.3 有机氯农药的分析方法

尽管大多数 OCPs 被禁止生产和使用,环境中依然可以检测到 OCPs 的残留量。OCPs 的分析方法以气相色谱法(GC)和气相色谱/质谱法(GC/MS)为主,生态环境部已颁布了多项相关的标准方法。气相色谱法只通过保留时间进行定性,易受基质干扰,存在假阳性(Cheng et al., 2016)。为了排除干扰,可以选择双柱进行确认。质谱的高度特异性(high specificity),在一定程度上避免共洗脱和基质干扰,由此发展出气相色谱/质谱法(GC/MS)和气相色谱串联质谱(GC-MS/MS)。但是低分辨质谱的灵敏度和精密度不足,高分辨质谱(HRMS)的发展克服了该缺点(Zhang et al., 2015)。

为了追求更低的检出限、更多的目标化合物数量和优越的色谱分离能力,其他的仪器方法,诸如二维色谱技术、飞行时间质谱、二维气相色谱串联高分辨飞行时间质谱(GC×GC-HRTOF-MS)、大气压气相色谱等技术在文献中也有所报道。除此之外,也有基于高效液相色谱/质谱法(Mahboob et al., 2009; Li et al., 2016)等测定 OCPs 的方法。此外,OCPs 种类繁多,除了明确目标物种类的准确定量方法之外,也有基于 TOF 筛查方法,如有兴趣,可阅读参考文献(Brits et al., 2018; Ochiaia et al., 2011)。

从目前环境介质中有机氯分析的现状来说,依然以 GC、GC/MS 为主,并兼顾 HRGC/HRMS 的方法。本章在结合国内外 OCPs 的标准分析方法和文献的基础上,着重介绍上述三种方法在有机氯农药分析方面的应用。

4.2 气相色谱法分析有机氯农药

气相色谱法是分析有机氯农药的常用方法之一，该方法配置的电子捕获检测器（ECD）对卤族原子具有选择性强、灵敏度高的特点。我国环境保护部（现生态环境部）于 2017 年相继颁布了《环境空气 有机氯农药的测定 气相色谱法》（HJ 901—2017）、《土壤和沉积物 有机氯农药的测定 气相色谱法》（HJ 921—2017）。此外，国际化标准组织（ISO）的方法 6468—1996 和 ISO 10382—2002、美国环境保护署的 8080A 方法和 8081B 方法也是基于 GC-ECD 分析有机氯农药的标准方法。HJ 901—2017 所列，当采样体积为 350 m^3（标准状态）、浓缩定容体积为 1.0 mL 时，23 种有机氯农药的检出限为 0.02~0.06 ng/m^3；HJ 921—2017 规定当土壤和沉积物的取样量为 10.0 g 时，23 种有机氯农药的方法检出限为 0.04~0.09 μg/kg。尽管采用相同的仪器手段，但是不同方法之间对应的目标物种类不完全相同，下述将结合国内外标准方法和笔者常年从事有机氯农药分析工作的经验，说明 GC-ECD 分析方法的流程和注意事项。

4.2.1 方法原理

各种环境基质样品的萃取（或提取）液经过浓缩净化，用配有电子捕获检测器的气相色谱进行分离和检测。根据标准物质的保留时间加以定性，基于外标法或内标法定量。

4.2.2 样品前处理

环境样品中有机氯农药的残留量常处于痕量或超痕量水平，分析方法要求一方面选择合适的提取方式获取更多的目标物，另一方面采用多种净化手段，去除干扰物质。

1. 样品提取

有机氯农药是 POPs 中的一大类，针对二噁英、多氯联苯和多溴二苯醚的提取方式同样也适用于有机氯农药的分析。对于液体样品，例如水质样品的提取方式主要是液液萃取（liquid-liquid extraction，LLE）或固相微萃取（solid-phase micro-extraction，SPME）（Tomkins and Barnard，2002）。利用二氯甲烷或正己烷对水样进行液液萃取，或者基于 C_{18} 的固相萃取小柱在富集水样后以二氯甲烷进行洗脱，均能达到良好的回收率。需要注意的是，如果萃取溶剂为二氯甲烷，在后续净化过程中，需要将二氯甲烷置换为正己烷，以减少极性溶剂对干扰物的洗脱。

对于固体样品的提取，经典的方式是索氏提取（Soxhlet extraction，SE）和振荡提取，但是两者溶剂使用量大、提取时间长。其他提取方式有超声辅助提取（ultrasonic-assisted extraction，UAE）、微波辅助萃取（microwave-assisted extraction，MAE）、加速溶剂萃取（accelerated solvent extraction，ASE）和超临界流体萃取（supercritical fluid extraction，SFE）等。ASE 因具有提取效率高、溶剂使用量少、周期短的优点，目前得到广泛的应用。例如利用 ASE 提取新鲜的土壤样品，取 5~20 g 土壤样品加入一定量的无水硫酸钠或硅藻土作为分散剂，选择正己烷/丙酮（$V:V=1:1$）为提取溶剂，提取条件为温度 130℃，压力 1500 psi（10.3 MPa），加热时间 7 min，静态保持 8 min，3 个循环。干燥后的土壤可以将提取溶剂改为正己烷/二氯甲烷（$V:V=1:1$），以减少极性干扰物。

OCPs 在环境中处于低水平，通常在样品萃取或提取时，加入一定量的替代物，考察净化过程中的回收率情况。在上机测定时，加入内标物质，矫正仪器进样的误差。最终采用内标法定量能够得到更准确的数据。HJ 901—2017 选择 2,4,5,6-四氯间二甲苯（TCX）和十氯联苯（DCBP）作为替代标，以内标 1-溴-2-硝基苯（BNB）为内标。HJ 699—2014 和 HJ 900—2017 选择氘代有机氯农药为替代物，以氘代多环芳烃（如菲-D_{10}，䓛-D_{12} 等）为进样内标，这种选择可以建立 OCPs 与 PAHs 多目标物同步分析的方法。

2. 样品净化

有机氯农药属于非极性化合物，可通过硅胶柱、弗罗里硅土，以及凝胶渗透色谱（gel permeation chromatography，GPC）净化等方式去除基质和极性干扰物对测定结果的影响。既可选择手动填充柱，也可购买各种规格的商品柱。样品净化前，提取液需经氮吹或旋转蒸发仪浓缩至 1~2 mL。市售的 1 g/6 mL 弗罗里硅土小柱净化方法为：12 mL 正己烷/二氯甲烷（$V:V=4:1$）和 12 mL 正己烷依次活化小柱，加载提取浓缩液后用 1~2 mL 正己烷清洗浓缩管一并上样，再用 10 mL 正己烷/二氯甲烷（$V:V=4:1$）洗脱。

浓硫酸净化的方法需慎用，因为硫酸会破坏狄氏剂、异狄氏剂、异狄氏醛、α-硫丹、β-硫丹等 OCPs，尤其是狄氏剂和异狄氏剂，在几分钟内便会被硫酸破坏。沉积物中常含有大量的以多原子聚合状存在的元素硫，可借助铜粉加以去除。铜粉使用前需要活化，确保铜粉脱硫活性。

凝胶渗透色谱（GPC）是基于体积排阻法去除高分子量的干扰物，从而避免 GC 性能的下降。基质复杂的土壤样品、沉积物和生物样品可选择 GPC 净化，去除高分子量的有机物（例如聚合材料、腐殖酸）和脂肪等杂质。

净化后的样品经氮吹或旋转蒸发仪浓缩,转移至进样小瓶,定容至 1 mL,加入进样内标后上机分析。

4.2.3 仪器分析

利用气相色谱仪对有机氯农药进行分析时,需要配备 ECD,具有分流/不分流进样口,可程序升温。气相色谱法仅通过保留时间进行定性时,需要选择合适的色谱柱对目标物进行分离。有机氯农药属于非极性化合物,一般使用弱极性或非极性色谱柱对其进行分离。常用的色谱柱有 DB-5 和 DB-1701,例如 DB-5 MS(30 m×0.25 mm×0.25 μm)。图 4-2 是 HJ 921—2017(环境保护部,2018b)分析 23 种有机氯农药标准样品的色谱图。

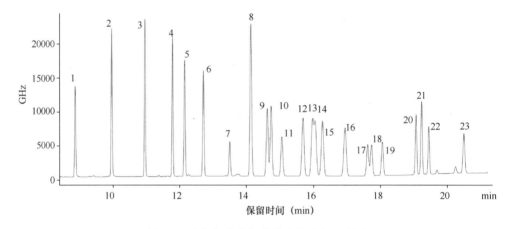

图 4-2 有机氯农药标准样品的总离子流图

色谱柱:Rtx-5,30 m×0.32 mm×0.25 μm;载气:高纯氮气,恒流模式 2.0 mL/min;进样方式:不分流进样至 0.75 min 后打开分流,分流出口流量为 60 mL/min;进样口温度:220℃;色谱升温程序:初始 100℃,以 15℃/min 升温至 220℃,保持 5 min,以 15℃/min 升温至 260℃,保持 20 min;检测器温度:280℃。色谱峰:1.六氯苯;2.α-六六六;3.γ-六六六;4.硫丹 I;5.艾氏剂;6.β-六六六;7.δ-六六六;8.硫丹 II;9.环氧七氯;10.外环氧七氯;11.o,p'-滴滴伊;12.γ-氯丹;13.α-氯丹;14.反式九氯;15.p,p'-滴滴伊;16.狄氏剂;17.o,p'-滴滴滴;18.异狄氏剂;19.o,p'-滴滴涕;20.p,p'-滴滴滴;21.顺式九氯;22.p,p'-滴滴涕;23.灭蚁灵

在基质复杂,干扰严重的情况下,可通过选择双柱方式辅助定性:一根分析柱,一根不同极性的验证柱。美国 EPA 8081 方法(USEPA,2017)给出了双色谱柱的分析方法。该方法要求硬件配置有双柱的选项,两根色谱柱连接同一个进样口,但有各自的检测器,即允许单针进样,双柱同时分析。以双柱均有检出确证目标化合物的存在,否则视为未检出。

4.2.4 质量控制/质量保证

配制有机氯农药的标准溶液系列，浓度范围一般在 5～1000 ng/mL 之间。按照上述仪器条件，分别测定不同浓度下目标物的响应，基于内标或外标法进行定量。标准曲线的相关系数 $R^2 \geq 0.995$，且每测定一批样品（每批少于 20 个）时返测标准溶液，浓度的相对偏差应≤20%，否则需重新绘制标准曲线。每批次的平行样品的相对偏差也应≤20%，且空白加标回收率应在 75%～105%之间。如果选择内标法定量，应确保回收率在合理范围内，例如环境空气中有机氯农药测定，选择 2,4,5,6-四氯间二甲苯和十氯联苯作为替代标，其回收率范围控制在 40%～110%和 60%～130%之间。

p,p'-DDT 和异狄氏剂性质不稳定，在一定条件下易降解，前者降解为 p,p'-DDE 和 p,p'-DDD，后者转换为异狄氏剂醛和异狄氏剂酮；因此在测定有机氯农药时，需要确定两种物质的降解率。p,p'-DDT 和异狄氏剂中单一组分的降解率应小于 20%或两者的降解率之和小于 30%，否则应对进样口和色谱柱头进行维护，直到系统检查合格后方可进行有机氯农药的测定。降解率的计算公式如下：

$$\text{DDT的降解率}(\%) = \frac{(p,p'\text{-DDE} + p,p'\text{-DDD})\text{的浓度}}{(p,p'\text{-DDE} + p,p'\text{-DDD} + p,p'\text{-DDT})\text{的浓度}} \times 100$$

$$\text{异狄氏剂的降解率}(\%) = \frac{(\text{异狄氏剂醛} + \text{异狄氏剂酮})\text{的浓度}}{(\text{异狄氏剂} + \text{异狄氏剂醛} + \text{异狄氏剂酮})\text{的浓度}} \times 100$$

4.3 气相色谱/质谱联用法分析有机氯农药

气相色谱法的 ECD 容易受背景的干扰，对样品的净化也有很高的要求，且仅用保留时间定性会造成一定假阳性结果的出现。目前，气相色谱单四极杆联用技术已经成为分析 OCPs 的常规手段。该方法主要在电子轰击（EI）电离源下，以选择离子监测（SIM）模式对 OCPs 进行分析。通过待测物在图谱上的保留时间和特征离子碎片作为定量依据，克服了气相色谱定性的局限性，同时避免了重叠的杂质峰以及部分环境背景的干扰。国内基于 GC/MS 测定有机氯农药的环境标准有水质中的 HJ 699—2014(环境保护部,2014),土壤和沉积物中的 HJ 835—2017(环境保护部,2017),固体废物中的 HJ 912—2017（环境保护部，2018a）以及环境空气中的 HJ 900—2017（环境保护部，2018d）；尽管每项标准均涉及 23 种有机氯农药，但种类有所不同。

质谱的扫描模式有两种：全扫描（Scan）模式和选择离子监测（SIM）模式，不同模式下得出的方法参数不同，SIM 模式优势在于可通过特征离子测定有机氯农药，可以减少背景干扰和重叠的杂质峰，降低检出限。例如美国 EPA 680 方法（USEPA，1985）给出全扫模式下测定有机氯农药的检出限为 2~4 ng/μL，而 SIM 模式下，为全扫描模式下 1/5。

4.3.1 方法原理

各种环境基质样品的萃取（或提取）液经过浓缩净化，用配有四极杆检测器的气相色谱/质谱仪进行分离和检测。根据标准物质的保留时间、碎片离子质荷比以及不同离子丰度比加以定性，基于内标法定量。

4.3.2 样品前处理

详见 4.2.2 节。

4.3.3 仪器分析

当选择气相色谱/质谱法对有机氯农药分析时，气相部分的参数条件可与 4.2.3 节的相同，而质谱部分需要重新设定。四极杆质谱由四根带直流电压和叠加的射频电压构成，所形成的马鞍形特殊电场，只有满足特定条件的离子才能通过，到达监测器而被检测。因此可以极大地过滤掉基质离子的干扰，同时不同目标物因质荷比的不同，即使保留时间重叠，也可被分别检测，准确定量。

一般的流程是选择一个高浓度的标准溶液，基于全扫描（Scan）模式确定目标物的保留时间和特征碎片离子，再以碎片离子为监测对象生成选择离子监测（SIM）模式的分析方法。相对于 Scan 模式，SIM 模式抗干扰能力更强，且方法的灵敏度更低。图 4-3 是测定环境空气中 OCPs 的标准方法（HJ 900—2017）（环境保护部，2018d）的标准物质的总离子流图。

4.3.4 定量及质量控制

配制有机氯农药的标准溶液系列，浓度范围一般在 5~1000 ng/mL 之间。按照上述仪器条件，分别测定不同浓度下目标物的响应，基于内标或外标法进行定量。标准曲线的绘制，既可以基于相对浓度建立内标法的标准曲线，也可以基于平均响应因子法进行定量计算，但需保证相对响应因子的相对标准偏差≤20%，否则重新建立标准曲线。

相对响应因子（RRF_i）的计算公式为

$$RRF_i = \frac{A_s \rho_{is}}{A_{is} \rho_s}$$

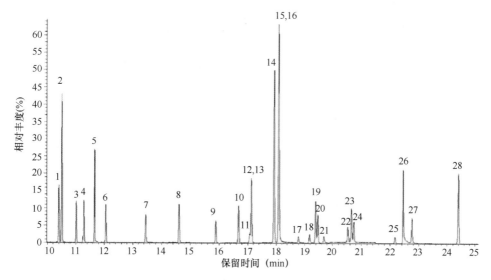

图 4-3　有机氯农药选择离子扫描（SIM）总离子流图

色谱柱：DB-5 MS，30 m×0.25 mm×0.25 μm；载气：氢气 1.0 mL/min；进样方式：不分流进样至 0.75 min 后打开分流，分流出口流量为 60 mL/min；进样口温度：250℃；色谱升温程序：50℃，以 25℃/min 升温至 180℃，保持 2 min，以 5℃/min 升温至 280℃保持 5 min；离子源温度：250℃。EI 源；离子源能量：70 eV；扫描模式：SIM；进样量：2.0 μL。1～28 对应的色谱峰分别为：α-六六六、六氯苯、β-六六六、γ-六六六、菲-D_{10}（内标）、δ-六六六、七氯、艾氏剂、环氧七氯 B、γ-氯丹、硫丹 I-D_4（替代物）、硫丹 I、α-氯丹、p,p'-DDE、狄氏剂、对三联苯-D_{14}（替代物）、异狄氏剂、硫丹 II、p,p'-DDD、o,p'-DDT、异狄氏醛、硫丹硫酸酯、p,p'-DDT-D_8（替代物）、p,p'-DDT、异狄氏酮、蒽-D_{12}（内标）、甲氧 DDT、灭蚁灵

平均相对响应因子（$\overline{RRF_i}$）的计算公式为

$$\overline{RRF_i} = \frac{\sum_{i=1}^{n} RRF_i}{n}$$

式中，RRF_i 为相对响应因子；A_s 为标准溶液中目标化合物的定量离子峰面积；ρ_{is} 为内标的浓度，μg/L；A_{is} 为内标定量离子的峰面积；ρ_s 为标准溶液中目标化合物的浓度，μg/L；$\overline{RRF_i}$ 为平均相对响应因子。

以土壤样品为例，说明利用 $\overline{RRF_i}$ 计算样品中 OCPs 浓度的公式

$$\rho_i = \frac{\rho_{is} \times A_i}{RRF_i \times A_{is} \times m}$$

式中，ρ_i 为样品中目标化合物的浓度，ng/g；m 为土壤样品取样量，g；其他参数意义同上。

为了保证仪器的性能，利用十氟三苯基膦（DFTPP）对仪器的性能进行验证，当测定结果满足表 4-2 的丰度数据时，说明仪器状态良好。除此之外，

依然需要对 p,p'-DDT 和异狄氏剂的降解率进行评估,降解率的要求与 4.2.4 节相同。

表 4-2　DFTPP 关键离子丰度标准

质量离子（m/z）	丰度评价	质量离子（m/z）	丰度评价
51	基峰的 30%~60%	199	基峰的 5%~9%
68	小于基峰的 2%	275	基峰的 10%~30%
70	小于基峰的 2%	365	大于基峰的 1%
127	基峰的 40%~60%	441	存在但小于 443 的峰度
197	小于基峰的 1%	442	大于基峰的 40%
198	基峰,峰度为 100%	443	442 峰度的 17%~23%

4.4　高分辨气相色谱/高分辨质谱联用法分析有机氯农药

有机氯农药的主要分析方法是气相色谱法或气相色谱/低分辨质谱法。电子捕获检测器尽管对有机氯农药有很高的响应,但是抗干扰能力弱,存在假阳性的情况;且当目标物分离度不够时,难以定量。而四极杆质谱尽管克服了部分环境背景的干扰,但是灵敏度有所欠缺。低分辨质谱同时存在检出限偏高的问题,而大部分环境样品中有机氯农药的残留水平低,尤其是极地及高山地区,此时高分辨质谱成为一种更加有效的方法。相比于前两种方法,同位素稀释-高分辨气相色谱/高分辨质谱法（isotope dilution high-resolution gas chromatography/high-resolution mass spectrometry,ID-HRGC/HRMS）具有高灵敏度、高质量精度和高选择性,能够消除可能存在的干扰,降低样品检出限,可以满足环境样品中超痕量有机氯农药分析测试的需求。

美国环境保护署于 2007 年建立了采用同位素稀释-高分辨气相色谱/高分辨质谱联用测定环境中多种类型样品中有机氯、有机磷等农药的分析方法（EPA 1699 方法）。中国科学院生态环境研究中心在此方法的基础上,优化了相关参数,建立了土壤、底泥、苔藓和地衣等环境样品中 23 种有机氯农药的同位素稀释-高分辨气相色谱/高分辨质谱（ID-HRGC/HRMS）的方法（陈昭晶,2015）。

4.4.1　实验试剂及耗材

1. 标准品和试剂

同位素稀释法要求使用与目标化合物化学行为相一致的同位素标准品作为内标,进行定性和定量。本方法中所用标准品购自美国剑桥同位素实验室（Cambridge

Isotope Laboratories，Andover，MA，USA），包括 OCPs 定量内标（labelled compound standard，LCS）：含 ^{13}C 标记的除顺式氯丹（*cis*-chlordane）和反式环氧七氯（*trans*-heptachlor epoxide）之外的其余 21 种 OCPs 化合物；进样内标（internal standard，IS）含 ^{13}C 标记的 4,4′-二氯联苯（PCB-15）和 2,3,4,5-四氯联苯（PCB-70）以及 OCPs 系列校正标准溶液（CS1～CS6），目标物的详情见表 4-3。

表 4-3 23 种有机氯农药的保留时间、特征离子和丰度比

编号	目标物	保留时间 t（min）	特征离子（m/z）		丰度比
1	α-HCH	18.58	180.9379	182.9349	1.03
	$^{13}C_6$-α-HCH	18.58	186.9580	188.9550	1.04
2	HCB	18.66	283.8102	285.8703	1.25
	$^{13}C_{10}$-HCB	18.66	289.8303	291.8273	1.25
3	β-HCH	19.67	180.9379	182.9349	1.03
	$^{13}C_6$-β-HCH	19.67	186.9580	188.9550	1.03
4	γ-HCH	20.09	180.9379	182.9349	1.02
	$^{13}C_6$-γ-HCH	20.09	186.9580	188.9550	1.04
5	δ-HCH	21.42	180.9379	182.9349	1.02
	$^{13}C_6$-δ-HCH	21.42	186.9580	188.9550	1.04
6	七氯	23.37	271.8102	273.8702	1.25
	$^{13}C_{10}$-七氯	23.37	276.8269	278.8240	1.33
7	艾氏剂	25.00	262.8570	264.8541	1.56
	$^{13}C_{12}$-艾氏剂	25.00	269.8804	271.8775	1.56
8	OxC	26.82	386.8053	388.8024	1.28
	$^{13}C_{10}$-OxC	26.82	396.8387	398.8358	1.05
9	*cis*-HE	26.84	352.8442	354.8413	1.26
	$^{13}C_{10}$-*cis*-HE	26.84	362.8777	364.8748	1.31
10	*trans*-HE [a]	27.09	352.8442	354.8413	1.22
11	TC	27.94	372.8260	374.8231	1.04
	$^{13}C_{12}$-TC	27.94	382.8595	384.8565	1.05
12	*o,p*′-DDE	28.17	246.0003	247.9975	1.54
	$^{13}C_{12}$-*o,p*′-DDE	28.17	258.0405	260.0376	1.57
13	CC [b]	28.54	372.8260	374.8231	1.04
14	TN	28.66	406.7870	408.7841	0.89
	$^{13}C_{10}$-TN	28.66	416.8205	418.8175	0.91
15	*p,p*′-DDE	29.70	246.0003	247.9975	1.56
	$^{13}C_{12}$-*p,p*′-DDE	29.70	258.0405	260.0376	1.56

续表

编号	目标物	保留时间 t（min）	特征离子（m/z）		丰度比
16	狄氏剂	29.77	262.8570	264.8541	1.56
	$^{13}C_{12}$-狄氏剂	29.77	269.8804	271.8775	1.56
17	o,p'-DDD	29.97	235.0081	237.0053	1.54
	$^{13}C_{12}$-o,p'-DDD	29.97	247.0483	249.0454	1.58
18	异狄氏剂	30.72	262.8570	264.8541	1.56
	$^{13}C_{12}$-异狄氏剂	30.72	269.8804	271.8775	1.56
19	CN	31.52	406.7870	408.7841	0.89
	$^{13}C_6$-CN	31.52	416.8205	418.8175	0.92
20	p,p'-DDD	31.73	235.0081	237.0053	1.56
	$^{13}C_{12}$-p,p'-DDD	31.73	247.0483	249.0454	1.56
21	o,p'-DDT	31.79	235.0081	237.0053	1.56
	$^{13}C_{12}$-o,p'-DDT	31.79	247.0483	249.0454	1.56
22	p,p'-DDT	33.64	235.0081	237.0053	1.56
	$^{13}C_{12}$-p,p'-DDT	33.64	247.0483	249.0454	1.56
23	灭蚁灵	39.88	269.8131	271.8102	0.52
	$^{13}C_{10}$-灭蚁灵	39.88	276.8269	278.8240	0.52
IS	$^{13}C_{12}$-PCB-15	20.92	234.0406	236.0367	1.59
	$^{13}C_{12}$-PCB-70	27.21	301.9626	303.9597	0.79

a. 反式环氧七氯没有对应的同位素替代物，基于保留时间附近的 $^{13}C_{12}$-TC 以内标法定量。b. 顺式氯丹没有对应同位素替代物，基于保留时间附近的 $^{13}C_{10}$-TN 以内标法定量。

实验过程中用到的有机试剂，其中正己烷、二氯甲烷、丙酮和甲苯均为农残级，购买自 J. T. Baker（Fairfield，OH，USA）；乙腈为 HPLC 级，来自 Merck（Darmstadt，Germany）。色谱纯的壬烷购买自 Sigma Aldrich（St. Louis，USA）。硅胶（0.063～0.100 mm）购买自 Merck（Darmstadt，Germany），碱性氧化铝（150目）购买自 Sigma Aldrich（St. Louis，USA），C_{18} 固相萃取柱（填充量 1 g，孔隙率 20 μm）由 Supelco Inc.（Bellefonte，PA，USA）提供，无水硫酸钠为优级纯，购买自国药集团化学试剂北京有限公司。超纯水由 Milli-Q System（Millipore，USA）在实验室自制。

2. 色谱柱填料的活化与制备

碱性氧化铝（3% H_2O 去活化）：将碱性氧化铝盛于蒸发皿中，在马弗炉中高温加热活化。取出后在干燥器中降至室温，称取 97 g 转入圆底烧瓶，逐滴加入 3 g 蒸馏水，充分振荡摇匀，密封保存至干燥器中备用。（活化后的碱性氧化铝要在一个月之内用完，否则需要重新活化。）

活化硅胶：将硅胶盛于蒸发皿中，在马弗炉中高温加热活化。取出放入干燥器中，冷却至室温后装入试剂瓶密封保存在干燥器中备用。

无水硫酸钠：将无水硫酸钠盛于蒸发皿中，在马弗炉中高温加热活化。取出转移到干燥器中，冷却到室温，保存在干燥器中备用。

三种填料在马弗炉中的活化升温程序如表 4-4 所示。

表 4-4　三种吸附填料的活化程序

吸附填料	活化方法
中性硅胶	550℃ 12 h ⟶ 180℃ 1 h ⟶ 50℃
碱性氧化铝	600℃ 24 h ⟶ 130℃ 3 h ⟶ 50℃
无水硫酸钠	660℃ 6 h ⟶ 130℃ 1 h ⟶ 50℃

4.4.2　样品前处理

样品前处理包括样品的预处理（例如土壤样品的研磨粉碎、植物样品等的冷冻干燥）、样品提取（索氏提取或加速溶剂萃取）和样品净化三个步骤，本方法适用于土壤、底泥、植物类样品的分析，其分析流程图如图 4-4 所示。

1. ASE

称取土壤样品 5 g（苔藓和地衣样品 2 g），加入 20 g 无水硫酸钠混匀后装入不锈钢萃取池中进行加速溶剂萃取，萃取前加入 1 ng OCPs-LCS。萃取溶剂：正己烷/二氯甲烷（$V:V=1:1$）混合液；萃取温度：150℃；压力：1500 psi（10.3 MPa）；静态萃取时间：8 min；循环萃取 2 次。萃取液旋蒸浓缩至 1~2 mL，准备净化。

2. 样品净化

采用硅胶-氧化铝柱和 C_{18} 小柱进行净化。硅胶-氧化铝柱填料自下而上依次为 10 g 中性硅胶，5 g 碱性氧化铝（3% H_2O 去活化）和 5 g 无水硫酸钠。60 mL 二氯甲烷：正己烷（$V:V=1:1$）混合液预淋洗。上样后用 100 mL 二氯甲烷：正己烷（$V:V=1:1$）混合液对目标物进行洗脱。洗脱液旋蒸浓缩并转移至 Kuderna-Danish（K-D）管内氮吹至近干，加入适量乙腈进行溶剂置换，准备过 C_{18} 小柱。土壤样品需加适量铜棒除硫再进行 C_{18} 小柱净化。C_{18} 小柱使用前用 6 mL 乙腈预淋洗，上样后用 12 mL 乙腈洗脱。洗脱液旋蒸、氮吹浓缩至近干，加入 0.2~0.3 mL 正己烷，并转移至进样小瓶中，氮吹浓缩至 20 μL 壬烷中，最后添加 1 ng OCPs-IS，涡轮混匀后准备进 HRGC/HRMS 分析。

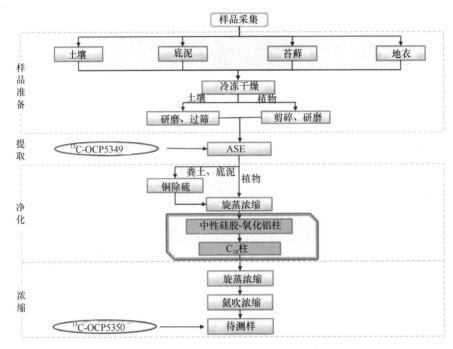

图 4-4 多类型样品中 OCPs 的分析流程图

4.4.3 仪器分析

HRGC/HRMS 分析 OCPs 的仪器参数包括气相部分和质谱部分，气相部分可选择与 4.2.3 节相同的参数，本方法使用的参数如下所述。

1. 色谱条件

色谱柱：DB-5 MS，30 m×0.25 mm×0.25 μm；

进样口温度：220℃；

传输线温度：270℃；

进样方式：不分流进样 1 μL；

载气：高纯氦气，1.0 mL/min，横流模式；

升温程序：60℃保持 1.5 min，以 10℃/min 升温至 140℃，再以 4℃/min 升温至 300℃保持 2 min。

2. 质谱参数

质谱条件：电子轰击（EI$^+$）源，电子能量 45 eV；

离子源温度：230℃；

分辨率：≥8000；选择离子监测（SIM）模式。

美国 EPA 1699 方法要求在分辨率≥8000 的条件下监测，通过预先确定的保留时间窗口，对两个准确的质荷比进行测定。宽泛的质量数区间使得在监测的全过程不能保证分辨率均大于 8000。这时需要分辨率大于 6000，而每一个监测窗口的中间质量碎片范围应大于 8000。

图 4-5 是基于双 Trace GC Ultra 高分辨气相色谱仪联合 DFS 高分辨质谱仪（Thermo Fisher Scientific，MA）测定 23 种 OCPs 的总离子流图。

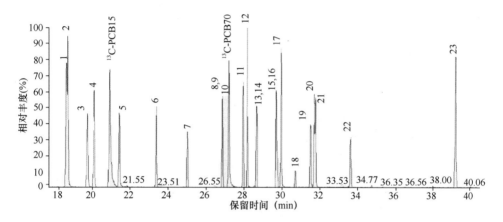

图 4-5 23 种有机氯农药标准溶液的总离子流图

1～23 对应的 OCPs 分别为：α-HCH、HCB、β-HCH、γ-HCH、δ-HCH、七氯、艾氏剂、OxC、*cis*-HE、*trans*-HE、TC、*o,p'*-DDE、CC、TN、*p,p'*-DDE、狄氏剂、*o,p'*-DDD、异狄氏剂、CN、*p,p'*-DDD、*o,p'*-DDT、*p,p'*-DDT、灭蚁灵

4.4.4 质量控制/质量保证

HRGC/HRMS 方法通过保留时间和离子碎片定性，要求目标化合物的保留时间在相应 ^{13}C 同位素内标给定的保留时间窗口范围内，同时两个监测离子之间的同位素比值处于理论值的±15%范围内。

OCPs 种类繁多，在仪器中的响应有所差异，标准曲线的范围也略微不同，六点标准曲线溶液浓度大部分为 1.5～150 ng/mL。有替代物的 OCPs 采用平均相对响应因子法（relative response factor，RRF）进行定量，否则采样内标法的响应因子（response factor，RF）定量。六点标准溶液的 RRF 的 RSD 要求<20%，而 RF 的 RSD 要求小于 35%。

样品前处理时，每一组（10 个）样品做一次过程空白，同时以壬烷为溶剂空白，当确认检测仪器和溶剂无干扰后对实际样品进行分析。检测限（LOD）定义为 3 倍的信噪比（signal-to-noise ratio）。23 种目标 OCPs 在土壤、苔藓和地衣样品中的检出限分别在 0.024～5.01 pg/g、0.2～12.2 pg/g 和 0.02～13.7 pg/g 之间。21 种 ^{13}C 标记有机氯农药的平均回收率在 62%～101%之间。

应用上述方法,对南极土壤、苔藓和地衣中 23 种有机氯农药进行了分析测定。样品中 21 种 ^{13}C 标记定量内标的平均回收率在 40%～100%之间,符合美国 EPA 1699 方法的要求。

4.4.5 环境标准中有机氯农药的方法检出限

目前国内外有大量关于有机氯农药分析的标准方法,表 4-5 概况了生态环境部近几年颁布的相关测试标准和美国 EPA 高分辨气相色谱/高分辨质谱测定有机氯农药的方法检出限,可见 HRGC/HRMS 测定 OCPs 的检出限显著低于其他分析手段对应的数据。

表 4-5 环境标准中测定有机氯农药的方法检出限

编号	化合物	HJ 921—2017	HJ 901—2017	HJ 835—2017	HJ 900—2017	HJ 912—2017[a]	HJ 699—2014	EPA 1699 方法		
		土壤沉积物	环境空气	土壤沉积物	环境空气	固体废物	浸出液	水质[b]	水	土壤	提取物
	浓度单位	μg/kg	ng/m^3	mg/kg	ng/m^3	mg/kg	mg/L	μg/L	pg/L	ng/kg	μg/L
	分析方法	GC-ECD	GC-ECD	GC/MS	GC/MS	GC/MS	GC/MS	GC/MS	HRGC/HRMS		
1	α-六六六	0.06	0.03	0.07	0.04	0.03	0.06	0.03	7	1.3	3
2	六氯苯	0.07	0.04	0.03	0.04	0.02	0.05	0.03	4	0.5	1.5
3	γ-六六六	0.06	0.05	0.05	0.03	0.03	0.04	0.02	9	0.7	3
4	β-六六六	0.05	0.05	0.06	0.04	0.02	0.05	0.03	6	0.6	3
5	δ-六六六	0.06	0.04	0.10	0.07	0.04	0.05	0.03	5	2.0	3
6	α-硫丹	0.07	0.03	0.06	0.03	0.06	0.03	0.04	24	—	5
7	艾氏剂	0.09	0.03	0.04	0.05	0.04	0.06	0.07	6	0.6	3
8	β-硫丹	0.05	0.04	0.09	0.04	0.02	0.05	0.03	30	—	5
9	环氧七氯	0.05	0.04	0.09	0.05	0.02	0.04	0.03	12	0.3	2
10	o,p'-滴滴伊	0.06	—	—	—	—	—	0.03	3	0.5	1.5
11	α-氯丹	0.05	0.03	0.02	0.04	0.02	0.06	0.03	7	0.6	1.5
12	γ-氯丹	0.05	0.02	0.02	0.04	0.03	0.04	0.03	6	—	2
13	反式九氯	0.05							11	0.8	2
14	p,p'-滴滴伊	0.05	0.02	0.04	0.02	0.02	0.1	0.03	6	0.7	1.5
15	o,p'-滴滴滴	0.06	—	—	—	—	—	0.03	3	0.8	1.5
16	狄氏剂	0.04	0.02	0.06	0.03	0.02	0.1	0.03	5	0.5	1.5
17	异狄氏剂	0.07	0.06	0.06	0.05	0.03	0.07	0.06	3	0.4	1.5

续表

编号	化合物	HJ 921—2017	HJ 901—2017	HJ 835—2017	HJ 900—2017	HJ 912—2017[a]		HJ 699—2014	EPA 1699 方法		
		土壤沉积物	环境空气	土壤沉积物	环境空气	固体废物	浸出液	水质[b]	水	土壤	提取物
	浓度单位	μg/kg	ng/m³	mg/kg	ng/m³	mg/kg	mg/L	μg/L	pg/L	ng/kg	μg/L
	分析方法	GC-ECD	GC-ECD	GC/MS	GC/MS	GC/MS	GC/MS	GC/MS	HRGC/HRMS		
18	o,p'-滴滴涕	0.09	0.03	0.08	0.04	0.03	0.06	0.03	2	0.3	1.5
19	p,p'-滴滴滴	0.06	—	0.08	0.06	0.03	0.05	0.03	5	1.5	1.5
20	顺式九氯	0.05	—	—	—	—	—	—	4	0.5	—
21	p,p'-滴滴涕	0.06	0.04	0.09	0.05	0.04	0.05	0.03	1	0.3	1.5
22	灭蚁灵	0.07	0.02	0.06	0.03	0.02	0.05	—	35	—	5
23	七氯	—	0.04	0.04	0.04	0.05	0.05	0.03	7	—	1.5
25	硫丹硫酸酯	—	0.05	0.07	0.05	0.04	0.05	—	13	11	2
26	异狄氏剂醛	—	0.05	0.08	0.05	0.04	0.04	0.03	—	—	—
27	异狄氏剂酮	—	0.03	0.08	0.04	0.03	0.05	0.03	12	1.6	2
28	甲氧滴滴涕	—	0.04	0.08	0.04	0.09	0.06	0.07	7	0.3	1.5

a. 未列出污泥样品的检测限；b. 固相萃取方法的检测限。

4.5 高分辨气相色谱/高分辨质谱联用法分析有机氯农药的应用

目前，关于南极地区土壤和陆地植被中多种 OCPs 化合物浓度水平的详细数据仍比较缺乏。高分辨气相色谱/高分辨质谱联用技术同时具备色谱的高分离度和质谱的高分辨能力，相较于传统的 GC/LRMS，可以对南极地区处于痕量甚至超痕量浓度水平的污染物进行更为准确可靠的分析。与传统的 GC/LRMS 方法相比，HRGC/HRMS 对 OCPs 进行分析的方法检测限（MDL）降低两个数量级以上（0.3～2.0 pg/g）。本节利用 HRGC/HRMS 分析方法对西南极菲尔德斯半岛和阿德利岛多种环境样品（土壤、苔藓和地衣）中的 23 种 OCPs 进行同时分析。在此之前，鲜有文献报道高分辨的气相色谱/质谱联用分析方法对南极地区 OCPs 的研究结果（陈昭晶，2015）。

4.5.1 样品采集

中国南极长城站建成于 1985 年，是中国第一个科学考察站，位于南极大陆的南设得兰群岛（South Shetland Islands）的乔治王岛（King George Island）西部的菲尔德斯半岛（Fildes Peninsula）上，东临麦克斯维尔湾（Maxwell Bay）中的小海湾——长城湾（Great Wall Bay）。岛上苔藓、地衣和藻类植物生长茂盛。除长城站之外，俄罗斯别林斯高晋站（Bellingshausen of Russia）、智利弗雷站（Frei of Chile）和智利机场也位于菲尔德斯半岛。

围绕中国南极长城站，在西南极菲尔德斯半岛和附近的阿德利岛（Ardley Island）选取了9个采样点，采集土壤（$n=7$）、苔藓（*Sanionia uncinata*，$n=7$）和地衣（*Usnea aurantiacoatra*，$n=6$）样品。位于中国长城站（62°12′59″S，58°57′52″W）附近的9个采样点见图4-6。样品采集时间为2009年12月至2010年1月（第26次中国南极科学考察活动期间）。阿德利岛又称企鹅岛，是大量企鹅、海豹和海鸟的栖息和繁衍场所。所有样品采集后密封避光保存于聚乙烯自封袋中，于–20℃冷藏。样品运回实验室后，经冷冻干燥后密封避光保存于冰柜中（–20℃），直至分析。

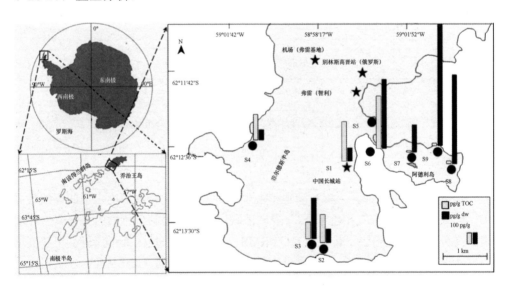

图4-6　南极乔治王岛地区土壤、底泥、苔藓和地衣采样点地图（Zhang et al.，2015）

4.5.2　样品前处理

见4.4.2节。

4.5.3　仪器分析

具体仪器参数见4.4.3节，图4-7为南极某土壤样品种23中OCPs的总离子流图。

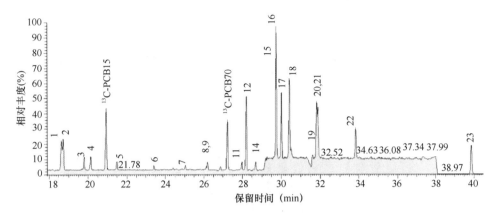

图 4-7 南极某土壤样品中 OCPs 的总离子流图（出峰顺序同图 4-5）

4.5.4 浓度与分布特征

南极地区土壤、苔藓和地衣样品中 23 种 OCPs 的平均浓度水平如图 4-8 所示。除反式环氧七氯（trans-HE）外，其余 OCPs 在环境样品中均有检出。六氯苯（HCB）平均浓度最高，其次是 p,p'-DDE，异狄氏剂平均浓度最低。HCB、DDT 和 HCH 是南极环境中的主要污染物，其他化合物的检测率和浓度相对较低。土壤样品中 Σ_{23}OCPs 范围为 93.6~1260 pg/g dw，平均浓度为 432 pg/g dw。在所有土壤样品中，HCB 是含量最高的污染物，浓度范围为 67.9~532 pg/g dw，其次是 DDT（p,p'-DDT、o,p'-DDT、p,p'-DDE、o,p'-DDE、p,p'-DDD 和 o,p'-DDD 之和，浓度范围为 18.8~308 pg/g dw），HCH（α-HCH、β-HCH、γ-HCH 和 δ-HCH 之和，浓度范围为 6.25~232 pg/g dw）和氯丹类化合物（CHLs，CC、TC、OxC、CN、TN、HEPT、cis-HE 和 trans-HE 之和，浓度范围为 ND~59.7 pg/g dw）。狄氏剂、异狄氏剂、灭蚁灵和 CHLs 只在某些土壤样本中检出。土壤中 HCB、DDT、HCH 及其单体的干重浓度与同地区其他研究报道的结果相一致。

苔藓和地衣样品中的 Σ_{23}OCPs 总浓度分别为 223~1053 pg/g dw（平均 492 pg/g dw）和 373~812 pg/g dw（635 pg/g dw）。苔藓中的 OCPs 浓度分布顺序与土壤中的一致，而在地衣样品中，OCPs 浓度顺序为 HCB > HCH > DDT > CHLs。HCB、HCH、DDT 和 CHLs 在苔藓和地衣样品中的浓度分别为 266（139~663）pg/g dw、125（20.1~324）pg/g dw、79.0（21.1~162）pg/g dw、4.32（ND~15.6）pg/g dw 和 410（207~632）pg/g dw、69.3（25.5~125）pg/g dw、150（58.4~293）pg/g dw、2.63（ND~14.6）pg/g dw。与东南极地区开展研究报道的植物中 OCPs 浓度结果相比，该研究区域苔藓和地衣样品中 HCB、DDT、HCH 及其单体的干重浓度低一个数量级以上。近期在乔治王岛开展的一项研究报道，地衣中的 HCB、HCH 和

DDT 含量分别为（141±100）pg/g dw、（205±80）pg/g dw 和（353±40）pg/g dw（Cipro et al., 2011），与本实验得到的结果处于同一数量级。

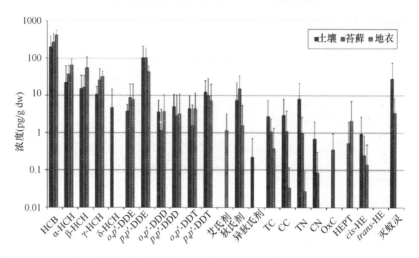

图 4-8 南极土壤、苔藓和地衣样品中 23 种 OCPs 的平均浓度（Zhang et al., 2015）

参 考 文 献

陈昭晶, 2015. 有机氯农药分析方法及其在极地环境中的分布特征研究. 北京: 中国科学院大学.

环境保护部, 2014. 水质 有机氯农药和氯苯类化合物的测定 气相色谱-质谱法(HJ 699—2014). 北京: 中国环境出版社.

环境保护部, 2017. 土壤和沉积物 有机氯农药的测定 气相色谱-质谱法(HJ 835—2017). 北京: 中国环境出版社.

环境保护部, 2018a. 固体废物 有机氯农药的测定 气相色谱-质谱法(HJ 912—2017). 北京: 中国环境出版社.

环境保护部, 2018b. 土壤和沉积物 有机氯农药的测定 气相色谱法(HJ 921—2017). 北京: 中国环境出版社.

环境保护部, 2018c. 环境空气 有机氯农药的测定 气相色谱法(HJ 901—2017). 北京: 中国环境出版社.

环境保护部, 2018d. 环境空气 有机氯农药的测定 气相色谱-质谱法(HJ 900—2017). 北京: 中国环境出版社.

Bossi R, Vorkamp K, Skow H, 2016. Concentrations of organochlorine pesticides, polybrominated diphenyl ethers and perfluorinated compounds in the atmosphere of North Greenland. Environmental Pollution, 217: 4-10.

Brits M, Gorst-Allman P, Rohwer E R, De Vos J, de Boe J r, Weiss J M, 2018. Comprehensive two-dimensional gas chromatography coupled to high resolution time-of-flight mass spectrometry for screening of organohalogenated compounds in cat hair. Journal of Chromatography A, 1536:

151-162.

Caspersen I H, Kvalem H E, Haugen M, Brantsæter A L, Meltzer H M, Alexander J, Thomsen C, Frøshaug M, Bremnes N M B, Broadwell S L, Granum B, Kogevinas M, Knutsen H K, 2016. Determinants of plasma PCB, brominated flame retardants, and organochlorine pesticides in pregnant women and 3 year old children in The Norwegian Mother and Child Cohort Study. Environmental Research, 146: 136-144.

Cheng Z P, Dong F S, Xu J, Liu X G, Wu X H, Chen Z L, Pan X L, Zheng Y Q, 2016. Atmospheric pressure gas chromatography quadrupole-time-of-flight mass spectrometry for simultaneous determination of fifteen organochlorine pesticides in soil and water. Journal of Chromatography A, 1435: 115-124.

Chung S W, Chen B L, 2011. Determination of organochlorine pesticide residues in fatty foods: a critical review on the analytical methods and their testing capabilities. Journal of Chromatography A, 1218: 5555-5567.

Cipro C V Z, Yogui G T, Bustamante P, Taniguchi S, Sericano J L, Montone R C, 2011. Organic pollutants and their correlation with stable isotopes in vegetation from King George Island, Antarctica. Chemosphere, 85: 393-398.

ISO 6468, 1996 Water quality - Determination of certain organochlorine insecticides, polychlorinated biphenyls and chlorobenzenes - Gas chromatographic method after liquid-liquid extraction. https://www.iso.org/standard/12826.html [2019-2-21].

Li Y G, Chen Z L, Zhang R, Luo P, Zhou Y, Wen S, Ma M H, 2016. Simultaneous determination of 42 pesticides and herbicides in chicken eggs by UHPLC-MS/MS and GC-MS using a QuEChERS-based procedure. Chromatographia, 79: 1165-1175.

Mackay D, Shiu W Y, Ma J C, Lee S C, 2006. Handbook of physical-chemical properties and environmental fate for organic chemicals. 2nd. Taylor & Francis Group, (4): 3711-3991.

Mahboob S, Sultana G S, Asi M R, Nadeem S, Chaudhry A S, 2009. Determination of organochlorine and nitrogen containing pesticide residues in water, sediments and fish samples by reverse phase high performance liquid chromatography. Agricultural Science & Technology, 10(5): 9-12.

Ochiaia N, Ieda T, Sasamoto K, Takazawa Y, Hashimoto S, Fushimi A, Tanabe K, 2011. Stir bar sorptive extraction and comprehensive two-dimensional gas chromatography coupled to high-resolution time-of-flight mass spectrometry for ultra-trace analysis of organochlorine pesticides in river water. Journal of Chromatography A, 1218: 6851-6860.

Tomkins B A, Barnard A R, 2002. Determination of organochlorine pesticides in ground water using solid-phase microextraction followed by dual-column gas chromatography with electron-capture detection. Journal of Chromatography A, 964: 21-33.

USEPA, 1985. Method 680 Determination of Pesticides and PCBs in Water and Soi/Sediment by Gas Chromatrography/Mass Spectrometry. http://www.caslab.com/EPA-Methods/PDF/EPA-Method-680.pdf [2019-2-21].

USEPA, 2017. SW-846 Test Method 8081B: Organochlorine Pesticides by Gas Chromatography. https://www.epa.gov/sites/production/files/2015-12/documents/8081b.pdf [2019-2-21].

Zhang Q H, Chen Z J, Li Y M, Wang P, Zhu C F, Gao G J, Xiao K, Sun H Z, Zheng S C, Liang Y, Jiang G B, 2015. Occurrence of organochlorine pesticides in the environmental matrices from King George Island, west Antarctica. Environmental Pollution, 206: 142-149.

第 5 章 毒杀芬的分析

> **本章导读**
> - 毒杀芬的基本物理化学特性，包括结构、同系物组成、命名方式，以及毒性等方面的研究进展。
> - 利用气相色谱法分析毒杀芬的研究进展。
> - 利用气相色谱与质谱联用技术分析毒杀芬的研究进展。

5.1 毒杀芬背景介绍

毒杀芬（toxaphene，camphechlor）是一种有机氯农药的商品名称，它是由多氯代莰烯或莰烷组成的一种混合物，是《斯德哥尔摩公约》中首批优先控制的持久性有机污染物（POPs），组分复杂。二十世纪四五十年代，由于滴滴涕（DDT）及环戊二烯类杀虫剂的禁用或减产，毒杀芬作为上述两种农药的替代产品，为世界的农业生产做出了重要的贡献，同时也由于它的大量和广泛使用，造成了大气、水体和土壤的污染。此外，毒杀芬具有生物蓄积的特性，能够在生物器官的脂肪组织内产生生物积累，并通过食物链放大，因此毒杀芬的环境行为研究得到了国际社会的广泛关注。

5.1.1 毒杀芬的性质及危害

纯品毒杀芬为无色晶体，工业品为一种淡黄或琥珀色棕色蜡状固体，平均摩尔质量为 413.8 g/mol，有轻微松节油气味，空气中的嗅阈值 2.4 mg/m^3，密度 1.63 kg/L（25℃），熔点 65~90℃，沸点 155℃，难溶于水（20~25℃时水中溶解度为 0.44~3.3 mg/L），溶于多种有机溶剂，如甲苯、二氯甲烷以及壬烷等。

工业品毒杀芬主要是由 6~10 氯取代的莰烯（polychlorinated bornene）和莰烷（polychlorinated bornane）组成，分子式通式为 $C_{10}H_{16-n}Cl_n$（n=6~10）或 $C_{10}H_{18-n}Cl_n$，其碳骨架的化学结构式如图 5-1 所示。工业品毒杀芬在自然光照射下，化学性质稳定不易分解（Vetter and Oehme，2003），但在波长 290 nm 的紫外光照射下，会发生脱氯反应。同时在碱性、铁化合物存在的条件下，或温度高于 120℃时，毒杀芬也可降解并释放出 HCl 或 Cl_2。

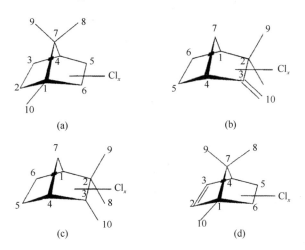

图 5-1　毒杀芬合成产物碳骨架结构图
（a）莰烷；（b）莰烯；（c）二氢莰烯；（d）菠烯

辛醇-水分配系数的对数值（log K_{ow}）是判断一种物质是否容易被生物富集的重要参数，生物富集因子（bioconcentration factor，BCF）与 K_{ow} 有很好的相关性。毒杀芬的 log K_{ow} 在 4.82～6.44 之间（Baker et al.，2000；Elsebae et al.，1993）比工业品多氯联苯略低，而与 p,p′-DDT 和它的代谢产物相比略高，可以说明，毒杀芬比 p,p′-DDT 更易于被生物富集。根据北极鳕鱼中毒杀芬的测试数据估算，它的生物富集因子（BCF）为 $2×10^6$（Kucklick et al.，1994；Geyer et al.，1999）。

毒杀芬同类物种类繁多，根据其结构式理论推断，仅 1～18 氯取代的氯代莰烷的同类物数量就高达 32768 种（Andrews and Vetter，1995；Coelhan and Parlar，1996），异构体数目详细信息如表 5-1 所示。

由于毒杀芬合成产物数量众多、组成复杂，给毒杀芬同类物的命名造成极大困难。针对毒杀芬单体的命名法，应用最多的是系统命名法，以图 5-1 中的莰烷为例，首先对莰烷中的所有碳原子编号，位于莰烷的六元环上方碳桥中心位置的 C 原子编号为 C_7，与 C_2 和 C_3 键同侧的碳原子为 C_9，在 C_5 和 C_6 键同侧的碳原子为 C_8，环上 C_2、C_3、C_5 和 C_6 被氯原子取代的位置位于环下方的为 "endo"，取代的位置位于环上方的为 "exo"，按照上述原则对不同氯取代的莰烷进行命名（Andrews and Vetter，1995；Coelhan and Parlar，1996）。然而这种命名方式书写繁复，在实

表 5-1　多氯代莰烷分子式及异构体信息

分子式	分子量	异构体数目	氯取代的个数	氢的个数
$C_{10}H_{18}$	138	1	0	18
$C_{10}H_{17}Cl_1$	172	12	1	17
$C_{10}H_{16}Cl_2$	206	69	2	16
$C_{10}H_{15}Cl_3$	240	256	3	15
$C_{10}H_{14}Cl_4$	274	696	4	14
$C_{10}H_{13}Cl_5$	308	1488	5	13
$C_{10}H_{12}Cl_6$	342	2608	6	12
$C_{10}H_{11}Cl_7$	376	3840	7	11
$C_{10}H_{10}Cl_8$	410	4818	8	10
$C_{10}H_9Cl_9$	444	5192	9	9
$C_{10}H_8Cl_{10}$	478	4818	10	8
$C_{10}H_7Cl_{11}$	512	3840	11	7
$C_{10}H_6Cl_{12}$	546	2608	12	6
$C_{10}H_5Cl_{13}$	580	1488	13	5
$C_{10}H_4Cl_{14}$	614	696	14	4
$C_{10}H_3Cl_{15}$	648	256	15	3
$C_{10}H_2Cl_{16}$	682	69	16	2
$C_{10}H_1Cl_{17}$	716	12	17	1
$C_{10}Cl_{18}$	750	1	18	0

际标注中常出现错误。为了便于识别和记忆，Burhenne 等(1993)和 Hainzl 等(1995)等提出根据工业品毒杀芬在特定固定相的毛细管柱上的保留时间先后顺序，用 2 位数字编码对毒杀芬单体编号命名，如：P26、P50 和 P62 等。这种命名方式简单易记，但无法提供任何化合物的结构信息，也无法区分对映异构体。考虑到这一点，其他科学工作者参照 IUPAC 命名法的原则，先后提出了多种对于毒杀芬同类物的命名方法，并在很多文献中得到了应用。为了方便记忆与对照，表 5-2 中列出了常见的毒杀芬同类物的系统命名及文献中常见的命名方式（Coelhan and Parlar，1996；Burhenne et al.，1993；Nikiforov et al.，1995；Oehme and Kallenborn，1995）。

表 5-2 毒杀芬同类物的系统命名及文献中常见的命名方式

系统命名	Parlar	Nikiforov	文献中常见的命名方式		Wester
			Oehme & Kallenborn	Andrews & Vetter	
2-exo,3-endo,6-endo,8,9,10-hexachlorobornane		HxCB-3156	265-111	B6-913	B[21001]-(111)
2-exo,3-endo,6-exo,8,9,10-hexachlorobornane		HxCB-3124	137-111	B6-923	B[30030]-(012)
2,2,5,5,9,10-heptachlorobornane	21	HpCB-6533	99-043	B7-499	B[30030]-(012)
2,2,5-exo,6-endo,8,9,10-heptachlorobornane	32	HpCB-6452	195-421	B7-515	B[30012]-(111)
2,2,5-exo,8,9,10-heptachlorobornane		HpCB-6293	35-113	B7-560	B[30020]-(112)
2-endo,3-exo,5-exo,6-exo,8,10,10-heptachlorobornane		HpCB-4785	166-103	B7-1026	B[12022]-(102)
2-endo,3-exo,6-exo,8,9,10,10-heptachlorobornane		HpCB-4661	134-113	B7-1059	B[12002]-(112)
2-endo,3-exo,5-exo,8,9,10,10-heptachlorobornane		HpCB-3221	41-113	B7-1450	B[21020]-(112)
2-exo,3-endo,5-exo,9,9,10,10-heptachlorobornane		HpCB-3207	41-033	B7-1453	B[21020]-(022)
2-exo,3-endo,6-endo,8,9,10-heptachlorobornane		HpCB-3157	265-113	B7-1462	B[21001]-(112)
2-endo,3-exo,5-exo,6-exo,9,10,10-heptachlorobornane		HpCB-5285	170-013	B7-1572	B[11022]-(012)
2-exo,3-exo,5-endo,8,9,10-heptachlorobornane		HpCB-2837	69-113	B7-1584	B[22010]-(112)
2-endo,3-exo,5-exo,6-exo,9,10-heptachlorobornane		HpCB-4773	166-013	B7-1592	B[12022]-(012)
2-exo,5,5,8,9,10,10-heptachlorobornane		HpCB-2453	97-463	B7-1712	B[20030]-(112)
2-exo,5,5,9,9,10,10-heptachlorobornane		HpCB-2439	97-063	B7-1715	B[20030]-(022)
2,2,3-exo,5-endo,6-exo,8,9,10-octachlorobornane	39	OCB-6964	199-421	B8-531	B[32012]-(111)
2,2,5,5,6-endo,8,9,10-octachlorobornane		OCB-6612	355-111	88-763	B[30031]-(111)
2,2,5,5,8,9,10,10-octachlorobornane	51	OCB-6549	99-423	B8-786	B[30030]-(112)
2,2,5,5,9,9,10,10-octachlorobornane	38	OCB-6535	99-063	B8-789	B[30030]-(022)
2,2,5-endo,6-exo,8,8,9,10-octachlorobornane	42a	OCB-6460	195-641	B8-806	B[30012]-(211)
2,2,5-endo,6-exo,8,9,9,10-octachlorobornane	42b	OCB-6454	195-461	B8-809	B[30012]-(121)
2,2,5-endo,6-exo,8,9,10,10-octachlorobornane		OCB-6453	195-423	B8-810	B[30012]-(112)

续表

系统命名名	Parlar	Nikiforov	Oehme & Kallenborn	Andrews & Vetter	Wester
2,2,5-endo,6-exo,8,9,9,10-octachlorobornane	42b	OCB-6454	195-461	B8-809	B[30012]-(121)
2,2,5-endo,6-exo,8,9,10,10-octachlorobornane		OCB-6453	195-423	B8-810	B[30012]-(112)
2-endo,3,3,5-exo,6-exo,9,10,10-octachlorobornane		OCB-5797	174-013	B8-1058	B[13022]-(012)
2-endo,3-exo,5-exo,6-exo,8,9,10,10-octachlorobornane		OCB-5301	170-113	B8-1252	B[11022]-(112)
2-endo,3-exo,5-endo,6-exo,8,8,10,10-octachlorobornane	26	OCB-4921	198-605	B8-1413	B[12012]-(202)
2-endo,3-exo,5-endo,6-exo,8,9,10,10-octachlorobornane	40	OCB-4917	198-245	B8-1414	B[12012]-(112)
2-endo,3-exo,5-endo,6-exo,9,10,10-octachlorobornane		OCB-4789	166-113	B8-1440	B[12022]-(112)
2-exo,3-endo,5-exo,8,9,9,10,10-octachlorobornane	41	OCB-3223	41-463	B8-1945	B[21020]-(122)
2-exo,3-exo,5,5,8,8,10,10-octachlorobornane		OCB-2969	101-303	B8-2075	B[22030]-(202)
2-exo,3-exo,5,5,8,9,10,10-octachlorobornane		OCB-2965	101-113	B8-2078	B[22030]-(112)
2-exo,5,5,8,9,9,10,10-octachlorobornane	44	OCB-2455	97-463	B8-2229	B[20030]-(122)
2,2,3-exo,5-endo,6-exo,8,9,9,10,10-nonachlorobornane		NCB-6966	103-033	B9-742	B[32012]-(121)
2,2,3-exo,5-endo,6-exo,8,9,10,10-nonachlorobornane		NCB-6965	199-461	B9-743	B[32012]-(112)
2,2,5,5,6-exo,8,9,9,10-nonachlorobornane		NCB-6582	199-113	B9-1011	B[30032]-(121)
2,2,5,5,8,9,9,10,10-nonachlorobornane	62	NCB-6551	227-461	B9-1025	B[30030]-(122)
2,2,5-endo,6-exo,8,8,9,10,10-nonachlorobornane	56	NCB-6461	99-133	B9-1046	B[30012]-(212)
2,2,5-endo,6-exo,8,9,9,10,10-nonachlorobornane	59	NCB-6455	195-645	B9-1049	B[30012]-(122)
2-endo,3,3,5-exo,6-exo,8,9,10,10-nonachlorobornane		NCB-5813	195-463	B9-1327	B[13022]-(112)
2-endo,3-exo,5-endo,6-exo,8,8,9,10,10-nonachlorobornane	50	NCB-4925	174-113	B9-1679	B[12012]-(212)
2-endo,3-exo,5-endo,6-exo,8,9,9,10,10-nonachlorobornane		NCB-4919	198-643	B9-2200	B[12012]-(122)
2-exo,3-endo,5-exo,6-exo,8,8,9,10,10-nonachlorobornane	63	NCB-3261	198-133	B9-2206	B[21022]-(212)
2,2,3-exo,5,5,8,8,9,10,10-decachlorobornane		DCB-7063	103-463	B10-831	B[32030]-(122)

续表

系统命名	文献中常见的命名方式				
	Parlar	Nikiforov	Oehme & Kallenborn	Andrews & Vetter	Wester
2,2,3-exo,5-endo,6-exo,8,9,9,10,10-decachlorobornane		DCB-6967	199-463	B10-860	B[32012]-(122)
2,2,5,5,6-exo,8,9,9,10,10-decachlorobornane	69	DCB-6583	227-463	B10-1110	B[30032]-(122)
2-endo,3,3,5-endo,6-exo,8,9,9,10,10-decachlorobornane		DCB-5975	334-133	B10-1361	B[13011]-(122)
2-exo,3,3,5-exo,6-endo,8,9,9,10,10-decachlorobornane		DCB-3799	301-133	B10-1993	B[23021]-(122)
3,6,6,8,9,10-hexachloroborn-2-ene					E[01003]-(111)
3,5-exo,6,6,8,9,10-heptachloroborn-2-ene					E[01023]-(111)
2,3,5-exo,6-exo,9,10,10-heptachloroborn-2-ene					E[11022]-(012)
2,3,5-exo,6-exo,8,9,10,10-octachloroborn-2-ene					E[11022]-(112)
2,5-endo,6-exo,8,9,9,10,10-octachloroborn-2-ene					E[10012]-(122)
2,3,5,8,9,10-hexachloroborn-2,5-diene					D[11010]-(111)
2,2,3-exo,8,9,10(E)-hexachlorocamphene					C[032001l]-(11)
2-exo,3-endo,8,8,9,10(E)-hexachlorocamphene	11				C[02100l]-(21)
2-exo,3-endo,7a,8,9,10(E)-hexachlorocamphene	12				C[02101l]-(11)
2,2,3-exo,8,8,9,10(E)-heptachlorocamphene					C[03200l1]-(21)
2,2,3-exo,8,8,9,9,10(E)-octachlorocamphene					C[03200l]-(22)
2-exo,3-exo,6-exo,8,9,10,10-heptachlorodihydrocamphene					DC[02202ol]-(112)

5.1.2 生产和使用情况

毒杀芬最早由美国Hercules公司于20世纪40年代研发并推广生产（Vetter and Oehme，2003），作为一种广谱性杀虫剂，毒杀芬对咀嚼式和刺吸式口器类昆虫具有内吸性触杀和胃毒作用，且效果明显，主要用于棉花、玉米、谷类和烟草等作物的虫害防治，另外也有渔民利用毒杀芬对于鱼类的特有毒性杀灭没有经济价值的杂鱼，除此之外，也有少量的毒杀芬被用于杀灭家禽和家畜的体外寄生虫（Korte and Scheunert，1979）。到20世纪70年代早期，随着美国环境保护署对滴滴涕（DDT）禁用令的颁布，作为DDT的替代产品，毒杀芬的用量迅速增长，并成为当时美国乃至全世界最主要的杀虫产品。

工业品毒杀芬是以松节油为原料，经减压蒸馏提取出α-蒎烯，α-蒎烯在水合氧化钛存在下发生异构化反应，所得异构液再经减压蒸馏得到纯度在90%以上的莰烯，然后将莰烯溶于2.5倍的四氯化碳中，在紫外光照下与氯气反应，在110℃的蒸馏釜中蒸馏制备毒杀芬，以这种工艺合成的工业品毒杀芬的氯含量在67%～69%之间（Parlar，1985）。从以上的介绍可以看出，毒杀芬的生产工艺简单，对工厂的硬件要求不高，因此继美国之后，包括中国在内的多个农业大国（如：加拿大、苏联、民主德国等）相继引入了毒杀芬的生产工艺并建厂生产，不同国家生产的农药毒杀芬，其商品名称各不相同。表5-3列出了不同毒杀芬杀虫剂的商品名称。

表5-3　毒杀芬杀虫剂的商品名称和常用名称（Krock et al.，1996；Hooper et al.，1979；Andersson and Wartanian，1992）

商品名称	商品名称	商品名称	常用名称
Allotox	Geniphene	Synthetic 3956	Toxaphene
Attac	Gy-phene	Toxadust	Camphechlor
Chem-Phene	Hercules 3956	Toxadust 10	Chlorinated camphene
Chlor Chem T-590	Huileux	Toxakil	Octachlorocamphene
Chlorter	Melipax	Toxyphen	Polychlorocamphene
Cristoxo-90	Morox	Toxaspra	
Dark	Penphene	Toxon 63	
Delicia Fribal	Phenacide	Toxyphen	
Estonox	Phenatox	Vapotone	
Fasco Terpene	Strobane-T		

我国于1958年在浙江省化工研究院进行毒杀芬实验室合成研究，1964年开展100 t/a的间歇法中试实验，并于1965年通过技术鉴定。自此以后在株州、厦门、九江等地建厂投入生产。1966年3月，该研究院又进行了毒杀芬连续化生产新工

艺研究，中试装置能力达到 200 t/a。1970 年，在浙江龙游农药厂建成 1200 t/a 生产装置，以后又有多家工厂投入生产。70 年代初期，毒杀芬成为我国大吨位的农药品种之一。

在毒杀芬的使用过程中，除发现它对鱼类有较高毒性外，研究人员还发现毒杀芬在自然环境中很难降解，会对人类的健康构成威胁。为了降低人类的毒杀芬暴露水平，美国 EPA 于 1982 年严格限制毒杀芬的使用，在接下来的几年里，许多国家和地区陆续停止了毒杀芬的生产，并严格限制库存毒杀芬的使用范围。据统计，仅 1950～1993 年间，毒杀芬的全球生产和使用量就高达 1.33×10^6 t（Voldner and Li，1993），表 5-4 列出了从 1947 年到 2000 年间毒杀芬使用最多的十个国家。其中，美国是主要的毒杀芬消费国，约占总量的 40%（Li and Macdonald，2005），主要的使用区域集中在美国东南部的阿拉巴马州和密西西比州（Li，2001）。民主德国在 1955～1990 年间毒杀芬产量为 2.2×10^4 t（Witte et al.，2000）位居第十位，而我国的毒杀芬生产量排在民主德国之后，约 2.0×10^4 t。

表 5-4 从 1947 年到 2000 年间毒杀芬的使用量最多的十个国家

国家	使用量（t）	使用时期	参考文献
美国	4.9×10^5	1947～1986 年	（Li，2001）
苏联	2.54×10^5	1952～1990 年	（Li and Macdonald，2005）
尼加拉瓜	7.9×10^4	1974～1990 年	（Voldner and Li，1993）
墨西哥	7.1×10^4	1952～2000 年	（Li and Macdonald，2005）
埃及	5.4×10^4	1962 年	（Elsebae et al.，1993）
巴西	5.0×10^4	1955～1993 年	（Li and Macdonald，2005）
叙利亚	3.3×10^4	1952～1990 年	（Li and Macdonald，2005）
法国	2.6×10^4	1952～1991 年	（Li and Macdonald，2005）
哥伦比亚	2.3×10^4	1955～1990 年	（Li and Macdonald，2005）
民主德国	2.2×10^4	1990 年	（Li and Macdonald，2005）

5.1.3 生物毒性

毒杀芬作为一种广谱性杀虫剂，由于同类物数量众多，单体分离难度较大，毒性数据都是基于工业品毒杀芬的毒性试验获得。研究表明，它不仅对昆虫毒性较高（Hopkins et al.，1975；Lentz et al.，1974），而且对水生生物特别是鱼类的毒性更强（Hooper and Grzendaa，1957），另外，鱼类毒性试验表明，海水中生长的鱼（LD_{50}: 0.07 μg/L）比淡水鱼（LD_{50}: 1.6 μg/L）对毒杀芬的毒性更敏感（Johnson and Finley，1980）。和鱼类相比，毒杀芬对鸟类的急性毒性表现为中等，它的经口摄入半致死量和林丹相当（LD_{50}: 30～100 mg/kg），但远低于艾氏剂和狄氏剂的毒性（Dahlen and Haugen，1954）。对于哺乳动物而言，实验模型动物间耐受量差异较大，半致死量浓度范围在 5~1075 mg/kg 之间，具体数据如表 5-5 所示。另外，由于毒杀芬具有持久性和亲脂性，它的慢性毒性更加受到人们的关注。Reuber 等研究发现，在浓度为 50 mg/kg 的环境下暴露 18 个月，大鼠的肝脏和甲状腺均产生癌变（Reuber，1979）。毒杀芬还能诱导雄性大鼠生殖细胞的染色体发生畸变，导致受孕率降低或形成死胎（Hooper et al.，1979）。个别毒杀芬单体还可以经由母体（大鼠）进入胚胎，干扰胎儿的正常生长发育，对胎儿的认知和行为能力产生不可修复的影响（Olson et al.，1980）。有研究表明，毒杀芬具有明显"三致"效应（Reuber，1979）。杨春等也对毒杀芬的致毒机理作了进一步阐释，发现毒杀芬对 ERRα-1 受体具有拮抗作用，能够抑制芳香族化酶的表达，从而影响雌激素的生物合成，最终导致乳腺癌、甲状腺瘤和其他癌症的发生（Yang and Chen，1999）。另外，少量的职业暴露案例也说明，人在吸入少量含有工业品毒杀芬的气体后会引发急性支气管炎，严重的甚至会降低人的肺活量影响肺部呼吸功能（Warraki，1963）。

表 5-5 毒杀芬急性毒性效应

实验动物	暴露途径	暴露水平	实验结果	参考文献
大鼠	经口摄入	90 mg/(kg·d) (雄性) 80 mg/(kg·d) (雌性)	死亡 死亡	（Gaines，1969）
小鼠	经口摄入	120 mg/(kg·d)	死亡	（USEPA，1976）
豚鼠	经口摄入	270 mg/(kg·d)	死亡	（USEPA，1976）
猫	经口摄入	25~40 mg/(kg·d)	死亡	（USEPA，1976）
狗	经口摄入	49 mg/(kg·d)	死亡	（USEPA，1976）
雉鸡	经口摄入	40 mg/(kg·d)	死亡	（Hudson et al.，1972）
鹌鹑	经口摄入	80~100 mg/(kg·d)	死亡	（FAO/WHO，1969）
虹鳟鱼	经口摄入	10.6 µg/L	死亡	（Johnson and Finley，1980）
银鲑	经口摄入	8 µg/L	死亡	（Johnson and Finley，1980）
海鲈鱼	经口摄入	4.4 µg/L	死亡	（USEPA，1980）
多色鳉	经口摄入	1.1 µg/L	死亡	（USEPA，1980）

5.1.4 食品中的限值

为了减少人体经由饮食产生的毒杀芬暴露，保障人们的食品安全，许多国家和地区都对食品中毒杀芬残留量进行了限定。由于分析方法所限，早期的限定标准均为总量方式计算毒杀芬的残留，欧洲有关部门立法限定水果和蔬菜中毒杀芬的最大残留量（maximum residue level，MRL）不应超过 0.4 mg/kg（总量计）。之后考虑到毒杀芬的潜在致畸、致癌毒性，欧洲相关部门加强了毒杀芬残留量的限定，将水果和蔬菜中的毒杀芬的最大残留量调整为<0.1 mg/kg。德国将这一标准的适用范围扩大到所有的动物性食品，如：肉类、肉类制品、牛奶、牛奶制品以及可食用的动物脂肪等（其中脂肪含量>10 %：MRL<0.1 mg/kg lw）（Fromerg et al.，2000）。随着毒杀芬标准品的研制和检测技术的不断改进，总量定量的方式逐渐被毒杀芬单体定量的方式所取代，与之相适应的毒杀芬残留检测标准也有相应的改变。德国针对在生物体中检出率高，并对人类健康产生直接影响的指示性毒杀芬（P26、P50 和 P62）规定了鱼肉或鱼肉制品中残留量的限值，考虑到区域膳食模式并结合毒杀芬的风险评估数据，许多国家提出了日平均允许摄入量（acceptable daily intake，ADI）0.012 mg/（person·d）的概念，其中美国食品中毒杀芬的安全摄入量为 0.5 mg/kg ww；加拿大食品中毒杀芬的日允许摄入量为：0.2 μg/kg bw（Leonards et al.，2012）。

5.2 气相色谱法分析毒杀芬

毒杀芬同类物繁多，结构相似，分离难度较大，除此之外，环境介质中的毒杀芬含量较低，基质复杂，化学合成的毒杀芬具有生物退化和选择性退化的作用，生成的同类物数目多达 30000 种，这些都对毒杀芬的分离检测造成极大的困扰。在众多的分析方法中，气相色谱法是最常用的分析分离方法，这是由于毛细管气相色谱仪分辨能力高，适用于复杂毒杀芬同类物的分离分析。毒杀芬含有多个氯原子，具有很强的电负性，因此气相色谱-电子捕获检测器（GC-ECD）法是常用的检测方法，全二维气相色谱因拥有强大的分离能力，也被用来分析毒杀芬。

由于环境介质中毒杀芬的含量很低，样品基质复杂，因此样品前处理结果的好坏对毒杀芬的分析结果的可靠性和准确性有直接影响。简单地讲，样品的前处理可以分为两个过程：样品提取和样品净化。对于固体样品的提取，最经典的是索氏提取法，它是一种采用溶剂多次重复提取原理来对固体样品中微量、痕量有机污染物抽提的经典方法。但索氏提取法需要耗费大量的溶剂 100~500 mL，较长的提取时间 12~24 h，并且该方法操作烦琐较为费时，因此正在逐渐被一些新型的提取技术所取代。加速溶剂萃取（accelerated solvent extraction，ASE）与索氏提取法相比，当提取同样的样品量时，ASE 所用的溶剂量少（约 30~120 mL）、提取时间短（12~14 min），回收率达 85%以上。对于液体样品的萃取方法有固相萃取（solid-phase extraction，SPE）法和液液萃取（liquid-liquid extraction，LLE）法。样品净化是指保留提取液中目标物，去除干扰物质。对于生物样品，去除脂肪和大分子物质是净化处理的关键，通常用浓硫酸磺化法及酸性硅胶法除去样品中的脂肪，用凝胶渗透色谱（gel permeation chromatography，GPC）法除去提取液中的大分子物质。接下来的样品净化技术包括用硅胶、氧化铝、弗罗里硅土和活性炭等吸附剂中一种或某几种混合来净化样品（He et al.，2012；Bawazeer et al.，2012）。在诸多净化方法中，对于毒杀芬的净化分离使用最多的是硅胶层析柱法（Chen et al.，2012；Zhu et al.，2014）。

刘志斌等（2014）将食品样品使用索氏提取系统提取，提取液依次由 30%酸性硅胶柱和氧化铝柱净化。刘慧慧等（2013）、劳文剑（2013）、Kapp 和 Vetter（2011）将采集的样品用二氯甲烷在加速溶剂萃取仪上提取，经铜粉（或凝胶渗透色谱）及硅胶和氧化铝复合柱净化。

由于毛细管气相色谱法的高分离能力及毒杀芬成分复杂、沸点不高的特性，至今毛细管气相色谱法仍是分离毒杀芬的主要手段。毒杀芬极性弱，故毛细管气相色谱柱一般选用中等极性至非极性色谱柱，应用最多是 DB-5 或者 HP-5 等。该色谱柱可使易分离的毒杀芬单体实现满意分离，但对于难分离毒杀芬单体则需要选用其他色谱柱。为使难分离的毒杀芬单体实现理想分离，研究者们对色谱柱的选择作了深入研究。如 Oehme 研究小组比较了 Ultra 2、OV-1701、HT-8 色谱柱对 20 余种毒杀芬单体的分离能力后发现，HT-8 色谱柱分离能力最强（Oehme and Keller，2000）。

近年来，全二维气相色谱以其分辨率高、峰容量大、族分离和瓦片效应等特点，已在复杂环境污染物的分析中得到广泛应用。随着对 POPs 复杂体系的分离分析越来越受到人们的关注，也使得更多的科研人员投入到全二维气相色谱的研究中。朱帅等（2014）对 3 套具有不同极性的色谱柱系统进行了评价。将第一维柱色谱设定为相同的尺寸，即 30 m × 0.25 mm × 0.25 μm，而且第二维柱色谱的柱长和内径也相同，来比较不同色谱柱组合方式间的分离特性。比较后发现，第二套柱系统即非极性 DB-1 MS 和 BPX-50 的组合方式最理想，它可对毒杀芬同类物进行较好的族组成分离。

朱帅等（2014）比较了一维色谱和二维色谱的分离效果，第一维色谱柱使用相同的色谱柱，即均使用非极性 DB-1 MS 色谱柱在相同的进样量（1 μL）、进样口温度（280℃）和检测器温度（300℃）等条件下，分别进行实验。在全二维气相色谱中，毒杀芬在第一根色谱柱上按沸点大小分离完成后再在第二根色谱柱上按极性再次进行分离，一些原来在一维色谱上分不开的色谱峰，在全二维色谱上可以有效地被分开，分离度大大增加。用 GC × GC 分析毒杀芬标准品时，获得的色谱峰数目多于 900 个，而用 1DGC 在相同条件下分析相同的标准品时，所获得的色谱峰不足 100 个，有的色谱峰部分重叠或全部重叠。这可能是因为对于毒杀芬这类组成复杂的有机污染物，1DGC 分离能力不够，导致许多组分重叠，影响了分离分析；而对于全二维气相色谱来说，色谱柱极性的差异会使很多以往在一维色谱上分不开的化合物在二维色谱上得到很好的分离。同时，1DGC 检出限高，不适合环境中痕量组分的检测。较 1DGC，GC×GC 具有较大的峰容量、较高的分辨率和较高的灵敏度等优点，这使得对基质复杂、组成复杂的样品的分离大大改善，同时可以检测出更多痕量组分；在获得的二维色谱图中，每种物质有两个保留时间，这也使化合物的定性更加可靠。此外，与 1DGC 相比，GC×GC 的分析时间短，这是因为在分析含有多于 100 种性质结构相似的化合物样品时，单柱的一维气相色谱的分离能力达不到实验要求，若使分离度提高一倍，就要求柱长增加四倍，但增加后柱长不仅降低了分离速度，使分析时间大大延长，而且增加了分析的成本。可见，较之 1DGC，GC×GC 色谱具有一定的优越性。图 5-2 为在优化色谱条件下对工业毒杀芬进行分离分析得到的不同氯取代的毒杀芬的可视化 3D 图。

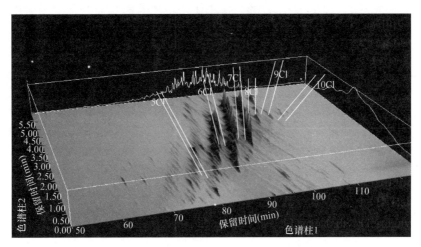

图 5-2　毒杀芬的全二维可视化 3D 图（朱帅等，2014）

5.3　气相色谱/质谱联用法分析毒杀芬

由于 ECD 缺乏选择性，获得的气相色谱图极其复杂，多种组分的气相色谱峰相互交迭重合，存在许多其他有机氯农药干扰的可能性，造成测定的浓度偏高，因此逐渐被选择性更高的气相色谱/质谱（GC/MS）所取代，目前气质联用的电离源主要有以下几种：电子轰击电离源（electron impact ionization，EI）、负化学电离源（negative chemistry ionization，NCI），也有电子捕获负离子源（electron-capture negative ionization，ECNI）等。但是质谱做检测器时检出限高，不适合环境中痕量毒杀芬的分离分析要求。近年来，GC-MS/MS、GC/HRMS 也用于检测毒杀芬。

5.3.1 电子轰击电离源质谱

电子轰击电离源质谱（EI-MS）检测器检测毒杀芬时全扫描质谱图碎片丰富，但没有丰度特别高的碎片，导致电子轰击电离源低分辨质谱（EI-LRMS）对毒杀芬的灵敏度较低，因此在毒杀芬残留检测中应用不多。电子轰击电离源高分辨质谱（EI-HRMS）因具有较高的灵敏度，更适合毒杀芬的残留分析，如 Veyrand 等（2008）发现 EI-HRMS 灵敏度高也不存在响应歧视问题，故选择 EI-HRMS 测定鱼肝油中毒杀芬残留。王荟等（2016）利用同位素稀释-气相色谱/高分辨质谱法测定了土壤样品中 3 种指示性毒杀芬的方法，在 DB-5 MS 色谱柱上分离，质谱中采用电子轰击离子源。P26、P50 和 P62 的检出限分别为 1 pg、3 pg、5 pg，测定值的相对标准偏差（n=5）小于 6%。该方法用于某地区表层土壤中 3 种指示性毒杀芬的检测，测得 P26、P50、P62 的含量分别为 0.08 ng、0.04 ng、0.03 ng。刘志斌等（2014）建立了食品样品中 P26、P50、P62 3 种指示性毒杀芬的检测分析方法，利用同位素稀释-高分辨气相色谱/高分辨质谱联用（ID-HRGC/HRMS）技术对 3 种指示性毒杀芬单体 P26、P50、P62 进行定量定性分析。结果本研究所建成的检测方法相对标准偏差（RSD）小于 25%，回收率可以达到 40%～120%；P26、P50、P62 的方法检测限分别为 0.08 pg/g、0.02 pg/g、0.06 pg/g；方法性能达到开展食品样品中毒杀芬检测技术的要求。

5.3.2 负化学电离源质谱

化学电离源质谱检测化合物时具有谱图简单、灵敏度高等优点，缺点是碎片少、可提供的结构信息少。化学电离源质谱分为正化学电离源质谱和负化学电离源质谱，其中用于毒杀芬残留检测的均为负化学电离源质谱（NCI-MS），虽然 NCI-MS 对不同毒杀芬单体存在响应歧视问题，但由于它对毒杀芬响应灵敏度普遍较高，故在毒杀芬的残留检测中应用较广泛。谢原利等（2009）建立了加速溶剂萃取/气相色谱-负化学电离质谱法测定土壤中毒杀芬的方法。结果表明，毒杀芬的线性范围为 0.3～3000 ng/g（毒杀芬总量），相关系数均不小于 0.9990，方法检出限为 0.10～1.00 ng/g，平均回收率为 86%～104%，相对标准偏差（n=7）为 6.8%～13.5%。劳文剑（2013）建立了利用气相色谱-负化学电离源质谱测定沉积物和鱼肉中毒杀芬的 8 个同类物及其总量的分析方法。使用 DB-XLB 柱分离，在选择离子检测模式下同时检测毒杀芬的 8 个同类物及其总量。多氯联苯（PCBs）的氧反应水平由内标 PCB-204 监测，并保持在低于 1%。使用平均相对响应因子定量；

采用单个离子的峰面积对 8 个毒杀芬同类物进行定量，采用可检测到的毒杀芬同类物峰面积的和对毒杀芬总量进行定量。单个同类物的校正标准溶液质量浓度范围是 0.5（P62 为 5 μg/L）～500 μg/L，毒杀芬总量的校正标准溶液质量浓度范围是 50～500 μg/L。以最低校正标准溶液的浓度为最低定量浓度。同类物的日间平均回收率是 90.8%±17.4%（$n=10$），日间测定的相对标准偏差为 5.4%～12.8%（$n=10$），显示了本方法有较高的准确性和精确性。

5.3.3 串联质谱检测器

串联质谱（MS/MS）检测器具有很高的选择性，排除干扰能力强，可使样品前处理适当简化，和高分辨质谱相比，仪器价格也相对便宜，因此受到分析工作者的欢迎。用于毒杀芬残留检测的串联质谱主要为电子轰击源串联质谱（EI-MS/MS），质量分析器多数为离子阱质量分析器和四极杆质量分析器。Xia 等（2009）采用 EI-MS/MS 检测毒杀芬残留时，发现 NCI-MS 灵敏度比 EI-MS/MS 高，但 NCI-MS 对毒杀芬单体存在响应歧视问题，故采用 EI-MS/MS 对毒杀芬进行残留检测可获得更可靠的结果。张兵等（2010）建立了土壤样品中指示性毒杀芬 Parlar No.26（P26）、Parlar No.50（P50）和 Parlar No.62（P62）的同位素稀释-气相色谱-串联质谱（ID-GC-MS/MS）的分析方法。分析结果见图 5-3。结果表明该方法可对样品中的 P26、P50 和 P62 进行分析，相对标准偏差（RSD）小于 11%，回收率可以达到 55%～110%；P26、P50 和 P62 的仪器检出限分别为 3.0 pg、3.0 pg 和 6.0 pg。将该方法用于某地区农田表层土壤中 3 种指示性毒杀芬的检测，其中 P26 的含量为 0.17 ng/g、P50 为 0.08 ng/g、P62 为 0.09 ng/g，表明此方法适用于土壤样品中指示性毒杀芬的分析。

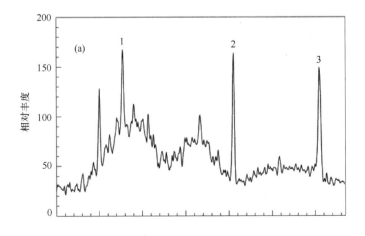

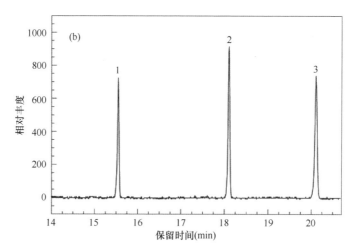

图 5-3 （a）实际土壤样品和（b）标准溶液中指示性毒杀芬的色谱图（张兵等，2010）
(a) 1：P 26；2：P 50；3：P 62．(b) 1：$^{13}C_{10}$-P 26；2：$^{13}C_{10}$-P 50；3：$^{13}C_{10}$-P 62

5.4 气相色谱/质谱联用法分析毒杀芬的应用

我国环境样品中毒杀芬的分析方法研究起步比较晚，早期也并未开展过环境介质中毒杀芬的污染水平及特征的研究。我们对不同地区的多种环境介质（大气、土壤、沉积物及生物样品）进行了采集，利用气相色谱-三重四极杆质谱法进行分析，并未检出毒杀芬。但在一些曾经堆放过毒杀芬生产的废渣等废弃物的污染场地中的土壤样品中检测出了较高浓度的毒杀芬，并分析了其污染特征。

5.4.1 样品采集

由于毒杀芬已经禁用多年，多数的生产企业已改为生产其他的农药，或生产场地被彻底地改变了土地的使用性质。根据调查，其中在浙江龙游东方农药厂、安徽宁国县农药厂厂区内曾经堆放过毒杀芬生产的废渣等废弃物，因此可能存在生产场地的污染可能性。考虑到采样的便利，选择安徽宁国县农药厂作为此次调查对象，采集了污染场地内的土壤样品。

5.4.2 样品前处理

冷冻干燥研磨后的土壤样品利用加速溶剂提取仪进行提取。萃取条件：压力1500 psi，温度150℃，提取溶剂为正己烷/丙酮混合溶剂（1∶1，体积比），100%充满萃取池模式，静态萃取时间 7 min，循环三次，收集提取液。将提取液用旋转蒸发仪浓缩至 1~2 mL，待净化。

萃取液用酸性硅胶柱和活化硅胶柱净化。酸性硅胶柱自上而下填充 12.5 g 44%硫酸硅胶、10.0 g 22%硫酸硅胶、2.5 g 活化硅胶、5.0 g 无水硫酸钠。填充后多层硅胶柱用 50 mL 正己烷预淋洗，保持液面在无水硫酸钠层。将净化后的浓缩液转移至净化柱中，用 1～2 mL 的正己烷冲净提取液的容器壁，反复进行 2～3 次。用 100 mL 正己烷以 2.5 mL/min（每秒 1 滴）的流速洗脱，收集洗脱液，洗脱液浓缩至 1～2 mL。

活化硅胶柱自上而下填充 1.0 g 硅胶、3.0 g 硝酸银硅胶、8.0 g 硅胶、5.0 g 无水硫酸钠。填充后多层硅胶柱用 50 mL 正己烷淋洗，保持液面在无水硫酸钠层。转移浓缩后的提取液至净化柱中，用 1～2 mL 的正己烷冲净提取液的容器壁，反复进行 2～3 次。用 45 mL 正己烷以 2.5 mL/min（每秒 1 滴）的流速洗脱，再用 50 mL 甲苯/正己烷（35∶65，体积比）溶液，以 2.5 mL/min（每秒 1 滴）的流速洗脱，收集洗脱液，洗脱液浓缩至 1～2 mL。使用氮吹仪进一步对洗脱液浓缩至近干，添加 5.0 μL 浓度为 1 ppm 的进样内标溶液，加入 15 μL 壬烷，待进样分析。

5.4.3 仪器分析

样品利用气相色谱-三重四极杆质谱进行定量分析。气相色谱条件为程序升温模式：100℃保持 1 min，以 15℃/min 的速度升至 160℃保持 2 min，以 5℃/min 的速度升至 275℃保持 7 min，再以 10℃/min 的速度升至 300℃。载气：高纯氦气（>99.999%）；载气流速：恒流模式 1.0 mL/min。进样方式：脉冲不分流进样；进样量：1.0 μL；进样口温度：250℃；传输线温度：290℃。三重四极杆质谱仪条件为离子源温度：230℃；离子源电子能量：70 eV；数据采集方式：多重反应监测(MRM)；分辨率≥1000。

5.4.4 浓度与分布特征

污染场地土壤样品中不同氯取代毒杀芬同类物的残留水平见表 5-6，从分析结果可以看出，虽然毒杀芬在该企业已经停止生产多年，但土壤中毒杀芬的残留仍处在较高的污染水平，毒杀芬的含量以总量计在 1.1～103 μg/g dw 之间。浓度最高的样品是采自曾经毒杀芬废弃物的堆放场地的表层土壤（NGNY1，0~10 cm），随着土壤深度的增加（NGNY2，15～30 cm），其浓度明显下降，毒杀芬的含量从表层的 103 μg/g dw 降到 17.2 μg/g dw，浓度降低 80%以上，这一结果和毒杀芬的水溶性小，不易在土壤中迁移的性质相符合。

不同氯取代的毒杀芬同类物分布特征如图 5-4 所示。可以看出，土壤中不同氯取代的毒杀芬同类物分布特征相似，但与工业品毒杀芬中的分布差异较大。土壤中以六氯和七氯代莰烷为主，其含量约占五氯到九氯代莰烷总量的 55%～65%。五氯代莰烷的含量约占五氯到九氯代莰烷总量的 10%～20%，而九氯代莰烷含量较低，在 1.9%～4.9%之间。

表 5-6　污染场地土壤中不同氯取代的毒杀芬同类物的残留水平（μg/g）

样品编号	五氯代莰烷	六氯代莰烷	七氯代莰烷	八氯代莰烷	九氯代莰烷	总浓度
NGNY1	17.4	29.3	38.1	16.4	2.0	103
NGNY2	3.7	4.9	5.3	2.9	0.4	17.2
NGNY4	6.1	9.7	12.0	8.7	1.1	37.6
NGNY5	3.0	5.8	7.4	3.6	0.5	20.3
NGNY6	1.8	3.6	3.7	0.8	0.1	9.9
NGNY8	0.2	0.5	0.5	0.3	0.04	1.5
NGNY9	0.2	0.3	0.5	0.2	0.01	1.1
NGNY10	4.7	10.0	15.2	13.3	2.2	45.4

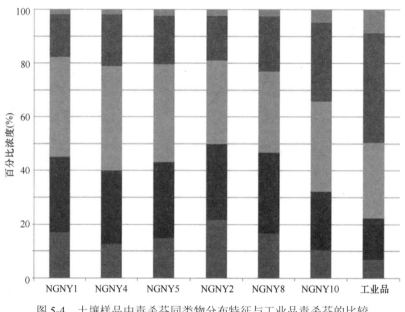

图 5-4　土壤样品中毒杀芬同类物分布特征与工业品毒杀芬的比较

参 考 文 献

劳文剑, 2013. 气相色谱-负化学电离质谱法测定沉积物和鱼肉中毒杀芬的 8 个同类物及其总含量. 色谱, 31(7): 667-673.

刘慧慧, 徐英江, 邓旭修, 张华威, 刘云, 官向红, 2013. 凝胶渗透色谱净化-气相色谱法测定水产品中毒杀芬残留量. 中国渔业质量与标准, 3(3): 73-77.

刘志斌, 张建清, 蒋友胜, 周健, 李胜浓, 陆少游, 林晓仕, 2014. 同位素稀释-气相色谱/高分辨质谱法测定食品中的指示性毒杀芬. 食品安全质量检测学报, 5: 475-484.

谢原利, 饶竹, 王晓华, 王沫, 2009. 加速溶剂萃取/气相色谱-负化学电离质谱法对土壤中毒杀芬的测定研究. 分析测试学报, 28: 804-808.

王荟, 高占啟, 章勇, 胡冠九, 2016. 同位素稀释-气相色谱-高分辨双聚焦磁质谱法测定土壤中毒杀芬的含量. 理化检验(化学分册), 52: 7-10.

张兵, 吴嘉嘉, 刘国瑞, 高丽荣, 郑明辉, 2010. 同位素稀释-气相色谱-串联质谱法测定土壤中的指示性毒杀芬. 色谱, 28(5): 456-459.

朱帅, 高丽荣, 郑明辉, 张兵, 刘立丹, 王毅文, 2014. 不同氯代毒杀芬的全二维气相色谱分离分析方法研究. 分析测试学报, 3: 32-69.

Andersson O, Wartanian A, 1992. Levels of polychlorinated camphenes (toxaphene), chlordane compounds and polybrominated diphenyl ethers in seals from Swedish waters. Ambio, 21(8): 550-552.

Andrews P, Vetter W, 1995. A systematic nomenclature system for toxaphene congeners. 1. Chlorinated bornanes. Chemosphere, 31(8): 3879-3886.

Baker J R, Mihelcic J R, Shea E, 2000. Estimating K_{oc} for persistent organic pollutants: Limitations of correlations with K_{ow}. Chemosphere, 41(6): 813-817.

Bawazeer S, Sutcliffe O B, Euerby M R, Bawazeer S, Watson D G, 2012. A comparison of the chromatographic properties of silica gel and silicon hydride modified silica gels. Journal of Chromatography A, 1263(9): 61-67.

Burhenne J, Hainzl D, Li X, Bärbel V, AlderHarun P, 1993. Preparation and structure of high-chlorinated bornane derivatives for the quantification of toxaphene residues in environmental-samples. Fresenius Journal of Analytical Chemistry, 346(6-9): 779-785.

Chen L, Huang Y, Han S, Feng Y, Jiang G, Tang C, Ye Z, Zhan W, Liu M, Zhang S, 2012. Sample pretreatment optimization for the analysis of short chain chlorinated paraffins in soil with gas chromatography-electron capture negative ion-mass spectrometry. Journal of Chromatography A, 1274(25): 36-43.

Coelhan M, Parlar H, 1996. The nomenclature of chlorinated bornanes and camphenes relevant to toxaphene. Chemosphere, 32(2): 217-228.

Dahlen J H, Haugen A O, 1954. Acute toxicity of certain insecticides to the bobwhite quail and mourning dove. Journal of Wildlife Management, 18(4): 477-481.

Elsebae A H, Abouzeid M, Saleh M A, 1993. Status and environmental-impact of toxaphene in the Third-World—A case-study of african agriculture. Chemosphere, 27(10): 2063-2072.

FAO/WHO, 1969. Evaluation of some pesticide residues in food. Geneva: World Health Organization, 276-283.

Fromberg A, Cederberg T, Hilbert G, Buchert A, 2000. Levels of toxaphene congeners in fish from Danish waters. Chemosphere, 40(9-11): 1227-1232.

Gaines T B, 1969. Acute toxicity of pesticides. Toxicology and Applied Pharmacology, 1969, 14(3): 515-518.

Geyer H J, Kaune A, Schramm K W, Rimkus G, Scheunert I, Brüggemann R, Altschuh J, Steinberg C E, Vetter W, Kettrup A, Muir D C, 1999. Predicting bioconcentration factors (BCFs) of polychlorinated bornane (toxaphene) congeners in fish and comparison with bioaccumulation factors (BAFs) in biota from the aquatic environment. Chemosphere, 39(4):

655-663.

Hainzl D, Burhenne J, Barlas H, Parlar H, 1995. Spectroscopic characterization of environmentally relevant C_{10}-chloroterpenes from a photochemically modified toxaphene standard. Fresenius Journal of Analytical Chemistry, 351(2-3): 271-285.

He K, Ye X, Li X, Chen H, Yuan L, Deng Y, Chen X, Li X, 2012. Separation of two constituents from purple sweet potato by combination of silica gel column and high-speed counter-current chromatography. Journal of Chromatography B, 881(19): 49-54.

Hooper F F, Grzendaa A R, 1957. The use of toxaphene as a fish poison. Transactions of the American Fisheries Society, 85(1): 180-190.

Hooper N K, Ames B N, Saleh M A, Casida J E, 1979. Toxaphene, a complex mixture of polychloroterpenes and a major insecticide, is mutagenic. Science, 205(4406): 591-593.

Hopkins A R, Taft H M, James W, 1975. Reference LD_{50} values for Some Insecticides against the *Boll weevil*. Journal of Economic Entomology, 68(4): 189-192.

Hudson R H, Tucker R K, Haegele M A, 1972. Effect of age on sensitivity—Acute oral toxicity of 14 pesticides to mallard ducks of several ages. Toxicology and Applied Pharmacology, 22(4): 556-560.

Johnson W W, Finley M T, 1980. Handbook of acute toxicity of chemicals to fish and aquatic invertebrates. Summaries of toxicity tests conducted at Columbia National Fisheries Research Laboratory, 1965-78. United States Fish and Wildlife Service Resource Publication: 137.

Kapp T, Vetter W, 2011. Hydroxylated polychlorobornanes—Synthesis and characterization of new potential toxaphene metabolites. Chemosphere, 82(1): 32-36.

Korte F, Scheunert I, 1979. Toxaphene (camphethlor)—Special report. Pure and Applied Chemistry, 51(7): 1583-1601.

Krock B, Vetter W, Luckas B, Scherer G, 1996. Structure elucidation of a main heptachloro congener of toxaphene in marine organisms after isolation from Melipax®. Chemosphere, 33(6): 1005-1019.

Kucklick J R, Bidleman T F, Mcconnell L L, Walla M D, Ivanov G P, 1994. Organochlorines in the water and biota of Lake Baikal, Siberia. Environmental Science & Technology, 28(1): 31-37.

Lentz G L, Watson T F, Carr R V, 1974. Dosage-mortality studies on laboratory-reared larvae of the tobacco budworm and the bollworm. Journal of Economic Entomology, 67(2): 719-720.

Leonards P E, Besselink H, Klungsoyr J, Mchugh B, Nixon E, Rimkus G G, Brouwer A, de Boer J, 2012. Toxicological risks to humans of toxaphene residues in fish. Integrated Environmental Assessment and Management, doi: 10. 1002/ieam, 1275.

Li Y F, 2001. Toxaphene in the United States 1. Usage gridding. Journal of Geophysical Research-Atmospheres, 106(D16): 17919-17927.

Li Y F, Macdonald R W, 2005. Sources and pathways of selected organochlorine pesticides to the Arctic and the effect of pathway divergence on HCH trends in biota: A review. Science of the Total Environment, 342(1-3): 87-106.

Nikiforov V A, Tribulovich V G, Karavan V S, 1995. On the nomenclature of toxaphene congeners. Organohalogen Compounds, 26: 393-396.

Oehme M, Kallenborn R, 1995. A simple numerical code for polychlorinated compound classes cllowing an unequivocal derivation of the steric structure 1. Polychlorinated-biphenyls and bornanes. Chemosphere, 30(9): 1739-1750.

Oehme M, Keller B R, 2000. Separation of toxaphene by high resolution gas chromatography. Chemosphere, 41: 461-465.

Olson K L, Matsumura F, Boush G M, 1980. Behavioral-effects on juvenile rats from perinatal exposure to low-levels of toxaphene, and its toxic components, toxicant-A, and toxicant-B. Archives of Environmental Contamination and Toxicology, 9(2): 247-257.

Parlar H, 1985. Analysis of toxaphene. International Journal of Environmental Analytical Chemistry. 20(1-2): 141-158.

Reuber M D, 1979. Carcinogenicity of toxaphene—A review. Journal of Toxicology and Environmental Health, 5(4): 729-748.

USEPA, 1976. Criteria document for toxaphene. US Environmental Protection Agency, Office of Water Planning and Standards. https://nepis.epa.gov/Exe/ZyNET.exe/9100Z9YF.TXT? ZyActionD= ZyDocument&Client=EPA&Index=1976+Thru+1980&Docs=&Query=&Time=&EndTime=&Se archMethod=1&TocRestrict=n&Toc=&TocEntry=&QField=&QFieldYear=&QFieldMonth=&Q FieldDay=&IntQFieldOp=0&ExtQFieldOp=0&XmlQuery=&File=D%3A%5Czyfiles%5CIndex %20Data%5C76thru80%5CTxt%5C00000020%5C9100Z9YF.txt&User=ANONYMOUS&Pass word=anonymous&SortMethod=h%7C-&MaximumDocuments=1&FuzzyDegree=0&ImageQual ity=r75g8/r75g8/x150y150g16/i425&Display=hpfr&DefSeekPage=x&SearchBack=ZyActionL& Back=ZyActionS&BackDesc=Results%20page&MaximumPages=1&ZyEntry=1&SeekPage=x& ZyPURL.

USEPA, 1980. Ambient Water Quality Criteria for Toxaphene. US Environmental Protection Agency, EPA-400/5-80-076. https: //nepis.epa.gov/Exe/ZyPDF.cgi/ 9100H4SA.PDF?Dockey=9100H4SA. PDF113pp.

Vetter W, Oehme M, 2003. Toxaphene. Analysis and environmental fate of congeners. The Handbook of Environmental Chemistry Vol 3 Part K: 237-287 New Types of Persistent Halogenated Compounds, Earth and Environmental Science.

Veyrand B, Venisseau A, Marchand P, Antignac J P, Le Bizec B, 2008. Determination of toxaphene specific congeners in fish liver oil and feedingstuff using gas chromatography coupled to high resolution mass spectrometry. Journal of Chromatography B, 865: 121-126.

Voldner E C, Li Y F, 1993. Global usage of toxaphene. Chemosphere, 27(10): 2073-2078.

Warraki S, 1963. Respiratory hazards of chlorinated camphene. Archives of Environmental Health, 7(2): 253-256.

Witte J, Buthe A, Ternes W, 2000. Congener-specific analysis of toxaphene in eggs of seabirds from Germany by HRGC-NCI-MS using a carborane-siloxane copolymer phase (HT-8). Chemosphere, 41(4): 529-539.

Xia X, Crimmins B S, Hopke P K, James Michael J P, Thomas S M, Holsen M, 2009. Toxaphene analysis in Great Lakes fish: A comparison of GC-EI/MS/MS and and GC-ECNI-MS, individual congener standard and technical mixture for quantification of toxaphene. Analytical and Bioanalytical Chemistry, 395: 457-463.

Yang C, Chen S, 1999. Two organochlorine pesticides, toxaphene and chlordane, are antagonists for estrogen-related receptor alpha-1 orphan receptor. Cancer Research, 59: 4519-4524.

Zhu S, Gao L, Zheng M, Liu H, zhang B, Liu L, Wang Y, 2014. Determining indicator toxaphene congeners in soil using comprehensive two-dimensional gas chromatography-tandem mass spectrometry. Talanta, 18(15): 210-216.

第6章 短链氯化石蜡的分析

本章导读

- 短链氯化石蜡的背景情况，包括短链氯化石蜡的物理化学性质、生产使用、管控条款三个方面。
- 短链氯化石蜡提取净化的前处理技术，包括加速溶剂萃取，层析柱净化等方法。
- 目前分析短链氯化石蜡的色谱质谱方法以及定量计算过程。

6.1 氯化石蜡背景介绍

氯化石蜡（chlorinated paraffins，CPs）是一组人工合成的正构烷烃氯代衍生物，其通用分子式为 $C_xH_{2x-y+2}Cl_y$，氯含量通常在30%~72%之间（质量分数）（Bayen et al.，2006）。按照碳链长度不同，CPs可分为短链氯化石蜡（short-chain chlorinated paraffins，SCCPs，C_{10}~C_{13}）、中链氯化石蜡（medium-chain chlorinated paraffins，MCCPs，C_{14}~C_{17}）和长链氯化石蜡（long-chain chlorinated paraffins，LCCPs，C_{18}~C_{30}）。由于CPs是石油原料提取的正构烷烃混合物在紫外线（UV）和/或高温条件下进行自由基氯化产生，因而其位置选择性较低，同时由于手性碳的存在，导致CPs存在大量的同分异构体。CPs的物理化学性质差异较大，但总体受两个因素的控制：碳链长度和氯化度。表6-1概括了不同碳链长度和氯化度的CPs的物理化学性质参数。由于CPs的熔点随着碳原子数和氯原子数的增加而上升，因此，在室温条件下，不同碳链长度的CPs随着氯化度的增加从无色液体变为黄色液体（氯化度为40%）再变为白色固体（氯化度为70%）。但是，CPs的蒸气压和在水中的溶解度却随着碳链长度的增加而下降。SCCPs、MCCPs和LCCPs的蒸气压分别为 $2.8×10^{-7}$~$2.8×10^{-2}$ Pa、$4.5×10^{-8}$~$2.3×10^{-3}$ Pa 及 $1×10^{-23}$~$2.7×10^{-3}$ Pa，在水中的溶解度分别为 6.4~2370 μg/L、$9.6×10^{-2}$~50 μg/L 和 $1.6×10^{-11}$~6.6 μg/L。而三者的亨利常数没有特别大的差异，分别为 0.68~17.7 Pa·m³/mol、0.014~51.3 Pa·m³/mol 和 $3.6×10^{-7}$~54.8 Pa·m³/mol；辛醇-水分配系数（log K_{ow}）分别为 4.71~6.93、5.47~8.21 和 7.34~12.83。对于 log K_{ow} 大于5的亲脂性CPs，还具有在食物网中富集和放大的特性（Zeng et al., 2011b; Ma et al., 2014）。

CPs 在环境中具有持久性。实验证明在环境温度下，直接的光解、水解及可见光-近紫外光照射很难使CPs分解。根据 Atkinson 的羟基自由基反应模型（Atkinson, 1986），CPs在大气中的理论半衰期与其碳链长度成反比，其中SCCPs的半衰期为1.2～1.8 d，MCCPs 和 LCCPs 的分别为 0.85～1.1 d 和 0.5～0.8 d（Willis et al., 1994）。CPs 的生物降解随着碳链长度和氯化度的增加而受到抑制。在好氧沉积物中，氯含量为 56%的 C_{12}-CPs 的半衰期为 12 d±3.6 d，而当氯含量增加到69%时，其半衰期增加至 30 d±3.6 d（Persistent Organic Pollutants Review Committee, 2015）[①]。而氯含量为 35% 和69%的 C_{16}-CPs 的半衰期则相对更长，分别为 12 d 和 58 d（Fisk et al., 1998）。据估算，在好氧环境的淡水和海洋沉积物中，SCCPs（65%氯含量）的半衰期长达 1630 d 和 450 d。在厌氧沉积物中，CPs 没有表现出明显的矿化作用；研究表明，厌氧环境下，SCCPs 可以稳定存在 50 年以上（Tomy and Stern, 1999; Iozza et al., 2008）。

CPs 自 20 世纪 30 年代开始生产，据不完全统计，CPs 的年产量达 100 万 t，自 20 世纪 30 年代以来累计产量超过 700 万 t（Wang et al., 2010）。尽管美国、日本、加拿大和欧洲等国家和地区已经停止对SCCPs的生产，但M/LCCPs作为SCCPs 的替代品仍然在持续生产，导致 CPs 的年产量有持续增加的趋势。尤其在禁止使用五溴二苯醚的情况下，CPs 将更多地作为阻燃剂生产和投入使用。中国的 CPs 工业化生产始于 1978 年，由于塑料工业的大量需求，CPs 年产量从最初的 3400 t/a 迅速飙升至 2007 年的 $6×10^5$ t/a 和 2010 年的 $8×10^5$ t/a，至 2013 年达 $1.05×10^6$ t/a，成为全球最大的 CPs 生产国（图 6-1）。中国的 CPs 生产厂家超过 150 家，其生产能力已经达到 $1.6×10^6$ t/a，与 2012 年相比增长 14.3%（Zeng et al., 2011a; 徐淳等, 2014）。通过对沉积柱的研究发现，从 20 世纪 50 年代开始，中国的 SCCPs 累积呈现显著增长（Zeng et al., 2013），且近年来有向 MCCPs 转变的趋势（Chen et al., 2011）。从图 6-1 还可看出，印度的 CPs 年产量也呈现增加趋势。欧洲的 SCCPs 和 MCCPs 年产量（包括进口和生产的）分别为 1000～10000 t 和 10^5～10^6 t（Lassen et al., 2014）。其他 CPs 生产国包括泰国、澳大利亚和日本（Chaemfa et al., 2014; UNEP, 2017），但缺少年产量数据。

目前没有证据表明自然界中会产生 CPs，CPs 产品的生产、储存、运输、工业和生活使用是环境中 SCCPs 的主要来源，水环境中 SCCPs 主要来源于泄露、清洗设备后的废水和地表径流（Tomy et al., 1998a）。1990 年，国际癌症研究机构（International Agency for Research of Cancer，IARC）的研究表明，平均氯含量为

[①] 引自: Report of the Persistent Organic Pollutants Review Committee on the work of its eleventh meeting: Risk profile on short-chained chlorinated paraffins. UNEP/POPS/POPRC.11/10/Add.2. http://chm.pops.int/TheConvention/POPsReviewCommittee/Meetings/POPRC11/Overview/tabid/4558/ctl/Download/mid/14594/Default.aspx?id=29&ObjID=21395.

表 6-1 CPs 的分类和物理化学性质

	SCCPs	MCCPs	LCCPs（$C_{18}\sim C_{20}$）	LCCPs（$C_{>20}$）（液体）	LCCPs（$C_{>20}$）（固体）
分子式	$C_xH_{2x-y+2}Cl_y$, $x=10\sim13$, $y=3\sim x$	$C_xH_{2x-y+2}Cl_y$, $x=14\sim17$, $y=3\sim x$	$C_xH_{2x-y+2}Cl_y$, $x=18\sim20$, $y=3\sim x$	$C_xH_{2x-y+2}Cl_y$, $x>20$, $y=3\sim x$	$C_xH_{2x-y+2}Cl_y$, $x>20$, $y=3\sim x$
CAS 编号	85535-84-8	85535-85-9			N.A.
辛醇-水分配系数（$\log K_{ow}$）	$4.71\sim6.93$ （$30\%\sim70\%Cl$）	$5.47\sim8.21$ （$32\%\sim68\%Cl$）	$7.34\sim7.57$ （$34\%\sim54\%Cl$）	$7.46\sim12.83$ （$42\%\sim49\%Cl$）	N.A.
溶解度 S_w（μg/L）	$6.4\sim2370$ （$48\%\sim71\%Cl$）	$9.6\times10^{-2}\sim50$ （$37\%\sim56\%Cl$）	$0.017\sim6.1$ （$34\%\sim54\%Cl$）	$1.6\times10^{-6}\sim6.6$ （$41.9\%\sim50\%Cl$）	$1.6\times10^{-11}\sim5.9$ （$70\%\sim71.3\%Cl$）
蒸气压 V_p（Pa）[a]	$2.8\times10^{-7}\sim0.028$ （$48\%\sim71\%Cl$）	$4.5\times10^{-8}\sim2.3\times10^{-3}$ （$42\%\sim58\%Cl$）	$2\times10^{-5}\sim5\times10^{-4}$ （$40\%\sim52\%Cl$）	$3\times10^{-15}\sim2.7\times10^{-3}$ （$40\%\sim54\%Cl$）	$1\times10^{-23}\sim3\times10^{-14}$ （$70\%Cl$）
亨利常数（HLC） （Pa·m³/mol）	$0.68\sim17.7$ （$48\%\sim56\%Cl$）	$0.014\sim51.3$ （$37\%\sim56\%Cl$）	$0.021\sim54.8$ （$34\%\sim54\%Cl$）	0.003（$50\%Cl$）	$3.6\times10^{-7}\sim5.6\times10^{-6}$ （$70\%\sim71.3\%Cl$）
辛醇-空气分配系数（$\log K_{oa}$）	$4.86\sim13.71$ （$30\%\sim70\%Cl$）	$8.81\sim12.96$ （$32\%\sim68\%Cl$）	$9.21\sim12.12$ （$32\%\sim54\%Cl$）	N.A.	N.A.
有机碳吸附系数（$\log K_{oc}$）	$4.1\sim5.44$	$5.0\sim6.23$	N.A.	N.A.	N.A.

文献来源：de Boer et al.，2010；van Mourik et al.，2016。
N.A. 表示数据不存在。
a. 给出的蒸气压数据不是在同一温度下。

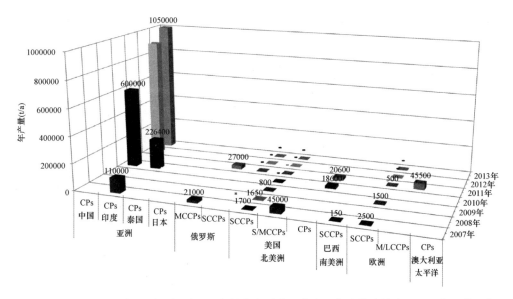

图 6-1　2007~2013 年间世界各国 CPs 产量信息总览。空白处代表信息缺失,"-"表示禁止生产 SCCPs（文献来源：Coelhan and Hilger, 2014; WCC, 2014）

60%的 SCCPs 可能对人体致癌,并将其归类为 2B 类物质（IARC, 1990）。随后多个旨在保护海洋的国际组织将 SCCPs 作为优先控制物质。1995 年,东北大西洋环境保护委员会（OSPAR Commission）要求其成员国在 2004 年 12 月 31 日前逐步淘汰 SCCPs 作为增塑剂、阻燃剂、高温润滑油等应用于涂料、密封剂、塑料和金属加工液行业（OSPAR Commission, 2001）。1998 年,赫尔辛基委员会（Helsinki Commission）将 SCCPs 列入危险物质,并限制其排放,从 1994 年到 1997 年氯化石蜡的使用量减少了 70%（Helsinki Commission, 2002）。欧盟在 2000 年《欧盟水框架指令》中将 SCCPs 列入优先污染物质以保护水环境,并提出到 2002 年在金属、皮革加工领域中 SCCPs 的生产量降低至 1%以下（European Community, 2000）。2005 年,欧盟提议将 SCCPs 列入欧洲经济共同体《长距离跨国界空气污染公约》（LRTAP）清单,并作为 POPs 候选物质（Hugo et al., 2007）。欧洲共同体及其作为《斯德哥尔摩公约》缔约方的成员于 2006 年提名将 SCCPs 列入《斯德哥尔摩公约》,并在 2017 年列入该公约附件 A（UNEP, 2017）。

6.2　SCCPs 的提取与净化

6.2.1　SCCPs 的提取

环境样品中 SCCPs 的含量通常较低,需要对样品进行提取和富集以减少样品基质对分析的干扰。SCCPs 的提取技术与其他有机氯化合物类似，最常用的方法是索氏提取。通常采用非极性有机溶剂如二氯甲烷、正己烷、甲苯或它们的混合溶剂对环境样品进行提取（Santos and Galceran，2006；Gao et al.，2011）；采用极性溶剂如正己烷和丙酮的混合溶液对生物样品进行提取，并采用无水硫酸钠进行基质分散，取得了较高的回收率（Reth et al.，2003；Zencak et al.，2004）。索氏提取方法稳定性好、成本低，但溶剂消耗量大、提取时间长，近年来发展了其他提取技术，如加速溶剂提取（accelerated solvent extraction，ASE）技术和微波辅助提取（microwave-assisted extraction，MAE）技术对沉积物、土壤和生物样品中的 CPs 进行提取（Parera et al.，2004；Zeng et al.，2011a；2011b）。

ASE 技术是通过高温和高压条件，使目标化合物与样品基质的结合作用遭到破坏的同时增加在提取溶剂中的溶解度，不仅能够节省提取时间，还可以通过加入适当的吸附剂使提取和净化同时进行。ASE 技术提取沉积物和生物样品中的 MCCPs，回收率达到 75%以上，标准偏差在 9%～22%之间（Tomy and Stern，1999）。该方法溶剂消耗量少，萃取时间短且实现了自动化，但相比传统的索氏提取，费用偏高。采用 XAD-4 或 XAD-16 树脂与样品同时加入到 ASE 萃取池中，以环己烷为提取溶剂实现了在线提取和净化家用垃圾中 SCCPs，提取后的溶剂中 SCCPs 的回收率可达到 90%以上，与索氏提取获得的回收率相当（Nilsson et al.，2001）。

MAE 技术是 2004 年以后才应用于 CPs 分析的提取方法，其同样能够将提取和净化一步到位，且能够达到与索氏提取相当的提取效率（Parera et al.，2004）。CPs 常用的提取溶剂多为正己烷、二氯甲烷、二氯甲烷/正己烷混合溶剂（Li et al.，2012；Wang et al.，2013；Chaemfa et al.，2014），也有使用 1∶1 乙酸乙酯/甲醇和甲苯或 9∶1 正己烷/乙醚（Stevenson et al.，2011）对大气样品中的 SCCPs 进行提取。该方法溶剂消耗量少、萃取时间短、可同时测定多个样品，因此样品处理量比 ASE 技术大，且操作方便。

液液萃取（liquid-liquid extraction，LLE）、固相萃取（solid-phase extraction，SPE）和固相微萃取（solid-phase micro-extraction，SPME）方法广泛应用于液体样品中 SCCPs 的提取。采用 LLE 方法从湖泊和污水处理厂的水中提取 CPs，提取溶剂为 3×150 mL 或 3×200 mL 二氯甲烷（Zeng et al.，2011a）。该方法的缺点是提取所需溶剂量大，因此被 SPE 和 SPME 逐渐取代。目前常用的固相萃取填料为 C_{18} 或 Strata-X，洗脱溶剂分别为正己烷/二氯甲烷（1∶1，V/V）或四氢呋喃/二氯甲烷（1∶1，V/V）。采用气相色谱(GC)-电子捕获负化学源(ECNI)-低分辨质谱（LRMS）方法进行分析，结果表明 SPE 技术对河水中 SCCPs 的最低检出限（LOD）比 SPME 低，分别为 0.02 μg/L 和 0.5 μg/L，且 SPE 的重现性优于 SPME，相对标准偏差较小（9%）（Castells et al.，2004b）。但是由于商用 SPE 柱管常为塑料材质，其中可能含有 CPs 增塑剂，因此在使用 SPE 法提取 CPs 时，空白测定和质量控制是必需的环节。此外，近年发展起来的探头超声法由于其超声波发射更集中且直接与样品接触，因而其超声效率更高，具有省时高效的优势，有望应用于 CPs 的提取（Rombaut et al.，2014）。

6.2.2 SCCPs 的净化

由于 CPs 的 $\log K_{ow}$ 跨度较大，导致其与许多亲脂有机卤素化合物具有相似的物理化学性质，从而增大了其与干扰物质之间分离的难度。环境样品经提取后，提取液中除了 SCCPs，通常还包括其他有机氯化合物，如有机氯农药、多氯联苯等。由于 SCCPs 在色谱上的保留时间比较宽，这些干扰物质的存在对 SCCPs 的分析检测造成了严重干扰，影响结果的准确性，因此需要在样品提取之后进行合适的净化处理将干扰物质与 SCCPs 分离。常用的净化方法有凝胶渗透色谱（GPC）法、层析柱色谱法等。

GPC 可以分离 SCCPs 和部分有机氯化合物，如氯丹、毒杀芬、DDD、硫丹等（Coelhan，1999）。将总浓度分别为 20 mg/L 和 10 mg/L 的 SCCPs（氯含量为 55.5%）和毒杀芬标准溶液采用 GPC 进行分离，紫外检测器波长为 278 nm，采用二氯甲烷作流动相，流速为 5 mL/min，进样体积 1 mL。图 6-2 为 SCCPs 和毒杀芬标准溶液在 GPC 上的洗脱曲线，其中 SCCPs 的保留时间为 19~35 min，而毒杀芬的保留时间大于 36 min，因此可以通过严格控制 GPC 保留时间从而达到 SCCPs 和毒杀芬的完全分离，SCCPs 的平均回收率为 98.3%（Gao et al.，2011）。

其他干扰物质如多氯联苯（PCBs）、除草剂和杀虫剂等，由于它们具有与 CPs 类似的质荷比和保留时间范围，从而导致单一的净化手段无法实现它们的去除，因此复合层析柱多用于上述多种干扰物质的去除。层析柱色谱法常用的吸附材料包括 Florisil、硅胶和氧化铝。采用 Florisil 纯化沉积物和生物样品中 SCCPs，随着洗脱溶剂极性的增强，达到 SCCPs 与其他有机氯化合物的分离，如 PCBs、氯苯、DDT 及其降解产物和部分毒杀芬。但极性更强的环氧七氯和狄氏剂以及部分毒杀芬，会随着 SCCPs 一起被淋洗下来，还需要进一步的分离净化（Tomy et al.，1997）。也可以采用 44%酸性硅胶去除生物样品中脂肪后，采用含水量 1.5%的 Florisil 去除其他有机物的干扰，60 mL 正己烷和 60 mL 二氯甲烷洗脱下来的物质主要包括 PCBs 和毒杀芬，CPs 被第二部分溶剂（60 mL 二氯甲烷）洗脱（Zencak et al.，2004）。如果采用含水量为 5%的硅胶柱分离 SCCPs 与其他有机物干扰物质，其中氯丹、毒杀芬、DDD 以及硫丹盐等物质难以在硅胶层析柱上与 SCCPs 达到完全分离，还需要后续的进一步净化处理，如氧化铝层析柱或 GPC 等（Coelhan，1999；Gao et al.，2011）。层析柱填料的含水量会影响 SCCPs 的洗脱回收率，SCCPs 在完全活化

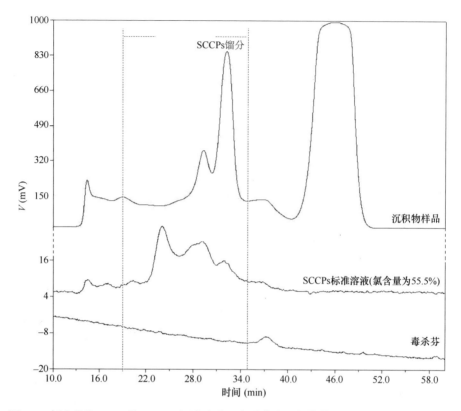

图 6-2 氯含量为 55.5%的 SCCPs 标准溶液、毒杀芬和沉积物样品在 GPC 上的洗脱曲线
(Gao et al., 2011)

的 Florisil 和硅胶上回收率较高,达到 85%以上,含水量分别为 1.2%和 5%的 Florisil 和硅胶对 SCCPs 保留较高,回收率不足 75%(Parera et al., 2004)。

除 GPC 和层析柱色谱法净化样品外,还可以通过光解方法净化生物样品,如使用高能量汞灯照射产生的紫外线,六氯苯、p,p'-DDT 和 p,p'-DDE 几乎瞬间被破坏,PCBs 在 6 min 内降解率达到 95%以上。毒杀芬和氯丹部分发生降解,而光解对氯化石蜡影响甚微,因此可以采用这种方法达到净化目的(Friden et al., 2004)。对于未降解的毒杀芬和氯丹,可以采用 GPC 进一步分离,该方法氯化石蜡的回收率可以达到 94%。

6.3 色谱质谱联用法分析 SCCPs

6.3.1 SCCPs 的色谱分离

由于 CPs 在工业生产过程中氯化点位选择性低,因此 SCCPs 的组成复杂,有上千个同分异构体和同系物。SCCPs 的分析方法有很多，目前普遍采用 GC 方法对 SCCPs 进行分离，但由于 SCCPs 成分复杂，无法达到各组分完全分离，大量的共流出物常使色谱峰呈现一个驼峰形状（图 6-3）（de Boer，1999）。

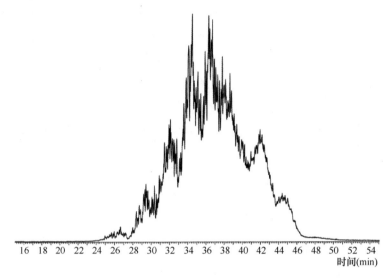

图 6-3　工业氯化石蜡产品 CP-70 的气相色谱总离子流图（50 m×0.20 mm CPSil 8 色谱柱）
（de Boer，1999）

为了解决大量的共流出物对定量分析的困扰，许多研究工作者尝试对常规 GC 方法进行改进。短柱法采用缺少足够色谱分离能力的 15 m 气相色谱柱，使 SCCPs 作为一个峰流出色谱柱（Coelhan，1999）。此方法的分析速度快、灵敏度较好，但对前处理要求较高，而且无法分离 SCCPs 和 MCCPs。高分辨 GC 常用的色谱柱为 DB-5 MS 色谱柱（15 m×0.25 mm×0.25 μm），其长度较短且内径小因而分析时间短、灵敏度高。但化合物共洗脱的风险高，因而对样品的净化程度要求较高。全二维气相色谱（GC×GC）可以显著提高氯化石蜡在色谱上的分离能力。早期采用 GC×GC 与 ECNI-四级杆飞行时间质谱(quadrupole time-of-flight mass spectrometry，qTOF-MS）联用分析 CPs，通过改变色谱柱的极性，优化 CPs 不同组分在二维气相色谱上的分离效果。在二维色谱图中，CPs 按照碳链长度和氯原子个数进行分布（Korytár et al.，2005a；2015b；2015c）。当 CPs 组成比较单一，如分析氯代癸烷（65%Cl），在色谱图中能够清晰地分辨出按照氯原子个数分布的四个轮廓(图 6-4)，从而很大地改善了分离分析效果。但是当分析复杂样品时，轮廓变宽，相邻色谱峰的边界出现明显重叠。

将二维气相色谱与高分辨飞行时间质谱相结合，在电子捕获负化学源电离模

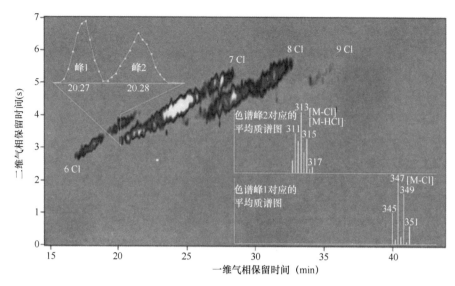

图 6-4　GC×GC-ECNI-qTOF-MS 分析氯代癸烷（65%Cl）（Korytár et al., 2005c）

式下（GC×GC-ECNI-HRTOF-MS）对沉积物和鱼中 48 种 CPs 单体同系物进行了定量分析（Xia et al., 2016）。该方法采用 DM-1 和 BPX-50 两种色谱柱结合，能够将结构相似的 SCCPs 单体进行有效分离（图 6-5）。

碳骨架反应气相色谱法是在 GC 进样口直接进行催化反应，使得 CPs 脱氯加氢变成相应的烷烃，通过对烷烃的定量分析，从而达到对不同碳链的 CPs 进行分离定量（Koh et al., 2002）。将 $PdCl_2$ 催化剂填在 GC 进样口衬管中，CPs 在进样口衬管中催化剂作用下发生脱氯加氢反应，被还原成相应的烷烃，进入 FID 进行分析定量（图 6-6）。该方法定量准确、操作简单，可以提供准确的 CPs 碳链分布信息，但缺少氯含量的信息，因此该方法用于分析环境样品时还需要一定的改进（Pellizzato et al., 2009）。

基于碳骨架反应气相色谱法，新开发了加氘脱氯反应结合高分辨气相色谱/高分辨质谱（HRGC/HRMS）分析法，用以分析商业氯化石蜡以及环境和生物群样本中的 SCCPs 同系物成分（Gao et al., 2016）。该方法采用氘代还原剂 $LiAlD_4$ 对 SCCPs 进行脱氯加氘，在氯取代的位置将其还原成相应取代位置的氘代烷烃，建立离线加氘还原方法。通过气相色谱/质谱联用分析生成的氘代烷烃，进而达到对 SCCPs 质量浓度和同系物分布同时检测的目的（图 6-7）。通过内标实现了对每个 SCCPs 同系物（包括 $Cl_{1\sim4}$ 组分）的定量分析，SCCPs 总量定量分析的相对标准差不高于 10%。该方法同时获得 SCCPs 的碳氯分布信息，能够检到 1~15 氯取代的 SCCPs，克服了 ECNI 源不能检测低于 5 氯取代同类物和响应随氯含量变化的缺点。

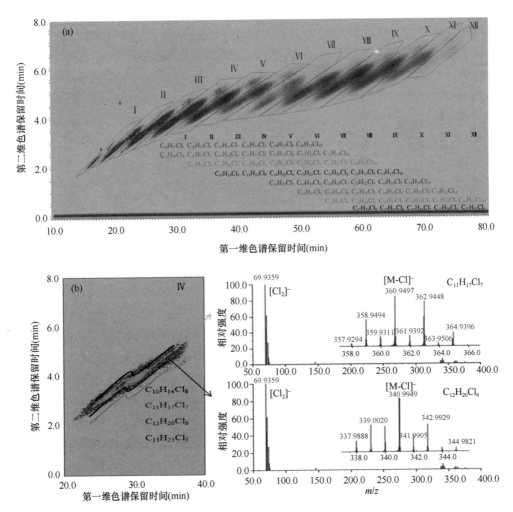

图 6-5　GC×GC-ECNI-HRTOF-MS 分析 SCCPs（51.5%Cl）和 MCCPs
（52%Cl）（Xia et al.，2016）

尽管目前多数研究工作者用气相色谱法对 CPs 进行分离，也有文献报道采用高效液相色谱（HPLC）结合氯增强大气压化学电离（Cl-APCI）离子阱质谱分析 CPs。采用这种方法，以氯仿作为流动相，在非极性液相色谱柱上进行分离，以 CH_4/CH_2Cl_2 为反应气，增大 CPs 的离子化效率，通过分析[M+Cl]$^-$离子，分析工业 CPs 产品、家庭日用品和涂料中的 SCCPs（Zencak and Oehme，2004）。该方法分析速度快，能够唯一性地生成[M+Cl]$^-$离子，因此可以避免因碎片离子过多引起的相互干扰，如图 6-8（a）所示。但是，由于液相色谱柱的分离能力有限，CPs 在色谱图上作为一个峰而无法获得不同组分的信息 [图 6-8（b）]，而且 CPs 在质谱

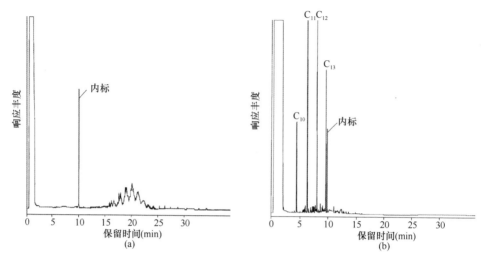

图 6-6　碳骨架反应气相色谱法分析 CP-56 催化加氢前
(a) 和催化加氢后 (b)（Koh et al., 2002）

上的响应因子受碳链长度影响,碳链长度增大,响应因子随之增大。此外,其他物质的干扰也会对计算结果产生较大影响,对前处理要求较高,干扰物质必须全部去除以保证结果的准确性。

在此基础上开发了基于二氯甲烷增强的超高压液相色谱（ultra-high pressure liquid chromatography，UPLC）结合电喷雾四极杆飞行时间质谱（electrospray ionization-qTOF-MS，ESI-qTOF-MS）法测定血液样品中的 CPs（Li et al., 2017）。该方法使用水和甲醇为流动相进行梯度洗脱,当流动相变为甲醇时,在 UPLC 与离子源之间引入 DCM，避免了 DCM 与水不溶导致的压力超标,同时获得了较好的峰形和高的灵敏度。在全扫描模式下通过一针进样在 10 min 内同时分析了 261 种包括 SCCPs、MCCPs 和 LCCPs 的单体同系物,该方法测定的 CPs 的峰形好、灵敏度高、共流出的干扰物少（图 6-9）。

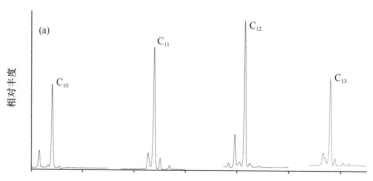

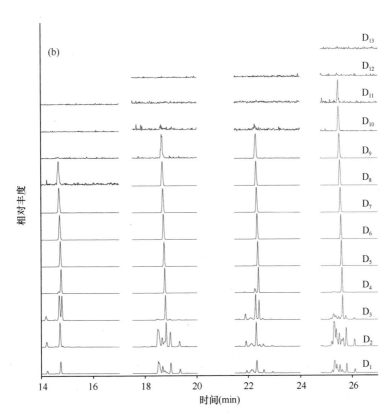

图 6-7 加氢脱氯反应结合 HRGC/HRMS 分析 SCCPs（51%Cl）（Gao et al., 2016）（$D_1 \sim D_{13}$ 代表氘代烷烃中氘原子不同取代数目）

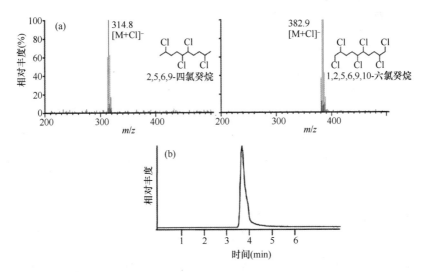

图 6-8 HPLC-Cl-APCI-离子阱质谱分析 CPs 的质谱图（a）和色谱图（b）（Zencak and Oehme, 2004）

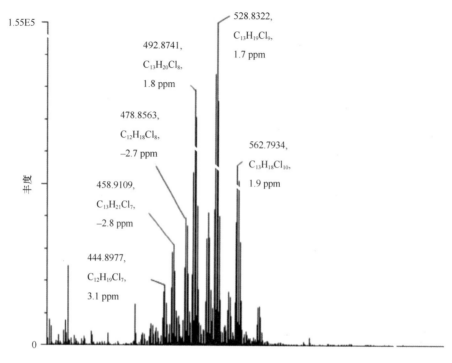

图 6-9 UPLC 分析 SCCPs 标准品质谱图（Li et al.，2017）

6.3.2 SCCPs 的质谱检测

SCCPs 的最常用检测手段是 ECNI-HRMS/LRMS，在 ECNI 电离模式下，CPs 主要产生$[M-Cl]^-$、$[M-HCl]^{\cdot-}$、$[M+Cl]^-$以及$[Cl_2]^-$和$[HCl_2]^-$离子（Zencak and Oehme，2004），如表 6-2 所示（Tomy et al.，1998b）。其相对丰度受氯化石蜡的氯原子取代位、氯含量、进样量和离子源温度等因素影响（Tomy et al.，1997）。离子源温度升高，生成的碎片离子中$[M+Cl]^-$和$[M-Cl]^-$离子丰度下降，而$[HCl_2]^-$和$[Cl_2]^-$增加；进样量增大会使$[M+Cl]^-$离子丰度增大，对于分子两端都是 1,2 位取代的同系物尤为显著（Tomy et al.，1997）。氯含量对其 ECNI 谱图的影响显著，氯含量较低的同系物主要生成$[M+Cl]^-$离子，氯含量较高的组分主要生成$[M-Cl]^-$和$[M-HCl]^-$离子（Froescheis and Ballschmiter，1998）。在电子轰击（EI）模式下质谱分析中，CPs 可以产生大量的离子碎片，但由于其本身组成复杂，导致质谱图杂乱，难以获取 CPs 不同组分的有效信息。质谱在正离子化学电离（PICI）模式下，CPs 不断脱掉 Cl 和 HCl，形成一系列的相对丰度较低的离子碎片，但缺乏分子离子峰，难以定性。如图 6-10 所示，以 1,2,5,6,9,10-$C_{10}H_{16}Cl_6$ 为例，比较 CPs 在三种不同电离模式下产生的质谱图（Castells et al.，2004a）。ECNI 电离模式下由于碎片离子少、选择性和灵敏度高，最有可能成为常规 CPs 分析方法的检测手段。

高分辨质谱方法是最常用的检测方法之一（Tomy et al.，1997），该方法选择性扫描[M-Cl]⁻离子，灵敏度较 LRMS 更高，可有效避免其他有机氯化合物如氯丹、毒杀芬、PCBs 等对 CPs 的干扰，以及复杂样品中 CPs 同系物之间的互相干扰。图 6-11 为氯含量为 60%的 SCCPs 标准溶液中各 SCCPs 组分在 HRGC-ECNI-HRMS 上的气相色谱洗脱曲线。

表 6-2 离子源温度对不同 CPs 同系物在 ECNI 模式下的离子相对丰度（%）的影响

离子源温度（°C）	120	175	220	120	175	220	120	175	220	120	175	220
单体 CPs	1,2,9,10-$C_{10}H_{18}Cl_4$			1,2,x,9,10-$C_{10}H_{17}Cl_5$			1,2,5,6,9,10-$C_{10}H_{16}Cl_6$			1,2,5,x,6,9,10-$C_{10}H_{15}Cl_7$		
$[Cl_2]^-$	87.3	93.2	100	65	100	100	35.3	96	100	31.6	100	100
$[HCl_2]^-$	100	100	95	41	60.7	57.8	42.3	100	90.9	10.7	31	37.9
$[M-Cl]^-$	73.2	10.9	2.7	100	23.1	1.2	100	36.2	13.7	100	48.4	21.3
$[M-HCl]^-$	16.8	0.9	0	26.4	3.8	0	65.6	10.7	2.2	40.4	10.7	1.7
$[M-HCl-Cl]^-$	—	—	—	—	—	—	5.8	0.8	0.3	—	—	—
$[M-2HCl]^-$	—	—	—	2.6	0	—	9	1.1	0	5.2	2.1	0
$[M-HCl-Cl_2]^-$	—	—	—	—	—	—	2.2	0	0	3.4	0.6	0
$[M-3Cl]^-$	—	—	—	—	—	—	7.3	1	0.3	10.4	2.1	0.7
$[M+Cl]^-$	11.6	4.4	0.1	0.2	0.2	0	0	0.7	0.3	—	—	—
单体 CPs	1,2,10,11-$C_{11}H_{20}Cl_4$			1,2,x,10,11-$C_{11}H_{19}Cl_5$			1,2,x,y,9,10-$C_{11}H_{18}Cl_6$			1,2,x,y,z,9,10-$C_{11}H_{17}Cl_7$		
$[Cl_2]^-$	81.4	85	100	100	100	100	100	100	100	100	100	100
$[HCl_2]^-$	100	100	85.6	69.3	66.7	53.8	39.7	41.5	35.5	19	17	27.6
$[M-Cl]^-$	11.9	1.4	1.2	26.4	2.9	3.9	32.5	8.2	10.9	29	11.2	15.4
$[M-HCl]^-$	4.8	0	0.2	9.7	0.2	0.6	15.1	1	0.2	13.7	0.3	2.9
$[M-2Cl]^-$	—	—	—	0.7	0	0	—	—	—	—	—	—
$[M-2HCl]^-$	—	—	—	—	—	—	0.4	0	0	0.8	0.2	1.4
$[M+Cl]^-$	3.2	0.6	0.4	—	—	—	—	—	—	—	—	—

文献来源：Tomy et al.，1998b。

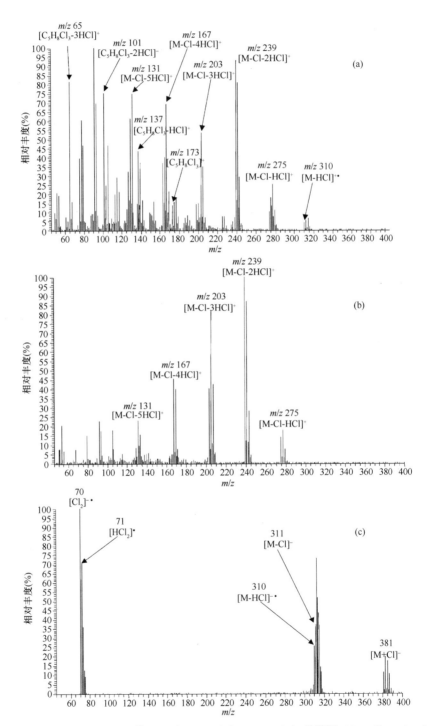

图 6-10　1,2,5,6,9,10-$C_{10}H_{16}Cl_6$ 的 EI（a）、PCI（b）、ECNI（c）质谱图（Castells et al.，2004a）

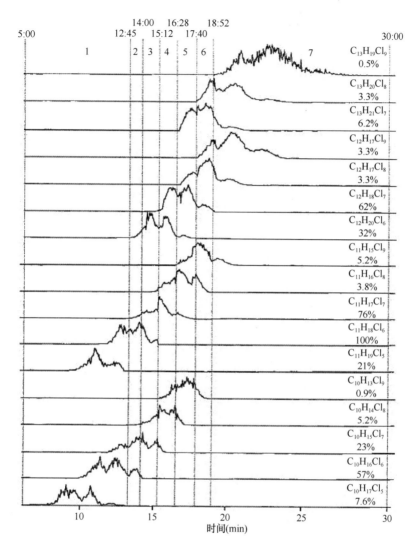

图 6-11　HRGC-ECNI-HRMS 分析 SCCPs（60%Cl）标准溶液在气相色谱上的保留时间
（Tomy et al.，1997）

ECNI 电离模式存在的缺点是其响应因子依赖于氯原子的数量和其在碳链上的位置（Feo et al.，2009），因而在用不同的 CPs 混合物做定量标准时会导致分析结果有相当大的偏离，有时低氯代组分可能检测不到（Eljarrat and Barceló，2006），这会对分析产生较大的影响。而且，由于 HRMS 设备昂贵，不适于常规分析，因此目前检测 SCCPs 多采用 LRMS。但 LRMS 分辨率较低，可能会受到 CPs 同系物和其他有机氯化合物的干扰，因此需要严格有效的前处理方法，去除其他有机氯化合物以保证结果的准确性。Reth 和 Oehme（2004）采用 ECNI-LRMS 分析 SCCPs

和 MCCPs 的混合样品,结果表明 CPs 同系物分子每增加 5 个碳原子且减少两个氯原子,其分子量十分相近,在 LRMS 上难以分开,如 SCCPs 的 $C_{10}H_{14}Cl_8$ 和 MCCPs 的 $C_{15}H_{26}Cl_6$。图 6-12 分别比较了 SCCPs 和 MCCPs 样品选择性离子检测 $C_{10}H_{14}Cl_8$(m/z 380.9)和 $C_{15}H_{26}Cl_6$(m/z 383.0),两者的保留时间存在重叠,在混合样品的分析中彼此存在一定的干扰。因此,需要在筛选检测离子时选择干扰尽可能小的离子碎片进行定量分析,并且严格控制保留时间和同位素丰度比,减少在定量过程中的高估。此外在定量分析方法中,也可以通过二元一次方程组进行数学计算以减少 CPs 同系物之间的干扰(Zeng et al.,2011a)。在 ECNI 模式下,采用离子阱质谱选择性检测[Cl_2]$^-$和[HCl_2]$^-$离子分析 CPs,可以获得 CPs 的总浓度,但缺乏各同系物的组分分布信息,并且对净化处理的要求较高(Nicholls et al.,2001;Castells et al.,2004a;2004b)。

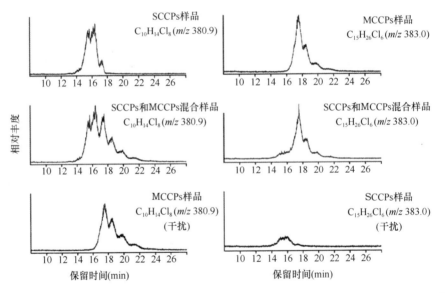

图 6-12　GC-ECNI-LRMS 选择性离子检测 $C_{10}H_{14}Cl_8$(m/z 380.9)和 $C_{15}H_{26}Cl_6$(m/z 383.0)的气相色谱图(Reth and Oehme,2004)

为了减小 ECNI 电离模式下氯原子取代个数对 CPs 响应因子的影响,采用甲烷/二氯甲烷(80/20)混合气作为反应气,在 ECNI 条件下,不同氯含量的 CPs 组分具有相似的响应因子,可以检测到低氯代(3~5 氯原子取代)CPs,并且只产生[M+Cl]$^-$离子,有效避免了 CPs 同系物之间的互相干扰,如图 6-13 所示(Zencak et al.,2003;2005)。在 CH_4/CH_2Cl_2-ECNI 条件下,CPs 的检测灵敏度提高了一倍以上,对于单个组分的检出限达到 10.5~13.5 pg。而其他有机氯化合物的离子化效率大大降低，如氯丹、毒杀芬和 PCBs，其响应因子大约为 CH_4-ECNI 条件的 1/5。但是该方法由于使用 CH_4/CH_2Cl_2 混合气，电离过程中形成炭黑残留物覆盖在离子源上，连续分析 72 h 就会导致离子源快速衰减，因此不适于作为常规分析方法。

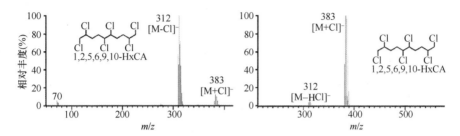

图 6-13 1,2,5,6,9,10-$C_{10}H_{16}Cl_6$ 分别以甲烷/二氯甲烷（80/20）混合气和以甲烷作为反应气时的 ECNI 质谱图（Zencak et al.，2003；2005）

此外还有 EI/MS-MS、亚稳态原子轰击-HRMS 方法分析 CPs。EI/MS-MS 方法（Zencak et al.，2004）是采用 EI 源离子阱三重四极杆质谱选择性反应监测（SRM）$m/z\ 91{\rightarrow}m/z\ 53$ 和 $m/z\ 102{\rightarrow}m/z\ 65$，该方法选择性高，能有效避免其他离子的干扰，不受氯含量和碳链长度影响。EI/MS-MS 定量方法简单，以 CPs 总量信息表示，并且检出限低，在离子阱三重四级杆质谱上达到 0.25～0.5 ng，但是无法区分 SCCPs、MCCPs 和 LCCPs 并获得各组分信息。亚稳态原子轰击-HRMS 方法的质谱图主要是由[M-HCl]$^{+\cdot}$离子和不断脱去 Cl 和 HCl 的碎片离子组成，如图 6-14 所示（Moore et al.，2004）。通过选择性检测[M-HCl]$^{+\cdot}$离子，可以测到不同氯含量的 CPs 同系物，低至三氯取代 CPs 也可检出。该方法检出限与 ENCI-HRMS 接近，但是检测费用较高，对于大多数实验室来说过于昂贵。

6.3.3 SCCPs 的定量计算方法

由于 SCCPs 同分异构体众多，且难以在色谱柱上达到完全分离，其洗脱曲线通常呈现驼峰形状，给准确定量带来困难。如果将 SCCPs 作为一个整体进行定量，可以得到较为准确的结果。但是 CPs 在环境中的迁移和转化能力受碳链长度和氯取代数目的影响，在不同环境介质中的同系物分布模式差异较大，而 CPs 的总量结果显然无法对其环境影响评估和生态风险评估提供更多的依据。因此，如何准确定量 CPs 浓度和同系物分布模式是目前需要解决的难题之一。

Tomy 等（1997）提出采用 ECNI-HRMS 方法分析 SCCPs，并通过合成纯化一系列 SCCPs 混合物作为标准参考物质，该物质纯度比工业样品更高，杂质含量少，有效减小以工业样品作为标准参考物质时杂质对分析结果的影响。该方法假设

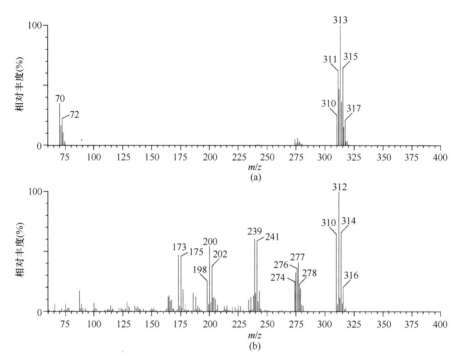

图 6-14　六氯癸烷的 ECNI-HRMS 质谱图（a）和亚稳态原子轰击-HRMS 质谱图（b）
（Moore et al.，2004）

SCCPs 不同组分特征离子碎片的积分信号值与该物质的摩尔浓度成正比，通过比较待分析样品和标准参考物质中特征离子碎片的相对丰度和分子组成在 SCCPs 样品中的相对比例，计算样品中 SCCPs 的浓度。但是由于环境介质中 SCCPs 的同系物分布模式与人工合成 SCCPs 存在较大差异，如果采用人工合成样品作为标准物质，必然会对结果的准确性产生影响。而且，不同氯含量的 SCCPs 在 ECNI 模式上响应因子差异较大，因此会在一定程度上影响结果的准确性。而且由于响应因子对氯含量的依赖性，当采用高氯代标准物质定量低氯代待分析样品时，因氯含量造成的结果差异甚至能达到 11 倍，反之也能造成 2 倍左右偏差（Coelhan et al.，1998），采用这种定量方法需要在分析过程中尽可能选择氯含量与待分析样品中 SCCPs 相似的标准参考物质。

由于缺乏足够多的标准物质，Reth 等（2005）提出采用氯含量校正响应因子，以消除样品中 SCCPs 和标准参考物质因氯含量差异而引起的定量偏差。该方法采用 ECNI-LRMS 分析了一系列不同氯含量的 SCCPs 标准参考物质，通过计算总响应因子和氯含量，对二者进行线性回归分析，获得回归方程，然后用此方程定量计算待分析样品中 SCCPs 含量（图 6-15）。但是该方法适用的氯含量范围有限，对于低氯含量的 SCCPs 样品不适用，主要是因为低氯代组分在 ECNI 上的响应因子较低，无法有效检测。另外，总响应因子受氯含量影响较大，氯含量的微小偏差就会引起总响应因子极大的变化，因此，该方法要求氯含量的测量结果要非常精确。由于不需要大量的不同氯含量的标准物质，因此目前对 SCCPs 的环境分析多采用这种定量方法。

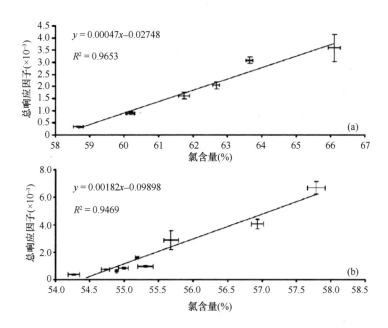

图 6-15　SCCPs（a）和 MCCPs（b）总响应因子与 HRGC-ECNI-LRMS 测得的氯含量关系曲线
（Reth et al.，2005）

采用 ECNI-LRMS 分析环境样品中 SCCPs 和 MCCPs，由于个别同系物组分分子量相近，且在气相色谱上保留时间部分重叠，因此会彼此干扰测定结果。Zeng 等（2011a）提出了将同步检测和数学计算结合在一起的计算方法。同样选取丰度最高的两种[M-Cl]⁻离子进行检测，并对每次进样检测的保留时间窗口进行了划分。所有检测的 SCCPs 和 MCCPs 分为四个组，每组为容易相互干扰的两种 CPs 同类物：C_{10} 和 C_{15}、C_{11} 和 C_{16}、C_{12} 和 C_{17}、C_{13} 和 C_{18}，通过同位素校正计算、保留时间来去除 MCCPs 的干扰。该方法不仅能减少检测离子的数量，而且能在不同的时间窗口区分相互干扰的 SCCPs 和 MCCPs。但其缺点在于每个样品需四次进样，耗时较长。

为了减少不同碳链长度和氯含量的标准参考物质的大量使用，欧盟提出采用多元线性回归法分析 SCCPs 的总浓度（Geiβ et al.，2010）。实验采用短柱法气相色谱分离，ECNI-LRMS 方法分析 SCCPs，并快速升温（70℃/min）使 SCCPs 的出峰时间尽可能被缩短。首先选择 8 个丰度最高的离子碎片 m/z 值进行多元线性回归分析，将回归系数的相对标准偏差较大的 m/z 值剔除后，重新进行多元线性回归计算，并评估模型参数。通过正交试验最终确定 m/z 327 和 423 作为定量离子碎片，另一组受干扰较小的离子碎片作为定性离子进行验证，而且通过模型计算可以得出这组离子受氯原子数和碳链长度的影响最低，相对标准偏差最小。该方法氯含量适用范围在 49%~67%之间，可以覆盖大多数工业样品和环境样品中的 SCCPs 分析。但是在 ECNI 电离模式下质谱分析，氯化石蜡产生的碎片离子如 $[M-Cl]^-$、$[M-HCl]^-$、$[M+Cl]^-$、$[Cl_2]^-$ 和 $[HCl_2]^-$，其相对丰度受进样量和离子源温度等因素影响较大，如果条件改变，那么定量离子碎片组也需要改变，而该离子碎片的选择需要大量的标准参考物质和繁杂的实验进行筛选和确定。

Bogdal 等（2015）提出了一种新的 CPs 的定量方法。该研究利用 APCI-qTOF-HRMS，根据数学算法构造方程，把样品中的 CPs 和混合标准品线性结合，然后用外标法进行定量。这种方法能够快速分析样品中的 CPs（<1 min），其对 MCCPs 和 LCCPs 具有较高的灵敏度。依据解卷积的数学计算原理，Yuan 等（2016）对于 CPs 通过软电离（包括 ECNI 和 APCI）后得出的离子碎片，建立了一个"三步式"数据处理方法，首先对 CPs 各同系物组分的质谱图进行输入，然后输入 SCCPs、MCCPs、LCCPs 及 CPs 标准品的质谱图，通过比较样品与标准品的质谱图，解析出所有检测到的同系物组分，并通过同位素校正获得解卷积后的同系物组分信息。该方法能够对环境样品中的 CPs 的单体同系物进行定性和定量。

参 考 文 献

徐淳, 徐建华, 张剑波, 2014. 中国短链氯化石蜡排放清单和预测. 北京大学学报(自然科学版), 50: 369-378.

Atkinson R, 1986. Kinetics and mechanisms of the gas-phase reactions of the hydroxyl radical with organic compounds under atmospheric conditions. Chemical Reviews, 86: 69-201.

Bayen S, Obbard J P, Thomas G O, 2006. Chlorinated paraffins: A review of analysis and environmental occurrence. Environment International, 32: 915-929.

Bogdal C, Alsberg T, Diefenbacher P S, Macleod M, Berger U, 2015. Fast quantification of chlorinated paraffins in environmental samples by direct injection high-resolution mass spectrometry with pattern deconvolution. Analytical Chemistry, 87: 2852-2860.

Castells P, Santos F J, Galceran M T, 2004a. Evaluation of three ionisation modes for the analysis of chlorinated paraffins by gas chromatography/ion-trap mass spectrometry. Rapid Communications in Mass Spectrometry, 18: 529-536.

Castells P, Santos F J, Galceran M T, 2004b. Solid-phase extraction versus solid-phase microextraction for the determination of chlorinated paraffins in water using gas chromatography-negative chemical ionisation mass spectrometry. Journal of Chromatography A, 1025: 157-162.

Chaemfa C, Xu Y, Li J, Chakraborty P, Syed J H, Malik R N, Wang Y, Tian C, Zhang G, Jones K C, 2014. Screening of atmospheric short- and medium-chain chlorinated paraffins in India and Pakistan using polyurethane foam based passive air sampler. Environmental Science and Technology, 48: 4799-4808.

Chen M Y, Luo X J, Zhang X L, He M J, Chen S J, Mai B X, 2011. Chlorinated paraffins in sediments from the Pearl River Delta, South China: Spatial and temporal distributions and implication for processes. Environmental Science and Technology, 45: 9936-9943.

Coelhan M, 1999. Determination of short-chain polychlorinated paraffins in fish samples by short-column GC/ECNI-MS. Analytical Chemistry, 71: 4498-4505.

Coelhan M, Hilger B, 2014. Chlorinated paraffins in indoor dust samples: A review. Current Organic Chemistry, 18: 2209-2217.

Coelhan M, Saraci M, Lahaniatis E S, Lachermeier C, Koske G, Nitz S, Leupold G, Parlar H, 1998. Contribution to the quantification of C_{10}-chloroparaffines: Part 1. First time quantification of C_{10}-chloroparaffines with purely synthesized chloroalkanes as standards. Fresenius Environmental Bulletin, 7: 353-360.

de Boer J, 1999. Capillary gas chromatography for the determination of halogenated microcontaminants. Journal of Chromatography A, 843: 179-198.

de Boer J, El-Sayed Ali T, Fiedler H, Legler J, Muir D C, Nikiforov V A, Tomy G T, Tsunemi K, 2010. Chlorinated paraffins. *In*: de Boer J, ed. The Handbook of Environmental Chemistry. Vol. 10. Verlag Berlin Heidelberg: Springer.

Eljarrat E, Barceló D, 2006. Quantitative analysis of polychlorinated *n*-alkanes in environmental samples. TrAC Trends in Analytical Chemistry, 25: 421-434.

European Community, 2000. Decision 2000/60/EC of the parliament and of the Council of 23 October 2000 establishing a framework for Community action in the field of water policy. Off. J. Eur. Commun., L327: 1-73.

Feo M L, Eljarrat E, Barcelo D, 2009. Occurrence, fate and analysis of polychlorinated *n*-alkanes in the environment. TrAC Trends in Analytical Chemistry, 28: 778-791.

Fisk A T, Wiens S C, Webster G R B, Bergman A, Muir D C G, 1998. Accumulation and depuration of sediment-sorbed C-12- and C-16-polychlorinated alkanes by oligochaetes (*Lumbriculus variegatus*). Environmental Toxicology and Chemistry, 17: 2019-2026.

Friden U, Jansson B, Parlar H, 2004. Photolytic clean-up of biological samples for gas chromatographic analysis of chlorinated paraffins. Chemosphere, 54: 1079-1083.

Froescheis O, Ballschmiter K, 1998. Electron capture negative ion (ECNI) mass spectrometry of complex mixtures of chlorinated decanes and dodecanes: An approach to ECNI mass spectra of chlorinated paraffins in technical mixtures. Fresenius Journal of Analytical Chemistry, 361: 784-790.

Gao Y, Zhang H J, Chen J P, Zhang Q, Tian Y Z, Qi P P, Yu Z K, 2011. Optimized cleanup method for the determination of short chain polychlorinated *n*-alkanes in sediments by high resolution gas chromatography/electron capture negative ion-low resolution mass spectrometry. Analytica Chimica Acta, 703: 187-193.

Gao Y, Zhang H, Zou L, Wu P, Yu Z, Lu X, Chen J, 2016. Quantification of short-chain chlorinated paraffins by deuterodechlorination combined with gas chromatography-mass spectrometry.

Environmental Science and Technology, 50: 7601-7609.

Geiß S, Einax J W, Scott S P, 2010. Determination of the sum of short chain polychlorinated n-alkanes with a chlorine content of between 49% and 67% in water by GC-ECNI-MS and quantification by multiple linear regression. Clean, 38: 57-76.

Helsinki Commission, 2002. Draft guidance document on short chained chlorinated paraffins. Helsinki, Finland.

Hugo D G, Maarten B, Antoon V, Peter Z, 2007. Emissions of persistent organic pollutants and eight candidate POPs from UNECE-Europe in 2000, 2010 and 2020 and the emission reduction resulting from the implementation of the UNECE POP protocol. Atmospheric Environment, 41: 9245-9261.

IARC, 1990. Chlorinated paraffins. *In*: Some flame retardants and textile chemicals, and exposures in the textile manufacturing industry, IARC Monograph vol 48. International Agency for Research on Cancer, Lyon, France.

Iozza S, Müller C E, Schmid P, Bogdal C, Oehme M, 2008. Historical profiles of chlorinated paraffins and polychlorinated biphenyls in a dated sediment core from Lake Thun (Switzerland). Environmental Science and Technology, 42: 1045-1050.

Korytár P, Leonards P E G, de Boer J, Brinkman U A Th, 2005a. Group separation of organohalogenated compounds by means of comprehensive two-dimensional gas chromatography. Journal of Chromatography A, 1086: 29-44.

Korytár P, Leonards P E G, de Boer J, Brinkman U A Th, 2005b. Quadrupole mass spectrometer operating in the electron-capture negative ion mode as detector for comprehensive two-dimensional gas chromatography. Journal of Chromatography A, 1067: 255-264.

Korytár P, Parera J, Leonards P E G, Santos F J, de Boer J, Brinkman U A Th, 2005c. Characterization of polychlorinated n-alkanes using comprehensive two-dimensional gas chromatography-electron-capture negative ionization time-of-flight mass spectrometry. Journal of Chromatography A, 1086: 71-82.

Koh I O, Rotard W, Thiemann W H P, 2002. Analysis of chlorinated paraffins in cutting fluids and sealing materials by carbon skeleton reaction gas chromatography. Chemosphere, 47: 219-227.

Lassen C, Sørensen G, Crookes M, Christensen F, Jeppesen C N, Mikkelsen S H, Nielsen J M, 2014. Survey of short-chain and medium chlorinated paraffins. Copemhagen: Danish Environmental Protection Agency.

Li Q, Li J, Wang Y, Xu Y, Pan XM, Zhang G, Luo C, Kobara Y, Nam J-J, Jones K C, 2012. Atmospheric short-chain chlorinated paraffins in China, Japan, and South Korea. Environmental Science and Technology, 46: 11948-11954.

Li T, Gao S, Wang B, Hu J, 2017. High-throughput determination and characterization of short-, medium-, and long-chain chlorinated paraffins in human blood. Environmental Science and Technology, 51: 3346-3354.

Ma X, Zhang H, Wang Z, Yao Z, Chen J, Chen J, 2014. Bioaccumulation and trophic transfer of short chain chlorinated paraffins in a marine food web from Liaodong Bay, North China. Environmental Science and Technology, 48: 5964-5971.

Moore S, Vromet L, Rondeau B, 2004. Comparison of metastable atom bombardment and electron capture negative ionization for the analysis of polychloroalkanes. Chemosphere, 54: 453-459.

Nicholls C R, Allchin C R, Law R J, 2001. Levels of short and medium chain length polychlorinated n-alkanes in environmental samples from selected industrial areas in England and Wales.

Environmental Pollution, 114: 415-430.

Nilsson M L, Waldeback M, Liljegren G, Kylin H, Markides K E, 2001. Pressurized fluid extraction (PFE) of chlorinated paraffins from the biodegradable fraction of source-separated household waste. Fresenius Journal of Analytical Chemistry, 370: 913-918.

OSPAR Commission, 2001. A background document on short chain chlorinated paraffins. London, Britain.

Parera J, Santos F J, Galceran M T, 2004. Microwave-assisted extraction versus Soxhlet extraction for the analysis of short-chain chlorinated alkanes in sediments. Journal of Chromatography A, 1046: 19-26.

Pellizzato F, Ricci M, Held A, Emons H, 2009. Validation of a method for the determination of short-chain chlorinated paraffins in soils and sediments. Accreditation and Quality Assurance, 14: 529-540.

Reth M, Oehme M, 2004. Limitations of low resolution mass spectrometry in the electron capture negative ionization mode for the analysis of short- and medium-chain chlorinated paraffins. Analytical and Bioanalytical Chemistry, 378: 1741-1747.

Reth M, Zencak Z, Oehme M, 2003. Analysis of short chain polychlorinated n-alkanes in fish samples by HRGC-NICI-LRMS. Organohalogen Compounds, 60: 444-447.

Reth M, Zencak Z, Oehme M, 2005. New quantification procedure for the analysis of chlorinated paraffins using electron capture negative ionization mass spectrometry. Journal of Chromatography A, 1081: 225-231.

Rombaut N, Tixier A S, Bily A, Chemat F, 2014. Green extraction processes of natural products as tools for biorefinery. Biofuels, Bioproducts and Biorefining, 8: 530-544.

Santos F J, Galceran M T, 2006. Analysis of polychlorinated n-alkanes in environmental samples. Analytical and Bioanalytical Chemistry, 386: 837-857.

Stevenson G, Yates A, Gillett R, Keywood M, Galbally I, Borgen A, 2011. Interlaboratory comparison of short chain chlorinated paraffins analysis methods applied to indoor air samples from Melbourne, Australia. Organohalogen Compounds, 73: 1367-1369.

Tomy G T, Fisk A T, Westmore J B, Muir D C G, 1998a. Environmental chemistry and toxicology of polychlorinated n-alkanes. Reviews of Environmental Contamination and Toxicology, 158: 53-128.

Tomy G T, Stern G A, 1999. Analysis of $C_{14}\sim C_{17}$ polychloro-n-alkanes in environmental matrixes by accelerated solvent extraction-high-resolution gas chromatography/electron capture negative ion high-resolution mass spectrometry. Analytical Chemistry, 71: 4860-4865.

Tomy G T, Stern G A, Lockhart W L, Muir D C G, 1999. Occurrence of $C_{10}\sim C_{13}$ polychlorinated n-alkanes in Canadian midlatitude and Arctic lake sediments. Environmental Science and Technology, 33: 2858-2863.

Tomy G T, Stern G A, Muir D C G, Fisk A T, Cymbalisty C D, Westmore J B, 1997. Quantifying $C_{10}\sim C_{13}$ polychloroalkanes in environmental samples by high-resolution gas chromatography/ electron capture negative ion high-resolution mass spectrometry. Analytical Chemistry, 69: 2762-2771.

Tomy G T, Tittlemier S A, Stern G A, Muir D C G, Westmore J B, 1998b. Effects of temperature and sample amount on the electron capture negative ion mass spectra of polychloro-n-alkanes. Chemosphere, 37: 1395-1410.

UNEP, 2017. POPS/COP.8/crp.13. Draft Decision sc-8/[ ]: Short-chain Chlorinated Paraffins. Geneva,

Switzerland.

van Mourik L M, Gaus C, Leonards P E G, de Boer J, 2016. Chlorinated paraffins in the environment: A review on their production, fate, levels and trends between 2010 and 2015. Chemosphere, 155: 415-428.

Wang B, Iino F, Yu G, Huang J, Morita M, 2010. The pollution status of emerging persistent organic pollutants in China. Environmental Engineering Science, 27: 215-225.

Wang Y, Li J, Cheng Z, Li Q, Pan X, Zhang R, Liu D, Luo C, Liu X, Katsoyiannis A, Zhang G, 2013. Short- and medium-chain chlorinated paraffins in air and soil of subtropical terrestrial environment in the Pearl River Delta, South China: Distribution, composition, atmospheric deposition fluxes, and environmental fate. Environmental Science and Technology, 47: 2679-2687.

WCC, 2014. International Chlorinated Alkanes Industry Association (ICAIA) newsletter. *In*: World Chlorine Council. Brussels, Belgium.

Willis B, Crookes M J, Diment J, 1994. Environmental hazard assessment: Chlorinated paraffins. toxic substances division. London, UK: IHS Building Research Establishment Press.

Xia D, Gao L, Zheng M, Tian Q, Huang H, Qiao L, 2016. A novel method for profiling and quantifying short- and medium-chain chlorinated paraffins in environmental samples using comprehensive two-dimensional gas chromatography-electron capture negative ionization high-resolution time-of-flight mass spectrometry. Environmental Science and Technology, 50: 7601-7609.

Yuan B, Alsberg T, Bogdal C, Macleod M, Berger U, Gao W, Wang Y, Cynthia A. de W, 2016. Deconvolution of soft ionization mass spectra of chlorinated paraffins to resolve congener groups. Analytical Chemistry, 88: 8980-8988.

Zeng L, Chen R, Zhao Z, Wang T, Gao Y, Li A, Wang Y, Jiang G, Sun L, 2013. Spatial distributions and deposition chronology of short chain chlorinated paraffins in marine sediments across the Chinese Bohai and Yellow Seas. Environmental Science and Technology, 47: 11449-11456.

Zeng L, Wang T, Han W, Yuan B, Liu Q, Wang Y, Jiang G, 2011a. Spatial and vertical distribution of short chain chlorinated paraffins in soils from wastewater irrigated farmlands. Environmental Science and Technology, 45: 2100-2106.

Zeng L, Wang T, Wang P, Liu Q, Han S, Yuan B, Zhu N, Wang Y, Jiang G, 2011b. Distribution and trophic transfer of short-chain chlorinated paraffins in an aquatic ecosystem receiving effluents from a sewage treatment plant. Environmental Science and Technology, 45: 5529-5535.

Zencak Z, Borgen A, Reth M, Oehme M, 2005. Evaluation of four mass spectrometric methods for the gas chromatographic analysis of polychlorinated *n*-alkanes. Journal of Chromatography A, 1067: 295-301.

Zencak Z, Oehme M, 2004. Chloride-enhanced atmospheric pressure chemical ionization mass spectrometry of polychlorinated *n*-alkanes. Rapid Communications in Mass Spectrometry, 18: 2235-2240.

Zencak Z, Oehme M, 2006. Recent developments in the analysis of chlorinated paraffins. TrAC Trends in Analytical Chemistry, 25: 310-317.

Zencak Z, Reth M, Oehme M, 2003. Dichloromethane-enhanced negative ion chemical ionization for the determination of polychlorinated *n*-alkanes. Analytical Chemistry, 75: 2487-2492.

Zencak Z, Reth M, Oehme M, 2004. Determination of total polychlorinated *n*-alkane concentration in biota by electron ionization-MS/MS. Analytical Chemistry, 76: 1957-1962.

第 7 章 全氟及多氟烷基化合物的分析

> **本章导读**
> - 全氟及多氟烷基化合物（PFASs）的分类以及前处理过程质控的注意事项。
> - 根据样品形态，介绍固态、液态样品的前处理方法。
> - 当前 PFASs 的仪器检测技术和新型 PFASs 甄别手段。
> - 展望未来 PFASs 分析和研究的热点。

7.1 全氟及多氟烷基化合物背景介绍

全氟及多氟烷基化合物（PFASs）是一类人工合成的化学物质，化学通式可表示为 $F(CF_2)_xR$，根据碳链末端的取代基团不同，主要包括全氟羧酸（PFCAs）、全氟磺酸（PFSAs）、全氟膦酸（PFPAs）、全氟辛基磺酰氟（POSF）和多氟烷基磷酸酯（PAPs）等。R 基团有时包括 CH_2 基团，如 $x=6$, $R=(CH_2)_nOH$ 时，该化合物可表示为 $6:n$ FTOH，由于从整体上看，这类化合物的碳链骨架上的 H 并没有完全被氟取代，因此也称之为多氟化合物，此外，根据 PFASs 能否在水溶液中电离，可分为离子型 PFASs 和中性 PFASs，其命名和分子结构详见表 7-1。PFASs 中 C—F 键具有极高的键能，使其具有很好的热稳定性和化学稳定性，此外，碳氟链还具有疏水疏油的特性。自从 PFASs 发明以后，由于其性能优异，产量不断增加，并广泛应用于日常生活和工业生产的各个领域，包括纺织品、食品包装材料、地毯和皮革的表面处理、消防泡沫和含氟聚合物生产中的高性能化学品（乳化剂/分散剂）等（Buck et al., 2011）。

PFASs 的生产方法主要有两种：电化学氟化法（electro-chemical fluorination, ECF）和调聚合成法（telomerization）。电化学氟化法是电解过程中 C—H 键上的 H 被 HF 中的 F 原子取代而合成 PFASs；调聚合成法是利用启动调聚剂与不饱和主链物发生聚合反应，通过 $CF_2=CF_2$ 延长全氟烷基部分，从而制备 PFASs。自 1947 年以来，3M 公司开始用 ECF 方法生产 PFASs，最终得到的 PFASs 产品中含有

表 7-1 PFASs 名称及其缩写和分子结构式

英文名称	中文名称	缩写	分子结构式
examples of legacy per- and polyfluoroalkyl substances	传统全氟烷基物质和多氟烷基物质		
perfluorinated carboxylic acids	全氟羧酸	PFCAs	$F(CF_2)_nCOOH$ ($n=4\sim18$)
perfluoroalkyl sulfonic acids	全氟磺酸	PFSAs	$F(CF_2\,CF_2)_nSO_3H$ ($n=3\sim5$)
fluorotelomer carboxylic acids	氟调聚物羧酸	$X:2$ FTCAs	$F(CF_2\,CF_2)_nCH_2COOH$ ($n=3\sim5$)
		$X:3$ FTCAs	$CF_3(CF_2\,CF_2)_nCH_2CH_2COOH$ ($n=1\sim3$)
fluorotelomer sulfonic acids	氟调聚物磺酸	$X:2$ FTSAs	$F(CF_2CF_2)_nCH_2CH_2SO_3H$ ($n=2\sim4$)
fluorotelomer alcohols	氟调聚物醇	$X:2$ FTOHs	$F(CF_2CF_2)_nCH_2CH_2OH$ ($n=2\sim5$)
N-alkyl perfluorooctanesulfonamides	N-烷基全氟辛基磺酰胺	N-alkyl FOSAs	$F(CF_2)_8SO_2NRR'$ (R = Me 或 Et, R'= H)
N-alkyl perfluorooctanesulfonamidoethanols	N-烷基全氟辛基磺酰氨基乙醇	N-alkyl FOSEs	$F(CF_2)_8SO_2NRR'$ (R = Me 或 Et, R'= CH_2CH_2OH)
N-alkyl perfluorooctanesulfonamidoacetic acids	N-烷基全氟辛基磺酰氨基乙酸	N-alkyl FOSAAs	$F(CF_2)_8SO_2NRR'$ (R = H 或 Me 或 Et, R'= CH_2COOH)
newly identified per- and polyfluoroalkyl compounds with confirmed or proposed structures	新鉴别或新提出具有确定结构的多氟烷基化合物		
short-chain perfluoroalkyl substances	短链全氟烷基物质		
perfluoroethane sulfonic acid	全氟乙基磺酸	PFEtS	$F(CF_2)_2SO_3H$
perfluoropropane sulfonic acid	全氟丙基磺酸	PFPrS	$F(CF_2)_3SO_3H$
perfluorobutane sulfonic acid	全氟丁基磺酸	PFBS	$F(CF_2)_4SO_3H$
perfluorobutanoic acid	全氟丁酸	PFBA	$F(CF_2)_3COOH$
perfluorobutane sulfonamide	全氟丁烷磺酰胺	FBSA	$F(CF_2)_4SO_2NH_2$
polyfluoroalkyl compounds with varied functional groups	具有不同官能团的多氟烷基化合物		
fluorotelomer sulfonamide amines	氟调聚物磺酰胺胺	FTAs	$F(CF_2CF_2)_nCH_2CH_2SO_2NH(CH_2)_3NH(CH_3)_2$ ($n=2\sim6$)
fluorotelomer betaines	氟调聚物甜菜碱	$X:3$ FTBs	$CF_3(CF_2CF_2)_n(CH_2)_3(N^+)(CH_3)_2CH_2COO^-$ ($n=2\sim7$)
		$X:1:2$ FTBs	$CF_3(CF_2CF_2)_nCHF(CH_2)_2(N^+)(CH_3)_2CH_2COO^-$ ($n=2\sim7$)
fluorotelomer thiohydroxyl ammoniums	氟调聚物硫羟基铵	FTSHAs	$F(CF_2CF_2)_nCH_2CH_2SCH_2CHOHCH_2NH(CH_3)_3$ ($n=2\sim6$)
		FTSHA-sulfoxides	$F(CF_2CF_2)_nCH_2CH_2SO_2CH_2CHOHCH_2NH(CH_3)_3$ ($n=2\sim5$)
fluorotelomer thioether amido sulfonic acids	氟调聚物硫醚酰胺基磺酸	FTSASs	$F(CF_2CF_2)_nCH_2CH_2SCH_2CH_2CONHC(CH_3)_2CH_2SO_3H$ ($n=3\sim7$)
		FTSAS-sulfoxides	$F(CF_2CF_2)_nCH_2CH_2SO_2CH_2CH_2CONHC(CH_3)_2CH_2SO_3H$ ($n=3\sim6$)

续表

英文名称	中文名称	缩写	分子结构式
fluorotelomer thioalkylamido betaines	含氟调聚物硫代烷基酰胺甜菜碱	FTSABs	$F(CF_2CF_2)_nCH_2CH_2SCH_2CONH(CH_2)_3(N^+)(CH_3)_2CH_2COO^-$ ($n=3\sim7$)
fluorotelomer thioalkylamido amines	氟调聚物硫代烷基酰胺胺类	FTSAAs	$F(CF_2CF_2)_nCH_2CH_2SCH_2CONH(CH_2)_3NH_2(CH_3)_2$ ($n=3\sim7$)
fluorotelomer sulfinyl alkylamido ammoniums	氟调聚物硫代烷基烷基酰胺基铵	FTSoAAmSs	$F(CF_2CF_2)_nCH_2CH_2SO_2CH_2CONH(CH_2)_3NH(CH_3)_3$ ($n=3\sim5$)
polyfluoroalkyl phosphoric monoesters	多氟烷基磷酸单酯	X∶2 monoPAPs	$[F(CF_2)_nCH_2CH_2O]P(=O)(OH)_2$ ($n=2\sim6$)
polyfluoroalkyl phosphoric diesters	多氟烷基磷酸二酯	X∶2 diPAPs	$[F(CF_2)_nCH_2CH_2O]_2P(=O)(OH)$ ($n=2\sim6$)
perfluoroalkyl phosphinic acids	全氟烷基次膦酸	PFPiAs	$[F(CF_2CF_2)_nI_2P(=O)(OH)$ ($n=2\sim4$)
hydro-substituted perfluorocarboxylic acids	氢氟取代的全氟羧酸	H-PFCAs	$H(CF_2)_nCOOH$ ($n=5\sim16$)
polyfluorinated sulfonic acids	聚氟磺酸	PFSs	$CF_3CF_2(CH_2CH_2)_nCHFSO_3H$ ($n=1\sim6$)
polyfluoroalkyl ether carboxylic acids	聚氟烷基醚羧酸	PFECAs	$CF_3(OCF_2)_nCOOH$ ($n=2\sim5$)
		HFPO-DA	$CF_3(CF_2)_2OCF(CF_3)COOH$
		ADONA	$CF_3OCF_2CF_2OCHCF_2COOH$
polyfluoroalkyl ether sulfonic acids	聚氟烷基醚磺酸	PFESAs	$HCF_2CF_2OCF_2CF(CF_3)OCF_2CF_2SO_3H$
		Ether-PFHxS	$CF_3O(CF_2)_5SO_3H$
chlorinated polyfluoroalkyl ether sulfonic acids	氯化聚氟烷基醚磺酸	Cl-PFESAs	$Cl(CF_2CF_2)_nOCF_2CF_2SO_3H$ ($n=3\sim5$)
chlorine-substituted perfluorocarboxylic acids	氯取代的全氟羧酸	Cl-PFCAs	$Cl(CF_2)_nCOOH$ ($n=4\sim11$)
dichlorine-substituted perfluorosulfonic acids	二氯取代的全氟磺酸	DiCl-PFSAs	$CF_3(CF_2)_nCCl_2SO_3H$ ($n=1\sim11$)
biotransformation intermediates and conjugates	生物转化中间体和偶联产物		
2H polyfluorocarboxylic acid	2H 聚氟代羧酸	2H PFOA	$CF_3(CF_2)_5CHFCOOH$
fluorotelomer alcohol glucuronides	氟调聚物醇葡糖苷酸	X∶2 FTOH-Gluc	$CF_3CF_2(CF_2CF_2)_nCH_2CH_2O$-Gluc ($n=2\sim3$)
fluorotelomer alcohol sulfonic acids	氟调聚物醇磺酸	X∶2 FTOH-Sulf	$CF_3CF_2(CF_2CF_2)_nCH_2CH_2OSO_3H$ ($n=2\sim3$)

除目标化合物外的多种直链和支链异构体。调聚合成法自 20 世纪 70 年代被用来生产 PFASs，主要用于生产氟调聚物醇（fluorotelomer alcohol，FTOHs），所生产的 PFAS 直链产品占 98%以上（Kratochwil et al.，2002；Kuklenyik et al.，2004）。

PFASs 在环境中具有极强的持久性，以全氟辛基磺酸（PFOS）和全氟辛基羧酸（PFOA）为代表的 PFASs 被认为具有生物富集性和长距离传输能力，并且在实验动物中表现出一定的毒性。2002 年，PFASs 的主要生产商 3M 公司自愿停止生产全氟辛基磺酸。2009 年，PFOS 及其盐类相关化合物被列入《持久性有机污染物的斯德哥尔摩公约》附件 B 中，在全球范围内限制使用（UNEP，2009）。全氟辛基羧酸（C_8，PFOA）及其盐类相关化合物在 2005 年被欧盟列入高度关注物质候选清单而被限制使用（Kärrman et al.，2005），并于 2015 年被提议列入《斯德哥尔摩公约》的候选化合物名单（UNEP，2015），目前全氟己基磺酸（PFHxS）也被列入该公约的审查名单。

PFASs 可在工厂生产、产品存储、使用过程以及含有 PFASs 产品的最终处置过程中通过多种途径进入空气、水和土壤等环境介质中。然而一直以来，由于 PFASs 在紫外和荧光检测器下响应极低，普通的气相色谱/质谱方法中也不易气化检测，缺乏灵敏的检测器，因此其分析方法受到限制，直到液相色谱/质谱等仪器科学的发展和普及，才实现复杂基质中痕量 PFASs 的检测。2001 年，Giesy 和 Kannan（2001）首次在全球范围内的野生动物组织中检出 PFOS，随后的研究表明 PFASs 在人群血清中也普遍存在（Hansen et al.，2001），PFASs 的关注度迅速增长。

传统 PFASs 在环境中的赋存与环境行为受到了全球科学界和公众的广泛关注，PFASs 产品出现了变迁，替代品不断出现，然而这些替代品通常和传统 PFASs 具有相似的结构（图 7-1）：有些是将碳链缩短，有些是在碳链中添加醚键，有些是两种方式同时使用，这些新型 PFASs 替代品已经在环境和生物体包括人体中检出，并且部分新型 PFASs 与传统 PFASs 具有类似的环境化学行为（Shi et al.，2016）。研究表明人体血液中已知 PFASs 只占总有机氟含量的 30%左右（Yeung et al.，2008），因此必然存在着大量未知的 PFASs，利用超高分辨质谱技术进行非靶标筛选是目前最常用的未知 PFASs 的识别鉴定及分析的有效方法（Liu et al.，2015）。近期不断有新型 PFASs 从环境中甄别出来，给 PFASs 的分析带来了持续的挑战（Liu et al.，2018）。

我国作为 PFASs 的生产大国之一，对各种环境基质中的传统以及新型 PFASs 灵敏而可靠的鉴定分析将更有利于我们积极响应国际公约的实施。本章将对环境和生物基质中已知 PFASs 的分析方法进行总结，并展望 PFASs 的分析方法发展趋势。

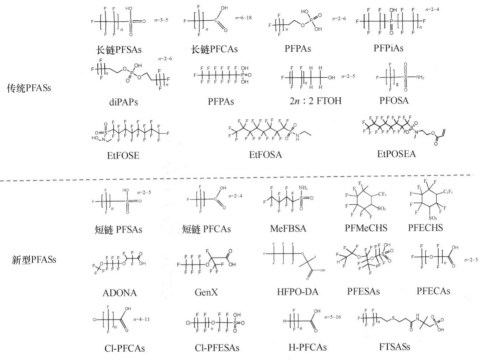

图 7-1　目前环境中存在的部分传统 PFASs 与新型 PFASs 结构示意图

7.2　PFASs 分析方法

7.2.1　质量控制/质量保证

PFASs 在日常生活和工业生产中应用广泛,样品前处理和仪器分析过程均可能引入污染(Lorenzo et al.,2018),背景污染是 PFASs 分析检测过程中需要首先考虑并解决的重要问题。一方面,前处理过程中所用耗材有可能有 PFASs 残留,此外,PFASs 前处理过程周期较长,期间如有含有 PFASs 的大气颗粒物的沉降,以及室内空气中 PFASs 吸附至样品,均有可能将背景污染带入待测样品,笔者甚至还在进口的甲醇溶剂中发现可检测到的 PFASs;另一方面,聚四氟乙烯被广泛应用于实验室分析仪器的管道和接口中,而 PFASs 是聚四氟乙烯生产过程中常使用的分散剂,因此在仪器运行过程中极有可能出现 PFASs 的仪器背景污染问题(Kärrman and Lindström,2013)。经过十多年的发展,PFASs 质量控制/质量保证体系现在已经基本建立,首先是通过一系列措施避免或减少前处理过程中的空白污染:①在使用前用甲醇冲洗实验装置,并用铝箔密封包裹,直至使用时打开;②尽量减少样品处理过程中的表面接触;③在洁净室中进行实验,减少大气沉降污染；④预先测定实验装置中的 PFASs。此外，为了解决由色谱系统中普遍存在的含氟聚合物部件引起的空白问题，可以用不锈钢结构部件替代聚合物部件，或者分析过程中在 HPLC 泵和自动进样器之间架设一根保护柱，这样可以根据目标 PFASs 保留时间区分检测系统中 PFASs 污染和样品中 PFASs。目前，在线前处理方法已经广泛应用于水体、血液等液态样品中 PFASs 的分析，减少了实验步骤中可能带入的污染（Gao et al., 2016, 2018; Zacs and Bartkevics, 2016; Campo et al., 2016; Housaindokht et al., 2012）。

定量检出限、定性检出限和加标回收率是保证数据质量和验证方法准确性（即质量保证/质量控制）的重要指标，样品在前处理过程中添加尽可能多的目标 PFASs 的同位素内标，通过对同位素内标的检测，可监测并校正前处理过程中的样品损失和基质效应带来的误差，从而提高检测方法的可靠性，同时，在分析复杂样品时，如有可能，基质匹配曲线效果更好。对于 PFASs 分析来说，在加标量和样品中目标污染物同一数量级情况下，一般要求加标回收率在 100%±20% 之内，超长链 PFASs 可以放宽到 100%±40%。同时，除了准确性的要求外，PFASs 分析同时需要注重精密度，分析方法在不同时间对同一样品的分析结果误差一般不能超过 15%。一些研究通过对标准参考物质（standard reference material, SRM / certified reference material, CRM）中目标化合物进行测定并与参照值比较，来验证分析结果的准确性（Zacs and Bartkevics, 2016; Ricci et al., 2016）。此外，全球范围内不同实验室之间也开展了对同一样品中 PFASs 测定的比对性研究，利用比对结果不仅能进行标准参考物质的准确定值，同时能够改善定性和定量条件，有利于提高分析性能以及对 PFASs 分析方法的准确性进行验证（Van Leeuwen et al., 2006; Weiss et al., 2013）。

7.2.2 样品前处理方法

样品前处理是分析过程的关键步骤，经过将近 20 年的发展，国内外对环境和生物样品中 PFASs 的分析方法已较为成熟，按照样品形态，各类基质样品可以分为液态、固态和气态基质样品。液态基质样品包括环境介质中的水体和生物液态样品（全血、血浆、血清、母乳、尿液等）；固态基质样品包括土壤、沉积物、污泥、灰尘等环境固态样品，肝脏、肾脏、脂肪、肌肉等生物组织样品，各类食品及织物等各类日用消费品；气态基质包括室内和室外空气，目前还未见空气直接进样的报道，主要通过大气采样器，先将空气中的 PFASs 吸附至采样介质，然后对采样介质进行分析测定，而采样介质一般都为固态。样品的前处理包括提取和净化两个方面，不同形态的样品前处理方法不同（图 7-2），下面将分类进行概述。

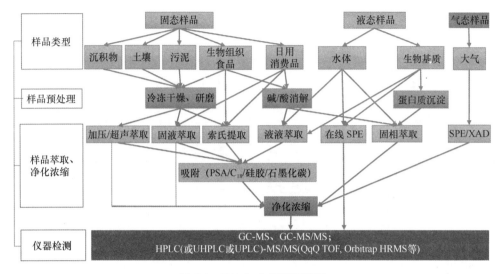

图 7-2 PFASs 分析流程简图

1. 液体基质的前处理方法

PFASs 在环境水体中的浓度通常在 ng/L 级别，而一般的质谱绝对检出限约为 0.1 ng，因此需要 100~1000 mL 的水样经过萃取浓缩后才能检出。表 7-2 列出了液体基质样品中 PFASs 的提取和净化方法。水样最常用的提取方法为固相萃取（SPE）法，常用的固相萃取小柱包括：Oasis HLB 柱（Yamashita et al., 2004）、Oasis WAX 柱（Taniyasu et al., 2005）、C_{18}（Taniyasu et al., 2005）以及 Strata-X 固相萃取小柱等（Picó et al., 2015）。对于 PFASs 的洗脱，主要选择纯甲醇（MeOH）（Yamashita et al., 2004）或使用添加 0.1% NH_4OH 以确保电离并减少 PFASs 在固相萃取柱上的吸附（Taniyasu et al., 2005）。Picó 等（2015）利用 Strata-X 固相萃取小柱对雨水中 PFSAs、PFCAs 和 PFOSA 进行提取及净化。Portolés 等（2015）使用 Oasis HLB 柱提取了污水和地表水样品中 8 种 PFASs 前驱体化合物，并进行浓度检测。除了固相萃取，液液萃取（LLE）也被用于环境水体 PFASs 的检测，Zacs 等建立了来自污水处理厂排出液中 PFASs 的 LLE 方法，并与 SPE 进行比较，LLE 对碳链长度大于 7 的 PFASs 的提取效果好，而 SPE 适合于碳链长度小于 10 的 PFASs 的提取（Zacs and Bartkevics, 2016）。另外，分散液液微萃取（DLLME）因具有低成本和环境友好的特点，近年来引起了研究人员的关注。Wang 等（2018）采用一种高选择性的基于亲水性的 DLLME 技术，使用全氟叔丁醇作为提取溶剂，乙腈作为分散溶剂来富集水样中的 PFASs。

表 7-2 液态基质中 PFASs 的分析方法

基质	化合物	样品量	萃取及清洗方法	检出限或定量限	回收率 (%)	分析方法	参考文献
环境液态基质							
地表水	$C_4 \sim C_{14}$、C_{16}、C_{18} PFCA; C_4、$C_6 \sim C_{10}$ PFSA; PFOSA	250 mL	Strata-X SPE 柱萃取; MeOH (0.1% NH_4OH) 洗脱	$0.1 \sim 50$ ng/L	$67 \sim 99$	UHPLC-(ESI)MS/MS(QqQ); HPLC-(ESI)qTOF-MS	(Picó et al., 2015)
污水、地表水	PFOS、PFOA	200 mL	WAX SPE 柱, 甲酸和甲醇清洗, MTBE : 1%氨水甲醇 (9:1) 洗脱	$0.1 \sim 0.5$ ng/L	$98 \sim 116$	HPLC-(ESI)Orbitrap-MS	(Zacs and Bartkevics, 2016)
地表水和自来水	PFHxI; PFOI; 4:2, 6:2, 8:2 FTI; 6:2, 8:2 FTMAC; 6:2, 8:2 FTAC; 6:2, 8:2, 10:2 FTOH; MeFOSA; EtFOSA	10 mL	顶空固相微萃取	$20 \sim 100$ ng/L	$64 \sim 213$	GC-(EI)MS/MS	(Bach et al., 2016a)
地表水和自来水	$C_6 \sim C_{14}$、C_{16}、C_{18} PFCA; $C_4 \sim C_{10}$ PFSA; C_8、C_{10}、C_{12} Cl-PFESA	10 mL	分散液液微萃取 NaCl + HCl, 分散剂 ACN; 萃取: 全氟叔丁醇	$0.18 \sim 4.2$ ng/L	$81.2 \sim 121$	HPLC-(ESI)MS/MS	(Wang et al., 2018)
河水	PFOA 和 PFOS	1 mL	在线固相萃取	$0.5 \sim 1$ ng/L	95	nano-LC-nanospray-MS	(Wilson et al., 2007)
河水	C_5、C_7、C_8、C_{11}、C_{12} PFCA; C_4、C_6、C_8 PFSA; FOSA	350 μl	在线固相萃取	3 ng/L	$91.2 \sim 102$	Online UHPLC-MS/MS	(Gosetti et al., 2010)
地表水和池塘水、从煎锅中加热蒸发出来的水	PFOA、PFOS	40 μL	在线固相微萃取	$1.5 \sim 3.2$ ng/L	$81.1 \sim 85.4$	In tube-SPME-LC-MS	(Saito et al., 2010)
未经过滤的自来水	$C_4 \sim C_{14}$、C_{16}、C_{18} PFCA; C_4、C_6、C_8、C_{10} PFSA; FOSA; PFHxPA; PFOPA; PFDPA	5 mL	在线固相萃取	$0.27 \sim 11$ ng/L	$34 \sim 126$	Online LC-MS/MS	(Llorca et al., 2012)
饮用水或表层水	$C_4 \sim C_{12}$ PFCA; C_4、C_6、C_8 PFSA	5 mL	在线固相萃取	$0.2 \sim 5$ ng/L	$76 \sim 134$	Online UHPLC-ESI-MS/MS	(Mazzoni et al., 2015)
自来水	$C_6 \sim C_{12}$ PFCAs	100 mL	磁性纳米复合材料振荡萃取; 0.28% 氨水的甲醇解析	$0.2 \sim 0.5$ ng/L	$82.0 \sim 96.5$	UPLC-MS/MS	(裘阳等, 2016)
地表水	$C_6 \sim C_{14}$ PFASs	200 mL	SPE: 0.1%氨水和水清洗; 氨水甲醇洗脱	$0.2 \sim 0.5$ ng/L	$84 \sim 96$	$C_6 \sim C_{14}$ PFASs: PLC-MS/MS; $C_2 \sim C_{14}$ PFASs: PC2-MS/MS	(Yeung et al., 2017)

续表

基质	化合物	样品量	萃取及清洗方法	检出限或定量限	回收率 (%)	分析方法	参考文献
生物基质							
人体血清	$C_8 \sim C_{14}$ PFCA; $C_6 \sim C_{10}$ PFSA; Me-, Et-PFOSAA	200 μL	IPE (MTBE) +乙腈	$0.03 \sim 0.12$ ng/mL	$88.3 \sim 115$	HPLC-MS/MS	(Kim et al., 2011)
人体血清	$C_4 \sim C_{11}$ PFCA; C_4, C_6, C_8, C_{10} PFSA; $X:2$ FTS ($X=4,6,8$); C_6, C_8, C_{10} PFPA; Me-, Et-PFOSAA	$2 \sim 3$ mL	IPE (MTBE) +甲醇	$0.001 \sim 0.005$ ng/mL	$80 \sim 114$	HPLC-MS/MS	(Lee and Mabury, 2011)
人体全血	$C_6 \sim C_{14}$ PFCA; C_4, C_6, C_8 PFSA; 6:2, 8:2 diPAP; $C_4 \sim C_9$ PFCA;	3 g	IPE (MTBE) +甲醇	$10 \sim 50$ pg/mL	$81 \sim 121$	UPLC-MS/MS	(Loi et al., 2013)
大鼠血浆	8:2 FTOH; FTCA; FTUCA; 7:2 FTOH; 7:3 acid; 7:3 UA	—	蛋白质沉淀后用乙腈提取	$0.5 \sim 20$ ng/mL	$73 \sim 114$	HPLC-MS/MS	(Himmelstein et al., 2012)
小鼠血清	PFOA	25 μL	甲酸消解、蛋白质沉淀后用乙腈提取	<10 ng/mL	ND	HPLC-MS/MS	(Jiang et al., 2012)
大鼠全血、尿液	$C_4 \sim C_{11}$ PFCA; $X:2$ diPAP, monoPAP ($X=4,6,8$); FTCA, FTUCA; 7:2 FTCA; 8:2 FTOH-sulfate, -glucoronide; $C_6 \sim C_{14}$ PFCA;	$40 \sim 150$ mg	乙腈 (粪便乙腈: 水=80:20) 超声提取、离心后, 过 0.2 μm 滤膜	$0.3 \sim 10$ ng/g	$50 \sim 110$	HPLC-MS/MS	(D'Eon and Mabury, 2011)
人体血清和全血	$C_4 \sim C_8$, C_{10} PFSA; FOSA	0.5 g	乙腈超声提取+SPE-ENVI-Carb, 离心	$0.007 \sim 0.25$ ng/g	$70 \sim 90$	HPLC-ESI-MS/MS; HPLC-ESI-MS-qTOF	(Glynn et al., 2012)
人体血清	$C_7 \sim C_{12}$ PFCA; C_4, C_6, C_8 PFSA; PFOSA; Me-, Et-PFOSAA	1 mL	甲酸消解+ (乙腈+1% NH_4OH) 超声提取, HLB SPE 净化, 乙腈洗脱	$0.1 \sim 1$ ng/mL	$22 \sim 90$	HPLC-ESI-MS/MS	(Kato et al., 2011)

续表

基质	化合物	样品量	萃取及清洗方法	检出限或定量限	回收率 (%)	分析方法	参考文献
母乳	$C_8 \sim C_{12}$ PFCA; $C_6 \sim C_9$ PFSA; MePFOSAA、EtPFOSAA	1 mL	甲醇蛋白质沉淀+SPE-HLB, 甲醇洗脱	$0.02 \sim 0.16$ ng/mL	$88 \sim 115$	HPLC-ESI-MS/MS	(Kim et al., 2011)
婴儿血滴	C_8、C_9 PFCA; C_6、C_8 PFSA	75 μL	甲酸消解+甲醇超声提取	$0.1 \sim 0.4$ ng/mL	100	Online SPE-HPLC-MS/MS	(Kato et al., 2009)
人体血清、尿液	$C_7 \sim C_{11}$ PFCA (isomers); C_6、C_8 PFSA (isomers); PFOSA	0.5 mL	甲醇蛋白质沉淀, SPE HLB 提取（血清）, 甲醇: 氨水甲醇洗脱	血清 (1~217 ng/L); 尿液 (3~567 pg/L)	$80 \sim 144$	HPLC-MS/MS	(Zhang et al., 2013)
人体血清	$C_8 \sim C_{10}$ PFCA; C_6、C_8 PFSA; PFOSA; Et-PFOSA-AcOH; Me-PFOSA-AcOH	0.1 mL	Online-SPE	$0.1 \sim 0.2$ ng/mL	ND	Online-SPE- HPLC-ID-MS/MS	(Schecter et al., 2012)
人体血清	$C_4 \sim C_{14}$ PFCA;	50 μL	Online-SPE	$0.004 \sim 0.339$ ng/mL	$74 \sim 115$	Online SPE-LC-MS/MS	(Huber and Brox, 2015)
人体血清	C_4, $C_6 \sim C_8$, C_{10} PFCA; C_6, C_8 PFSA; N-MeFOSA	100 μL	Online-SPE	$0.05 \sim 0.11$ ng/mL	$96 \sim 99$	Online SPE-LC-MS/MS	(Bartolomé et al., 2016)
人体血清、血浆、全血	$C_4 \sim C_{14}$, C_{16}, C_{18} PFCA; PAPs, PFPAs, FOSAs	50 μL	Online-SPE	$0.002 \sim 0.045$ ng/mL	$87 \sim 115$	Online SPE-LC-MS/MS	(Poothong et al., 2017)
人体血清	$C_4 \sim C_{14}$, C_{16}, C_{18} PFCA; $C_4 \sim C_8$, C_{10} PFSA; PFOSA	25 μL	Online Turboflow-SPE	$0.008 \sim 0.09$ ng/mL	$84.6 \sim 114$	Online SPE-LC-MS/MS	(Gao et al., 2016)
人体血清	$C_4 \sim C_{14}$, C_{16}, C_{18} PFCA; $C_4 \sim C_{11}$ PFSA; FTSs, PAPs, diPAPs, PFPAs, PFPiAs, PFOSAs, Cl-PFESAs, FOSAAs, PFCAs, PFSAs	25 μL	Online Turboflow-SPE	$0.013 \sim 0.089$ ng/mL	$84.3 \sim 109$	Online SPE-LC-MS/MS	(Gao et al., 2018)

生物液态基质（全血、血清、血浆、尿液、母乳）较于水样等环境液态基质相对复杂，固相萃取小柱同样被广泛应用于生物液体基质的富集和净化，但是在样品进入固相萃取小柱前，需要除去蛋白质和其他大分子杂质以防止固相萃取小柱的堵塞。常用的方法包括甲基叔丁基醚（MTBE）结合离子对液液萃取（IPE）（Hansen et al.，2001）或使用有机试剂如甲醇（Kannan et al.，2004）或乙腈（Maestri et al.，2010）进行蛋白质沉淀和超声萃取法（Glynn et al.，2012），萃取液离心取上清液，上清液经过适当稀释后，进一步用固相萃取小柱对样品进行富集和净化（Glynn et al.，2012；Li et al.，2012；Kuklenyik et al.，2005；Zhang et al.，2014）。Hansen 等（2001）首次建立了液液萃取法来检测生物组织中 PFOA、PFOS、PFHxS、PFOSA 以及四氢全氟辛基磺酸盐（THPFOS），并应用于人体全血、血浆、血清中 PFASs 的提取。这种方法不需要蛋白质沉淀步骤，具有操作简便的优点，但是会出现基质共提取现象，导致基质效应高。采用净化步骤会降低基质效应，如用 ENVI-Carb 石墨化碳粉末或商品化 ENVI-Carb 小柱进行杂质去除或者用 0.2 μm 滤膜过滤（Kim et al.，2011；Lee and Mabury，2011；Loi et al.，2013）。目前，MTBE 液液萃取法除已被用于萃取 PFCAs 和 PFSAs 外，也被用于萃取新型 PFASs，如氟调聚物磺酸盐（FTSA）、多氟烷基磷酸酯（monoPAP，diPAP）、全氟膦酸（PFPA）、全氟亚膦酸（PFPiA）和其他化合物（Loi et al.，2013；Lee and Mabury，2011）。另外，也有学者用甲醇对血清进行蛋白质沉淀后，通过 Oasis-HLB 柱对 $C_7 \sim C_{11}$ PFCAs、PFHxS、PFOS 和 PFOSA 进行提取及净化（Kato et al.，2011）。也有学者用甲醇进行尿液样品预处理后，用 Oasis-WAX 柱对尿液中 PFAAs、PFOSA 进行浓缩及净化（Zhang et al.，2013）。

2. 固体基质的前处理方法

从环境固体基质如污泥、土壤、固体颗粒物和沉积物中提取 PFASs 最常用的方法是固液萃取（SLE）法，SLE 包括机械搅动（Campo et al.，2016；Couderc et al.，2015；Sinha-Hikim et al.，1998）和超声辅助萃取（UAE）（Picó，2013）、索氏提取和加压液体萃取（PLE）等（表 7-3）。根据萃取方式可分为离子对提取（Guo et al.，2016）和分散固相萃取技术等。萃取液浓缩后过滤膜或者 ENVI-Carb 柱、SPE 柱等进一步净化（Zacs and Bartkevics，2016；Boiteux et al.，2016）。也可以通过有机溶剂，或者有机溶剂和无机溶剂配合，对固态样品中的 PFASs 进行直接提取，如甲醇提取（Lorenzo et al.，2015）、酸消解（Kelly et al.，2009；Cerveny et al.，2015；Boiteux et al.，2016）、碱消解（Zacs and Bartkevics，2016）等。

甲醇可作为索氏提取的溶剂对土壤、沉积物和底泥中的 PFCAs、PFSAs 和 FTUCAs 进行提取，提取液进一步通过 Strata-X 固相萃取小柱进行净化后，直接通过 HPLC-MS/MS 检测（Lorenzo et al.，2015）。碱化甲醇（0.2 mol/L NaOH-MeOH

表 7-3　固体基质中 **PFASs** 的分析方法

基质	化合物	萃取及净化方法	检出限或定量限	回收率(%)	分析方法	参考文献
环境固态基质						
污泥	$C_7 \sim C_{12}$ PFCAs, PFOS	乙腈超声提取；加压液体萃取+甲醇洗脱	未报道	69~104	UPLC-(ESI)MS/MS(QTOF)	(Martinez-Moral and Tena, 2013)
土壤和沉积物	C_4, $C_6 \sim C_{14}$, C_{16}, C_{18} PFCAs; C_4, $C_6 \sim C_{10}$ PFSAs, FTUCAs	甲醇提取；SPE Strata-X 小柱净化；0.1% 氨水甲醇，甲醇，水清洗后；0.1% 氨水甲醇洗脱	0.01~6 ng/g	69~109	UHPLC-(ESI)MS/MS	(Lorenzo et al., 2015)
沉积物和底泥	PFOA, PFOS	0.2 mol/L NaOH 甲醇溶液提取，依次用 Enviro-Clean+ WAX+ Strata-X AW 柱进行萃取，甲酸和甲醇进行清洗，MTBE：1%氨水甲醇(9:1) 进行洗脱	0.04~0.12 ng/g	88~116	HPLC-(ESI)MS (Orbitrap)	(Zacs and Bartkevics, 2016)
沉积物土壤和污泥	PFSAs, PFCAs, FTs, FTABs	甲醇：1% 醋酸 (9:1) 超声提取；Strata-X AW SPE 小柱提取，去离子水清洗后用 MeOH，0.1% 氨水甲醇 和 DCM：0.1%氨水异丙醇(7:3) 洗脱	2~20 ng/g	57~114	UHPLC-(ESI)MS/MS	(Boiteux et al., 2016)
沉积物	PFHxI, PFOI, 4:2 FTI, 6:2 FTI, 8:2 FTI, 6:2 FTAC, 8:2 FTAC, 6:2 FTMAC, 8:2 FTMAC, 6:2 FTOH, 8:2 FTOH, 10:2 FTOH, MeFOSA, EtFOSA	顶空固相微萃取	1~3 ng/g	74~125	GC-(EI)MS (/MS)	(Bach et al., 2016a)
沉积物	PFSAs, PFCAs, diPAPs, PFPiAs, PFPAs	ACN：0.2 mol/L NaOH (3:1)；MTBE 离子对萃取	0.004~0.2 ng/g	73~120	LC-(ESI)MS/MS	(Guo et al., 2016)

续表

基质	化合物	萃取及净化方法	检出限或定量限	回收率(%)	分析方法	参考文献
沉积物	T-PFOA、P2MHpA、P3MHpA、P4MHpA、P5MHpA、P6MHpA	乙腈和水（3∶2）机械搅拌；用重氮甲烷衍生非挥发性PFASs	未报道	未报道	GC-(NCI)MS	(Naile et al., 2016)
沉积物	P55DMHxA、P44DMHxA、P45DMHxA；C_6~C_{12} PFCAs					
沉积物	C_6~C_{14} PFCAs；C_4、C_8 PFSAs	丙酮和甲醇（1∶1）搅拌 3 h；石墨化炭黑 SPE 柱萃取，DCM∶MeOH 洗脱	0.04~2.4 ng/g	75~110	UHPLC-(ESI)MS/MS	(Cavaliere et al., 2016)
沉积物	C_4~C_8 PFCAs；PFOS	乙腈机械搅拌提取+分散固相萃取（C_{18}）后离心	0.008~4 ng/g	80~114	HPLC-(ESI)MS/MS	(Martin et al., 2017)
生物固态基质						
动物肝脏	PFOS、PFHxS、PFOA 和 PFOSA	MTBE IPE	2~8.5 ng/g	未报道	LC-MS/MS	(Hansen et al., 2001)
人体组织（肝、肾、脂肪组织、脑、甲状腺、肌肉）	PFOA、PFOS、PFNA	乙腈+SPE 柱（C_{18} SAX）	0.1~0.2 ng/g	79.6~102.3	LC/MS	(Maestri et al., 2010)
食品、鱼和海洋哺乳动物	PFHpA、PFOA、PFNA、PFOS、PFDA、PFUA、PFDoDA、PFTeDA	甲醇 SLE 提取，离心取上清液	0.5~6 ng/g	64~116	LC-MS/MS	(Tittlemier et al., 2007)
指甲	PFOA、PFOS	超纯水清洁后用 IPE+乙腈	0.1~0.3 ng/g	97~112	HPLC-MS/MS	(Xu et al., 2010)
头发和指甲	C_6~C_{12} PFCA；C_6、C_8 PFSA	超纯水清洁后乙腈超声萃取+SPE-WAX，甲醇/水清洗	0.02~0.09 ng/g	91~112	HPLC-ESI-MS/MS	(Li et al., 2012)
肝脏、肾脏、大脑、肺和骨骼	C_4~C_{13}、C_{16}、C_{18} PFCA；C_4、C_6、C_8、C_{10} PFSA；6∶2、8∶2、10∶2 FTCA；PFOSA	20 mol/L NaOH-甲醇溶液；湍流（TurboFlow）色谱	0.001~18 ng/g	未报道	TurboFlow-LC-MS/MS	(Pérez et al., 2013)

续表

基质	化合物	萃取及净化方法	检出限或定量限	回收率(%)	分析方法	参考文献
贝类壳体	PFBS, PFHxS, PFOS	硝酸-盐酸混合酸消解，用氢氧化钠调节消解液的pH值至6后采用Oasis WAX富集净化	0.28~0.43 ng/g	94.9~96.2	HPLC-MS/MS	(Yang et al., 2010)
奶粉和酸奶	PFHxS, PFHpA, PFOA, PFOS, PFNA, PFDA, PFUnDA, PFDoDA, PFTA, FOEA, FOUEA	甲醇和0.01 mol/L盐酸-甲醇溶液萃取奶粉，甲醇直接萃取酸奶	2~29 ng/L	80~118	HPLC-MS/MS	(王杰明等, 2009)
动物源性食品（猪肉、鸡肉、牡蛎、鱼罐头、猪肉罐头和奶粉）	PFOS, PFOA	酸化乙腈提取，聚酰胺固相萃取小柱富集净化，5%氨水-甲醇溶液洗脱	0.2 ng/g	93.3~102.8	UPLC-MS/MS	(林钦, 2013)
鸡蛋	C_5~C_{14}, C_{16}, C_{18} PFCAs; C_4, C_6~C_8, C_{10} PFSAs	乙腈超声萃取，氮吹浓缩，石墨化炭黑分散萃取净化后	0.003~0.310 ng/g	79~125	HPLC-MS/MS	(李静等, 2014)
羊肝	C_4~C_{10}; C_{12} PFSAs; C_5~C_{14}, C_{16}, C_{18} PFCAs	乙腈 + PSA, C_{18}和石墨化炭黑	0.004~0.111 ng/g	80~128	HPLC-MS/MS	(朱洋等, 2015)
肉类组织	C_4, C_6, C_8, C_{10} PFSAs; C_7~C_{14} PFCAs	乙腈提取后，乙腈饱和的正己烷除脂净化，HLB净化	0.014~0.060 ng/g	70.9~107	UPLC-MS/MS	(刘莉治等, 2013)
鱼（肌肉和肝脏）	C_4~C_{14}, C_{16}, C_{18} PFCAs; C_4, C_6, C_8, C_{10} PFSAs	ACN (1% FA) 提取, 1%甲酸, 乙腈溶液进行萃取	0.22~9.8 ng/g	86~130	LC-(ESI)HRMS	(Cerveny et al., 2016)
鱼类	C_4~C_{14}, C_{16}, C_{18} PFCAs; C_4, C_6~C_{10} PFSAs; PFOSA	碱消解+端流色谱在线富集	0.02~2.26 ng/g	16~135	TurboFlow-LC-(ESI)MS/MS	(Campo et al., 2016)

第 7 章 含氟及多氟烷基化合物的分析

续表

基质	化合物	萃取及净化方法	检出限或定量限	回收率(%)	分析方法	参考文献
消费品						
纺织品和地毯样品	PFOA	固液萃取 SLE（水，甲醇）加压流体萃取 PLE（甲醇）	1~3 ng/g	—	LC(-)ESI-MS/MS	(Mawn et al., 2005)
聚合物表面	4∶2, 6∶2, 8∶2, 10∶2, 12∶2 FTOH	在水中酶解，乙酸乙酯 XAD 萃取	2.5~25 ng/μL	—	GC/EI-MS, GC/PCI-MS	(Dinglasan-Panlilio and Mabury, 2006)
活性剂材料	N-MeFOSE					
食品包装材料	PFOA	甲醇快速溶剂萃取；乙酰氯衍生化	—	81~103	GC-MS	(王利兵等, 2007)
包装纸/铝箔	PFBA, PFDA, PFOS	PLE+SPE 萃取，石油醚∶甲醇洗脱	0.20~2.83 ng/g	60~90	HPLC-MS/MS	(Zafeiraki et al., 2014)
地毯，皮革样品，纸质食品接触材料	C_4, C_6~C_8, C_{10}, PFSA	丙酮超声萃取	0.1~0.5 μg/kg 或 0.02~0.5 μg/m²	50~150	HPLC-MS/MS; GC/CI-MS	(Kotthoff et al., 2015)
浸渍喷雾剂，户外材料	C_4~C_{14} PFCA	MTBE TBA IPE 萃取				
滑雪蜡	4∶2, 6∶2, 8∶2, 10∶2 FTOH	己烷-甲醇超声萃取				
室内装饰品，地毯，棉和皮革服装以及食品接触材料	PFCAs, PFSAs; FOSEs, FOSAs, FTOHs	SLE（甲醇萃取），ENVI-Carb 进行纯化	0.005~2 μg/m²	46~143	UPLC-MS/MS; GC-MS	(Vestergren et al., 2015)
包装纸或塑料	PFSAs, PFPAs, PFOSA, PAPs, FTCAs, FTUCAs	MeOH (1% HOAc) 超声提取后甲醇洗脱	0.8~2.2 ng/g	66~117	LC-QqQ-MS/MS	(Zabaleta et al., 2016)
夹克	C_4~C_{14} PFCAs: C_4, C_6, C_7, C_8, C_{10} PFSAs: 6∶2, 8∶2, 10∶2 FTOH; C_4, C_6, C_7, C_8, C_{10} PFSSs: FOSEs (N-MeFOSE 和 N-EtFOSE), FOSAs (FOSA, N-MeFOSA, N-EtFOSA)	丙酮/乙腈	0.01~0.4 μg/m²	43~164	HPLC-MS/MS	(Gremmel et al., 2016)

溶液）和酸化甲醇（甲醇：1%醋酸=9：1）也被用于提取沉积物和底泥中的PFASs，但后续处理步骤不一致，碱化提取后，可依次用 Enviro-Clean、WAX、Strata-X-AW 柱进行净化（Zacs and Bartkevics，2016）。酸化甲醇提取后则用 Strata-X AW 小柱富集及净化，依次用 MeOH、0.1% 氨水甲醇和 DCM：0.1% 氨水异丙醇（7：3）溶液进行洗脱，然后进行仪器检测（Boiteux et al.，2016）。除索氏提取和超声萃取外，加压液体萃取（PLE）方法也被应用于提取污泥中的 PFASs（Martínez- Moral and Tena，2013）。在提取溶剂上，乙腈经常也被用于 PFASs 的提取。乙腈、乙腈水溶液（3：2）、碱化乙腈［ACN：0.2 mol/L NaOH（3：1）］都能提取沉积物中的 PFASs（Martín et al.，2017；Naile et al.，2016；Guo et al.，2016）。此外，目前也有利用顶空固相微萃取的方法检测了沉积物中 PFASs 前驱体类化合物的成功案例（Bach et al.，2016b）。

　　固态生物样品相对于土壤、底泥等基质来说更为复杂，因为在生物样品中脂肪、蛋白质甚至色素的含量都比较高。在固态生物样品的前处理过程中，多采用先通过碱消解（Pérez et al.，2013；Zhou et al.，2013）或酸消解（Wang et al.，2014；Gao et al.，2018；Cerveny et al.，2016）将基质消化，再使用 SPE 柱或分散固相萃取剂（ENVI-Carb、PSA、C_{18} 等）进行提取及净化。也有直接用有机溶剂-离子对试剂进行振荡萃取，常见的溶剂有甲醇（Hammond et al.，1980）、乙腈（Pérez et al.，2012）。Hansen 等（2001）使用 MTBE 液液萃取的方法，提取了匀浆肝脏中 PFOS、PFHxS、PFOA 和 PFOSA。但是这种方法会将脂质大量共萃取到 MTBE 中，导致基质效应严重，检测限较高（2～8.5 ng/g）。Maestri 等（2010）用乙腈提取多种人体组织（肝、肾、脂肪组织、脑、甲状腺、肌肉），将样品均质化以后用水稀释，然后用 C_{18} 柱进行富集，用乙腈洗脱后再用强阴离子交换柱（SAX）纯化，这种方法的检测限低至 0.1 ng/g。相对于损伤性生物样品全血、血清、血浆等来说，无损伤生物固态样品如头发和指甲被认为是生物体 PFASs 赋存的良好指示物。已有研究用乙腈来萃取头发和指甲中的 PFASs，但在萃取之前需用超纯水进行清洁以避免表面污染（Xu et al.，2010；Li et al.，2012）。另外，甲醇提取结合 WAX 固相萃取柱净化也被用来检测羽毛中的 PFASs（Li et al.，2018）。

　　对于基质更为复杂的固态食品样品，除了上述的提取及净化方法外，研究者多采用固相萃取方法进行样品前处理。Tittlemier 等建立了一种测定食品、鱼和海洋哺乳动物体内 PFOSA 和 *N*-alkyl FOSAs 等中性 PFASs 的方法：匀浆后的样品用己烷：丙酮（2：1）进行索氏提取，并将萃取物用硫酸钠干燥，除去脂质后使用硅胶柱净化 PFASs。而对于食品中的离子型 PFASs、PFOS 和 PFCAs，则用甲醇进行固液萃取并离心取上清液进一步净化检测（Tittlemier et al.，2007）。复合型婴儿食品中 PFSAs、PFCAs 以及 PFPAs 可用乙腈/水提取后，结合固相萃取法，并用混合模式共聚物吸附剂（C_8+季胺）进行净化，之后进行检测（Ullah et al.，2012）。随着我国对食品安全问题的日益重视，研究人员在食品中痕量污染物如 PFASs 的检测方法方面取得了较大的进展。中国科学院生态环境研究中心蔡亚岐课题组建立了酸奶、奶粉、肉类中 PFASs 的液液萃取法，选用等体积的甲醇和 0.01 mmol/L 盐酸甲醇溶液对奶粉中的 PFASs 进行萃取，使用甲醇对酸奶中的 PFASs 直接萃取，使用 MTBE+TBA 对肉类中 PFASs 进行萃取（王杰明等，2009；王杰明等，2010）。杨锦等利用混合无机酸消解-固相萃取技术对贝类壳体中的 3 种 PFASs 进行了富集提取（Yang et al.，2010）。通过使用酸化乙腈法提取羊肝中 PFASs 后，加入 PSA、C_{18} 和石墨化炭黑 3 种吸附剂采用涡旋振荡的方式，对样品进行净化，也取得了不错的效果（朱萍萍等，2015）。

PFASs 在日常生产生活中使用广泛，因此有很多研究关注如纺织品、食品包装材料、皮革等消费品中的 PFASs 含量。与其他固态基质类似，消费品中的 PFAS 主要采用溶剂萃取（Mawn et al.，2005）、离子对提取（D'eon et al.，2009；Kotthoff et al.，2015）、固液萃取（Sinclair et al.，2007；Gebbink et al.，2013）、超声萃取（Kotthoff et al.，2015）或加压液体萃取（PLE）（Zafeiraki et al.，2014）等。Mawn 等用水和甲醇从织物和地毯样品萃取并检测了 PFOA（Mawn et al.，2005）。Zabaleta 等使用 PLE 结合 SPE 法，对包装纸/铝箔中的 PFBA、PFDA、PFOS 进行了萃取和净化（Zafeiraki et al.，2014）。超声固液萃取（FUSLE）是一种简单、经济且快速的提取技术，Moreta 等使用 FUSLE 仅用 8 mL 乙醇在 10 s 内完成对了食品包装材料中 PFASs 的萃取（Moreta and Tena，2013）。Kotthoff 等分别使用丙酮超声萃取地毯、皮革样品和纸质食品接触材料，使用 MTBE 和 TBA 液液萃取法萃取浸渍喷雾剂、户外材料，使用己烷-甲醇超声萃取滑雪蜡中的 PFSAs、PFCAs 和 FTOHs（Kotthoff et al.，2015）。此外，1% 醋酸甲醇溶液也被应用于超声提取包装纸或塑料中 PFCA 及其前驱体（PFSAs、PFPAs、PFOSA、PAPs、FTCAs 和 FTUCAs），并用甲醇洗脱（Zabaleta et al.，2016）。此外，针对离子态 PFASs 和中性 PFASs，提取方法也不一样，Gremmel 等（2016）用丙酮/乙腈混合溶剂对夹克中 PFCAs 和 PFSAs 进行超声萃取，而对于夹克中 FTOHs 和 FOSEs，则采用正己烷和硅胶柱进行提取及浓缩净化。

3. 大气中 PFASs 的前处理方法

样品采集是大气中 PFASs 检测的关键步骤，主要采集方法有主动采样和被动采样两种方式。主动采样器是将聚氨酯泡沫（polyurethane foam，PUF）等吸附材料安装于采样器内，并通过动力装置让大气通过吸附材料，利用这些吸附材料对大气中 PFASs 的吸附作用从而进行样品采集。该过程可以准确测定采集大气的体积，具有采样速度快且可控，可监测大气中 PFASs 的瞬时浓度，并且避免了因采样时间长而引起的 PFASs 在吸附材料上的降解。但是，主动采样器价格昂贵；由于采集时间短，需要多次采样并检测才能准确反映大气中 PFASs 长期的平均污染水平。被动采样器则是将吸附材料装在被动采样器内，通过这些材料对周围流动大气中的 PFASs 进行吸附采样，具有装置结构简单、操作方便、无电源、成本低，并可用于连续监测、生成关于时间积分浓度的信息等优点，因此被动采样器作为大气中 PFASs 的监测手段越来越受到重视。收集后能体现大气中 PFASs 赋存水平的吸附材料可采用索氏提取、超声提取或溶剂提取的方法进行萃取剂净化（表 7-4）。

聚氨酯泡沫 PUF/XAD-2 滤芯被用于采集环境空气样品中的 FTOHs、N-alkyl FOSAs 和 FOSEs，迄今为止，大多数大气中 PFASs 测量都是基于这几种吸附材料（Martin et al.，2002；Shoeib et al.，2005）。大气中的 PFASs 被吸附后，使用二氯甲烷（DCM）进行索氏提取后进行检测 FOSEs。然而，由于 PUF 采样材料对 FTOHs 的吸附能力非常低，因此，Shoeib 等改进了样品收集的方法，用浸渍有 XAD-4 粉末的 PUF 盘对中性 PFASs 进行被动采样，该方法大大增强了采样材料的吸附能力，并能够同时测定 FOSAs/FOSEs 和 FTOHs（Shoeib et al.，2008）。除被动采样外，大体积主动采样也被用于大气中 PFASs 研究，Barber 等使用包含玻璃纤维过滤器（GFF，颗粒相）和具有 PUF-XAD-2-PUF 夹层（气相）的玻璃柱的高容量空气采样器来收集空气样品，并扩大了检测化合物的范围，除了氟代调聚物烯烃（FTolefns）和 PFOS 相关产品的 C_4-替代品——N-甲基氟苯磺酰胺（NMeFBSA）和磺胺基乙醇（NMeFBSE）等中性 PFASs 外，还包括了离子型 PFASs（Barber et al.，2007）。此外，SPE 柱也被用于大气中 PFASs 的采样，与 PUF/XAD-2 对室内和室外空气中中性 PFASs 的采集效果相比，SPE 柱法操作更加简便而标准化，消耗的时间和费用更少，有望成为室内空气监测的一项常用技术（Jahnke et al.，2007）。Oono 等（2008）开发了一种使用 PUF/活性炭纤维毡（ACF）代替 PUF/XAD-2 从高容量空气样品中捕集挥发性 PFAS 的方法，用乙酸乙酯萃取后进行测定，能够分析 FTOHs、$1H,1H,2H,2H$-全氟癸基丙烯酸酯（8∶2 FTOAcryl）和 $1H,1H,2H,2H$-十七烷基甲基丙烯酸氟癸酯（8∶2 FTOMethacryl）。已有研究中多采用乙酸乙酯作为 PUF/XAD-2 取样柱的萃取溶剂，然而 Dreyer 等指出使用乙酸乙酯作为 PUF/XAD-2 取样柱的萃取溶剂时会对仪器检测产生较强的基质效应，并将其归因于乙酸乙酯中的杂质主要是乙酸的作用，并提出使用丙酮∶MTBE（1∶1）作萃取溶剂可以避免基质效应的产生（Dreyer et al.，2008）。

第 7 章 全氟及多氟烷基化合物的分析

表 7-4 气态基质中 PFASs 的分析方法

样品类型	样品采集方式	目标化合物	萃取溶剂	检测方法	检出限或定量限	参考文献
室外空气	PUF/XAD-2	4:2 FTOH, 6:2 FTOH, 8:2 FTOH, 10:2 FTOH, N-EtFOSA, N-EtFOSE	乙酸乙酯, 甲醇	GC/MS (PCI/NCI-SIM)	0.15~6.2 pg/m³	(Martin et al., 2002)
室内空气、室外空气	PUF	MeFOSE, EtFOSE, EtFOSEA, MeFOSEA	石油醚：丙酮 (1:1) 索氏提取	GC/MS (EI/NCI)	0.01~7.1 pg/m³	(Shoeib et al., 2005)
室内空气	XAD/PUF	6:2 FTOH, 8:2 FTOH, 10:2 FTOH, MeFOSE, EtFOSE, MeFOSEA	石油醚：丙酮 (1:1) 索氏提取；氧化铝净化	GC/MS (PCI/NCI-SIM)	0.8~3.5 pg/m³	(Shoeib et al., 2006)
室外空气	GFF	6:2 FTOH, 8:2 FTOH, 10:2 FTOH, MeFOSE, EtFOSE, MeFOSEA	正己烷索氏提取；氧化铝净化	GC/MS (PCI/EI-SIM)	<1.7 pg/m³	(Shoeib et al., 2008)
室外空气	PUF XAD-4	FTOHs, fFOSA, N-MeFOSE, N-EtFOSE	石油醚：丙酮 (1:1) 索氏提取；XX 净化	GC/MS (PCI/EI-SIM)	未报道	
室内空气、室外空气	Isolute ENV+ SPE cartridge	10:2 Ftolefin, 4:2 FTOH, 6:2 FTOH, 8:2 FTOH, 10:2 FTOH, N-MeFOSA, N-EtFOSA, N-MeFOSE, N-EtFOSE	二氯甲烷：乙酸乙酯 (100:1)	GC/MS (CI)	0.3~2.1 pg/m³	(Jahnke et al., 2007a)
大气	PUF-XAD	FTOHs, N-MeFBSA, N-MeFBSE, FOSEs, FOSEs, PFSA, PFCA, FTCA, FTUCA	乙酸乙酯	GC/MS (中性 PFASs); LC/ESI-TOF-HRMS	0.01~120 pg/m³	(Barber et al., 2007)
大气	PUF/XAD-2	4:2 FTOH, 6:2 FTOH, 8:2 FTOH, 10:2 FTOH, 12:2 FTOH, 6:2 FTA, 8:2 FTA, 10:2 FTA, MeFBSA, MeFOSA, Me₂FOSA, EtFOSA	丙酮：MTBE (1:1)	GC/MS (PCI/NCI-SIM)	0.1~4.1 pg/m³	(Dreyer et al., 2008)
室内空气	活性碳纤维毡 (ACF)	6:2 FTOH, 8:2 FTOH, 10:2 FTOH, 8:2 FTOAcryl 和 8:2 FTOMethacryl	乙酸乙酯	GC/MS	3~24 pg/m³	(Oono et al., 2008)
室内空气、室外空气、气和灰尘	PUF/XAD-2/PUF 用于室外空气, ENVI-Carb SPE 滤筒用于室内空气；防尘袋用于灰尘	PFSAs, PFCAs, FTOHs, FOSAs, FOSEs, FTUCAs, FTSA	甲醇	离子型 PFASs 用 UPLC-MS/MS; 中性 PFASs 用 GC/MS 检测	0.52~280 pg/m³	(Ericson et al., 2012)
室内空气	SPE	FTOHs; C₄~C₁₂ PFCAs; C₄, C₆, C₈ PFSAs; 6:2 FOSE/As; 8:2 diPAPs	甲醇，乙酸乙酯	GC/MS/MS	0.9~26.0 pg/m³	(Yao et al., 2018)

小容量 SPE 采样器最初是为采集挥发性中性 PFASs 开发的（Jahnke et al.,2007b）。研究者开发了一种新型的 SPE 柱，实现了空气中中性和离子型 PFASs 的同时采集。该采样器由两层吸收剂组成：用于捕集主要为中性 PFASs 的 HC-C_{18} 上层（250 mg）和用于捕获可离子化 PFASs 的 WAX 下层（250 mg）。用这种 SPE 对采集的空气和灰尘样品中 PFASs 进行提取，取样后，用 5 mL 乙酸乙酯（E1）洗脱中性 PFASs，用 4 mL 0.5% NH_4OH/甲醇溶液（E2）洗脱离子型 PFASs。洗脱液 E1 和 E2 分别浓缩至 0.5 mL，并分别进行中性和离子型 PFASs 的检测（Yao et al.,2018）。

7.2.3 仪器检测技术

PFASs 属于有机氟的一类，有机氟化物的含量测定，最早采用的是威克波尔德燃烧法（Sweetser，1956），到 20 世纪 60 年代发展了核磁共振技术检测法，再到近些年来利用气相或液相色谱与质谱联用技术进行检测，方法逐渐趋于完善，灵敏度也越来越高。PFASs 种类繁多，不同 PFASs 之间化学物理性质差异很大，离子型 PFASs 主要利用液相与质谱联用的方法进行检测，中性 PFASs 主要通过气相质谱联用检测。

HPLC-MS/MS 是目前文献报道中最常见的 PFASs 检测方法，它的优点是串联质谱的选择性和灵敏度高，前处理要求较低，线性范围较宽，检测限较低，在浓度较低、介质复杂的情况下具有显著优势，可以定量检测环境及生物基质中的痕量 PFASs（Gremmel et al.,2017）。HPLC/MS 和 HPLC/Q-TOF 也在部分研究中用于 PFASs 的检测，但与 HPLC-MS/MS 相比，HPLC/MS 具有选择性较差的缺点，检测基质复杂时容易出现基质效应，甚至出现化合物定性错误（Lord and Pawliszyn，2000）。HPLC/Q-TOF 具有高分辨率和高质量准确度，可以降低共流出物及基质干扰，但 Q-TOF 具有灵敏度稍低、线性范围小的缺点，因此在实际环境样品的检测中应用较少。

随着液相色谱技术的发展，具有超高分离度、超高速度和超高灵敏度的超高液相色谱-串联质谱（UPLC-MS/MS）也被用于 PFASs 的检测。相较于 HPLC，UPLC 色谱柱的柱效更高而柱长更短，能够更好地分离色谱峰并且分离过程更快，大大缩短了样品检测的时间；另外，UPLC 色谱柱使用小颗粒技术可以得到更窄的色谱峰宽和更高的峰高，大大提高样品检测的灵敏度。但是 UPLC-MS/MS 对样品前处理的要求很高，如果前处理过程中，杂质没有很好的清除，将会造成色谱柱阻塞。另外，UPLC 也相对昂贵，不利于大规模普及使用。

在一些研究中表明，MS/MS 在选择性方面存在不足，而高分辨率质谱（HRMS）技术的发展有效地解决了这一问题，其中 Orbitrap-HRMS 在近年来逐渐开始被应用于 PFASs 的检测（Wang et al., 2013）。Orbitrap-HRMS 在复杂基质中 PFASs 的痕量分析中的优势强大，如高达 1 ppm 的质量精度，可为复杂样品提供高选择性的精密方法。另外，高分辨率与快速扫描速度的结合为新型 PFASs 的超痕量水平的确认性分析提供了新的视角。目前，Orbitrap-HRMS 技术已用来分析人类母乳（Kadar et al., 2011）、河水（Lin et al., 2016）、生活污水和饮用水（Munoz et al., 2015）、工业废水（Liu et al., 2015）和河流沉积物（Munoz et al., 2016）中的 PFASs。

与离子型 PFASs 不同，中性 PFASs 最常见的仪器分析方法是气相色谱/质谱联用（GC/MS）法。正化学电离源（positive chemical ionization, PCI）（Hammond et al., 1980）、负化学电离源（negative chemical ionization, NCI）（Shoeib et al., 2005）以及电子轰击电离源（electron impact ionization, EI）（Bourdon et al., 1999）都可以应用于中性 PFASs 的电离，其中 PCI 有较高的选择性，应用更为广泛。少量研究也将前处理后的样品进行衍生增加离子型 PFASs 挥发性后，通过 GC/MS 方法进行测定（De Silva and Mabury, 2004; Scott et al., 2006; Jurado-Sánchez et al., 2013; Shafique et al., 2017）。与 LC/MS 相比，GC/MS 具有较低的仪器空白污染和更好的分离能力，在检测 PFASs 同分异构体方面具有独特的优势，一些研究人员利用 GC-MS 开发了 PFOS 异构体的衍生化和检测方法（Langlois et al., 2007; Chu and Letcher, 2009; Greaves and Letcher, 2013）。

7.2.4 快速及新型样品分析检测方法

随着样品制备和检测技术的发展，研究人员开发了一系列快速、灵敏、操作简便、样品和试剂使用量小的分析检测方法，包括在线固相萃取、在线固相微萃取、湍流色谱、QuEChERs（Quick, Easy, Cheap, Effective, Rugged, Safe）、新型吸附剂材料等前处理方法，以及 LC-HRMS、TOF 等色谱及质谱检测技术。

在线固相萃取-液相色谱-串联质谱法（online SPE HPLC-MS/MS），是将固相萃取小柱制作成商品化的在线固相萃取色谱柱，利用二元液相色谱阀切换技术，实现了液体样品的直接进样、在线萃取、净化、洗脱及检测。这种直接进样的方法可以快速同时测定多种 PFASs，并且具有背景污染小、回收率高的特点。此外，采用具有预浓缩柱的柱开关系统可以增加样品的进样体积，从而提高了检测的灵敏度。通过在线固相萃取-液相色谱-串联质谱法仅需 350 μL 河水，就能实现 9 种 PFAAs 的痕量检测（Gosetti et al., 2010），如果采用在线毛细管固相微萃取结合液质联用技术（in tube-SPME-LC-MS），采样体积甚至可以低至 10 μL（Saito et al., 2010）。

在流行病学研究中，为了方便进行大规模快速化学分析，血清等样品的采样体积非常有限，因此将有限体积的样品分成更小的等分试样，分别测试不同的指标是常见的做法，而对于 PFASs 来说，一般离线液液萃取、固相萃取检测全血、血清和血浆检测 PFASs 需要的样品量为 0.5~3 mL，因此样品量成了大规模流行病学研究中的限制因素。生物样品如血清、血浆中 PFASs 的提取及检测也可采用在线方法(Pérez et al., 2013; Campo et al., 2016)，在线固相萃取法只需要 100 μL 的样品就可以实现人体血清中 PFCAs 的检测，并且能达到接近或低于离线提取技术的检测限(Wang et al., 2011)。Kato 等（2009）应用在线 SPE 技术，通过从新生儿采集的干血斑标本，用缓冲液和甲醇复融后取 75 μL 样品检测 PFOA 和 PFOS 的浓度，取得了良好的效果。

湍流色谱（TurboFlow）技术出现在 20 世纪 90 年代末，是一种新型的样品萃取和净化方法，通常和液相色谱-质谱联用实现样品的在线检测，可被用作一种高通量样品处理技术。这种技术利用了在内直径为 0.5~1.0 mm 且填满了直径为 30~60 μm 微粒在高流速下形成的湍流现象，大分子被冲进废液，没有机会扩散到微粒孔中，小分子化合物比大分子（如蛋白质、油脂、糖类）扩散更快，且能进入吸附剂的空腔中。通过切换阀技术，目标物将被洗脱并富集到分析柱进行色谱分离。Takino 等采用 TFC-LC/APPI-MS 检测了河水中 PFOS 的浓度（Takino et al., 2003）。TurboFlow SPE 后被应用于血液中 PFASs 的检测，中国科学院生态环境研究中心傅建捷等基于在线湍流固相萃取-液相色谱-串联质谱（online TurboFlow SPE HPLC-MS/MS）将血清稀释后直接进样，可在 20 min 内完成 21 种 PFASs（PFCA、PFSA、PFOSA）（Gao et al., 2016）的检测。随后又进一步对该方法进行了完善，建立了将血清直接进样检测血清中全氟烷酸及其前驱体共 10 类 43 种 PFASs（PFCAs、PFSAs、FTSAs、monoPAPs、diPAPs、PFPAs、PFPiAs、FOSAs、FOSAAs、Cl-PFESA）的整体解决方案，并且每个样品的检测时间仅为 19min（Gao et al., 2018）。PFASs 为亲蛋白型化合物，其在生物血清内会与蛋白如血清白蛋白结合，从而形成自由态和结合态两种形式，自由态 PFASs 的浓度会影响其在生物体内中分布、积累与消除，为了更好地研究 PFASs 在人体内的实际存在形态，该研究组进一步利用 TurboFlow SPE 柱将大分子蛋白及蛋白-PFASs 复合体排出检测系统后，开发了单独检测自由态 PFASs 的方法（Gao et al., 2019）（图 7-3）。在线湍流色谱技术也被用来检测固体沉积物、生物固体基质和食物样品中的 PFASs（Pérez et al., 2013; Campo et al., 2016），有时也采用两根在线湍流色谱柱串联在一起对生物组织和沉积物中的 PFASs 进行分析（Mazzoni et al., 2015）。

QuEChERs 是一种基于基质分散固相萃取技术，提取复杂基质中痕量污染物的方法，具有快速、简便、经济、高效、耐用、安全的优势。这种方法采用乙腈、乙酸乙酯或其他有机溶剂对样品进行溶剂萃取后，加入硫酸镁（$MgSO_4$）或其他盐（通常为 NaCl）混合，在提取物中加入少量的 SPE 填料吸附剂进行样品净化，常用的吸附剂是 PSA、C_{18}、石墨化碳或弗罗里硅土，净化步骤之后，将提取物离

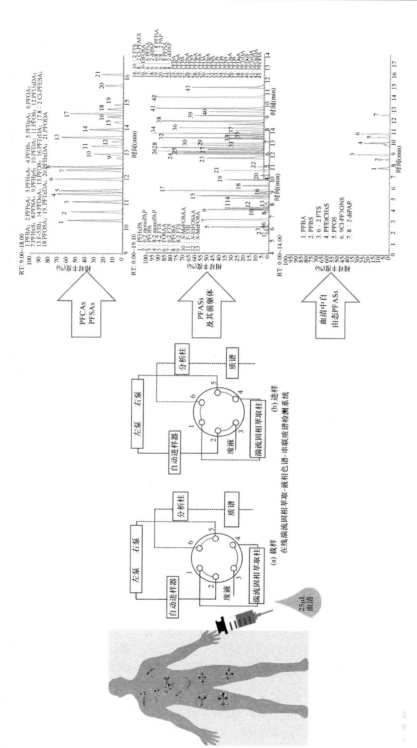

图 7-3 在线湍流固相萃取-液相色谱-串联质谱法（online TurboFlow SPE HPLC-MS/MS）检测血清中 PFASs 及其前驱体和自由态 PFASs 的流程示意图（Gao et al., 2016; Gao et al., 2018; Gao et al., 2019）

心取上清液直接分析。目前该方法已被应用于母乳（Yu et al.，2015）、食品（Hlouskova et al.，2013）、蜂蜜（Surma et al.，2016）中 PFAS 的分析检测中。

一些新材料也用于 PFASs 的检测，利用 CMK-8 作为一种新的表面增强激光解吸/电离（SELDI）探针，结合 TOF-MS 检测，实现了人体全血血滴中有毒污染物的快速检测筛选和鉴定，这种方法与传统方法检测结果具有很好的相关性，可应用于人体血清中 PFOS 的检测（Huang et al.，2016）。另外，研究者通过制备一种具有核壳结构的磁性纳米复合材料（Fe_3O_4@SiOr-NH_2），用于水体中 PFASs 的富集及萃取，并结合 UPLC-MS/MS 检测了水中 7 种 PFASs（聂阳等，2016）。另外，作为相关仪器检测技术领域的创新，超高性能聚合色谱（UPC2）[超临界流体色谱法（SFC）]也被用于未保留在液相色谱柱中的化合物，如超短链 PFASs（C_2~C_3）的检测中（Yeung et al.，2017）。

7.2.5 新型 PFASs 的识别与鉴定

目前环境和生物体中受到关注的 PFASs 被认为仅仅是有机氟化物的一小部分，Weiner 等（2013）对加拿大 11 种水成膜泡沫灭火剂（aqueous film forming foams，AFFFs）中有机氟化物进行了测定，发现有机氟化物的含量超过 92%，而其中已知 PFASs（如 PFSA、PFCA 和 FTSA 等）的比例仅占 1.0%~52%，说明目前使用的水成膜泡沫灭火剂中存在大量的未知有机氟化物。研究表明，无论是野生动物，还是人体血液和血浆中也存在大量未知 PFASs（Liu et al., 2018；Yeung and Mabury，2016；Yeung et al.，2008），对环境中未知新型 PFASs 的识别与鉴定刻不容缓。

鉴定新型 PFASs 的样品前处理方法与常规分析方法相比有重大差异，质量平衡分析方法和氧化转化方法是常用的分析未知氟化组分所采用的鉴别方法。质量平衡分析法要求对所含氟分子形态进行识别，包括总氟（TF）、无机氟化物、不可萃取的有机氟和可萃取的有机氟（EOF）等（Yeung et al.，2008）。对于总氟，常用的处理方法是用自动燃烧装置与离子色谱法结合。可萃取的有机氟不仅含有常规的 PFASs，而且还含有其他可以用有机溶剂提取的有机氟成分。甲基叔丁基乙醚可用于萃取人体血液样品中 PFSAs 和 PFCAs，萃取后的残留物进一步用己烷提取非极性的有机氟化合物。两者加起来用于分析有机氟组分（Miyake et al.，2007）。另外一种氧化转化法，是在实验室条件下，利用过硫酸盐在碱性环境中热解生成的羟基自由基将样品中的 PFASs 前驱体物质全部氧化为 PFAAs 的方法。通过比较氧化前后样品中 PFAAs 浓度的差异，可以推测样品中 PFASs 前驱体物质的浓度（Houtz and Sedlak，2012）。

非靶标筛查（non-targeted screening）可在没有商业标准品、对分析物不进行预选择的前提下对样品所含污染物进行总筛查（Brack，2003），目前已成为识别和鉴别新型 PFASs 的重要方法之一。环境和生物样品通常组成复杂，建立有效的非靶标筛查方法，对综合评价环境和生物样品中 PFASs 的污染状况具有重要意义。目前已有研究使用液相色谱与高分辨质谱联用（HPLC-HRMS）技术进行环境和生物体中未知 PFASs 的非靶标筛选（Barzenhanson et al., 2017; Liu et al., 2015; Xu et al., 2017; Baduel et al., 2017; Gao et al., 2018），使用的高分辨质谱包括四级杆飞行时间质谱（QTOF-MS）、静电场轨道阱质谱（Orbitrap-MS）和傅里叶变换离子回旋共振质谱（FT-ICRMS）三类。在环境与生物样品的全扫描 HPLC-HRMS 分析中，从液相色谱柱中流出并被高分辨离子化的物质都会被检测，并产生大量的质谱响应信号。利用 HRMS 高分辨率及质谱数据库搜索，可以区分不同物质，特别是质量数十分接近的化合物，而 HRMS 高质量精度的特点则可以在化学分子式的推断方面发挥优势。通常，非靶标筛选的基本流程：①将前处理后的样品先进行 HPLC-HRMS 全扫描；②分析全扫图谱，挑选出疑似 PFASs 的离子；③利用数据分析软件推测选定离子的分子式；④对疑似 PFASs 的离子进行 MS^n 扫描，利用碎片信息验证推测出的分子式，并进一步推断其结构信息；⑤利用标准品最终确认疑似 PFASs 离子的结构。

7.3 总结和展望

PFASs 尤其新型 PFASs 在环境和生物体中的浓度相对较低，需要高灵敏度的方法来对它们进行准确定性定量分析。样品基质不同，前处理方法有所不同，但都需要经过一系列的样品预处理、样品萃取与净化过程，排除有机物质，如脂质、蛋白质、色素，以及腐殖酸和富里酸等杂质的干扰后，再进行仪器检测。常用的前处理方法如液液萃取和固相萃取，需要大量的洗脱溶剂并且耗用时间长。基于柱切换技术的在线固相萃取，毛细管固相微萃取，尤其是湍流固相萃取、QuEChERs 等技术受到越来越多人的关注。MS 技术已经成为 PFASs 检测不可或缺的工具，与 LC 或 GC 等分离技术相联用的三重四极杆串联质谱（MS/MS）、飞行时间质谱（TOF-MS）、高分辨质谱（HRMS）技术已经广泛用于已知 PFASs 检测以及未知化合物结构鉴定、定性定量分析上。随着多维色谱（包括全二维液相色谱 LC×LC 和全二维气相色谱 GC×GC）、离子淌度质谱（IMS-MS）、傅里叶离子回旋共振质谱（FT-ICRMS）等新型技术的发展，复杂环境和生物样品中 PFASs 的识别与鉴定、分离及检测方面将会取得更大的进展。

参 考 文 献

李静, 张鸿, 柴之芳, 沈金灿, 杨波, 2014. 分散固相萃取结合 HPLC-MS/MS 检测鸡蛋中 16

种全氟化合物. 分析测试学报, 33: 1109-1115.

林钦, 2013. 聚酰胺固相萃取法检测动物源食品中全氟辛酸和全氟辛烷磺酸. 食品科学, 34: 241-245.

刘莉治, 郭新东, 方军, 冼燕萍, 黄聪, 彭荣飞, 罗晓燕, 2013. UPLC-MS/MS 法检测肉类组织中的 11 种全氟化合物. 分析测试学报, 32(7): 862-866.

聂阳, 王永花, 胡良锋, 洪诚, 陆光华, 2016. Fe_3O_4@ SiO_2-NH_2 磁性复合材料对水中全氟化合物的检测研究. 分析测试学报, 35: 1-7.

王杰明, 潘媛媛, 史亚利, 蔡亚岐, 2009. 高效液相色谱-串联质谱法对奶粉、酸奶中全氟化合物的分析. 分析测试学报, 28(6): 720-724.

王杰明, 王丽, 冯玉静, 潘媛媛, 史亚利, 蔡亚岐, 2010. 液相色谱-质谱联用分析动物内脏和肌肉组织中的全氟化合物. 食品科学, 31(4): 127-131.

王利兵, 吕刚, 冯智劼, 赵好力宝, 2007. 液相色谱-质谱/质谱法测定包装材料中的全氟辛酸及其盐类物质. 色谱, 25: 115.

朱萍萍, 岳振峰, 郑宗坤, 张毅, 黎文茵, 赵凤娟, 肖陈贵, 白润叶, 林蔚, 2015. 分散固相萃取结合高效液相色谱-串联质谱法测定羊肝中 19 种全氟烷基酸. 色谱, 33: 494-500.

Bach C, Boiteux V, Hemard J, Colin A, Rosin C, Munoz J F, Dauchy X, 2016a. Simultaneous determination of perfluoroalkyl iodides, perfluoroalkane sulfonamides, fluorotelomer alcohols, fluorotelomer iodides and fluorotelomer acrylates and methacrylates in water and sediments using solid-phase microextraction-gas chromatography/mass spectrometry. Journal of Chromatography A, 1448: 98-106.

Bach C C, Bech B H, Nohr E A, Olsen J, Matthiesen N B, Bonefeld-Jørgensen E C, Bossi R, Henriksen T B, 2016b. Perfluoroalkyl acids in maternal serum and indices of fetal growth: The Aarhus birth cohort. Environmental Health Perspectives, 124: 848-854.

Baduel C, Mueller J F, Rotander A, Corfield J, Gomez-Ramos M J, 2017. Discovery of novel per- and polyfluoroalkyl substances (PFASs) at a fire fighting training ground and preliminary investigation of their fate and mobility. Chemosphere, 185: 1030-1038.

Barber J L, Berger U, Chaemfa C, Huber S, Jahnke A, Temme C, Jones K C, 2007. Analysis of per-and polyfluorinated alkyl substances in air samples from Northwest Europe. Journal of Environmental Monitoring, 9: 530-541.

Bartolomé M, Gallego-Picó A, Huetos O, Lucena M Á, Castaño A, 2016. A fast method for analysing six perfluoroalkyl substances in human serum by solid-phase extraction on-line coupled to liquid chromatography tandem mass spectrometry. Analytical and Bioanalytical Chemistry, 408: 2159-2170.

Barzenhanson K A, Roberts S C, Choyke S J, Oetjen K, Mcalees A, Riddell N, Mccrindle R, Ferguson P L, Higgins C P, Field J A, 2017. Discovery of 40 classes of per- and polyfluoroalkyl substances in historical aqueous film-forming foams (AFFFs) and AFFF-impacted groundwater. Environmental Science & Technology, 51(4): 2047-2057.

Boiteux V, Bach C, Sagres V, Hemard J, Colin A, Rosin C, Munoz J F, Dauchy X, 2016. Analysis of 29 per-and polyfluorinated compounds in water, sediment, soil and sludge by liquid chromatography-tandem mass spectrometry. International Journal of Environmental Analytical Chemistry, 8: 1-24.

Bourdon E, Loreau N, Blache D, 1999. Glucose and free radicals impair the antioxidant properties of serum albumin. The FASEB Journal, 13: 233-244.

Brack W, 2003. Effect-directed analysis: A promising tool for the identification of organic toxicants in complex mixtures? Analytical & Bioanalytical Chemistry, 377: 397-407.
Buck R C, Franklin J, Berger U, Conder J M, Cousins I T, De Voogt P, Jensen A A, Kannan K, Mabury S A, Van Leeuwen S P, 2011. Perfluoroalkyl and polyfluoroalkyl substances in the environment: Terminology, classification, and origins. Integrated Environmental Assessment and Management, 7: 513-541.
Campo J, Lorenzo M, Pérez F, Picó Y, Farré M, Barceló D, 2016. Analysis of the presence of perfluoroalkyl substances in water, sediment and biota of the Jucar River (E Spain). Sources, partitioning and relationships with water physical characteristics. Environmental Research, 147: 503-512.
Cavaliere C, Capriotti A L, Ferraris F, Foglia P, Samperi R, Ventura S, Laganà A, 2016. Multiresidue analysis of endocrine-disrupting compounds and perfluorinated sulfates and carboxylic acids in sediments by ultra-high-performance liquid chromatography–tandem mass spectrometry. Journal of Chromatography A, 1438: 133-142.
Cerveny D, Grabic R, Fedorova G, Grabicova K, Turek J, Kodes V, Golovko O, Zlabek V, Randak T, 2015. Perfluoroalkyl substances in aquatic environment-comparison of fish and passive sampling approaches. Environmental Research, 144: 92.
Cerveny D, Grabic R, Fedorova G, Grabicova K, Turek J, Kodes V, Golovko O, Zlabek V, Randak T, 2016. Perfluoroalkyl substances in aquatic environment-comparison of fish and passive sampling approaches. Environmental Research, 144: 92-98.
Chu S, Letcher R J, 2009. Linear and branched perfluorooctane sulfonate isomers in technical product and environmental samples by in-port derivatization-gas chromatography-mass spectrometry. Analytical Chemistry, 81: 4256-4262.
Couderc M, Poirier L, Zaloukvergnoux A, Kamari A, Marchand P, Veyrand B, Mouneyrac C, Le B B, 2015. Occurrence of POPs and other persistent organic contaminants in the European eel (*Anguilla anguilla*) from the Loire estuary, France. Science of the Total Environment, 505: 199-215.
D'eon J C, Mabury S A, 2011. Exploring indirect sources of human exposure to perfluoroalkyl carboxylates (PFCAs): Evaluating uptake, elimination, and biotransformation of polyfluoroalkyl phosphate esters (PAPs) in the rat. Environmental Health Perspectives, 119: 344-350.
D'eon J C, Crozier P W, Furdui V I, Reiner E J, Libelo E L, Mabury S A, 2009. Observation of a commercial fluorinated material, the polyfluoroalkyl phosphoric acid diesters, in human sera, wastewater treatment plant sludge, and paper fibers. Environmental Science & Technology, 43: 4589-4594.
De Silva A O, Mabury S A, 2004. Isolating isomers of perfluorocarboxylates in polar bears (*Ursus maritimus*) from two geographical locations. Environmental Science & Technology, 38: 6538-6545.
Dinglasan-Panlilio M J A, Mabury S A, 2006. Significant residual fluorinated alcohols present in various fluorinated materials. Environmental Science & Technology, 40: 1447-1453.
Dreyer A, Temme C, Sturm R, Ebinghaus R, 2008. Optimized method avoiding solvent-induced response enhancement in the analysis of volatile and semi-volatile polyfluorinated alkylated compounds using gas chromatography-mass spectrometry. Journal of Chromatography A, 1178: 199-205.
Ericson J I, Nadal M, Van B B, Lindström G, Domingo J L, 2012. Per- and polyfluorinated

compounds (PFCs) in house dust and indoor air in Catalonia, Spain: Implications for human exposure. Environment International, 39: 172-180.

Gao K, Fu J J, Xue Q, Li Y L, Liang Y, Pan Y Y, Zhang A Q, Jiang G B, 2018. An integrated method for simultaneously determining 10 classes of per- and polyfluoroalkyl substances in one drop of human serum. Analytica Chimica Acta, 999: 76-86.

Gao K, Gao Y, Li Y L, Fu J J, Zhang A Q, 2016. A rapid and fully automatic method for the accurate determination of a wide carbon-chain range of per- and polyfluoroalkyl substances (C_4~C_{18}) in human serum. Journal of Chromatography A, 1471: 1-10.

Gao K, Fu J J, Xue Q, Fu J, Fu K, Zhang A Q, Jiang G B, 2019. Direct determination of free state low molecular weight compounds in serum by online TurboFlow SPE HPLC-MS/MS and its application. Talanta, 194: 960-968.

Gebbink W A, Ullah S, Sandblom O, Berger U, 2013. Polyfluoroalkyl phosphate esters and perfluoroalkyl carboxylic acids in target food samples and packaging-method development and screening. Environmental Science and Pollution Research, 20: 7949-7958.

Giesy J P, Kannan K, 2001. Global distribution of perfluorooctane sulfonate in wildlife. Environmental Science & Technology, 35: 1339-1342.

Glynn A, Berger U, Bignert A, Ullah S, Aune M, Lignell S, Darnerud P O, 2012. Perfluorinated alkyl acids in blood serum from primiparous women in Sweden: Serial sampling during pregnancy and nursing, and temporal trends 1996-2010. Environmental Science & Technology, 46: 9071-9079.

Gosetti F, Chiuminatto U, Zampieri D, Mazzucco E, Robotti E, Calabrese G, Gennaro M C, Marengo E, 2010. Determination of perfluorochemicals in biological, environmental and food samples by an automated on-line solid phase extraction ultra high performance liquid chromatography tandem mass spectrometry method. Journal of Chromatography A, 1217: 7864-7872.

Greaves A K, Letcher R J, 2013. Linear and branched perfluorooctane sulfonate (PFOS) isomer patterns differ among several tissues and blood of polar bears. Chemosphere, 93: 574-580.

Gremmel C, Frömel T, Knepper T P, 2016. Systematic determination of perfluoroalkyl and polyfluoroalkyl substances (PFASs) in outdoor jackets. Chemosphere, 160: 173-180.

Gremmel C, Frömel T, Knepper T P, 2017. HPLC-MS/MS methods for the determination of 52 perfluoroalkyl and polyfluoroalkyl substances in aqueous samples. Analytical & Bioanalytical Chemistry, 409: 1-13.

Guo R, Megson D, Myers A L, Helm P A, Marvin C, Crozier P, Mabury S, Bhavsar S P, Tomy G, Simcik M, 2016. Application of a comprehensive extraction technique for the determination of poly- and perfluoroalkyl substances (PFASs) in Great Lakes Region sediments. Chemosphere, 164: 535-546.

Hammond G, Nisker J, Jones L, Siiteri P, 1980. Estimation of the percentage of free steroid in undiluted serum by centrifugal ultrafiltration-dialysis. Journal of Biological Chemistry, 255: 5023-5026.

Hansen K J, Clemen L A, And M E E, Johnson H O, 2001. Compound-specific, quantitative characterization of organic fluorochemicals in biological matrices. Environmental Science & Technology, 35: 766-770.

Himmelstein M W, Serex T L, Buck R C, Weinberg J T, Mawn M P, Russell M H, 2012. 8∶2 fluorotelomer alcohol: A one-day nose-only inhalation toxicokinetic study in the Sprague-Dawley rat with application to risk assessment. Toxicology, 291: 122-132.

Hlouskova V, Hradkova P, Poustka J, Brambilla G, De Filipps S P, D'hollander W, Bervoets L,

Herzke D, Huber S, De V P, 2013. Occurrence of perfluoroalkyl substances (PFASs) in various food items of animal origin collected in four European countries. Food Additives & Contaminants Part A Chemistry Analysis Control Exposure & Risk Assessment, 30: 1918-1932.

Housaindokht M R, Zaeri Z R, Bahrololoom M, Chamani J, Bozorgmehr M R, 2012. Investigation of the behavior of HSA upon binding to amlodipine and propranolol: Spectroscopic and molecular modeling approaches. Spectrochimica Acta Part A: Molecular and Biomolecular Spectroscopy, 85: 79-84.

Houtz E F, Sedlak D L, 2012. Oxidative conversion as a means of detecting precursors to perfluoroalkyl acids in urban runoff. Environmental Science & Technology, 46: 9342-9349.

Huang X, Liu Q, Fu J J, Nie Z, Gao K, Jiang G B, 2016. Screening of toxic chemicals in a single drop of human whole blood using ordered mesoporous carbon as a mass spectrometry probe. Analytical Chemistry, 88: 4107-4113.

Huber S, Brox J, 2015. An automated high-throughput SPE micro-elution method for perfluoroalkyl substances in human serum. Analytical and Bioanalytical Chemistry, 407: 3751-3761.

Jahnke A, Ahrens L, Ebinghaus R, Berger U, Barber J L, Temme C, 2007a. An improved method for the analysis of volatile polyfluorinated alkyl substances in environmental air samples. Analytical and Bioanalytical Chemistry, 387: 965-975.

Jahnke A, Huber S, Temme C, Kylin H, Berger U, 2007b. Development and application of a simplified sampling method for volatile polyfluorinated alkyl substances in indoor and environmental air. Journal of Chromatography A, 1164: 1-9.

Jiang Q, Lust R M, Strynar M J, Dagnino S, Dewitt J C, 2012. Perfluorooctanoic acid induces developmental cardiotoxicity in chicken embryos and hatchlings. Toxicology, 293: 97-106.

Jurado-Sánchez B, Ballesteros E, Gallego M, 2013. Semiautomated solid-phase extraction followed by derivatisation and gas chromatography-mass spectrometry for determination of perfluoroalkyl acids in water. Journal of Chromatography A, 1318: 65-71.

Kadar H, Veyrand B, Barbarossa A, Pagliuca G, Legrand A, Bosher C, Boquien C-Y, Durand S, Monteau F, Antignac J-P, Le Bizec B, 2011. Development of an analytical strategy based on liquid chromatography-high resolution mass spectrometry for measuring perfluorinated compounds in human breast milk: Application to the generation of preliminary data regarding perinatal exposure in France. Chemosphere, 85: 473-480.

Kannan K, Corsolini S, Falandysz J, Fillmann G, Kumar K S, Loganathan B G, Mohd M A, Olivero J, Van W N, Yang J H, 2004. Perfluorooctanesulfonate and related fluorochemicals in human blood from several countries. Environmental Science & Technology, 38: 4489.

Kärrman A, Lindström G, 2013. Trends, analytical methods and precision in the determination of perfluoroalkyl acids in human milk. TrAC Trends in Analytical Chemistry, 46: 118-128.

Kärrman A, Van Bavel B, Järnberg U, Hardell L, Lindström G, 2005. Development of a solid-phase extraction-HPLC/single quadrupole MS method for quantification of perfluorochemicals in whole blood. Analytical Chemistry, 77: 864-870.

Kato K, Wanigatunga A A, Needham L L, Calafat A M, 2009. Analysis of blood spots for polyfluoroalkyl chemicals. Analytica Chimica Acta, 656: 51-55.

Kato K, Wong L Y, Jia L T, Kuklenyik Z, Calafat A M, 2011. Trends in exposure to polyfluoroalkyl chemicals in the US population: 1999-2008. Environmental Science & Technology, 45: 8037-8045.

Kelly B C, Ikonomou M G, Blair J D, Surridge B, Hoover D, Grace R, Gobas F A, 2009.

Perfluoroalkyl contaminants in an Arctic marine food web: Trophic magnification and wildlife exposure. Environmental Science & Technology, 43: 4037-4043.

Kim S, Choi K, Ji K, Seo J, Kho Y, Park J, Kim S, Park S, Hwang I, Jeon J, 2011. Trans-placental transfer of thirteen perfluorinated compounds and relations with fetal thyroid hormones. Environmental Science & Technology, 45: 7465-7472.

Kotthoff M, Müller J, Jürling H, Schlummer M, Fiedler D, 2015. Perfluoroalkyl and polyfluoroalkyl substances in consumer products. Environmental Science and Pollution Research, 22: 14546-14559.

Kratochwil N A, Huber W, Müller F, Kansy M, Gerber P R, 2002. Predicting plasma protein binding of drugs: A new approach. Biochemical Pharmacology, 64: 1355-1374.

Kuklenyik Z, Needham L L, Calafat A M, 2005. Measurement of 18 perfluorinated organic acids and amides in human serum using on-line solid-phase extraction. Analytical Chemistry, 77: 6085-6091.

Kuklenyik Z, Reich J A, Tully J S, Needham L L, Calafat A M, 2004. Automated solid-phase extraction and measurement of perfluorinated organic acids and amides in human serum and milk. Environmental Science & Technology, 38: 3698-3704.

Langlois I, Berger U, Zencak Z, Oehme M, 2007. Mass spectral studies of perfluorooctane sulfonate derivatives separated by high-resolution gas chromatography. Rapid Communications in Mass Spectrometry, 21: 3547-3553.

Lee H, Mabury S A, 2011. A pilot survey of legacy and current commercial fluorinated chemicals in human sera from United States donors in 2009. Environmental Science & Technology, 45: 8067-8074.

Li J, Guo F, Wang Y, Liu J, Cai Z, Zhang J, Zhao Y, Wu Y, 2012. Development of extraction methods for the analysis of perfluorinated compounds in human hair and nail by high performance liquid chromatography tandem mass spectrometry. Journal of Chromatography A, 1219: 54-60.

Li Y, Gao K, Bu D, Zhang G, Cong Z, Yan G, Fu J J, Zhang A Q, Jiang G B, 2018. Analysis of a broad range of perfluoroalkyl acids in accipiter feathers: Method optimization and their occurrence in Nam Co Basin, Tibetan Plateau. Environmental Geochemistry & Health, 40: 1877-1886.

Lin Y F, Liu R Z, Hu F B, Liu R, Ruan T, Jiang G B, 2016. Simultaneous qualitative and quantitative analysis of fluoroalkyl sulfonates in riverine water by liquid chromatography coupled with Orbitrap high resolution mass spectrometry. Journal of Chromatography A, 1435: 66-74.

Liu Y N, Pereira A D S, Martin J W, 2015. Discovery of $C_5 \sim C_{17}$ poly- and perfluoroalkyl substances in water by in-line SPE-HPLC-Orbitrap with in-source fragmentation flagging. Analytical Chemistry, 87: 4260-4268.

Liu Y N, Richardson E S, Derocher A E, Lunn N J, Lehmler, H J, Li X, Zhang Y, Cui J Y, Cheng L, Martin J W. 2018. Hundreds of unrecognized halogenated contaminants discovered in polar bear serum. Angewandte Chemie International Edition, 57: 16401-16406.

Llorca M, Pérez F, Farré M, Agramunt S, Kogevinas M, Barceló D, 2012. Analysis of perfluoroalkyl substances in cord blood by turbulent flow chromatography coupled to tandem mass spectrometry. Science of the Total Environment, 433: 151-160.

Loewen M, Halldorson T, Wang F, Tomy G, 2005. Fluorotelomer carboxylic acids and PFOS in rainwater from an urban center in Canada. Environmental Science & Technology, 39: 2944-2951.

Loi E I H, Yeung L W Y, Mabury S A, Lam P K S, 2013. Detections of commercial fluorosurfactants in Hong Kong marine environment and human blood: A pilot study. Environmental Science & Technology, 47: 4677-4685.

Loken H, Havel R, Gordan G, Whittington S, 1960. Ultracentrifugal analysis of protein-bound and free calcium in human serum. Journal of Biological Chemistry, 235: 3654-3658.

Lord H, Pawliszyn J, 2000. Evolution of solid-phase microextraction technology. Journal of Chromatography A, 885: 153-193.

Lorenzo M, Campo J, Picó Y, 2015. Optimization and comparison of several extraction methods for determining perfluoroalkyl substances in abiotic environmental solid matrices using liquid chromatography-mass spectrometry. Analytical & Bioanalytical Chemistry, 407: 5767-5781.

Lorenzo M, Campo J, Picó Y, 2018. Analytical challenges to determine emerging persistent organic pollutants in aquatic ecosystems. TrAC Trends in Analytical Chemistry, 103: 137-155.

Maestri L, Negri S, Ferrari M, Ghittori S, Fabris F, Danesino P, Imbriani M, 2010. Determination of perfluorooctanoic acid and perfluorooctanesulfonate in human tissues by liquid chromatography/single quadrupole mass spectrometry. Rapid Communications in Mass Spectrometry Rcm, 20: 2728-2734.

Martín J, Zafra-Gómez A, Hidalgo F, Ibáñez-Yuste A, Alonso E, Vilchez J, 2017. Multi-residue analysis of 36 priority and emerging pollutants in marine echinoderms (*Holothuria tubulosa*) and marine sediments by solid-liquid extraction followed by dispersive solid phase extraction and liquid chromatography-tandem mass spectrometry analysis. Talanta, 166: 336-348.

Martin J W, Muir D C, Moody C A, Ellis D A, Kwan W C, Solomon K R, Mabury S A, 2002. Collection of airborne fluorinated organics and analysis by gas chromatography/chemical ionization mass spectrometry. Analytical Chemistry, 74: 584-590.

Martínez-Moral M P, Tena M T, 2013. Focused ultrasound solid-liquid extraction of perfluorinated compounds from sewage sludge. Talanta, 109: 197-202.

Mawn M P, Mckay R G, Ryan T W, Szostek B, Powley C R, Buck R C, 2005. Determination of extractable perfluorooctanoic acid (PFOA) in water, sweat simulant, saliva simulant, and methanol from textile and carpet samples by LC/MS/MS. Analyst, 130: 670-678.

Mazzoni M, Rusconi M, Valsecchi S, Martins C P, Polesello S, 2015. An on-line solid phase extraction-liquid chromatography-tandem mass spectrometry method for the determination of perfluoroalkyl acids in drinking and surface waters. Journal of Analytical Methods in Chemistry, 7: 942016.

Miyake Y, Yamashita N, Rostkowski P, So M K, Taniyasu S, Lam P K S, Kannan K, 2007. Determination of trace levels of total fluorine in water using combustion ion chromatography for fluorine: A mass balance approach to determine individual perfluorinated chemicals in water. Journal of Chromatography A, 1143: 98-104.

Moreta C, Tena M T, 2013. Fast determination of perfluorocompounds in packaging by focused ultrasound solid-liquid extraction and liquid chromatography coupled to quadrupole-time of flight mass spectrometry. Journal of Chromatography A, 1302: 88-94.

Munoz G, Duy S V, Budzinski H, Labadie P, Liu J, Sauve S, 2015. Quantitative analysis of poly- and perfluoroalkyl compounds in water matrices using high resolution mass spectrometry: Optimization for a laser diode thermal desorption method. Analytica Chimica Acta, 881: 98-106.

Munoz G, Duy S V, Labadie P, Botta F, Budzinski H, Lestremau F, Liu J, Sauve S, 2016. Analysis of zwitterionic, cationic, and anionic poly- and perfluoroalkyl surfactants in sediments by liquid chromatography polarity-switching electrospray ionization coupled to high resolution mass spectrometry. Talanta, 152: 447-456.

Naile J E, Garrison A W, Avants J K, Washington J W, 2016. Isomers/enantiomers of perfluorocarboxylic acids: Method development and detection in environmental samples. Chemosphere, 144: 1722-1728.

Oono S, Matsubara E, Harada K H, Takagi S, Hamada S, Asakawa A, Inoue K, Watanabe I, Koizumi A, 2008. Survey of airborne polyfluorinated telomers in Keihan area, Japan. Bulletin of Environmental Contamination and Toxicology, 80: 102-106.

Pérez F, Llorca M, Farré M, Barceló D, 2012. Automated analysis of perfluorinated compounds in human hair and urine samples by turbulent flow chromatography coupled to tandem mass spectrometry. Analytical and Bioanalytical Chemistry, 402: 2369-2378.

Pérez F, Nadal M, Navarro-Ortega A, Fàbrega F, Domingo J L, Barceló D, Farré M, 2013. Accumulation of perfluoroalkyl substances in human tissues. Environment International, 59: 354-362.

Picó Y, 2013. Ultrasound-assisted extraction for food and environmental samples. TrAC Trends in Analytical Chemistry, 43: 84-99.

Picó Y, Farré M, Barceló D, 2015. Quantitative profiling of perfluoroalkyl substances by ultrahigh-performance liquid chromatography and hybrid quadrupole time-of-flight mass spectrometry. Analytical and Bioanalytical Chemistry, 407: 4247-4259.

Poothong S, Lundanes E, Thomsen C, Haug L S, 2017. High throughput online solid phase extraction-ultra high performance liquid chromatography-tandem mass spectrometry method for polyfluoroalkyl phosphate esters, perfluoroalkyl phosphonates, and other perfluoroalkyl substances in human serum, plasma, and whole blood. Analytica Chimica Acta, 957: 10-19.

Portolés T, Rosales L E, Sancho J V, Santos F J, Moyano E, 2015. Gas chromatography-tandem mass spectrometry with atmospheric pressure chemical ionization for fluorotelomer alcohols and perfluorinated sulfonamides determination. Journal of Chromatography A, 1413: 107-116.

Ricci M, Lava R, Koleva B, 2016. Matrix certified reference materials for environmental monitoring under the EU water framework directive: An update. TrAC Trends in Analytical Chemistry, 76: 194-202.

Ruan T, Jiang G, 2017. Analytical methodology for identification of novel per-and polyfluoroalkyl substances in the environment. TrAC Trends in Analytical Chemistry, 95: 122-131.

Saito K, Uemura E, Ishizaki A, Kataoka H, 2010. Determination of perfluorooctanoic acid and perfluorooctane sulfonate by automated in-tube solid-phase microextraction coupled with liquid chromatography-mass spectrometry. Analytica Chimica Acta, 658: 141-146.

Schecter A, Malik-Bass N, Calafat A M, Kato K, Colacino J A, Gent T L, Hynan L S, Harris T R, Malla S, Birnbaum L, 2012. Polyfluoroalkyl compounds in Texas children from birth through 12 years of age. Environmental Health Perspectives, 120: 590.

Scott B F, Moody C A, Spencer C, Small J M, Muir D C, Mabury S A, 2006. Analysis for perfluorocarboxylic acids/anions in surface waters and precipitation using GC-MS and analysis of PFOA from large-volume samples. Environmental Science & Technology, 40: 6405-6410.

Shafique U, Schulze S, Slawik C, Kunz S, Paschke A, Schüürmann G, 2017. Gas chromatographic determination of perfluorocarboxylic acids in aqueous samples—A tutorial review. Analytica Chimica Acta, 949: 8-22.

Shi Y L, Vestergren R, Xu L, Zhou Z, Li C, Liang Y, Cai Y Q, 2016. Human exposure and elimination kinetics of chlorinated polyfluoroalkyl ether sulfonic acids (Cl-PFESAs). Environmental Science

& Technology, 50: 2396-2404.
Shoeib M, Harner T, Lee S C, Lane D, Zhu J, 2008. Sorbent-impregnated polyurethane foam disk for passive air sampling of volatile fluorinated chemicals. Analytical Chemistry, 80: 675-682.
Shoeib M, Harner T, Vlahos P, 2006. Perfluorinated chemicals in the Arctic atmosphere. Environmental Science & Technology, 40: 7577-7583.
Shoeib M, Harner T, Wilford B H, Jones K C, Zhu J, 2005. Perfluorinated sulfonamides in indoor and outdoor air and indoor dust: Occurrence, partitioning, and human exposure. Environmental Science & Technology, 39: 6599-6606.
Sinclair E, Kim S K, Akinleye H B, Kannan K, 2007. Quantitation of gas-phase perfluoroalkyl surfactants and fluorotelomer alcohols released from nonstick cookware and microwave popcorn bags. Environmental Science & Technology, 41: 1180-1185.
Sinha-Hikim I, Arver S, Beall G, Shen R, Guerrero M, Sattler F, Shikuma C, Nelson J C, Landgren B-M, Mazer N A, 1998. The use of a sensitive equilibrium dialysis method for the measurement of free testosterone levels in healthy, cycling women and in human immunodeficiency virus-infected women. The Journal of Clinical Endocrinology & Metabolism, 83: 1312-1318.
Surma M, Zieliński H, Piskuła M, 2016. Levels of contamination by perfluoroalkyl substances in honey from selected european countries. Bulletin of Environmental Contamination & Toxicology, 97: 112-118.
Sweetser P B, 1956. Decomposition of organic fluorine compounds by wickbold oxyhydrogen flame combustion method. Analytical Chemistry, 28: 1766-1768.
Takino M, Daishima S, Nakahara T, 2003. Determination of perfluorooctane sulfonate in river water by liquid chromatography/atmospheric pressure photoionization mass spectrometry by automated on-line extraction using turbulent flow chromatography. Rapid Communications in Mass Spectrometry, 17: 383-390.
Taniyasu S, Kannan K, So M K, Gulkowska A, Sinclair E, Okazawa T, Yamashita N, 2005. Analysis of fluorotelomer alcohols, fluorotelomer acids, and short- and long-chain perfluorinated acids in water and biota. Journal of Chromatography A, 1093: 89-97.
Taves D R, 1968. Evidence that there are two forms of fluoride in human serum. Nature, 217: 1050-1051.
Tittlemier S A, Pepper K, Seymour C, Moisey J, Bronson R, Cao X L, Dabeka R W, 2007. Dietary exposure of Canadians to perfluorinated carboxylates and perfluorooctane sulfonate via consumption of meat, fish, fast foods, and food items prepared in their packaging. Journal of Agricultural and Food Chemistry, 55: 3203-3210.
Ullah S, Alsberg T, Vestergren R, Berger U, 2012. Determination of perfluoroalkyl carboxylic, sulfonic, and phosphonic acids in food. Analytical and Bioanalytical Chemistry, 404: 2193.
UNEP, 2015. Request for information specified in Annex E for pentadecafluorooctanoic acid (CAS No: 335-67-1, PFOA, perfluorooctanoic acid), its salts and PFOA-related compounds.
UNEP, 2009. Annex B, Decision SC-4/17; Stockholm Convention on Persistent Organic Pollutants: Geneva, Switzerland.
Van Leeuwen S P, Kärrman A, Van Bavel B, De Boer J, Lindström G, 2006. Struggle for quality in determination of perfluorinated contaminants in environmental and human samples. Environmental Science & Technology, 40: 7854-7860.
Vestergren R, Herzke D, Wang T, Cousins I T, 2015. Are imported consumer products an important diffuse source of PFASs to the Norwegian environment? Environmental Pollution, 198: 223-230.

Wang J, Shi Y, Cai Y, 2018. A highly selective dispersive liquid-liquid microextraction approach based on the unique fluorous affinity for the extraction and detection of per- and polyfluoroalkyl substances coupled with high performance liquid chromatography tandem-mass spectrometry. Journal of Chromatography A, 1544: 1-7.

Wang M, Park J S, Petreas M, 2011. Temporal changes in the levels of perfluorinated compounds in California women's serum over the past 50 years. Environmental Science & Technology, 45: 7510.

Wang Y Q, Zhang H M, Cao J, 2014. Exploring the interactions of decabrominateddiphenyl ether and tetrabromobisphenol A with human serum albumin. Environmental Toxicology and Pharmacology, 38: 595-606.

Wang Z, Cousins I T, Scheringer M, Hungerbühler K, 2013. Fluorinated alternatives to long-chain perfluoroalkyl carboxylic acids (PFCAs), perfluoroalkane sulfonic acids (PFSAs) and their potential precursors. Environment International, 60: 242-248.

Weiner B, Yeung L W Y, Marchington E B, D'Agostino L A, Mabury S A. 2013. Organic fluorine content in aqueous film forming foams (AFFFs) and biodegradation of the foam component 6: 2 fluorotelomermercaptoalkylamido sulfonate (6: 2 FTSAS). Environmental Chemistry, 10(6): 486-493.

Weiss J M, Van Der Veen I, De Boer J, Van Leeuwen S P, Cofino W, Crum S, 2013. Analytical improvements shown over four interlaboratory studies of perfluoroalkyl substances in environmental and food samples. TrAC Trends in Analytical Chemistry, 43: 204-216.

Wilson S R, Malerød H, Holm A, Molander P, Lundanes E, Greibrokk T, 2007. On-line SPE-Nano-LC-Nanospray-MS for rapid and sensitive determination of perfluorooctanoic acid and perfluorooctane sulfonate in river water. Journal of Chromatographic Science, 45: 146-152.

Xu L, Liu W, Jin Y, 2010. Perfluorooctane sulfonate and perfluorooctanoic acid in the fingernails of urban and rural children. Chinese Science Bulletin, 55: 3755-3762.

Xu L, Shi Y L, Li C, Song X, Qin Z, Cao D, Cai Y Q, 2017. Discovery of a novel polyfluoroalkyl benzenesulfonic acid around oilfields in northern China. Environmental Science & Technology, 51: 14173.

Yamashita N, Kannan K, Taniyasu S, Horii Y, Okazawa T, Petrick G, Gamo T, 2004. Analysis of perfluorinated acids at parts-per-quadrillion levels in seawater using liquid chromatography-tandem mass spectrometry. Environmental Science & Technology, 38: 5522-5528.

Yang J, Wang L, Chen C, Zhang J, Sun H, 2010. Determination of three perfluoro sulfonated chemicals in bivalve shells using high performance liquid chromatography-tandem mass spectrometry with the pretreatment of mixed inorganic acid digestion coupled with solid-phase extraction. Chinese Journal of Chromatography, 28: 503-506.

Yao Y, Zhao Y, Sun H, Chang S, Zhu L, Alder A C, Kannan K, 2018. Per-and polyfluoroalkyl substances (PFASs) in indoor air and dust from homes and various microenvironments in China: Implications for human exposure. Environmental Science & Technology, 52(5): 3156-3166.

Yeung L W, Miyake Y, Taniyasu S, Wang Y, Yu H, So M K, Jiang G, Wu Y, Li J, Giesy J P, 2008. Perfluorinated compounds and total and extractable organic fluorine in human blood samples from China. Environmental Science & Technology, 42: 8140-8145.

Yeung L W, Stadey C, Mabury S A, 2017. Simultaneous analysis of perfluoroalkyl and polyfluoroalkyl substances including ultrashort-chain C_2 and C_3 compounds in rain and river water samples by ultra performance convergence chromatography. Journal of Chromatography A,

1522: 78-85.

Yeung L W Y, Mabury S A, 2016. Are humans exposed to increasing amounts of unidentified organofluorine? Environmental Chemistry, 13: 102-110.

Yu Y, Xu D, Lu M, Zhou S, Peng T, Yue Z, Zhou Y, 2015. QuEChERs combined with online interference trapping LC-MS/MS method for the simultaneous determination of 20 polyfluoroalkane substances in dietary milk. Journal of Agricultural and Food Chemistry, 63: 4087-4095.

Zabaleta I, Bizkarguenaga E, Bilbao D, Etxebarria N, Prieto A, Zuloaga O, 2016. Fast and simple determination of perfluorinated compounds and their potential precursors in different packaging materials. Talanta, 152: 353-363.

Zacs D, Bartkevics V, 2016. Trace determination of perfluorooctane sulfonate and perfluorooctanoic acid in environmental samples (surface water, wastewater, biota, sediments, and sewage sludge) using liquid chromatography-Orbitrap mass spectrometry. Journal of Chromatography A, 1473: 109-121.

Zafeiraki E, Costopoulou D, Vassiliadou I, Bakeas E, Leondiadis L, 2014. Determination of perfluorinated compounds (PFCs) in various foodstuff packaging materials used in the Greek market. Chemosphere, 94: 169-176.

Zhang Y, Beesoon S, Zhu L, Martin J W, 2013. Biomonitoring of perfluoroalkyl acids in human urine and estimates of biological half-life. Environmental Science & Technology, 47: 10619-10627.

Zhang Y, Lin S, Jiang P, Zhu X, Ling J, Zhang W, Dong X, 2014. Determination of melamine and cyromazine in milk by high performance liquid chromatography coupled with online solid-phase extraction using a novel cation-exchange restricted access material synthesized by surface initiated atom transfer radical polymeriza. Journal of Chromatography A, 1337: 17-21.

Zhou Z, Liang Y, Shi Y, Xu L, Cai Y, 2013. Occurrence and transport of perfluoroalkyl acids (PFAAs), including short-chain PFAAs in Tangxun Lake, China. Environmental Science & Technology, 47: 9249-9257.

第8章 新型卤代阻燃剂的分析

本章导读
- 两种新型溴代阻燃剂六溴环十二烷（HBCD）与得克隆（DP）的分析方法和应用案例。
- HBCD 的分析，主要包括 HBCD 简介、分析原理前处理方法和仪器分析、案例介绍。
- DP 的分析，主要包括 DP 简介、分析原理、前处理方法和仪器分析、案例介绍。

8.1 HBCD 的分析

8.1.1 HBCD 背景介绍

六溴环十二烷（hexabromocyclododecanes，HBCD）是一种添加型溴代阻燃剂（BFRs），分子式为 $C_{12}H_{18}Br_6$，CAS 登记号 25637-99-4（isomer mixture，异构体混合物）。20 世纪 60 年代，HBCD 开始规模化生产，目前是世界上使用量最大的 BFRs 之一。HBCD 阻燃性能优异，具有添加量少、阻燃效率高、对基体材料性能影响小等优点，被大量用于膨胀聚苯乙烯（EPS）、挤塑聚苯乙烯（XPS）、高抗冲聚苯乙烯（HIPS）等材料的阻燃。由这些阻燃改性后的材料制成的保温材料、绝缘材料、结构材料、纺织原料等，在建筑、交通工具、家居装潢、电器设备等行业应用广泛。2001 年，全球 HBCD 的产量为 16700 t（Covaci et al.，2006；Watanabe and Sakai，2003）。我国是 HBCD 的重要生产国和消费国，2007 年，生产能力达到 7500 t（Luo et al.，2010）。

HBCD 具有持久性有机污染物（POPs）的特征，在环境中具有持久性、潜在的长距离迁移能力、生物富集和生物放大能力及毒性。最近的研究结果表明，HBCD 对水生生物有神经毒性，能诱导细胞核畸形，增加细胞死亡率（张娴，2007；Smolarz and Berger，2009）；可以影响蚯蚓的增殖率（Aufderheide et al.，2003）；

对鸟类有生殖毒性，减轻鸟蛋重量，使蛋壳厚度下降，降低产蛋率和孵化率（Fernie et al.，2009）；对哺乳动物具有显著的内分泌干扰作用、神经毒性、生殖毒性，影响胚胎早期发育，对胎儿健康有潜在的影响（Saegusa et al.，2009；Eriksson et al.，2002；Eriksson et al.，2006；Lilienthal et al.，2009）。作为添加型阻燃剂，HBCD 是通过物理混合的方法加入到基体材料中，未发生化学键合，因此很容易从材料中析出进入环境。另外，阻燃剂在生产过程中也会释放到环境中。1998年，在瑞典的鱼体和沉积物中首次发现了 HBCD（Sellström et al.，1998）。随后几年的研究发现，HBCD 在全球环境介质和生物体内大量存在，引起了人们的广泛关注和忧虑。欧盟、美国、日本、澳大利亚等国家和地区先后将其列入重点关注的化学品清单。2011 年，POPs 审查委员会将 HBCD 列入《斯德哥尔摩公约》受控污染物名单，开始在全球范围内限制生产和使用。我国 HBCD 的研究起步较晚。2008 年，在广州大气中首次检测出了 HBCD（Yu et al.，2008a）。之后在我国东南沿海地区的水生食物链、土壤、食品及电子垃圾拆解地区也相继检出了 HBCD（施致雄等，2008；Yu et al.，2008b；Wu et al.，2010；Xian et al.，2008；Xia et al.，2011；Meng et al.，2011；胡小钟等，2008；Tian et al.，2011；Li et al.，2013；Li et al.，2012）。HBCD 在我国的环境污染问题逐渐引起关注。然而，由于 HBCD 具有优异的阻燃性能，目前还没有合适的替代品，其生产和使用仍在继续，因此对 HBCD 的监测和管控仍需高度重视。

工业生产的 HBCD 主要由 γ-HBCD（CAS 134237-52-8）、α-HBCD（CAS 134237-50-6）、β-HBCD（CAS 134237-51-7）三对非对映异构体（diastereoisomer）组成（图 8-1）（Janák et al.，2008；Heeb et al.，2007），含量分别为 75%～89%、10%～13%、1%～12%（Covaci et al.，2006）。HBCD 的物理化学性质见表 8-1。三种异构体 α-HBCD、β-HBCD、γ-HBCD 的结构、性质等不同，其环境行为和归趋也不尽相同，生物富集能力和生物放大因子（biomagnification factor，BMF）也存在差异，在生物体内存在组织特异性分布。因此，三种异构体的有效分离和准确定性、定

(−)-α-HBCD　　　　　(−)-β-HBCD　　　　　(−)-γ-HBCD

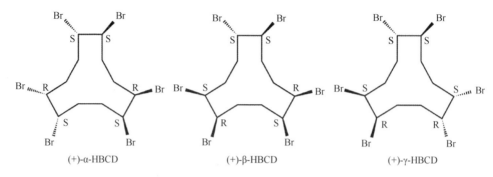

图 8-1　HBCD 产品中主要异构体结构示意图

表 8-1　HBCD 的物理化学性质

项目	参数/性质	参考文献
外观	白色固体	
分子量	641.7	
熔点（℃）	HBCD 混合物：（172～184）～（201～205） α-HBCD：179～181 β-HBCD：170～172 γ-HBCD：207～209	(European Chemicals Agency，2012)
沸点（℃）	>230℃开始分解	(Barontini et al.，2001)
水溶性（μg/L，20℃）	HBCD 混合物：65.6 α-HBCD：48.8 β-HBCD：14.7 γ-HBCD：2.08	(Hunziker et al.，2004)
蒸气压（Pa，21℃）	6.27×10^{-5}	(Abdallah et al.，2008)
亨利定律常数（Pa·m³/mol）	0.75	(Betrò et al.，2012)
辛醇-水分配系数对数（log K_{ow}，25℃）	5.625	(Covaci et al.，2006)
土壤-有机碳分配系数（K_{oc}）	1.25×10^5	（王亚韡等，2010）

量分析，对于研究 HBCD 的污染水平和趋势、HBCD 的环境行为、追溯其污染来源、进行毒性评价和评估人体暴露风险至关重要。

8.1.2　HBCD 分析方法

环境和生物样品中 HBCD 的浓度往往是 ng/g 级或更低，基质复杂。对其进行准确的定性、定量分析，其中需要经过复杂的样品制备、净化、分离和检测过程，目前还没有形成统一的标准，其中，GC/MS 和 LC/MS 是常用的分析方法（Petersen et al.，2004；Abdallaha et al.，2008；Haug et al.，2008）。但是，由于 HBCD 的热稳定性差，温度高于 160℃时，三种异构体发生重排反应，互相转化，因此 GC/MS 分析只能得到异构体的总量，无法准确定量；而温度高于 230℃时，HBCD 开始脱溴分解，无法检测（Barontini et al., 2001）。液相色谱适于分析热稳定性差、分子量大的化合物。液相色谱-串联质谱法（LC-MS/MS）的应用，大大降低了背景干扰，提高了仪器的灵敏度和选择能力，在环境污染物分析与监测领域得到了广泛的应用。同位素稀释技术结合 LC-MS/MS 方法既能消除样品基体的干扰，又能降低仪器波动对检测结果的影响，是分析 HBCD 异构体的最佳选择（李红华，2012；施致雄等，2008）。

1. 分析过程及原理

同位素稀释 LC-MS/MS 方法可用于环境和生物样品中 α-HBCD、β-HBCD、γ-HBCD 三种异构体的定性、定量分析。环境样品包括土壤样品、底泥样品和大气样品（聚氨酯泡沫）。生物样品适用于植物样品和水生生物样品。不同基质的样品的制备和净化过程略有差异，LC-MS/MS 分析和数据处理的方法一致。

样品冷冻干燥除去水分，研磨过筛，加内标后用有机溶剂提取，得到含有目标物的提取液。浓缩后转移至复合硅胶柱净化，用不同溶剂分别淋洗提取液，根据目标物与杂质的极性不同，去除干扰物，得到含有目标物的洗脱液。浓缩后加入进样标，用液相色谱-三重四极杆串联质谱仪分析。

HBCD 的三种异构体经过色谱柱分离后，先后进入质谱离子源电离。质谱离子源采用大气压化学电离（APCI⁻）或电喷雾电离（ESI⁻）模式，质谱扫描采用多重反应监测（MRM）模式。目标物电离生成具有不同质荷比的带电离子，经过前四极杆质量过滤器（Q_1）进行质量扫描和选择后，进入碰撞室（Q_2）发生碰撞反应，生成的碎片离子进入后四极杆质量过滤器（Q_3），不同质荷比的碎片离子产生速度色散，聚焦到检测器得到谱图。

三种异构体的定性需要与标准物质进行对照，须满足待测组分与标准物质的保留时间、母离子的质荷比、子离子特征一致。用内标法对三种异构体定量，制作不同浓度梯度的标准物质工作曲线，计算目标物与内标的峰面积比，经工作曲线计算得出目标物的浓度。

2. 仪器设备

液相色谱-三重四极杆串联质谱仪：
色谱系统：Alliance 2695 LC system（Waters，Milford，MA，USA）。
质谱系统：Micromass Quattro Premier XE triple quadrupole MS spectrometer（Micromass，Manchester，UK）。

色谱柱：Zorbax ODS（150 mm × 3.0 mm i.d. 5.0 μm，Agilent，USA）。

加速溶剂萃取仪：ASE 300（Dionex，USA）。

旋转蒸发仪：Laborota 4002（Heidolph，Germany）。

氮吹仪：N-EVAP 111，OA-SYS（Organomation Associates，Berlin，MA，USA）。

涡旋振荡器：REAX top（Heidolph，Germany）。

分析天平：BS2000S（Sartorius，北京）；BSA2202S（Sartorius，北京）。

冷冻干燥机：ALPHA 1-2 LD（Christ，Germany）。

搅拌机：HR2870（PHILIPS，珠海）。

烘箱：Venticell（MMM Medcenter Einrichtungen GmbH，Gräfelfing，Germany）。

马弗炉：VULCAN 3-550（DENSPLY Neytech，Yucaipa，CA，USA）。

摇床：KS 260 basic（IKA，Staufen，Germany）。

3. 试剂耗材

二氯甲烷、正己烷、甲苯和丙酮：农残级，Fisher（Fair Lawn，New Jersey，USA）。

甲醇、乙腈：HPLC 级，J. T. Baker（Phillipsburg，NJ，USA）。

无水 Na_2SO_4、浓 H_2SO_4、NaOH 和 H_3PO_4：分析纯，北京化工厂。

硅胶：Merck（Darmstadt，Germany）。

铜粉：分析纯，国药集团化学试剂有限公司，上海。

去离子水：Milli-Q system（Millipore，USA）。

$^{13}C_{12}$-γ-HBCD（50 μg/mL）：>98%，Wellington Laboratories（Guelph，Ontario，Canada）。

D_{18}-γ-HBCD（50 μg/mL）：>98%，Wellington Laboratories（Guelph，Ontario，Canada）。

α-HBCD、β-HBCD、γ-HBCD（100 μg/mL）：>98%，AccuStandard Inc.（New Haven，CT，USA）。

PUF，Tisch Environmental Inc.（Cleves，Ohio，USA）。

硅胶和 Na_2SO_4 在使用前需进行活化，将其置于马弗炉中，分别在 600℃下烘焙 12 h、450℃下烘焙 6 h，冷却后，密封保存于干燥器中。

酸性硅胶的制备。30%酸性硅胶：将 43 g 浓 H_2SO_4 缓慢滴加到 100 g 已活化的中性硅胶中；40%酸性硅胶：将 67 g 浓 H_2SO_4 缓慢滴加到 100 g 已活化的中性硅胶中。边滴边用力摇匀，滴加完毕后，将瓶口密封，在摇床上振荡摇匀，使硅胶呈均匀流动状态，之后密封保存于干燥器中。

碱性硅胶的制备：1.2 g NaOH 溶于 30 mL 去离子水中，缓慢滴加到 100 g 已活化的中性硅胶中，在摇床上振荡摇匀，使硅胶呈均匀流动状态，之后密封保存于干燥器中。

4. 样品前处理

样品前处理主要包括样品制备、提取、净化、浓缩四个步骤（图 8-2）。

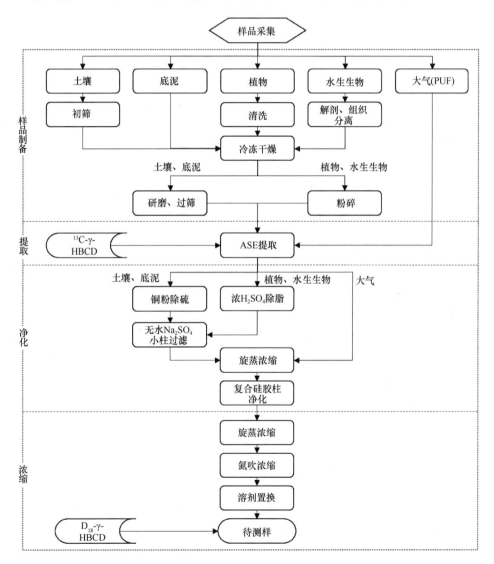

图 8-2 同位素稀释 LC-MS/MS 方法分析环境和生物样品中 HBCD 异构体的前处理流程

1）样品制备

土壤样品先除去石块、瓦砾和树枝等大块杂物，研磨后过 16 目筛，冷冻干燥。底泥样品先于-18℃冷冻后，再放入冷冻干燥机中进行冷冻干燥，研磨后过 16 目筛。植物样品用去离子水洗去表面尘土后再冷冻干燥，然后用搅拌机制成粉末状样品备用。水生生物样品解剖后，取出待测组织，然后冷冻干燥，再用搅拌机粉碎备用。大气样品无须制备，直接提取。所有制备好的样品在提取前均密封、避光保存在-18℃环境中。

2）提取

土壤、底泥、植物、水生生物和大气 PUF 样品全部采用加速溶剂萃取仪提取。用分析天平准确称取样品 1～10 g（根据估计样品浓度适量称取），加入 10 g 无水 Na_2SO_4，混匀后装入 34 mL 不锈钢萃取池中（洁净萃取池在使用前，用二氯甲烷超声清洗两次，并用二氯甲烷提取一次），加入 10 ng $^{13}C_{12}$-γ-HBCD 作为内标。提取溶剂：正己烷：二氯甲烷（1∶1，V/V）；土壤和底泥样品提取温度为 150℃，植物和水生生物样品提取温度为 130℃，大气样品提取温度为 100℃；压力：1500 psi；静态时间：8 min；净化时间：120 s；冲洗体积：60%；两个循环。

3）净化

样品净化所用的玻璃器皿应保持洁净、干燥，在使用前用二氯甲烷润洗 2～3 次。土壤和底泥提取物中加入铜粉除硫，植物和水生生物提取物加入酸性硅胶（40%）除脂。过无水 Na_2SO_4 小柱后旋转蒸发、浓缩至 2 mL。浓缩后的样品过复合硅胶柱净化，从下至上填料依次为：1 g 中性硅胶、4 g 碱性硅胶、1 g 中性硅胶、8 g 酸性硅胶（30%）、2 g 中性硅胶、2 cm 无水 Na_2SO_4。先用 70 mL 正己烷预淋洗硅胶柱，加入样品后用 70 mL 正己烷淋洗硅胶柱，得到组分 1，为干扰物，弃去。再用 80 mL 正己烷：二氯甲烷（1∶1，V/V）混合溶剂淋洗硅胶柱，得到含有 HBCD 的组分 2，准备浓缩。

4）浓缩

实际上，在样品净化过程中即有浓缩过程。样品提取后，过复合硅胶柱之前需要浓缩处理，旋转蒸发、浓缩至 2 mL。样品净化后，含有目标物的淋洗液经过旋转蒸发、浓缩后，转移至 K-D 管，用氮吹仪吹干，溶剂置换成甲醇，之后将样品转移至进样瓶衬管中。上机检测前加入 10 ng D_{18}-γ-HBCD 标准溶液，待测。

5. 仪器分析

液相色谱条件：流动相流速为 0.4 mL/min，进样量 20 μL，柱温箱温度 30℃±5℃，样品室温度 20℃±5℃。分析前先用梯度洗脱初始条件预淋洗色谱柱，至柱压波动范围在±5%以内。按照表 8-2 梯度洗脱程序分析样品，α-HBCD、β-HBCD、γ-HBCD 三种异构体在 14 min 内可以实现分离（图 8-3）。

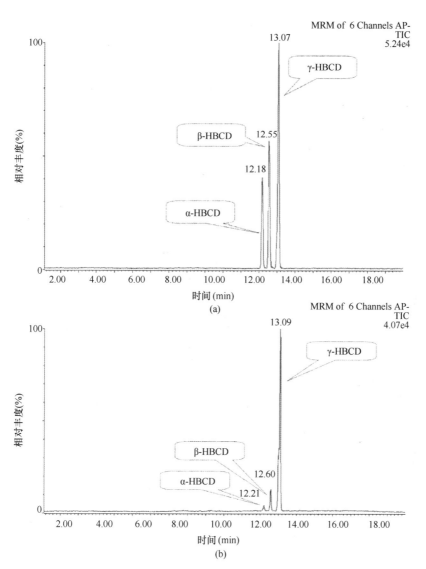

图 8-3 α-HBCD、β-HBCD、γ-HBCD 混合标准品的总离子流色谱图（a）和土壤样品的总离子流色谱图（b）

表 8-2　HPLC 流动相梯度洗脱条件

时间（min）	甲醇（%，V）	乙腈（%，V）	水（%，V）
0	30	30	40
10	70	30	0
23	70	30	0
23.1	30	30	40
30	30	30	40

质谱条件：质谱离子源为 APCI 负离子源，MRM 扫描模式，监测的离子为 [M–H]⁻（m/z 640.6）→ Br⁻（79.0 和 81.0）（天然 α-HBCD、β-HBCD、γ-HBCD 混合物），[M–H]⁻（m/z 652.6）→ Br⁻（79.0 和 81.0）（$^{13}C_{12}$-γ-HBCD），[M–H]⁻（m/z 657.6）→ Br⁻（79.0 和 81.0）（D_{18}-γ-HBCD）。载气为氮气，碰撞气为氩气。corona 电流：3.0 μA；锥电压：30 V；离子源温度：120℃；Probe 温度：150℃；Desolvation gas 流量：450 L/h；Cone gas 流量：50 L/h；碰撞能：11 eV。

6. 质量控制与数据处理

1）质量控制

样品前处理时，每 10 个样品做一次过程空白，即 10 g 无水 Na_2SO_4 加入 ASE 萃取池，前处理过程和仪器分析过程与常规样品相同。仪器分析前，以甲醇为溶剂空白，检测仪器设备和流动相中是否有 HBCD 残留干扰。过程空白和溶剂空白中有 HBCD 检出，应予以扣除。为验证仪器稳定性和方法重现性，用 HPLC-MS/MS 进行实际样品分析时，每 10 个样品重复检测一次 HBCD 标准品（10 ng/g α-HBCD、β-HBCD、γ-HBCD 混合物），检测值应偏离±15%以内，如超出范围，建议重建标准曲线。过程空白样品的三倍信噪比为方法检出限（MDL）。

2）工作曲线及数据处理

配制 α-HBCD、β-HBCD、γ-HBCD 混合标准储备液，$^{13}C_{12}$-γ-HBCD，D_{18}-γ-HBCD 标准储备液。分别移取 0.1 mL 浓度为 100 μg/mL 的 α-HBCD、β-HBCD、γ-HBCD 标准溶液母液至 10 mL 棕色容量瓶中，用甲醇定容，得浓度为 1 μg/mL 的 α-HBCD、β-HBCD、γ-HBCD 混合储备液，混合均匀后于–18℃密封保存。同理配制 1 μg/mL 的 $^{13}C_{12}$-γ-HBCD，D_{18}-γ-HBCD 标准储备液。样品分析时，将 HBCD 混合标准储备液用甲醇稀释成不同浓度的工作液（浓度范围 0.5～200 ng/mL），同时加入适量的 1 μg/mL 的 $^{13}C_{12}$-γ-HBCD 和 D_{18}-γ-HBCD 同位素标准储备液，使各工作液中同位素标样的浓度均为 10 ng/mL。其中内标 $^{13}C_{12}$-γ-HBCD 用于计算 α-HBCD、β-HBCD、γ-HBCD 的浓度，D_{18}-γ-HBCD 用于计算 $^{13}C_{12}$-γ-HBCD 的回收率。标准曲线上各点的相对响应因子（RFF）应满足 RSD<25%。

数据处理采用 Masslynx 4.1 软件。采集不同浓度的 HBCD 标准溶液色谱图，以待测组分与内标物的峰面积之比为纵坐标，以标准溶液浓度为横坐标得标准溶液工作曲线。检测时，根据待测物与内标峰面积之比，由工作曲线计算得出待测物浓度，经响应因子校正后即为待测组分浓度。响应因子和浓度计算公式分别表示如下：

$$RF = [标样峰面积\ A_s/标样浓度\ C_s]/[内标峰面积\ A_{i.s.}/内标浓度\ C_{i.s.}]$$

$$C_i = [样品峰面积\ A/内标峰面积\ A_{i.s.}]/RF$$

式中，RF 为工作曲线所有点的平均响应因子。

7. 实际样品测试及注意事项

选取环境中采集的土壤、底泥、植物、鱼样、大气样品按上述 4.和 5.方法进行测试，结果见表 8-3。HBCD 在五种介质中的回收率为 67%～109%，定量离子响应比为 0.76～1.20（^{79}Br 和 ^{81}Br 丰度比理论值为 1.03），检测限（LOD）为 pg/g 级，可以满足环境和生物样品的分析要求。

表 8-3　环境和生物样品中 HBCD 的检测限（LOD）、定量离子响应比、$^{13}C_{12}$-γ-HBCD 回收率

样品	α-HBCD		β-HBCD		γ-HBCD		$^{13}C_{12}$-γ-HBCD 回收率（%）
	离子比	LOD[a]	离子比	LOD[a]	离子比	LOD[a]	
土壤 1	1.067	11	0.857	4.6	1.133	4.1	82.1
土壤 2	1.162	27	1.068	11	0.961	10	73.8
底泥 1	1.048	42	1.010	18	1.049	16	67.3
底泥 2	1.191	117	1.124	44	1.066	43	100.4
植物 1	0.763	78	0.895	49	1.215	66	85.3
植物 2	0.910	117	0.957	75	1.065	100	108.4
鱼肉 1	1.070	60.4	1.007	27.3	0.781	26.6	75.9
鱼肉 2	0.994	74	1.000	33	0.982	32	87.7
大气 1	1.077	0.20	0.751	0.055	1.226	0.10	77.3
大气 2	0.782	0.18	1.082	0.092	1.183	0.087	81.3

a. 土壤、底泥、植物、鱼肉 LOD 单位为 pg/g dw，大气 LOD 单位为 pg/m^3。

在分析实际样品时，样品基质不同，污染物浓度差异较大时，分析步骤可适当调整。如污染物浓度较高时，可以减少取样量或取部分 ASE 提取液进行净化处理。另外，样品提取除了用加速溶剂萃取以外，可以选择超声波萃取、液液萃取、索氏提取等方法。对于基质复杂、干扰物较多的样品，如底泥、生物组织等，在提取后需经过浓 H_2SO_4 除去脂肪、蛋白质等大分子干扰物。对于底泥等可能含有硫的样品，提取时需加入铜粉除硫，如不能完全除去，在后续的净化、浓缩过程中，可再次加入铜粉除硫，直到铜粉不再变色为止。样品前处理过程中，要经过多次的样品转移，应注意反复润洗容器，尤其是浓缩、溶剂置换后的转移，尽可能减少目标物的损失。另外，样品在净化过程中，可能出现复合硅胶柱穿透的情况，需再次过复合硅胶柱净化。对于大气样品，考虑到样品量少、留样困难，一般采取提取后，取部分样品进行后续处理，其他作为留存样品以备复测。

8.1.3 应用案例

HBCD 是大规模工业化产品，其工业生产和以 HBCD 为添加剂的阻燃材料的生产是环境中 HBCD 最直接的排放源。从 HBCD 的物理化学性质上看（参见表 8-1），HBCD 具有较低的蒸气压、较高的辛醇-水分配系数和土壤-有机碳分配系数；需氧条件下，在环境介质中半衰期长达数月。HBCD 能强烈地吸附在土壤、底泥、大气颗粒物等介质中而稳定存在。HBCD 在空气中的特征行程约 1500 km，可能通过大气传输到达高纬度的地区，在瑞典和芬兰的偏远地区的大气中检出了 HBCD 的存在（Remberger et al., 2004），充分证实了这一点。因此，对工业排放源附近的大气中 HBCD 的监测和分析，对于掌握 HBCD 在大气中的传输规律、环境行为和归趋，评估 HBCD 的工业生产对环境造成的影响，进而有效控制其工业排放具有重要意义。

我国东部莱州湾地区是全国最大的溴代阻燃剂生产基地。已有文献（Li et al., 2012; Jin et al., 2009）报道在莱州湾南部工业区的土壤、底泥、植物、水生生物样品中检出了高浓度的 HBCD。本研究用被动大气采样法（李红华，2012）分析了工业区周边的大气样品，旨在评估 HBCD 的工业生产对周围大气环境的影响。

1. 样品采集

采集被动大气样品的 PUF 在采样前需进行预处理。用去离子水洗净后，置于烘箱中，50℃烘干。将 PUF 样卷曲折叠后，装入 34 mL 不锈钢萃取池中，用加速溶剂萃取仪分两次清洗，第一次用丙酮，第二次用正己烷：二氯甲烷（1：1，V/V）清洗，仪器参数与 8.1.2 节提取部分中 PUF 提取条件相同。清洗后晾干，密封保存在洁净封口袋中备用。被动大气采样装置示意图见图 8-4。

在莱州湾南部工业区附近的城市和乡村，布置了 15 个大气采样点，用被动采样法采集大气样品。被动采样器放置在空旷无遮挡的屋顶，每个采样点放置两个平行样，采样周期为 3 个月，采样速率按 3.5 m^3/d 计算。收集样品时，将每个采样点的两个 PUF 样品分别包裹在铝箔中，密封于洁净封口袋中，运回实验室后于 −18℃ 环境中避光保存。

2. 样品分析

按照 8.1.2 节给出的方法进行样品提取、净化、浓缩。注意，因大气样品量少，采取提取后，先分样再加内标的方法。确保有留样，以备重复检测。

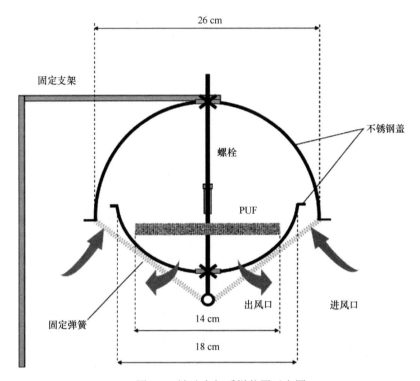

图 8-4 被动大气采样装置示意图

3. 结果与讨论

HBCD 采样点分布情况和检测结果见图 8-5。全部采样点（包括对照点 LQ）的被动大气样品中都有 HBCD 检出，浓度范围为 $0.151 \sim 47.5$ ng/m³。离工业区中心最近的 CY、QJ 两个采样点的浓度最高。位于工业区东南方向的 HT、HZ、YJ 三个采样点的浓度相对较高，离点源较远的 DT、JT 以及对照点 LQ 的浓度相对较低。本次样品采集时间为 1～4 月，当地盛行西偏西北风，工业区下风向的区域可能更容易受污染源的影响。HZ、HT、YJ 三个工业区下风向的采样点检测出了较高浓度的 HBCD 也证实了这个假设。而位于污染源上风向的 HJ、GJ 两点虽然离工厂较近，但 HBCD 的检出浓度却相对较低。

表 8-4 列出了文献报道的其他国家和地区大气中 HBCD 的污染状况。本研究中大气的 HBCD 浓度低于瑞典 HBCD 点源区域的浓度水平。但 15 个采样点中，有 10 个采样点的浓度均>1 ng/m³，远高于表 8-4 中除点源区外的其他地区的污染水平，说明当地大气的 HBCD 污染严重。离工业区相对较远的 LQ、JT、DT、SC、GC 五个采样点浓度均<1 ng/m³，与瑞典的建筑垃圾站、纺织厂周边大气，

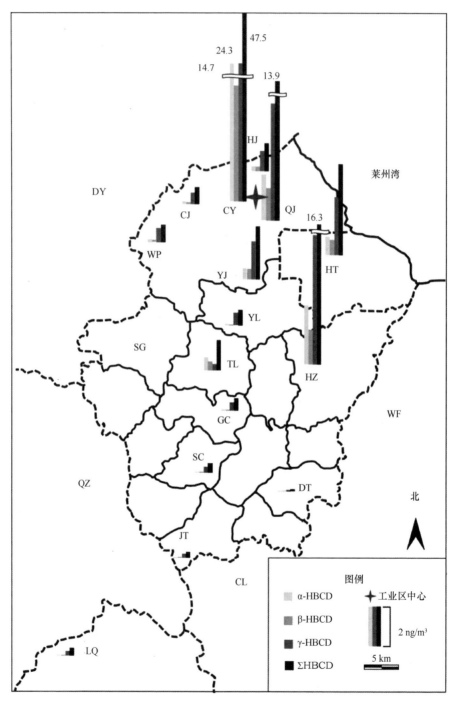

图 8-5　莱州湾地区被动大气中 ΣHBCD 及 α-HBCD，β-HBCD，γ-HBCD 的分布

斯德哥尔摩城市大气、伯明翰家庭室内及汽车内空气中 HBCD 的污染水平相当，高于瑞典和芬兰的偏远地区大气、美国中东部地区大气、北京和广州大气的浓度。

表 8-4　其他地区大气中 HBCD 的浓度

采样地区	采样点	采样时间	N	HBCD 浓度	采样方法	文献
北京	室外大气	2008~2009 年	28	n.d.~7.9 pg/m³	主动	(Hu et al., 2011)
伯明翰	汽车驾驶室	2008~2009 年	20	367 pg/m³	被动	(Abdallah and Harrad, 2010)
	汽车后备箱	2008~2009 年	19	427 pg/m³	被动	
伯明翰	家庭室内	2007 年	33	250 pg/m³	被动	(Abdallah et al., 2008)
	办公室内	2007 年	25	180 pg/m³	被动	
	公共场所室内	2007 年	4	900 pg/m³	被动	
	室外大气	2007 年	5	37 pg/m³	主动	
广州	室外大气	2004 年	32	0.28~3.92 pg/m³	主动	(Yu et al., 2008)
瑞典	XPS 工厂	2000 年	1	1070 ng/m³	主动	(Remberger et al., 2004)
	建筑垃圾站	2000~2001 年	2	13~180 pg/m³	主动	
	纺织厂	2000~2001 年	2	19~740 pg/m³	主动	
斯德哥尔摩	室外大气	2000~2001 年	2	76~610 pg/m³	主动	(Remberger et al., 2004)
瑞典、芬兰	偏远区室外大气	2000~2001 年	6	<LOD~280 pg/m³	主动	(Remberger et al., 2004)
美国中东部	室外大气	2002~2004 年	156	0.6~4.5 pg/m³	主动	(Hoh and Hites, 2005)
瑞典	点源周围大气			280 ng/m³	主动	(National Chemicals Inspectorate, 2005)
	加料车间			9400~9700 ng/m³	主动	
	反应车间			23400~28500 ng/m³	主动	

图 8-5 给出了大气样品中 HBCD 异构体的分布。α-HBCD、β-HBCD、γ-HBCD 的平均比例分别为 21.1%、16.5%、62.4%。除 TL 采样点外，其余 14 个采样点的被动大气中 γ-HBCD 都是主要成分，占总量的 50%以上。这一结果与 HBCD 生产源的异构体组成比例相当，表明莱州湾地区大气环境中 HBCD 污染主要来自 HBCD 的工业生产。

8.2　DP 的分析

8.2.1　DP 背景介绍

阻燃剂得克隆即双(六氯环戊二烯)环辛烷（dechlorane plus or Dechlorane 605，

DP），是目前国外广泛使用的添加型氯代阻燃剂之一。得克隆分子式 $C_{18}H_{12}Cl_{12}$，CAS 登记号 13560-89-9（isomer mixture），分子量 653.68，具有优良的热稳定性和阻燃性能，被广泛应用于一系列高聚物的阻燃，如氯丁橡胶、硅橡胶、环氧树脂、尼龙、酚树脂、不饱和聚脂、ABS、HIPS、PBT、PE、PP 等。全球 DP 年产量约为 5000 t（Ren et al., 2008），在欧洲 DP 被划分为低产量化学品，而在美国则属于高产量化学品，年产量约为 450~4500 t（Qiu et al., 2007）。

在 20 世纪 70 年代，DP 由美国 Hooker 化学公司（后为 OxyChem 化学公司收购）作为灭蚁灵的替代产品进行开发生产。灭蚁灵除了用作阻燃剂外，还是一种用来防治白蚁等昆虫的农药，但是由于对水生生物有一定的毒害作用而在 20 世纪 70 年代开始被禁用。因此，为了替代灭蚁灵，OxyChem 化学公司在此基础上发明了一系列氯代环戊二烯类的阻燃剂，其中包括 Dechlorane 602（Dec602）、Dechlorane 603（dec603）、Dechlorane 604（Dec604）以及 DP（Dechlorane 605，Dec605）。DP 具有 POPs 的典型特征，其在环境中可以存在较长时间，在缺氧或厌氧的水体中（OxyChem，2007；Sverko et al., 2011）、湖泊底泥中（Sverko et al., 2008）和鱼体内的半衰期（Ismail et al., 2009）分别为 24 年、17 年和 14 年；DP 在北极地区和海洋环境中也被检出，说明其可能通过大气进行长距离迁移（Möller et al., 2010，2011，2012b）；DP 也可以在生物体内累积和放大（Peng et al., 2014；Tomy et al., 2007，2008；Wang et al., 2015；Wu et al., 2010）。

DP 包括两种立体异构体：顺式-DP（*syn*-DP，CAS 登记号 135821-03-3）和反式-DP（*anti*-DP，CAS 登记号 135821-74-8）。DP 由六氯环戊二烯和 1,5-环辛二烯为原料，通过 Diels-Alder（第尔斯-阿尔德）反应加成生成，反应过程及两种异构体的结构式见图 8-6。两种异构体的比值可以用 *anti*-DP（或 *syn*-DP）占总 DP 量的比值 f_{anti}（或 f_{syn}）表示，不同商品中 f_{anti} 值范围在 0.59~0.8 之间（Wang et al., 2010）。在各种环境介质中和生物体内 f_{anti}（或 f_{syn}）值吸引了广大研究人员的注意，因为 f_{anti} 值的变化也许暗示两种异构体具有不同的降解和生物累积或转化的能力。在售的商品 DP 有三种型号，分别是 DP-25、DP-35 和 DP-515，除了颗粒大小不同以外，这三种商品物理化学性质并没有区别。DP 的物理化学性质在表 8-5 中列出。

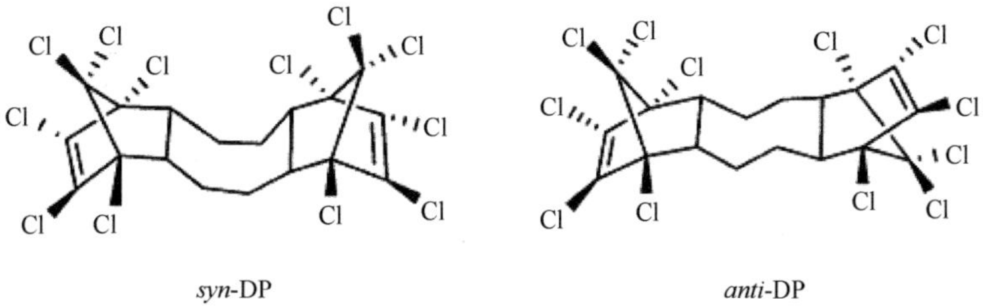

syn-DP   anti-DP

图 8-6 第尔斯-阿尔德加成反应生成 syn-DP 和 anti-DP

表 8-5 得克隆的物理化学性质

项目	数值
氯含量	65.10%
熔点	350℃
密度	1.8 g/cm^3
蒸气压@200	4.71×10^{-8}
推荐操作温度	285℃（最大）
水溶性（μg/L，20℃）	207 ng/L；572 μg/L
辛醇-水分配系数对数（log K_{ow}, 25℃）	9.3
气-水分配系数对数（log K_{aw}, 25℃）	−3.24
辛醇-空气分配系数对数（log K_{oa}, 25℃）	12.26

注：以上数据来自 OxyChem，2007。

8.2.2 DP 分析方法

由于 DP 属于半挥发性物质，目前多将其他亲脂性、半挥发性有机物的萃取和净化的方法用在 DP 的分析上，如利用多溴二苯醚（PBDEs）和多氯联苯（PCBs）等的分析方法。由于卤代阻燃剂类化合物的半挥发性和在正向溶剂中的高溶解性，气相色谱/质谱（GC/MS）联用技术成为对该类化合物进行方法开发和仪器分析的首选方法。目前所报道的分析方法绝大多数采用 GC/MS（Wu et al.，2010；张海东，2013；Barón et al.，2012；Shen et al.，2009；Wang et al.，2016），包括电子捕获负离子源（ENCI）-MS、负化学电离源（NCI）-MS、NCI-MS/MS，以及电子轰击离子源与高分辨质谱（EI-HRMS）联用。液相色谱/质谱（LC/MS）联用也可用于 DP 的分析（Zhu et al.，2013；Zhu et al.，2014）。

1. 分析过程及原理

同位素稀释-气质联用法可用于环境和人体血液样品中 syn-DP 和 anti-DP 两种异构体的定性、定量分析。不同环境基质的样品制备和净化过程略有差异，这部分内容参见 8.2.2 节 4.部分。GC/MS 分析和数据处理的方法相同。

样品冷冻干燥除去水分，研磨过筛，加内标后用有机溶剂提取，得到含有目标物的提取液。浓缩后转移至复合硅胶柱净化，用不同溶剂分别淋洗提取液，根据目标物与杂质的极性不同，去除干扰物，得到含有目标物的洗脱液。浓缩后加入进样标，用气相色谱-质谱仪分析。

DP 的两种异构体经过色谱柱分离后，先后进入质谱离子源电离。质谱离子源采用负化学电离源（NCI）模式，质谱扫描采用离子扫描模式（SIM）采集信号。目标物的定性需要与标准物质进行对照，须满足待测组分与标准物质的保留时间、离子的质荷比一致。用内标法对两种异构体定量，制作不同浓度梯度的标准物质工作曲线，计算目标物与内标的峰面积比，经工作曲线计算得出目标物的浓度。

2. 仪器设备

气相色谱-质谱联用仪：Shimadzu GC/MS-QP2010 Ultra（岛津，日本）。
加速溶剂萃取仪：ASE300（Dionex，USA）。
旋转蒸发仪：Laborota 4002（Heidolph，Germany）。
固体总有机碳（TOC）分析仪：OI Analytical（College Station，TX，USA）。
氮吹仪：N-EVAP 111，OA-SYS（Organomation Associates，Berlin，MA，USA）。
涡旋振荡器：REAX top（Heidolph，Germany）。
分析天平：BS2000S（Sartorius，北京）；BSA2202S（Sartorius，北京）。
冷冻干燥机：ALPHA 1-2 LD（Christ，Germany）。
搅拌机：HR2870（PHILIPS，珠海）。
烘箱，Venticell（MMM Medcenter Einrichtungen GmbH）。
马弗炉：VULCAN 3-550（DENSPLY Neytech，Yucaipa，CA，USA）。
摇床：KS 260 basic（IKA，Staufen，Germany）。

3. 试剂耗材

二氯甲烷、正己烷、甲苯和丙酮：农残级，Fisher（Fair Lawn，New Jersey，USA）。
壬烷：HPLC 级，Sigma（St. Louis，USA）。
无水 Na_2SO_4、浓 H_2SO_4、NaOH 和 H_3PO_4：分析纯，北京化工厂。

硅胶（silica gel 60，0.063～0.100 mm）：Merck（Darmstadt，Germany）。

铜粉：分析纯，国药集团化学试剂有限公司，上海。

去离子水：Milli-Q system（Millipore，USA）。

syn-DP 和 anti-DP 标准物质（50 μg/mL）：>95%，Wellington Laboratories（Guelph，Ontario，Canada）。

收率内标 $^{13}C_{12}$-PCB-138，定量内标 $^{13}C_{12}$-PCB-209：Wellington Laboratories（Guelph，Ontario，Canada）。

商品 DP：中国江苏安邦电化有限公司。

PUF：Tisch Environmental Inc.（Cleves，Ohio，USA）。

硅胶和 Na_2SO_4 在使用前需进行活化，将其置于马弗炉中，分别在 600℃烘焙 12 h、450℃下烘焙 6 h，冷却后，密封保存于干燥器中。

酸性硅胶的制备。30%酸性硅胶：将 43 g 浓 H_2SO_4 缓慢滴加到 100 g 已活化的中性硅胶中；40%酸性硅胶：将 67 g 浓 H_2SO_4 缓慢滴加到 100 g 已活化的中性硅胶中。边滴加边用力摇匀，滴加完毕后，将瓶口密封，在摇床上振荡摇匀，使硅胶呈均匀流动状态，之后密封保存于干燥器中。

碱性硅胶的制备：1.2 g NaOH 溶于 30 mL 去离子水中，缓慢滴加到 100 g 已活化的中性硅胶中，在摇床上振荡摇匀，使硅胶呈均匀流动状态，之后密封保存于干燥器中。

4. 样品前处理

如图 8-7 所示，样品前处理流程主要包括样品制备、提取、净化、浓缩四个步骤，样品前处理所用的玻璃仪器应保持洁净、干燥，在使用前用二氯甲烷润洗 2～3 次。

样品准备。土壤样品：先手动去除大石块、树叶等植物残留杂物，粉碎研磨过 65 目筛。底泥样品：样品于–20℃冷冻后用冷干机进行冷冻干燥，之后研磨过 65 目筛。

样品提取。ASE 提取：土壤、底泥、大气（主动大气 PUF、滤膜以及被动大气 PUF）样品采用 ASE 提取。对于土壤和底泥样品，用电子分析天平准确称量 3～5 g（根据估计样品浓度适量称取）样品，与 10 g 无水 Na_2SO_4 混匀后装入 34 mL 不锈钢萃取池中（萃取池在使用前用二氯甲烷超声清洗两次，并再用二氯甲烷空提一次），加入 1 ng 的 $^{13}C_{12}$-PCB-209 作为净化内标。提取溶剂：正己烷：二氯甲烷（1:1，V/V）；土壤和底泥样品提取温度为 150℃，大气样品提取温度为 100℃；压力：1500 psi；静态时间：8 min；净化时间：120 s；冲洗体积：60%；两个循环。

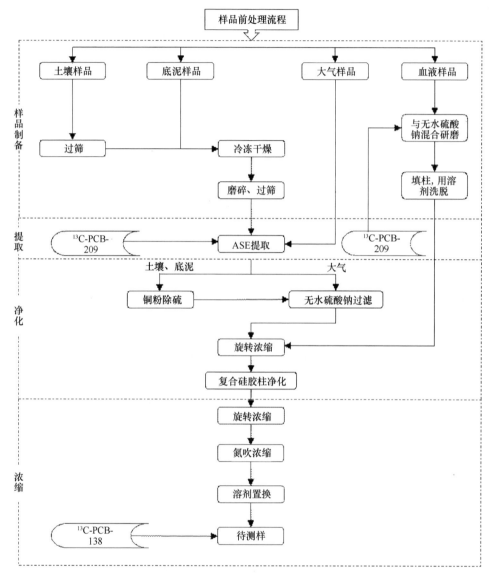

图 8-7 同位素稀释-气质联用法分析环境和生物样品中 DP 异构体的前处理流程

血液样品提取：全血样品与 50 g 无水硫酸钠混匀，研磨为极细小颗粒。然后装柱（柱子底部预填入 1~2 cm 的无水硫酸钠，再填入研磨后的样品混合物，后用 1~2 cm 的无水硫酸钠覆盖）。洗脱液为正己烷：二氯甲烷（1：1，V/V）。

净化。土壤、大气、全血样品的提取液用旋转蒸发仪浓缩至约 2 mL。底泥提取物中加入铜粉除硫，过无水硫酸钠小柱后再用旋转蒸发仪浓缩至 2 mL。浓缩后的提取液用复合硅胶柱净化。先用 70 mL 正己烷预淋洗硅胶柱，上样后再用 100 mL 正己烷洗脱，洗脱液旋转蒸发浓缩后转移至 K-D 管中，氮吹吹干，溶剂置换成壬烷，之后将样品转移至进样瓶衬管中。上机前加入 1.0 ng 的 $^{13}C_{12}$ 标记的进样内标。

5. 仪器分析

用岛津 2010 Ultra 气相色谱-质谱联用仪（GC/MS，SHIMADZU 2010 Ultra，Japan）进行样品分析，离子源为负化学电离源（NCI）。采用 DB-5 MS 毛细管色谱柱（15 m × 0.25 mm i.d. × 0.1 μm，J&W Scientific），载气为氦气，反应气为甲烷，流速为 1 mL/min，采用不分流进样。离子源、进样口、传输线的温度分别为 200℃、285℃、285℃。选择离子监测（SIM）模式。

6. 质量控制与数据处理

1）质量控制

样品前处理时，每 10 个样品做一次过程空白，即 10 g 无水 Na_2SO_4 加入 ASE 萃取池，前处理过程和仪器分析过程与常规样品相同。仪器分析前，以甲醇为溶剂空白，检测仪器设备和流动相中是否有 DP 残留干扰。过程空白和溶剂空白中有 DP 检出，应予以扣除。用 GC-MS 进行实际样品分析时，每 10 个样品重复检测一次 DP 标准品（100 ng/mL，*syn*-DP 与 *anti*-DP 的混合标样），进行稳定性和重现性校验，检测值应偏离±15%以内，如超出范围，建议重建标准曲线。过程空白样品的三倍信噪比为方法检测限（MDL）。

2）工作曲线及数据处理

样品分析时，将 DP 混合标准储备液稀释成不同浓度的工作液（浓度范围 2～1000 ng/mL），同时加入适量的 ^{13}C-PCB-209 和 ^{13}C-PCB-138 同位素标准储备液，使各工作液中同位素标样的浓度均为 100 ng/mL。浓度计算：采用不同浓度的 DP 标准溶液色谱图，以待测组分与内标物的峰面积之比为纵坐标，以标准曲线浓度为横坐标的标准工作曲线。数据处理采用岛津公司的 GC-Solution 分析软件进行计算。

7. 实际样品测试及注意事项

全血样品加标实验：取 10 g 牛全血按照上述样品前处理方法进行处理，在洗脱前加入 100 ng/mL 的 *syn*-DP 和 *anti*-DP 标准各 10 μL。加标回收率为 87.1%～96%（*n*=5）。空白牛全血未有 DP 检出。

选取土壤、底泥、大气 PUF 依据上述样品前处理方法进行，结果见表 8-6。从数据上可以看出 DP 在这些不同介质中都有较好的回收率，能满足环境和人体样品的分析要求。

表 8-6 环境样品中 *syn*-DP 和 *anti*-DP 的 LOD 以及 ^{13}C-PCB-209 的回收率

样品	LOD*		^{13}C-PCB-209 回收率（%）
	syn-DP	*anti*-DP	
土壤 1	12	23	83.2
土壤 2	28	33	85.5
底泥 1	31	25	79.8
底泥 2	15	25	85.3
大气 1	0.57	0.82	84.8
大气 2	0.42	0.65	92.7

*土壤、底泥 LOD 单位为 pg/g dw，大气 LOD 为 pg/m^3。

在分析实际样品时，对于不同的样品，可能出现基质复杂、污染物浓度较高的情况，可根据实际情况减少取样量或取部分 ASE 萃取液进行净化处理。另外，样品在净化过程中，可能发生复合硅胶柱穿透的情况，则需要重新净化。上机检测时，每一个批次样品后要用标样校验，若校验结果的 RSD>20%，则需要重新做工作曲线。本节中所给出的数据未经过回收率校正。

8.2.3 应用案例

2006 年，DP 首次在北美五大湖地区的底泥、空气和鱼体中被检出（Hoh et al.，2006），之后对多种不同环境介质以及生物体中 DP 的相关研究陆续开展。电子垃圾拆解过程是 DP 进入环境中的一个重要来源，电子垃圾拆解地工人体内 DP 含量明显高于对照人群（Ren et al.，2009），电子垃圾拆解地区工人头发和室内灰尘中发现了较高浓度的 DP（Zheng et al.，2010），在电子垃圾拆解地区生活超过 20 年居民体内血液和母乳中 DP 浓度要显著高于居住时间小于 3 年的人群（Ben et al.，2013）。另一方面，在接近 DP 生产工厂地区的环境介质中检出高浓度的 DP，包括土壤样品、大气样品、底泥以及树皮样品都有高浓度的 DP 检出，暗示商品 DP 的生产过程也许是其释放进入环境的一个重要途径（Venier and Hites，2008；Salamova and Hites，2010；Salamova and Hites，2011；Yang et al.，2011）。

因此 DP 生产过程是否会对生产工人以及周围居民的人体健康产生影响，是本研究的一个出发点。本研究以 DP 生产过程中人体暴露情况展开，研究的主要目的是分析人体中 DP 的浓度水平，并为评估 DP 生产过程对生产工人和周围居民的健康风险提供重要信息。

1. 样品采集

共采集到 47 个人体血液样品，样品提供者来自暴露于 DP 生产过程的工人以及 DP 生产厂周边的非职业暴露的人群。这部分工作与 DP 的生产厂合作进行，采集的人群分为三组，第一组（Group A，23 人）来自直接参与 DP 生产过程的部门，也包括研磨、运输、包装等工序；第二组（Group B，12 人）则与第一组工人来自同一工厂，但是其工作并不涉及 DP 生产过程，主要是进行产品质量检验分析的技术人员；第三组（Group C，12 人）来自于其他工厂的工人，该工厂与 DP 生产厂的距离为 3 km。以上参与者均签署书面文件同意提供血液样品。样品采集前，所有参与人员都填写了调查问卷，提供了相关信息，如年龄、性别、职业史，以及职业暴露防护设备的使用情况等（表 8-7）。

表 8-7　样品提供人员的个人信息调查表

人员类别	人数	年龄	性别 男	性别 女	工作年限（年）	参与 DP 生产的时间（年）	是否配备防护用品
第一组	23	35~55	21	3	14~33	1~8	是
第二组	12	33~45	3	9	13~23		是
第三组	12	32~52	9	2	17~32		是

2. 样品分析

按照 8.2.2 节给出的方法进行样品提取、净化、浓缩。

3. 结果与讨论

DP 在所有 47 个全血样品中都有检出（表 8-8）。ΣDP（syn-DP 与 $anti$-DP 之和）浓度范围为 89.8~2958 ng/g lw（中值：456 ng/g lw），这个结果比我国电子垃圾拆解地区工人血清中 DP 的浓度值（7.8~465 ng/g lw，中值为 42.6 ng/g lw）(Ren et al., 2009) 高出 10 倍以上。A、B、C 三组人群全血中检测出的 DP 浓度呈现出下降趋势：A 组（171~2958 ng/g lw，均值为 857 ng/g lw）> B 组（165~687 ng/g lw，均值为 350 ng/g lw）> C 组（89.8~513 ng/g lw，均值为 243 ng/g lw）。此外，在 A 组与 B 组、A 组与 C 组人群全血中的 DP 浓度之间存在着显著性差异（A 组 $vs.$ B 组，p=0.014；A 组 $vs.$ C 组，p=0.023），然而在 B 组和 C 组之间并不存在显著性差异（p=0.457）。

表 8-8　三组人群血液样品中 syn-DP、$anti$-DP 和 ΣDP 的浓度

	A 组（n=23）	B 组（n=23）	C 组（n=23）
syn-DP	386（80.4~1242）	143（69.4~302）	106（47.6~252）
$anti$-DP	471（90.6~1716）	207（95.8~385）	207（42.2~339）
ΣDP	857（171~2958）	350（165~687）	243（89.8~513）
f_{anti}	0.54（0.35~0.72）	0.60（0.53~0.76）	0.61（0.43~0.69）
STDEV	0.108	0.087	0.076

我们对所有参与者的年龄、性别、工作时间与 DP 浓度之间的关系进行了调查。所有 47 位参与者的平均年龄是 42 岁（32~55 岁），其中女性为 14 人，男性为 33 人。在血液样品中，DP 浓度与年龄和性别之间并不存在相关性。但是在对职业暴露工人所在的 A 组进行分析中，发现 syn-DP、anti-DP 以及 ΣDP 的对数浓度与工作时间之间存在着显著的正相关关系（图 8-8）。从图中可以看出随着暴露时间的增加，职业暴露工人体内 DP 发生了明显的生物累积现象，这表明 DP 对职业暴露人群具有潜在的健康风险。

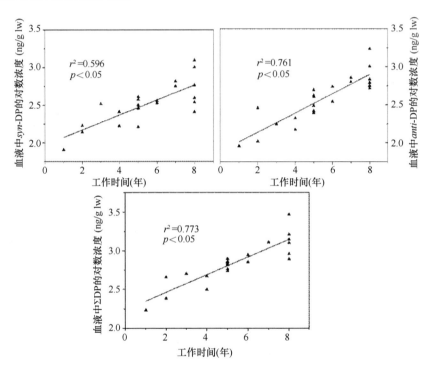

图 8-8 syn-DP、anti-DP 和 ΣDP 在人体血液中的浓度与在 DP 工厂工作时间之间的相关性

参 考 文 献

胡小钟, 徐盈, 胡德聪, 2008. 六溴环十二烷异构体在触鱼体内的浓度分布与生物累积特征. 分析科学学报, 24(2): 125-130.

李红华, 2012. 典型区域六溴环十二烷(HBCD)的污染水平和分布特征研究. 北京: 中国科学院大学.

施致雄, 封锦芳, 李敬光, 赵云峰, 吴永宁, 2008. 超高效液相色谱-电喷雾质谱法结合同位素稀释技术检测动物源性食品中的六溴环十二烷异构体. 色谱, 26(1): 1-5.

王亚韡, 蔡亚岐, 江桂斌, 2010. 斯德哥尔摩公约新增持久性有机污染物的一些研究进展. 中国科学: 化学, 40(2): 99-123.

张海东, 2013. 得克隆生产的职业暴露及其在工厂周边环境中分布特征的研究. 北京: 中国科学院大学.

张娴. 2007. 六溴环十二烷对稀有的鲫肝脏中酶和脑中乙酰胆碱酯酶的诱导. 第四届全国环境化学学术大会论文集(上册). 南京: 中国化学会环境化学专业委员会, 325-326.

Abdallah M A, Harrad S, 2010. Modification and calibration of a passive air sampler for monitoring vapor and particulate phase brominated flame retardants in indoor air: Application to car interiors. Environmental Science & Technology, 44: 3059-3065.

Abdallah M A, Harrad S, Covaci A, 2008. Hexabromocyclododecanes and tetrabromobisphenol-A in indoor air and dust in Birmingham, UK: implications for human exposure. Environmental Science & Technology, 42: 6855-6861.

Abdallaha M A, Ibarrau C, Neelsb H, Harrada S, Covaci A, 2008. Comparative evaluation of liquid chromatography-mass spectrometry versus gas chromatography-mass spectrometry for the determination of hexabromocyclododecanes and their degradation products in indoor dust. Journal of Chromatography A, 1190: 333-341.

Aufderheide J, Jones A, MacGregor J A, Nixon W B, 2003. Effect of hexabromocyclododecane on the survival and reproduction of the earthworm, *Eisenia fetida*. ABC Laboratories, Inc. and Wildlife International Ltd. ABC study No. 47222, pp 94.

Barón E, Eljarrat E, Barceló D, 2012. Analytical method for the determination of halogenated norbornene flame retardants in environmental and biota matrices by gas chromatography coupled to tandem mass spectrometry. Journal of Chromatography A, 1248: 154-160.

Barontini F, Cozzani V, Petarca L, 2001. Thermal stability and decomposition products of hexabromocyclododecane. Industrial and Engineering Chemistry Research, 40: 3270-3280.

Ben Y J, Li X H, Yang Y L, Li L, Di J P, Wang W Y, Zhou R F, Xiao K, Zheng M Y, Tian Y, Xu X B, 2013. Dechlorane Plus and its dechlorinated analogs from an E-waste recycling center in maternal serum and breast milk of women in Wenling, China. Environmental Pollution, 173: 176-181.

Ben Y J, Li X H, Yang Y L, Li L, Zheng M Y, Wang W Y, Xu X B, 2014. Placental transfer of Dechlorane Plus in mother-infant pairs in an E-waste recycling area (Wenling, China). Environmental Science & Technology, 48: 5187-5193.

Bennett D H, Mchone T E, Matthies M, Kastenberg W E, 1998. General formulation of characteristic travel distance for semivolatile organic chemicals in a multimedia environment. Environmental Science & Technology, 32: 4023-4030.

Betrò, Stefano, Roman D, Maria R, 2012. Environmental risk Assessment of polybrominated diphenyl ether (PBDE) and hexabromocyclododecane (HBCD) in Ebro River Basin. http://www.recercat.net/handle/2072/171250. Chemicals/Products/Documents/dechloraneplus/dechlorane_plus.pdf. [2018-5-1].

Covaci A, Gerecke, A C, Law R J, Voorspoels S, Kohler M, Heeb N V, Leslie H, Allchin C R, de Boer J, 2006. Hexabromocyclododecanes (HBCDs) in the environment and humans: A review. Environment Science & Technology, 40: 3679-3688.

Eriksson P, Fisher C, Wallin M, Jakobsson E, Fredriksson A, 2006. Impaired behavior, learning and memory, in adult mice neonatally exposed to hexabromocyclododecane (HBCDD).

Environmental Toxicology and Pharmacology, 21: 317-322.

Eriksson P, Viberg H, Fisher C, Wallin M, Fredriksson A, 2002. A comparison on developmental neurotoxic effects of hexabromocyclododecane, 2, 2′, 4, 4′, 5, 5′-hexabromodiphenylether (PBDE153) and 2, 2′, 4, 4′, 5, 5′-hexachlorobiphenyl (PCB153). Organohalogen Compounds, 57: 389-392.

European Chemicals Agency, 2012. Member state committee support document for identification of hexabromocyclododecane and all major diastereoisomers identified as a substance of very high concern. http://echa.europa.eu/documents/10162/13638/svhc_supdoc_ hbccd_publication_ en.pdf. [2018-5-1].

Fernie K J, Shutt J L, Letcher R J, Ritchie I J, Bird D M, 2009. Environmentally relevant concentrations of DE-71 and HBCD alter eggshell thickness and reproductive success of American Kestrels. Environmental Science & Technology, 43: 2124-2130.

Haug L S, Thomsen C, Liane V H, Becher G, 2008. Comparison of GC and LC determinations of hexabromocyclododecane in biological samples—Results from two interlaboratory comparison studies. Chemosphere, 71: 1087-1092.

Heeb N V, Schweizer W B, Mattrel P, Haag R, Gerecke A C, Kohler M, Schmid P, Zennegg M, Wolfensberger M, 2007. Solid-state conformations and absolute configurations of (+) and (−) α-, β-, and γ-hexabromocyclododecanes (HBCDs). Chemosphere, 68: 940-950.

Hoh E, Hites R A, 2005. Brominated flame retardants in the atmosphere of the east-central United States. Environmental Science & Technology, 39: 7794-7802.

Hoh E, Zhu L Y, Hites R A, 2006. Dechlorane plus, a chlorinated flame retardant, in the Great Lakes. Environmental Science & Technology, 40: 1184-1199.

Hu J, Jin J, Wang Y, Ma Z, Zheng W, 2011. Levels of polybrominated diphenyl ethers and hexabromocyclododecane in the atmosphere and tree bark from Beijing, China. Chemosphere, 84: 355-360.

Hunziker R W, Gonsior S, MacGregor J A, Desjardins D, Ariano J, Friederich U, 2004. Fate and effect of hexabromocyclododecane in the environment. Organohalogen Compounds, 66: 2275-2280.

Ismail, N, Gewurtz S B, Pleskach K, Whittle D M, Helm P A, Marvin C H, Tomy G T, 2009. Brominated and chlorinated flame retardants in Lake Ontario, Canada, lake trout (*Salvelinus namaycush*) between 1979 and 2004 and possible influences of food-web changes. Environmental Toxicology & Chemistry, 28: 910-920.

Janák K, Sellström U, Johansson A K, Becher G, de Wit C A, Lindberg P, Helander B, 2008. Enantiomer-specific accumulation of hexabromocyclododecanes in eggs of predatory birds. Chemosphere, 73: S193-S200.

Jin J, Yang C Q, Wang Y, Liu A M, 2009. Determination of hexabromocyclododecane diastereomers in soil by ultra performance liquid chromatography-electrospray ion source/tandem mass spectrometry. Chinese Journal of Analytical Chemistry, 37: 585-588.

Li H, Shang H, Wang P, Wang Y, Zhang H, Zhang Q, Jiang G, 2013. Occurrence and distribution of hexabromocyclododecane (HBCD) in sediments from seven major river drainage basins in China. Journal of Environmental Sciences, 25: 69-76.

Li H, Zhang Q, Wang P, Li Y, Lv J, Chen W, Geng D, Wang Y, Wang T, Jiang G, 2012. Levels and distribution of Hexabromocyclododecane (HBCD) in environmental samples near manufacturing facilities in Laizhou Bay area, East China. Journal of Environmental Monitoring, 14: 2591-2597.

Lilienthal H, van der Ven L T, Piersma A H, Vos J G, 2009. Effects of the brominated flame retardant hexabromocyclododecane (HBCD) on dopamine-dependent behavior and brainstem auditory evoked

potentials in a one-generation reproduction study in Wistar rats. Toxicology Letters, 185: 63-72.
Luo X, Chen S, Mai B, Fu J, 2010. Advances in the study of current-use non-PBDE brominated flame retardants and dechlorane plus in the environment and humans. Science China Chemistry, 53: 961-973.
Meng X, Duan Y, Yang C, Pan Z, Wen Z, Chen L, 2011. Occurrence, sources, and inventory of hexabromocyclododecanes (HBCDs) in soils from Chongming Island, the Yangtze River Delta (YRD). Chemosphere, 82: 725-731.
Möller A, Xie Z Y, Cai M, Zhong G, Huang P, Cai M, Sturm R, He J, Ebinghaus R, 2011. Polybrominated diphenyl ethers vs alternate brominated flame retardants and dechloranes from East Asia to the Arctic. Environmental Science & Technology, 45: 6793-6799.
Möller A, Xie Z Y, Sturm R, Ebinghaus R, 2010. Large-scale distribution of dechlorane plus in air and seawater from the Arctic to Antarctica. Environmental Science & Technology, 44: 8977-8982.
Möller A, Xie Z, Caba A, Sturm R, Ebinghaus R. 2012a. Occurrence and air-seawater exchange of brominated flame retardants and dechlorane plus in the North Sea. Atmospheric Environment, 46: 346-353.
Möller A, Xie Z, Cai M, Sturm R, Ebinghaus R. 2012b. Brominated flame retardants and Dechlorane Plus in the marine atmosphere from Southeast Asia toward Antarctica. Environmental Science & Technology, 46: 3141-3148.
National Chemicals Inspectorate (KEMI), 2005. Draft of the EU Risk Assessment Report on Hexabromocyclododecane. Sundbyberg, Sweden.
OxyChem, 2007. Dechlorane plus manual. http://www.oxy.com/OurBusinesses/.
Peng H, Wan Y, Zhang K, Sun J X, Hu J Y, 2014. Trophic transfer of dechloranes in the marine food web of Liaodong Bay, North China. Environmental Science & Technology, 48: 5458-5466.
Petersen M, Hamm S, Schäfer A, Esser U, 2004. Comparative GC/MS and LC/MS detection of hexabromocyclododecane (HBCD) in soil and water samples. Organohalogen Compounds, 66: 224-231.
Qiu X H, Marvin C H, Hites R A, 2007. Dechlorane plus and other flame retardants in a sediment core from Lake Ontario. Environmental Science & Technology, 41: 6014-6019.
Remberger M, Sternbeck J, Palm A, Kaj L, Strömberg K, Brorström-Lundén E, 2004. The environmental occurrence of hexabromocyclododecane in Sweden. Chemosphere, 54: 9-21.
Ren G F, Yu Z Q, Ma S T, Li H R, Peng P G, Sheng GY, Fu J M, 2009. Determination of dechlorane plus in serum from electronics dismantling workers in South China. Environmental Science & Technology, 43: 9453-9457.
Ren N Q, Sverko E, Li Y F, Zhang Z, Harner T, Wang D G, Wan X N, Mccarry B E, 2008. Levels and isomer profiles of dechlorane plus in Chinese air. Environmental Science & Technology, 42: 6476-6480.
Saegusa H, Fujimoto Y H, Woo G H, Inoue K, Takahashi M, Mitsumori K, Hirose M, Nishikawa A, Shibutani M, 2009. Developmental toxicity of brominated flame retardants, tetrabromobisphenol A and 1, 2, 5, 6, 9, 10-hexabromocyclododecane, in rat offspring after maternal exposure from mid-gestation through lactation. Reproductive Toxicology, 28: 456-467.
Salamova A, Hites R A, 2010. Evaluation of tree bark as a passive atmospheric sampler for flame retardants, PCBs, and organochlorine pesticides. Environmental Science & Technology, 44: 6196-6201.
Salamova A, Hites, R A, 2011. Dechlorane plus in the atmosphere and precipitation near the Great

Lakes. Environmental Science & Technology, 45: 9924-9930.

Sellström U, Kierkegaard A, de Wit C, Jansson B, 1998. Polybrominated diphenyl ethers and hexabromocyclododecane in sediment and fish from a Swedish river. Environmental Toxicology and Chemistry, 17: 1065-1072.

Shen L, Reiner E J, Macpherson K A, Kolic T M, Sverko E, Helm P A, Bhavsar S P, Brindle I D, Marvin C H, 2009. Identification and screening analysis of halogenated norbornene flame retardants in the Laurentian Great Lakes: Dechloranes 602, 603, and 604. Environmental Science & Technology, 44(2): 760-766.

Smolarz K, Berger A, 2009. Long-term toxicity of hexabromocyclododecane (HBCDD) to the benthic clam *Macoma balthica* (L.) from the Baltic Sea. Aquatic Toxicology, 95: 239-247.

Sverko E, Tomy G T, Marvin C H, Zaruk D, Reiner E, Helm P A, Hill B, Mccarry B E, 2008. Dechlorane plus levels in sediment of the lower Great Lakes. Environmental Science & Technology, 42: 361-366.

Sverko E, Tomy G T, Reiner E J, Li Y F, McCarry B E, Arnot J A, Law R J, Hites R A, 2011. dechlorane plus and related compounds in the environment: A review. Environmental Science & Technology, 45: 5088-5098.

Tian M, Chen S J, Wang J, Shi T, Luo X J, Mai B X, 2011. Atmospheric deposition of halogenated flame retardants at urban, E-waste, and rural locations in Southern China. Environmental Science & Technology, 45: 4696-4701.

Venier M, Hites R A, 2008. Flame retardants in the atmosphere near the Great Lakes. Environmental Science & Technology, 42: 4745-4751.

Wang D G, Guo M X, Pei W, Byer J D, Wang Z, 2015. Trophic magnification of chlorinated flame retardants and their dechlorinated analogs in a fresh water food web. Chemosphere, 118: 293-300.

Wang D G, Yang M, Qi H, Sverko E, Ma W L, Li Y F, Alaee M, Reiner E J, Shen L, 2010. An Asia-Specific source of dechlorane plus: Concentration, isomer profiles, and other related compounds. Environmental Science & Technology, 44(17): 6608-6613.

Wang P, Zhang Q H, Zhang, H D, Wang T, Sun H Z, Zheng S C, Li Y M, Liang Y, Jiang G B, 2016. Sources and environmental behaviors of dechlorane plus and related compounds—A review. Environment International, 88: 206-220.

Watanabe I, Sakai S, 2003. Environmental release and behavior of brominated flame retardants. Environment International, 29: 665-682.

Wu J P, Guan Y T, Zhang Y, Luo X J, Zhi H, Chen S J, Mai B X, 2010. Trophodynamics of Hexabromocyclododecanes and several other non-PBDE brominated flame retardants in a freshwater food web. Environmental Science & Technology, 44: 5490-5495.

Wu, J P, Zhang Y, Luo X J, Wang J, Chen S J, Guan Y T, Mai B X, 2010. Isomer-specific bioaccumulation and trophic transfer of dechlorane plus in the freshwater food web from a highly contaminated site, South China. Environmental Science & Technology, 44: 606-611.

Xia C, Lam J C W, Wu X, Sun L, Xie Z, Lam P K S, 2011. Hexabromocyclododecanes (HBCDs) in marine fishes along the Chinese coastline. Chemosphere, 82: 1662-1668.

Xian Q, Ramu K, Isobe T, Sudaryanto A, Liu X, Gao Z, Takahashi S, Yu H, Tanabe S, 2008. Levels and body distribution of polybrominated diphenyl ethers (PBDEs) and hexabromocyclododecanes (HBCDs) in freshwater fishes from the Yangtze River, China. Chemosphere, 71: 268-276.

Yang R, Wei H, Guo J, McLeod C, Li A, Sturchio N C, 2011. Historically and currently used dechloranes in the sediments of the Great Lakes. Environmental Science & Technology, 45:

5156-5163.

Yu Z, Chen L, Mai B, Wu M, Sheng G, Fu J, Peng P, 2008a. Diastereoisomer- and enantiomer-specific profiles of hexabromocyclododecane in the atmosphere of an urban city in South China. Environmental Science & Technology, 42: 3996-4001.

Yu Z, Peng P, Sheng G, Fu J. 2008b. Determination of hexabromocyclododecane diastereoisomers in air and soil by liquid chromatography-electrospray tandem mass spectrometry. Journal of Chromatography A, 1190: 74-79.

Zheng J, Wang J, Luo X J, Tian M, He L Y, Yuan J G, Mai B X, Yang Z Y, 2010. Dechlorane plus in human hair from an E-waste recycling area in South China: Comparison with dust. Environmental Science & Technology, 44: 9298-9303.

Zhu B, Lam J C, Yang S, Lam P K, 2013. Conventional and emerging halogenated flame retardants (HFRs) in sediment of Yangtze River Delta (YRD) region, East China. Chemosphere, 93: 555-560.

Zhu, B, Lai N L, Wai T C, Chan L L, Lam J C, Lam P K, 2014. Changes of accumulation profiles from PBDEs to brominated and chlorinated alternatives in marine mammals from the South China Sea. Environment International, 66: 65-70.

第 9 章 持久性有机污染物的生物分析技术

本章导读
- 典型持久性有机污染物（二噁英类）的生物分析技术。
- 二噁英类报告基因生物分析技术的发展与应用。
- 多氯联苯与多环芳烃的生物分析技术与应用。

随着 2004 年中国加入《斯德哥尔摩公约》，我国对二噁英类等持久性有机污染物的环境管理的需求日益增加。以二噁英类污染物为例，随着履约工作的进展，2004~2008 年期间，我国陆续出台了一系列文件和法规规定了二噁英类污染物的排放标准。2010 年 10 月，环境保护部等九部委联合发布了《关于加强二噁英污染防治的指导意见》，要求在我国主要工业行业开展二噁英类的减排实践工作，此举标志着我国对二噁英类污染的防治工作进入了实施阶段。这些都对二噁英类污染的监测及监管提出了更高的要求。目前，高分辨气相色谱/质谱被认为是分析二噁英类物质的"黄金标准"方法。虽然此方法具有灵敏度高、结果准确等优点，但是检测过程复杂，检测成本高昂、通量低、周期长，不适于对大量环境样品进行筛查。而高通量、高灵敏、快速简便的分析方法可以为持久性有机污染物大批量样品筛查、半定量测定和常规的环境调查提供重要技术支撑。2007 年 4 月，国务院根据我国二噁英类污染的现实情况及监控的需求批准了《履行〈关于持久性有机污染物的斯德哥尔摩公约〉国家实施计划》（以下简称《国家实施计划》），并在其中特别提到要建立废气、固体废物、土壤与沉积物等二噁英类的生物筛查法。从一个侧面说明发展快速灵敏的持久性有机污染物生物分析技术的重要性。

二噁英类无疑是持久性有机污染物生物分析技术发展的重点。目前发达国家和组织包括美国、欧盟、日本相继建立和完善了二噁英类污染物的生物分析技术与方法。尤其是基于报告基因的二噁英类生物检测技术的最低检出限已经可以达到 1 pmol/L（如以 100 μL/assay 计算，约合 0.03 pg/assay），而半数效应浓度（EC_{50}）已达到 20 pmol/L，接近仪器分析的灵敏度，而且其灵敏度和特异性还在进一步提高中。

二噁英类生物检测方法并不是取代仪器分析方法，两者相辅相成，互相补充。

生物检测法具有高通量、高灵敏、简单快速及低成本的特点，因此较仪器分析方法更适用于对大规模环境样品的快速筛查，以便在短时间内获得大量的定性或半定量的数据。一方面可以为更精确和特异的仪器分析方法提供初筛数据，另一方面以基于芳香烃受体（AhR）信号通路检测为代表的一系列生物检测法与毒性通路之间有着密切的联系，更有利于进行毒性及健康风险的评估。

由于二噁英类生物分析技术发展已比较成熟，检测结果具有一定的精确性和重复性，在一定程度上可作为环境执法的判别参考。因此，欧美、日本等发达国家和地区已先后颁布了二噁英类生物检测技术标准，如 US EPA Method 4435；EU Commission Regulation No1883/2006；等等。目前针对其他持久性有机污染物的生物分析方法，如多氯联苯和多环芳烃等，也多与成熟的二噁英类的生物分析技术有关。因此，本章将在概述二噁英类生物分析技术的基础上，主要综述主流的高灵敏技术及其在国内国外的发展进程，此外还将介绍这些主要技术方法在多氯联苯和多环芳烃类污染物分析中的应用。

9.1 二噁英类污染物的生物分析技术

9.1.1 二噁英类生物分析技术概述

近年来，随着生物分析技术和二噁英毒理研究的发展，研究者陆续发明了多种二噁英类物质的生物检测方法，其通量高、周期短、成本较低，更适合环境样品的大量及快速筛查。生物检测方法根据基本原理主要包括两类，一类是免疫类检测方法，包括酶联免疫吸附测定（ELISA）法、时间分辨荧光免疫测定（dissociation- enhanced lanthanide fluoroimmunoassay，DELFIA）法等；另一类是基于芳香烃受体（AhR）信号通路的检测方法，包括乙氧基异吩噁唑酮-O-脱乙基酶（ethoxyresorufin O-deethylase，EROD）和基于报告基因的二噁英类生物检测等。在这些二噁英的生物检测方法中，EROD 是最早发展起来的，但其灵敏度较低、抗干扰性较差，比较报告基因法，其应用范围因受到了限制。ELISA 法比基于报告基因的二噁英类生物检测法有更高的特异性、操作相对简便，但是灵敏度有限、成本昂贵，且不能给出样品的总毒性当量，也在一定程度上限制了 ELISA 法在二噁英类筛查与风险评估中的应用。

1. 免疫类检测方法

酶联免疫吸附测定（ELISA）法是应用抗原-抗体特异性反应的原理而发展出的一类免疫类检测方法，目前已在国际上得到广泛应用。其主要原理是利用可以特异性识别二噁英类化合物的抗体，通过酶联免疫反应定量二噁英的浓度，此技术的关键是设计出高特异性抗原。1977年，Chae首次合成二噁英抗原（Chae et al.，1977），1979年，Albro采用此种方法获得兔抗二噁英多克隆抗体（Albro et al.，1979），但多克隆抗体存在特异性差等缺点。1975年，英国科学家Milstein和Kohler发明了单克隆抗体制造技术，该技术被应用在二噁英抗体制备上（Kohler et al.，1975）；1987年，Stanker首次制得抗二噁英的小鼠单克隆抗体（Stanker et al.，1987）；1989年，Vanderlaan将单克隆抗体应用在环境样品的检测上（Vanderlaan，1989）。随着单克隆抗体的应用，在检测技术方面出现了多样性，根据试剂的来源和标本的情况以及检测的具体条件，可以设计出各种不同类型的检测方法。目前，ELISA法主要有用于检测抗原的双抗体夹心法、用于检测抗体的间接法以及用于检测小分子抗原或半抗原的抗原竞争法等（黄晓蓉，2002），而竞争酶联免疫吸附分析法又可分为直接竞争法和间接竞争法，以及避免竞争步骤的结合平衡除外法（图9-1）。一些研究者已经采用ELISA法检测了飞灰、土壤、动物组织、沉积物、牛奶、固体废弃物等介质中的二噁英类物质浓度，其结果与HRGC/HRMS具有较好的一致性（Chuang et al.，2009；Harrison and Eduljee，1999；Kurosawa et al.，2005；Okuyama et al.，2004；周志广等，2013）。我国对此技术的研究始于2003年，上海市检测中心应用此技术筛查了上海市土壤和底质中的二噁英，2009年国家环境分析测试中心则将此技术应用于废气、飞灰的检测，检测限分别为：0.01 ng-TEQ/m^{3}和0.003 ng-TEQ/g，2010年重庆市固体废物管理服务中心正式规定了将此方法列为土壤和底质的筛查方法，成为我国第一个地方环保标准。

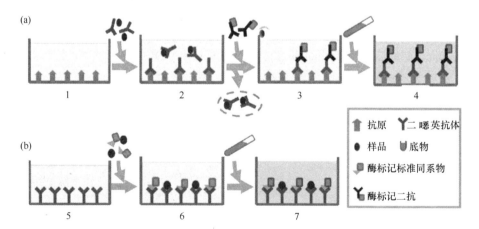

图9-1　间接竞争法（a）与直接竞争法（b）原理图［引自文献（Tian et al.，2012）］

ELISA 法虽然操作简便，但是在灵敏性方面还存在明显的不足，研究人员进一步改进了竞争 ELISA 法，将辣根过氧化酶（HRP）标抗原（二噁英）换成铕原子标记的抗原，并应用抗二噁英的单克隆抗体，从而发展出时间分辨荧光免疫测定（DELFIA）法。与 ELISA 法类似，样品中的二噁英浓度越高，则与铕原子标记的某种特殊抗原结合的就越少，最后通过分析荧光强度推算样品中二噁英类化合物的浓度。此方法可以消除非特异性荧光干扰，大大提高了灵敏度，而且需要较少的样品量，降低了检测成本。目前研究者已将 DELFIA 法应用于动物脂肪等样品的检测，其检测限为 48 ng/g，检测结果与 GC/MS 检测结果的相关性系数为 0.9039。此外，研究者们将其他生物分析方法与免疫分析法联用来检测浓度较低的样品。其中实时定量免疫 PCR（real-time immuno-polymerase chain reaction Rt-IPCR）就是一种联用的方法。此种方法简单来说就是将抗原孵育在 PCR 管上，然后加入抗二噁英抗体和含有二噁英类物质的样品，随后加入生物素化的二抗来结合已经固定在 PCR 管上的抗二噁英抗体。最后，在加入亲和素和生物素标记的 DNA 标签后，亲和素、生物素标记的二抗以及生物素标记的 DNA 标签形成复合物。通过扩增 DNA 标签并用定量 PCR 检测就可以推算样品中二噁英的含量。此种方法目前已经应用于实际环境样品的检测，例如 Chen 等利用此方法检测了土壤中 PCBs 的浓度，其检出浓度可低至 10 fg/mL，并且与 GC/MS 检测结果的相关性系数达到 0.99，充分说明了该方法的高特异性和灵敏性（Chen and Zhuang, 2009）。

总体来讲，免疫类检测方法具有操作简便、快速的优势，并且也已应用于对环境样品及多种生物样品的二噁英类定性及半定量分析，但是这类生物检测方法依然存在一些明显的缺陷。首先，在检测限方面免疫类检测方法仍然存在较大的局限性；其次，免疫检测时容易受到环境中其他共存污染物的干扰。由于环境样品较复杂，往往是多种二噁英同类物并存，而免疫类检测方法通常只针对一种二噁英同类物而设计，只能检测这一类二噁英的总毒性，但并不能报告样品中具体含有哪些二噁英，所以在二噁英类总毒性当量分析方面存在局限性，只适用于对环境样品的快速筛选，除此之外，抗体的制备会耗费较多的财力，这使得其在检测费用上失去优势。

2. 基于 AhR 信号通路的检测方法

近年来，随着生物分析方法在二噁英类物质毒性评估方面的需求不断提高，与二噁英毒性相关的分析方法亟待发展。二噁英的细胞效应多由 AhR 依赖的信号通路所介导。因此，基于 AhR 信号通路的新型二噁英生物检测技术层出不穷，在灵敏度及实际样品检测的适用性方面也进行了不断的优化。基于 AhR 信号通路的检测方法的发展有赖于多年以来对 AhR 信号通路的深入研究，如图 9-2 所示，二噁英的细胞效应多由下述信号通路所介导。二噁英进入细胞与胞质内的 AhR 结合，活化 AhR 并形成二噁英-AhR 复合物；随后二噁英-AhR 复合物转移入核，在细胞核中聚集；并与 AhR 转运蛋白（Ah receptor nuclear translocator protein，ARNT）结合形成异二聚体，进而与基因上游的特异增强子，即二噁英响应元件（dioxins responsive element，DRE）结合，激活效应基因的转录，其中最经典的效应基因包括细胞色素（CYP）家族成员，如 *CYP1A1* 等（图 9-2）（Tillitt et al.，1991）。在 AhR 信号通路的不同节点中，针对位于通路终点的基因转录表达的生物分析方法最受关注，并有多种分析系统已应用于对多种实际样品的二噁英化合物的筛查。

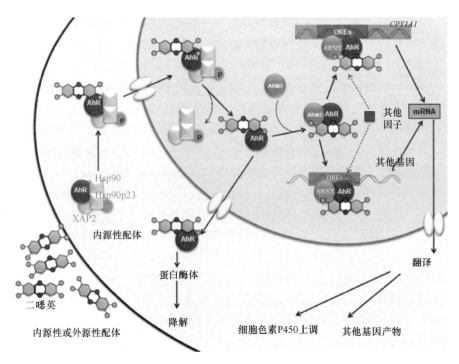

图 9-2　二噁英激活 AhR 信号通路原理图

1）基于基因转录表达的检测方法

20 世纪 80 年代，美国食品与药物管理局首次以 *CYP1A1* 基因表达产物 EROD 的酶活性作为指标检测提取物中的多卤代烃。作为与毒性相关的经典二噁英类生物检测方法，研究者们随后在不同种属的细胞系统中对 EROD 法进行了优化，并将之应用在实际环境样品的检测中。Sanderson 等在大鼠肝癌细胞（H4IIE）中优化了 EROD 法，并对二噁英类物质进行了检测，检测限达到了 20 pmol/L（Sanderson et al.，1996）；Behnisch 等将 EROD 法与其他生物检测方法相结合测定了飞灰中二噁英类物质的含量（Behnisch et al.，2002a）；Della Torre 等利用 EROD 法检测了土壤中二噁英类物质（Della Torre et al.，2013）；Li 等利用 EROD 法测定了沉积物等环境介质中二噁英类物质的含量，其检测结果与 GC/MS 检测结果具有很好的相关性（Li et al.，2002）。EROD 法具有检测周期短、结果精确而且灵敏度较高的特点，但是也有研究表明 EROD 法也存在底物竞争性抑制的缺点，同时容易出现假阴性结果，且其检出限仍然不能满足超痕量环境二噁英的筛查。

1993 年，Denison 等将萤火虫的荧光素酶作为报告基因整合到控制转录的 DRE 下游，构建成报告基因质粒并转染到 H4IIE 细胞中以获得稳定转染的细胞株，当待测样品与细胞株共同孵育后，其中的二噁英类化合物将进入细胞，激活细胞内的 AhR 信号通路，从而激活报告基因上游 DRE 诱导的荧光素酶的转录表达，而该报告基因的表达水平和二噁英类化合物的毒性当量相对应，最终可测得待测样品中二噁英类的含量，该方法被称为荧光素酶报告基因（chemical-activated luciferase gene expression，CALUX）法（Elfouly et al.，1994）。除 Denison 的 CALUX 系统以外，国际上其他研究团队，如 Takeuchi 等也构建出了类似的二噁英检测细胞株，其最低检测限可达到 0.1 pmol/L TCDD（Takeuchi et al.，2008）。利用 CALUX 法分析样品中的二噁英时，无论线性范围还是灵敏度，均高于 EROD 法，而且在实际样品的前处理方面，CALUX 法前处理过程简单、成本较低。由于 CALUX 法灵敏度高、通量高、便于操作，已在很多国家和地区得到了实际应用。目前发达国家和组织包括美国、欧盟、日本相继建立和完善了各自的基于该方法的标准，例如 US EPA Method 4435、EU Commission Regulation NO 1883/2006、JIS K 0463-2009 等。目前 CALUX 技术的最低检测限已经可以达到 0.1～1 pmol/L，接近仪器分析的灵敏度，显示了其良好的应用价值。

2）其他基于 AhR 信号通路的生物分析方法

针对 AhR 信号通路其他节点的生物分析方法目前仍主要出于实验室研究阶段，包括配体和受体结合以及 AhR 和转运相关的生物分析方法等。配体和受体结合的方法是使含有一定量同位素标记的二噁英标记品（如 ^{3}H 标记的 TCDD）与含有二噁英类化合物的待测样品竞争与一定量的 AhR 结合，然后通过测定不与 AhR 结合的放射性 TCDD 的量来推算待测二噁英类化合物与 AhR 的亲和力（Behnisch et al.，2001）。但是，放射性元素氚的使用限制了该检测方法在普通实验室中的应用。Wang 等构建了一种全新的配体-受体结合实验，这种方法是类似于荧光共振能量转移（forster resonance energy transfer，FRET）的一种技术，无须使用放射性元素就可以高通量同时较方便地检测二噁英类污染物等配体与 AhR 受体之间的结合情况（Wang et al.，2012）。AhR 受体被二噁英激活后入核的过程也是污染物致毒过程的重要环节，Zhao 等根据此环节构建了一种基于绿色荧光蛋白标记的 AhR 的可视化方法，可利用荧光显微镜实时观测整个入核过程（Zhao et al.，2010）。当细胞暴露于二噁英，二噁英与 AhR 结合进而由细胞质转入细胞核，细胞核内的荧光强度会显著增强，这样根据不同时间荧光的亚细胞分布及强度变化推断出配体激活的进程，而当有 AhR 信号通路的抑制剂存在时，这种入核的过程被明显抑制。虽然目前该方法仅限于对标准物质的实验室检测，并且以定性检测为主，但是为未来实现具有生物学意义活细胞可视化的检测奠定了基础；此外随着高分辨显微成像技术及图像数据处理技术的发展、荧光蛋白技术的完善及稳定转染细胞系的建立，该方法实现定量检测是必然的趋势。

9.1.2 我国二噁英类生物分析方法的研究应用现状

随着我国环境保护发展的深入，监测二噁英类污染源的种类和数量还有进一步扩展的趋势，对固体废物、环境介质及生物样品开展二噁英类监测的需求也日益迫切。近年来，我国陆续出台了一系列文件和法规规定了二噁英类的排放标准：如《水泥工业大气污染物排放标准（GB 4915—2004）》以及《制浆造纸工业水污染物排放标准》（GB 3544—2008）等。2008 年环境保护部发布《生活垃圾填埋场污染控制标准》（GB 16889—2008）规定，生活垃圾焚烧飞灰和医疗废物焚烧残渣（包括飞灰、底渣）满足二噁英含量低于 3 μg-TEQ/kg 等条件，可以进入生活垃圾填埋场处置。

我国的二噁英类污染源分布广泛，现有的二噁英实验室的数量还不足以开展二噁英类污染的全方位监测。正是基于我国二噁英类污染的现实情况及监控的需求，2007 年 4 月，国务院批准了《国家实施计划》。目前，我国部分科研机构通过合作的方式已经开始使用从国外引进的二噁英类生物检测方法，包括 EROD、ELISA 和基于报告基因的二噁英类生物检测等。但由于知识产权及目前使用的技术本身存在的一些局限性等问题，其使用基本局限于实验室研究的层面上，无法在我国环保监测单位全面推广和应用，因而我国急需研发具有自主知识产权的二噁英生物检测技术，以填补该方面的空白。

相比其他生物检测方法而言，基于报告基因的二噁英类生物分析方法具有成本较低、灵敏度较高等优点，成为目前国际上最为通用的二噁英生物检测方法之一。从我国的国情分析，我国的二噁英类污染源涉及工业来源种类多、分布广泛，二噁英类潜在污染的种类复杂，针对单一类二噁英同类物的生物检测方法并不适用于我国对二噁英污染高风险区域的筛查摸底工作。而基于报告基因的二噁英类生物检测法的原理是基于二噁英类化合物在细胞内作用的通用信号通路，能够反映样品中二噁英类的总毒性当量，更加适用于我国的二噁英类污染的筛查工作。因此，开发使用具有自主知识产权、成本低廉且灵敏度又高的基于报告基因的二噁英类生物检测法,是目前我国建立二噁英类快速生物筛查技术标准的最佳选择。因此在环境保护部环保公益性行业科研专项项目和中国科学院先导专项项目的支持下,我国已建立具有自主知识产权的基于报告基因的二噁英类生物检测技术,并在基层环保部门进行了试运行。2015 年"固体废物 二噁英类的筛查 报告基因法"标准项目获得立项,推动了二噁英类生物分析技术在我国环境监测工作中的应用。因此,在下述章节中将重点介绍这一生物分析方法的技术原理与应用。

9.1.3 基于报告基因的高灵敏二噁英类生物分析技术

近年来,报告基因生物分析法已在农业、食品、医疗、环境等领域得到广泛应用,其方法本身也在不断地改进优化。我国二噁英类生物分析方法的研究起步较晚,但是目前开发的具有自主知识产权的新型高灵敏二噁英类报告基因生物分析技术在针对 2,3,7,8-TCDD 的检测灵敏度方面基本达到了目前国际通用技术,甚至于最新技术的水平,即 0.1~1 pmol/L。在大气样品二噁英类化合物的筛查方面,使用该系统所获得的数据与金标准仪器分析方法具有良好的相关性,说明该技术在二噁英痕量样品的检测中具有应用价值。那么在此基础上进一步完善该技术,并扩大其适用范围具有重要的意义。因此下面的内容将着重对这类分析方法的技术原理和应用研究加以阐述。

1. 基于报告基因的二噁英类生物分析技术的发展

基于荧光素酶报告基因的生物检测法(CALUX 法)是这类生物分析技术的典型代表。CALUX 法于 1993 年由美国加州大学 Denison 研究组首先提出。他们选取了经典的 AhR 信号通路下游调控基因小鼠 *CYP1A1* 基因启动子上游富含 DRE –1301~–819 区域作为二噁英响应区段(dioxin responsive domain,DRD),其中包含 4 个 DRE,将其插入小鼠乳腺癌病毒(mouse mammary tumor virus,MMTV)启动子中,并将重组后的启动子 DRE-MMTV 基因序列整合到 pGL2-basic 质粒中,构建了 pGudLuc1.1 质粒,再将 pGudLuc1.1 质粒转染到小鼠肝癌细胞系(Hepa1c1c7)中,最终得到了 H1L1.1c2 细胞株,以此形成了第一代 CALUX 生物检测系统(G1)(Garrison et al.,1996)。当待测样品与细胞株共同孵育时,其中的二噁英类化合物将进入细胞,激活细胞内的 AhR 信号通路,从而激活上游含 DRD 的报告基因的启动子,诱导荧光素酶的转录表达。他们通过一系列浓度的毒性最强的二噁英标准物质(2,3,7,8-TCDD)暴露所获得的荧光素酶报告基因的检测值绘制的标准曲线来确定二噁英类的物质的毒性当量与荧光素酶检测值之间的对应关系(Elfouly et al.,1994)。在随后的几年时间中,Denison 实验室不断完善报告基因质粒，优化 DRE 插入序列以及启动子和载体的选择，并向不同宿主细胞内稳定转染改造质粒，相继发展了三代 CALUX 检测系统。2004 年，Han 等将 DRD-MMTV 基因序列重组到改良的荧光素酶报告基因载体 pGL3-basic 中，构建了 pGudLuc6.1 质粒（Han et al.，2004），再将其稳转到 Hepa1c1c7 中得到了 G2 检测系统。G1 与 G2 两个重组细胞株相比，检测灵敏度相当，检测 2,3,7,8-TCDD 标准物质的最低检测限均为 1 pmol/L。G1 的特点是细胞株对二噁英类化合物的响应时间短，可以在 4~6 h 内进行检测，而 G2 细胞株的最佳相应时间为 24 h。因此，G1 细胞株更适用于二噁英类化合物的快速检测。而 G2 细胞株选择了更新的报告基因载体，其优点是荧光素酶的表达不会受到细胞质内其他物质的影响，所以整个检测系统更加稳定，因此 G2 系统也得到了广泛的应用与推广。2004 年，Harrie 等使用第二代质粒转染的大鼠肝癌细胞 H4IIE 作为检测系统，并将该系统命名为 DR-CALUX（Besselink et al.，2004）。为了进一步提高 CALUX 系统的稳定性、特异性和灵敏度，2011 年，He 等筛选获得了更敏感的 CALUX 检测质粒 pGudLuc7.5F，其中应用了 5 个 DRD 拷贝，并正向插入到 MMTV△94 启动子上游，报告基因载体仍为 pGL3-basic（He et al.，2011）。2015 年，Brennan 等将该质粒稳定转染到小鼠肝癌细胞 Hepa1c1c7 中得到了第三代（G3）重组细胞株 H1L7.5c3，其检测 2,3,7,8-TCDD 标准物质最低检测限达到了 0.1 pmol/L，EC_{50} 为 16 pmol/L（图 9-3）。

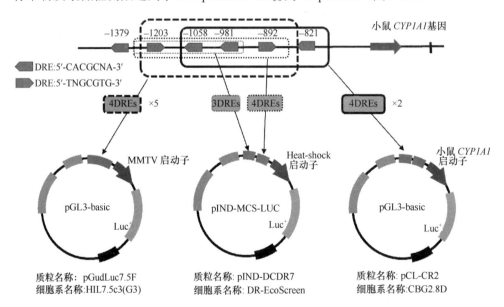

图 9-3　基于报告基因生物检测系统中质粒构建图的比较

除了 CALUX 法以外，北海道大学 Kojima 实验室也发展了类似的荧光素酶报告基因检测方法。2008 年，Takeuchi 等通过优化 DRE 序列与启动子序列，构建了新型报告基因检测质粒 pIND-DCDR7，其中使用了果蝇热休克蛋白启动子，DRE 富集序列同样来自小鼠 *CYP1A1* 基因启动子上游的 DRE 富集区域，所插入的 DRD 由两部分组成，分别为–1334～–962 与–1334～–844，前者 DRD 中包含 3 个 DRE，后者包含 4 个 DRE，虽然最终插入序列的实际长度与 CALUX 系统的 DRD 有差别，但是 DRE 是来自相同位置的 DRE（图 9-3）。他们将 pIND-DCDR7 检测质粒稳定转染到小鼠肝癌细胞中，所获得的重组细胞株命名为 DR-EcoScreen。该系统对于 2,3,7,8-TCDD 标准物质的最低检测限可达 0.1 pmol/L，EC_{50} 为 2.8 pmol/L（Anezaki et al.，2009；Takeuchi et al.，2008）。

相比于欧美和日本，我国二噁英类生物检测技术的研发起步较晚，但也已形成了若干自主知识产权的生物检测技术。在荧光素酶报告基因二噁英类生物检测技术方面，我国逐渐从引进国外现有技术开展应用研究过渡到应用自主知识产权的技术方法开展应用研究的阶段。2014 年，Li 等对小鼠 *CPY1A1* 基因启动子上游富含 DRE 的区域进行了深入的研究。研究发现，在小鼠 *CPY1A1* 基因启动子上游局域包含 8 个 DRE 序列，这些 DRE 序列以及与序列左右两端不同长度的区域对下游基因转录调控能力各不相同，其中位于–821 处的 DRE 序列在人、大鼠、小鼠中都具有高度的保守性，并且转录活性高于其他各处的 DRE（Li et al.，2014）。而这个 DRE 序列在美国和日本所研发的系统中并未使用。在此基础上，赵斌等在 2014 年发明了新型高灵敏的检测质粒及相应的细胞株，并于 2016 年获得授权（赵斌等，2016）。检测质粒选择了小鼠 *CYP1A1* 基因上游–1099～–802 作为 DRD（包含 4 个 DRE 系列），并将该 DRD 的双倍拷贝插入到 pGL3-basic 载体中构建了新型重组质粒 pCR-CR2（图 9-3）。该质粒的另一个特点是基础启动子的选择。CALUX 法的检测质粒和 pIND-DCDR7 在这方面均使用了外源性的强启动子来提高转录效率，比如 CALUX 法中使用的 MMTV 启动子。而 pGL-CR2 质粒直接选择小鼠 *CPY1A1* 基因的启动子的部分序列作为重组质粒的基础启动子，以提高筛查数据在毒性风险评估中的适用性。将 pGL-CR2 质粒稳定转染到小鼠肝癌细胞系中，得到重组细胞株，命名为 CBG2.8D，该系统对 2,3,7,8-TCDD 标准物质的最低检测限能达到 0.1 pmol/L，EC_{50} 约为 15 pmol/L，最高浓度 2,3,7,8-TCDD 相对于对照组的激活效率可达 100 倍以上，检测能力达到了其他荧光素酶报告基因二噁英类生物检测技术的水平，也是目前国内授权的 3 项同类发明中灵敏度最高的技术。2018 年，Zhang 等详细报道了该系统的系统检测参数，图 9-4 数据表明该系统对于标准物质的检测稳定性好，响应范围在 0.15～1000 pmol/L 之间（Zhang et al.，2018）。

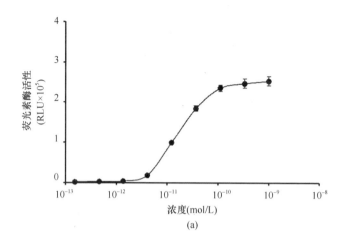

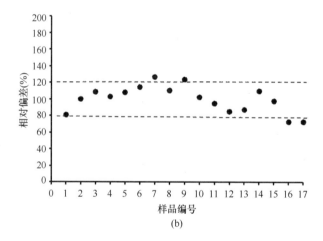

图 9-4 CBG2.8D 细胞对 2,3,7,8-TCDD 的响应 [引自文献（Zhang et al., 2018）]
（a）剂量-效应曲线；（b）重现性

2. 基于报告基因的二噁英生物分析技术的应用

垃圾焚烧厂、化工厂、固体废物填埋区等是二噁英点源污染的重要发生地，这类地区周围产生的废气、废水、废物中二噁英含量往往很高，采集区域样品并经过合适的前处理后，可以对荧光素酶报告基因检测细胞株进行染毒测试，从而进行二噁英类的半定量检测。Zhou 等使用日本的 DR-EcoSrceen 对垃圾焚烧炉周围采集的 78 种废气进行二噁英检测，并将生物检测结果与仪器分析结果进行对比，结果显示使用 DR-EcoSrceen 检测得到的毒性当量与仪器分析法得到的数值之间有良好的相关性，相关系数 R^2 达到 0.98（Zhou et al., 2014）。

Behnisch 等应用以 PCDD/Fs、多氯联苯检测为基础的化学分析方法和荧光素酶报告基因生物检测法，评估了来自六个不同焚烧厂的不同煤粉样品中的二噁英毒性物质的毒性，结果表明生物检测法的毒性当量值与化学分析法所获得的国际毒性当量（I-TEQ）值相当（Behnisch et al., 2002b）；另外，许利等对我国四川省内两个地区的固体废物焚化炉（MSWIs）周围的粉煤灰和土壤样本进行采样并使用 CALUX 法（G2）对样品中的二噁英类物质含量进行了测定（许利等，2016）。

除了点源污染地环境样本的检测，荧光素酶报告基因生物检测法在其他环境样品包括低浓度二噁英样品的筛查与鉴定中也得到了很好的应用。Stronkhorst 等先用 CALUX 法筛选了荷兰沿海港口沉积物中二噁英类化合物，再用 HRGC/HRMS 法测定了 PCDD/Fs、PCBs 等的浓度，最后将 CALUX-TEQ 值与 HRGC/HRMS-TEQ 值进行比较，得到了有效数据，证明 CALUX 法可有效地补充标准二噁英类化合物分析（Stronkhorst et al., 2002）；在土壤样品检测方面，Lin 等曾对 800 个来自台湾的土壤样品，使用 G2 方法进行二噁英含量分析，实现了使用生物检测法大批量地监察环境中二噁英的含量（Lin et al., 2014）。Asari 等将 CALUX 法应用在木制回收过程中的风险评估中，证实了在废物木材样品中存在 POPs 和无机有毒化合物，且垃圾粉尘中的二噁英类化合物表现出高浓度水平，表明了拆除废物可能造成污染（Asari et al., 2004）。Suzuki 等基于 CALUX 法和 XDS-CALUX（异种生物检测系统-化学活化的萤光素酶报告基因）开发了一种分离检测废物和环境样品中溴化二噁英和氯化二噁英的方法，并将该方法用于筛选现场样品（烟气、粉煤灰、底灰、废水、表土、河流沉积物、工作场所室内空气和房屋灰尘）（Suzuki et al., 2017）。Vandermarken 等用 CALUX 法对比利时家用供暖系统的木灰样品进行了二噁英类活性分析，并将最终结果与关于使用肥料的法规和使用限制值进行比较，以确定木灰用于施肥的安全性评估（Vandermarken, 2016）。

针对环境介质中二噁英含量较低大气样本的应用研究主要集中于目前最低检测限在 0.1 pmol/L 的检测系统。Khedidji 等使用 G3 CALUX 检测系统对阿尔及利亚地区大气颗粒物 PM_{10} 中的二噁英进行定量，生物检测得到的生物毒性当量（BEQ）与全球其他国际工业基地的相似（Khedidji et al., 2017）；Anezaki 等使用 EcoScreen 对大气样本中的 PCDD/Fs 和 DL-PCBs 进行定量，与仪器分析结果进行了比较，结果显示该系统可以很好地应用在大气样本中二噁英类化合物的检测中（Anezaki et al., 2009）。Zhang 等应用 CBG2.8D 系统对北京大气样品中二噁英含量也进行了检测，并与仪器分析法进行比较，结果显示，生物检测法得到的结果与仪器分析结果之间相关系数高达 0.97（Zhang et al., 2018）。这些应用实例都说明该类方法适用于大气等样品痕量二噁英类的筛查。

人体内的二噁英的摄入途径来自环境与食物两方面，有效地监测食品中与人体内二噁英的含量对于人群健康风险评估意义重大。将荧光素酶报告基因生物检测法应用于食品、人体样品的检测中，不仅可以实现对二噁英的定量，还可以评估样品中的活性物质对 AhR 的激活效率。

金一和等应用 CALUX 法和高分辨气相色谱/高分辨质谱联用检测方法分别测定了 4 例母乳、21 例血液和 21 例脂肪样品的二噁英毒性当量，发现这两种方法的检测结果具有良好的相关性，说明 CALUX 法适用于血样、脂肪组织和乳汁在内的二噁英类污染物测定（金一和等，2002）；Pauwels 等用气相色谱和电子捕获检测的化学分析法对在比利时的生殖医学中心收集的来自不孕妇女的共 106 份血清和 9 份卵泡液样品中的多氯联苯（PCBs）同系物进行了定量，之后用 CALUX 法测定血清和卵泡液的总毒性当量，并发现两种方法所获得的总毒性当量具有很好的相关性（Pauwels et al.，2000）。Nelson 等用 CALUX 法对各个人群的母乳进行了流行病调查，发现随着母亲年龄的增加，母乳中二噁英含量也会增加，而且沿海地区人群母乳中二噁英浓度要高于内陆（Nelson et al.，2006）。Dorneles 等用 CALUX 法分析了 28 个圭亚那海豚的肝脏样品，用于评估巴西各个海口的二噁英类化合物含量，发现其 BEQ 浓度范围为 1.94～15.6 pg BEQ/g（Dorneles et al.，2016）。Van Overmeire 等用 CALUX 法对牛奶样品中 PCDD/Fs TEQ 测定的方法进行了验证，结果显示，使用 CALUX 检测法得到的数据，其重复性和再现性的变化系数均低于 30%（Van Overmeire et al.，2004）。Hoogenboom 等用 CALUX 法对面包、动物脂肪、动物饲料中的二噁英进行了筛查（Hoogenboom et al.，2004）。Gizzi 等应用 CALUX 法对鱼油和饲料中的二噁英和类二噁英 PCBs（DL-PCBs）进行了检测（Gizzi et al.，2005）。Tsutsumi 等用 CALUX 法筛查了零售鱼类中的 PCDD/Fs 和 DL-PCBs，发现 CALUX 分析和化学分析金标准方法之间有很强的相关性，用于测定 PCDD/Fs 的相关系数 R^2 为 0.89，测定 DL-PCBs 的相关系数 R^2 为 0.91（Tsutsumi et al.，2003）。Laier 等对 16 个丹麦人乳样品中的总二噁英类化合物活性进行了测定，其浓度范围在 20.5～55.8 pg TEQ/g 脂肪之间，总体略高于仪器分析获得的 TEQ 值（范围为 14.8～43.6 pg TEQ/g 脂肪）（Laier et al.，2003）。

3. 基于报告基因的二噁英生物分析技术的标准化

日本环境省于 2003 年 5 月召开了二噁英简易测定法探讨会，以二噁英生物检测法为核心开始对二噁英简易测定法进行了验证和技术评价。次年 5 月，日本环境省二噁英简易测定法探讨会公布了关于简易测定法的技术评价报告，并明确指出用简易测定法对废物焚烧炉排放的烟气（焚烧能力小于 2 t/h 的炉体）、飞灰和炉渣进行测定是适宜的。与此同时，环境省明确了国家不仅要推进简易测定法的技术开发，而且要促进其成果的采用和普及的方针。同年 7 月，日本国土交通省于

2004年7月首次公布了"河流、湖泊底泥中的二噁英简易测定法（草案）"，从而第一次把简易测定法（GC/LRMS）和二噁英生物检测法两种方法定为标准方法，随后将CALUX法认定为用于对废气、灰渣中二噁英类化合物检测的国家标准（NO. 92-1-1）。

欧盟早在2006年颁布的委员会条例中，设定了食品中某些污染物（包括二噁英）的最高限量（EC No1881/2006）（Commission Regulation 1883/2006），并于2009年1月27日颁布EC指令"用于饲料的二噁英分析方法"（EC No152/2009）（Commission Regulation 152/2009），指令中把荧光素酶报告基因检测法DR-CALUX作为生物筛选方法来使用。2007年，美国环境保护署发布了EPA Method 4435，报告中将CALUX G2报告基因法指定为土壤/底泥/生物组织和水中二噁英的检测法。

我国自加入《斯德哥尔摩公约》以来，针对二噁英的排放监测工作不断加强，2007年国务院批准的《国家实施计划》中明确提出发展二噁英生物检测技术，制订二噁英生物检测国家标准。环境保护部科技标准司在2013年启动了环保公益性科研行业科研专项"超高灵敏二噁英类生物检测方法的开发与应用"项目的研究工作，由中国科学院生态环境研究中心、中国环境监测总站、中日友好环境保护中心等单位联合承担。在该项目的基础上，建立了我国自主知识产权的荧光素酶报告基因生物检测系统，并开展了焚烧飞灰及土壤样品的二噁英类筛查的应用研究，并提出了基于报告基因的二噁英类生物检测标准方法的建议稿。同时，"固体废物 二噁英类的筛查 报告基因法"标准项目获得了立项，目前"HJ征求意见稿"已于2018年发布。

9.2 其他持久性有机污染物的生物分析技术

9.2.1 多氯联苯生物分析技术

由于二噁英类多氯联苯（DL-PCBs）与二噁英类污染物具有类似的毒性通路机制，可以不同程度地结合AhR，从而激活下游的信号通路，影响基因的转录表达。因此，对于多氯联苯的生物分析技术也集中在基于AhR信号通路生物技术方面，尤其CALUX法的应用最为广泛。

2004年，Schoeters等应用CALUX G2的大鼠H4IIE细胞株对比利时的奶制品中的二噁英类化合物和类二噁英多氯联苯进行化学和生物分析所获得的毒性当量（TEQ）数据进行了比对，发现CALUX-TEQ与PCDD/Fs-TEQ、DL-PCBs-TEQ及PCDD/F+DL-PCB-TEQ的相关性分别为0.72、0.67、0.73。生物分析的最低检测限为 0.1 pg TEQ/g 脂肪, 定量限为 0.4 pg TEQ。生物分析的实验室内及实验室间重现性良好（CV 值范围: 10%～26%）。对于高于比利时当年限量标准（2 pg TEQ/g 脂肪）的奶样的生物分析数据均高于 6 pg TEQ/g 脂肪。对于 62 个奶制品的二噁英类及 DL-PCBs 的生物筛查的假阴性率为零。提示该方法在奶制品筛查中的适用性（Schoeters et al., 2004）。随后类似的细胞株（DR-CALUX）细胞被不同欧盟国家多次应用于奶制品与海产品的二噁英类及 DL-PCBs 的生物筛查（van Leeuwen et al., 2007; Fochi et al., 2008; Hoogenboom et al., 2006; Sciuto et al., 2018）。值得注意的是, Addeck 等发现在 PCBs 含量较高的鳗鱼样品中虽然 GC/MS 与 CALUX 法获得的 DL-PCBs 的总 TEQ 水平以及 PCDD/Fs+DL-PCBs 的总 TEQ 水平之间的相关性良好, 但是二噁英类的相关性较差, 说明在这类样品中 DL-PCBs 对于类二噁英活性的贡献是不可忽视的（Hoogenboom et al., 2006）。此外, 该报告基因方法还多次应用在蛋类和鱼卵的筛查中（Muusse et al., 2015; Winkler, 2015）。Husain 等分析了在科威特采集的 318 份本地和进口肉类、牛奶、鸡蛋、鱼和动物饲料样品, 通过 DR-CALUX 法对样品中的二噁英类及 DL-PCBs 含量进行了筛查并比对了化学分析的结果, 发现 DR-CALUX 与 GC-HRMS 数据相关系数为 0.98。作者还根据这个数据估算了科威特人口 PCDD/Fs 和 DL-PCBs 的日平均摄入量（Husain et al., 2014）。除了食品样品以外, CALUX G3 代细胞还被应用在城市和工业废水、造纸厂污泥及排水管底部沉积物中痕量 DL-PCBs 的监测, 其中排水管底部沉积物的检测值为 0.4 pg-BEQ/g（Addeck et al., 2014）。

9.2.2 多环芳烃生物分析技术

1. 免疫类检测方法

近年来, 研究人员应用特异性识别多环芳烃（PAHs）的抗体, 采用不同的检测手段, 发展了一系列免疫类检测方法。Fan 等根据抗体间接竞争法的原理, 结合 DNA 微阵列偶联技术, 发展了一种基于抗体蛋白微阵列的 PAHs 免疫分析技术。他们应用 DNA/SYTOX 橙色偶联物作为抗体标记, 以提高免疫测定的荧光信号和灵敏度。根据已获得的苯并芘（BaP）的竞争曲线, BaP 的 IC_{50} 为 37.2 mg/L、检测限（LOD）为 24.5 mg/L（Fan et al., 2012）。Wei 等采用氧化还原标记直接竞争电化学免疫法检测多环芳烃。以氧化还原标记示踪剂为原料, 合成了钌三氮(双吡啶)-丁酸偶联物作为结合抗体的氧化还原探针。表面等离子体共振可评价环芳烃单克隆抗体与探针结合的情况, 由此通过直接竞争法获得 PAHs 的检测信号。该作者通过获得的 BaP 的竞争曲线, 评价了该技术的检测限为 2.4 μg/L（Wei et al., 2009）。还有研究结合流式技术原理, 发展了一种基于流式细胞仪的免疫分析技术, 使用颜色编码的微珠技术和特异性抗体检测缓冲液和食品提取物中的 BaP 等 PAHs，如茚并[1,2,3-cd]芘（InP）、苯并[a]蒽（BaA）和䓛（Chr）。基于流式细胞术的免疫分析法（flow cytometry-based immunoassay，FCIA）结果与气相色谱/质谱（GC/MS）测定的烟熏鲤鱼和小麦粉中的 PAHs 结果基本一致（Meimaridou et al.，2010）。根据免疫法在现场快速筛查方面的优势，有研究者在美国 EPA 土壤 PAHs 总量筛查标准方法的基础上进一步开发了基于抗体生物传感器的 PAHs 快速测定试剂盒，可对水环境中的 PAHs 进行现场快速筛查。采用对 3~5 环多环芳烃具有特异性的单克隆抗 PAHs 抗体（7B2.3），可获得 0.3 μg/L 的最低检测限，在 3 天内评估最少 80 个样品。文献中也提到 EPA 使用免疫测定试剂盒（PAH 快速测定试剂盒）检测土壤中总多环芳烃（Spier et al.，2011）。为了进一步提高免疫检测的灵敏度，Meng 等开发了一种改进的实时定量免疫 PCR（Rt-IPCR）技术，其检测原理为样品中的 PAHs 与芘（Pyr）修饰的 DNA 竞争结合包被在 PCR 板上的单克隆抗体，竞争后仍与 PCR 板底的抗体结合的 DNA 可进行 PCR 扩增，从而实现检测。研究显示，所检测的 DNA 扩增的信号与样品中的 PAHs 浓度有较好的线性关系，对于芘的测定范围为 5 pmol/L~5 nmol/L，检测限为 3.5 pmol/L（Meng et al.，2016）。该作者应用该方法对添加不同 PAHs（Pyr，BaP，Chr，InP，BaA）的不同水样进行了检测，回收率在 89%~105%之间，与 GC/MS 的回收率相当（Meng et al.，2016）。

2. 基于微生物的生物分析技术

随着 PAHs 降解菌研究的发展，研究人员也发展了一些基于微生物的分析方法。Cébron 等针对参与多环芳烃细菌有氧代谢初始阶段的 PAH-RHD$_\alpha$ 基因，对土壤和沉积物样品中参与降解的革兰氏阳性和革兰氏阴性菌中的基因表达进行了定量分析，发现 PAHs 的污染水平与该基因的表达水平呈正相关关系，说明该基因的测定具有 PAHs 分析的潜力（Cébron et al.，2008）。Cho 等根据萘（naphthalene）在土壤细菌 *Pseudomonas putida* 中的代谢降解通路，设计构建了 lacZ 报告基因重组大肠杆菌。在萘的代谢产物水杨酸盐的存在下，重组大肠杆菌可选择性地响应萘的暴露。这种基于重组微生物的生物传感器可用于水相和气相环境的检测分析，其对萘的响应在气相中更敏感（约为水相中的 105 倍）（Cho et al.，2014）。

3. 基于报告基因分析技术与应用

基于报告基因的技术是 PAHs 生物分析中比较成熟、应用广泛的一类。由于 PAHs（尤其 16 种 EPA-PAHs）的部分毒性效应与 AhR 受体及其下游的信号通路有关，因此基于 AhR 的报告基因技术得到了广泛应用。目前文献中主要应用了 3 种报告基因检测细胞株，其中含有的报告基因检测质粒都与 CALUX G2 有关。其中 DR-CALUX 或 H4IIE 细胞株应用最多。近期 Pieterse 等改造 DR-CALUX 系统中的基础启动子序列，获得了进一步优化的 PAH-CALUX 系统，在诱导倍数等方面比 DR-CALUX 更有优势，在灵敏度与稳定性方面也不逊于 DR-CALUX 系统（Pieterse et al.，2013）。Pieterse 等应用 PAH-CALUX 系统获得了 16 种 EPA-PAHs 相对于 BaP 的相对激活强度（REP）（Pieterse et al.，2013）。进而应用已知 EPA-PAHs 含量的来自不同国家的土壤、沉积物和城市污水活性污泥样品进行了 PAHs 的筛查，比较了根据实际含量应用不同预测方法所获得 PAHs 总毒性当量数据与 PAH-CALUX 筛查数据之间的差异，发现根据 REP 预测的 PAHs 总毒性比根据毒性当量体系的 TEF 预测的 PAHs 总毒性更接近筛查数据，从一定程度上说明了 PAH-CALUX 系统在 PAHs 复合污染评估中的应用前景（Pieterse et al.，2013）。此外，Larsson 等和 Lam 等分别于 2014 年和 2017 年应用 H4IIE 细胞株对多环芳香族化合物（包括天然多环芳烃 PAHs、羟基化 PAHs、烷基化和氧化 PAHs 以及杂环化合物）进行了生物分析测定。此外，人源化的 PAH 报告基因分析系统也建立起来了（Vondracek et al.，2017）。

总体来讲，基于 DR-CALUX 的大鼠的报告基因 PAHs 分析技术是应用最为广泛的，尤其在沉积物 PAHs 分析中应用较多。研究者对日本、中国、韩国沿海和河口区域的沉积物应用 DR-CALUX（或 H4IIE）细胞进行了 EPA-PAHs 污染的筛查，不仅可以提供环境调查数据（Nakata et al.，2014；Zhang et al.，2017），也可比较与 PCDD/Fs 及 DL-PCBs 相比的相对贡献率（Zhang et al.，2017），还可以与其他报告基因系统（ER）结合，预测比较不同方面的毒性效应（Jeon et al.，2017）。Lee 等应用该方法对两个采样年份（1998 年和 2015 年）锡瓦湖的沉积物的毒性进行了评估，发现多环芳烃浓度的总活性在大于 15 年的过程中没有发生明显变化，且与仪器分析数据一致（Lee et al.，2017），提示在内陆流域长期监测中的应用潜力。除高风险天然环境监测以外，在原油污染区域沉积物和工业污染土壤修复效果的评估中，一方面应用该报告基因系统开展了效应导向分析（EDA），用以鉴定关键毒性物质，另一方面也用于评价污染修复效果（Larsson et al.，2013；Hong et al.，2015；Hong et al.，2016）。此外，在大气样品和路边粉尘毒性筛查中，针对 PAHs 对 AhR 的激活效应的评估也应用报告基因生物分析技术（Fan et al.，2012；Zhang et al.，2018），提示作为空气污染重点关注的污染物，PAHs 的生物分析技术可用于大气样品的筛查与评估。另外，该方法还被应用于燃烧多次 PAHs 生成过程研究，如生物炭的热解碳化过程等（Gauggel-Lewandowski et al.，2013；Lyu et al.，2016）。

参 考 文 献

黄晓蓉, 王晶, 王林, 2002. 食品安全快速检测技术. 北京: 化学工业出版社.

金一和, 秦慧池, 唐慧君, Kayama F, Hamamatsu A, Sagisaka K, Brown D, Clark G, Nakamura M, 2002. CALUX 生物学二噁英检测方法在环境流行病学调查中的应用价值. 北京: 新世纪预防医学面临的挑战——中华预防医学会首届学术年会论文摘要集.

许利, 张嵩岩, 王维, 田庆华, 张悦, 刘彦, 2016. 应用 CALUX 法测定四川省废弃物焚烧厂飞灰及周边土壤中二噁英类物质含量. 四川环境, 35(5): 7-12.

赵斌, 李帅章, 谢群慧, 裴新辉, 周志广, 2016. 用于二噁英类物质生物检测的重组载体和细胞. 中国专利, 201410100654.1.

周志广, 赵斌, 许鹏军, 任玥, 李楠, 齐丽, 郑森, 赵虎, 范爽, 张烃, 刘爱民, 黄业茹, 西井重名, 2013. 新型酶联免疫测定废气中二噁英类物质. 环境化学, 32(7): 1358-1364.

Addeck A, Croes K, Van Langenhove K, Denison M S, Afify A S, Gao Y, Elskens M, Baeyens W, 2014. Time-integrated monitoring of dioxin-like polychlorinated biphenyls (DL-PCBs) in aquatic environments using the ceramic toximeter and the CALUX bioassay. Talanta, 120: 413-418.

Albro P W, Luster M I, Chae K, Chaudhary S K, Clark G, Lawson L D, Corbett J T, Mac Kinney J D, 1979. A radioimmunoassay for chlorinated dibenzo-p-dioxins. Toxicology and Applied Pharmacology, 50: 137-146.

Anezaki K, Yamaguchi K, Takeuchi S, Iida M, Jin K Z, Kojima H, 2009. Application of a bioassay using DR-ecoscreen cells to the determination of dioxins in ambient air: A comparative study with HRGC-HRMS analysis. Environmental Sciences &Technology, 43: 7478-7483.

Asari M, Takatsuki H, Yamazaki M, Azuma T, Takigami H, Sakai S I. 2004. Waste wood recycling as animal bedding and development of bio-monitoring tool using the CALUX assay. Environment International, 30: 639-649.

Behnisch P A, Hosoe K, Brouwer A, Sakai S. 2002a. Screening of dioxin-like toxicity equivalents for various matrices with wildtype and recombinant rat hepatoma H4IIE cells. Toxicological Sciences, 69: 125-130.

Behnisch P A, Hosoe K, Sakai S. 2001. Bioanalytical screening methods for dioxins and dioxin-like compounds—A review of bioassay/biomarker technology. Environment International, 27: 413-439.

Behnisch PA, Hosoe K, Shiozaki K, Ozaki H, Nakamura K, Sakai S. 2002b. Low-temperature thermal decomposition of dioxin-like compounds in fly ash: Combination of chemical analysis with *in vitro* bioassays (EROD and DR-CALUX). Environmental Sciences & Technology, 36: 5211-5217.

Besselink H T, Schipper C, Klamer H, Leonards P, Verhaar H, Felzel E, Murk A J, Thain J, Hosoe K, Schoeters G, Legler J, Brouwer B, 2004. Intra- and interlaboratory calibration of the DR CALUX bioassay for the analysis of dioxins and dioxin-like chemicals in sediments. Environmental Toxicology and Chemistry / SETAC, 23: 2781-2789.

Brennan J C, He G, Tsutsumi T, Zhao J, Wirth E, Fulton M H, Denison M S, 2015. Development of species-specific Ah receptor-responsive third generation CALUX cell lines with enhanced responsiveness and improved detection limits. Environmental Science & Technology, 49: 11903-11912.

Cébron A, Norini M P, Beguiristain T, Leyval C, 2008. Real-time PCR quantification of PAH-ring hydroxylating dioxygenase (PAH-RHDα) genes from Gram positive and Gram negative bacteria in soil and sediment samples. Journal of Microbiology Methods, 73: 148-159.

Chae K, Cho L K, Mckinney J D, 1977. Synthesis of 1-amino-3,7,8-trichlorodibenzo-*para*-dioxin and 1-amino-2,3,7,8-tetrachlorodibenzo-*para*-dioxin as haptenic compounds. Journal of Agricultural and Food Chemistry, 25: 1207-1209.

Chen H Y, Zhuang H S, 2009. Real-time immuno-PCR assay for detecting PCBs in soil samples. Analytical and Bioanalytical Chemistry, 394: 1205-1211.

Cho J H, Lee D Y, Lim W K, Shin H J, 2014. A recombinant *Escherichia coli* biosensor for detecting polycyclic aromatic hydrocarbons in gas and aqueous phases. Preparative Biochemistry and Biotechnology, 44: 849-860.

Chuang J C, Van Emon J M, Schrock M E, 2009. High-throughput screening of dioxins in sediment and soil using selective pressurized liquid extraction with immunochemical detection. Chemosphere, 77: 1217-1223.

Della Torre C, Mariottini M, Malysheva A, Focardi S E, Corsi I, 2013. Occurrence of PCDD/PCDFs and PCBs in soil and comparison with CYP1A response in PLHC-1 cell line. Ecotoxicology and Environmental Safety, 94: 104-111.

Dorneles P R, Lailson-Brito J, Bisi T L, Domit C, Barbosa L A, Meirelles A C, et al, 2016. Guiana dolphins (*Sotalia guianensis*) and DR-CALUX for screening coastal brazilian environments for dioxins and related compounds. Archives of Environmental Contamination and Toxicology, 71: 336-346.

Elfouly M H, Richter C, Giesy J P, Denison M S, 1994. Production of a novel recombinant cell-line for use as a bioassay system for detection of 2,3,7,8-tetrachlorodibenzo-*p*-dioxin-like chemicals. Environmental Toxicology and Chemistry, 13: 1581-1588.

Fan Z, Keum Y S, Li Q X, Shelver W L, Guo L H. 2012. Sensitive immunoassay detection of multiple environmental chemicals on protein microarrays using DNA/dye conjugate as a fluorescent label. Journal of Environmental Monitoring, 14: 1345-1352.

Fochi I, Brambilla G, De Filippis S P, De Luca S, Diletti G, Fulgenzi A, Gallo P, Iacovella N, Scortichini G, Serpe L, Vinci F, di Domenico A, 2008. Modeling of DR CALUX bioassay response to screen PCDDs, PCDFs, and dioxin-like PCBs in farm milk from dairy herds. Regulatory Toxicology and Pharmacology, 50: 366-375.

Garrison P M, Tullis K, Aarts J M M J G, Brouwer A, Giesy J P, Denison M S, 1996. Species-specific recombinant cell lines as bioassay systems for the detection of 2,3,7,8-tetrachlorodibenzo-*p*-dioxin-like chemicals. Fundamental and Applied Toxicology, 30: 194-203.

Gauggel-Lewandowski S, Heussner A H, Steinberg P, Pieterse B, van der Burg B, Dietrich D R, 2013. Bioavailability and potential carcinogenicity of polycyclic aromatic hydrocarbons from wood combustion particulate matter *in vitro*. Chemico-Biological Interactions, 206: 411-422.

Gizzi G, Hoogenboom L A, Von Holst C, Rose M, Anklam E, 2005. Determination of dioxins (PCDDs/PCDFs) and PCBs in food and feed using the DR CALUX bioassay: Results of an international validation study. Food Additives and Contaminants, 22: 472-481.

Han D, Nagy S R, Denison M S, 2004. Comparison of recombinant cell bioassays for the detection of Ah receptor agonists. BioFactors, 20: 11-22.

Harrison R O, Eduljee G H, 1999. Immunochemical analysis for dioxins—Progress and prospects. Science of the Total Environment, 239: 1-18.

He G, Tsutsumi T, Zhao B, Baston D S, Zhao J, Heath-Pagliuso S, Denison M, 2011. Third-generation Ah receptor-responsive luciferase reporter plasmids: Amplification of dioxin-responsive elements dramatically increases CALUX bioassay sensitivity and responsiveness. Toxicological Sciences : An Official Journal of the Society of Toxicology, 123: 511-522.

Hong S, Lee S, Choi K, Kim G B, Ha S Y, Kwon B O, Ryu J, Yim U H, Shim W J, Jung J, Giesy J P, Khim J S, 2015. Effect-directed analysis and mixture effects of AhR-active PAHs in crude oil and coastal sediments contaminated by the Hebei Spirit oil spill. Environmental Pollution, 199: 110-118.

Hong S, Yim U H, Ha S Y, Shim W J, Jeon S, Lee S, Kim C, Choi K, Jung J, Giesy J P, Khim J S, 2016. Bioaccessibility of AhR-active PAHs in sediments contaminated by the Hebei Spirit oil spill: Application of tenax extraction in effect-directed analysis. Chemosphere, 144: 706-712.

Hoogenboom R, Bovee T, Portier L, Bor G, van der Weg G, Onstenk C, Traag W, 2004. The German bakery waste incident; use of a combined approach of screening and confirmation for dioxins in feed and food. Talanta, 63: 1249-1253.

Hoogenboom R, Bovee T, Traag W, Hoogerbrugge R, Baumann B, Portier L, van de Weg G, de Vries J, 2006. The use of the DR CALUX® bioassay and indicator polychlorinated biphenyls for screening of elevated levels of dioxins and dioxin-like polychlorinated biphenyls in eel. Molecular Nutrition & Food Research, 50: 945-957.

Husain A, Gevao B, Dashti B, Brouwer A, Behnisch P A, Al-Wadi M, Al-Foudari M, 2014. Screening for PCDD/Fs and dl-PCBs in local and imported food and feed products available across the State of Kuwait and assessment of dietary intake. Ecotoxicology and Environmental Safety, 100: 27-31.

Jeon S, Hong S, Kwon B O, Park J, Song S J, Giesy J P, Khim J S, 2017. Assessment of potential biological activities and distributions of endocrine-disrupting chemicals in sediments of the west coast of South Korea. Chemosphere, 168: 441-449.

Khedidji S, Croes K, Yassaa N, Ladji R, Denison M S, Baeyens W, Elskens M, 2017. Assessment of dioxin-like activity in PM_{10} air samples from an industrial location in Algeria, using the DRE-CALUX bioassay. Environmental Science and Pollution Research International, 24: 11868-11877.

Kohler G, Milstein C, 1975. Continuous cultures of fused cells secreting antibody of predefined specificity. Nature, 256: 495-497.

Kurosawa S, Aizawa H, Park J W, 2005. Quartz crystal microbalance immunosensor for highly sensitive 2,3,7,8-tetrachlorodibenzo-p-dioxin detection in fly ash from municipal solid waste incinerators. Analyst, 130: 1495-1501.

Laier P, Cederberg T, Larsen J C, Vinggaard A M, 2003. Applicability of the CALUX bioassay for screening of dioxin levels in human milk samples. Food Additives and Contaminants, 20: 583-595.

Larsson M, Hagberg J, Rotander A, van Bavel B, Engwall M, 2013. Chemical and bioanalytical characterisation of PAHs in risk assessment of remediated PAH-contaminated soils. Environmental Science and Pollution Research International, 20: 8511-8520.

Lee J, Hong S, Yoon S J, Kwon B O, Ryu J, Giesy J P, Ahmed A, Al-Alkhedhairy A A, Jong S K, 2017. Long-term changes in distributions of dioxin-like and estrogenic compounds in sediments of Lake Sihwa, Korea: Revisited mass balance. Chemosphere, 181: 767-777.

Li S, Pei X, Zhang W, Xie H Q, Zhao B, 2014. Functional analysis of the dioxin response elements

(DREs) of the murine CYP1A1 gene promoter: Beyond the core DRE sequence. International Journal of Molecular Sciences, 15: 6475-6487.

Li W, Wu W Z, Xu Y, Li L, Schramm K W, Kettrup A, 2002. Measuring TCDD equivalents in environmental samples with the micro-EROD assay: Comparison with HRGC/HRMS data. Bulletin of Environmental Contamination and Toxicology, 68: 111-117.

Lin D Y, Lee Y P, Li C P, Chi K H, Liang B W P, Liu W Y, Wang C C, Lin S, Chen T C, Yeh K J, Hsu P C, Hsu Y C, Chao H R, Tsou T C, 2014. Combination of a fast cleanup procedure and a DR-CALUX® bioassay for dioxin surveillance in Taiwanese soils. International Journal of Environmental Research and Public Health, 11: 4886-4904.

Lyu H, He Y, Tang J, Hecker M, Liu Q, Jones P D, Godling G, Giesy J P, 2016. Effect of pyrolysis temperature on potential toxicity of biochar if applied to the environment. Environmental Pollution, 218: 1-7.

Meimaridou A, Haasnoot W, Noteboom L, Mintzas D, Pulkrabova J, Hajslova J, Nielen M W F, 2010. Color encoded microbeads-based flow cytometric immunoassay for polycyclic aromatic hydrocarbons in food. Analytica Chimica Acta, 672: 9-14.

Meng X Y, Li Y S, Zhou Y, Sun Y, Qiao B, Si C C, Qiao B, Si C C, Lu S Y, Ren H L, Liu Z S, Qiu H J, Liu J Q, 2016. An improved RT-IPCR for detection of pyrene and related polycyclic aromatic hydrocarbons. Biosensors & Bioelectronics, 78: 194-199.

Muusse M, Christensen G, Gomes T, Kocan A, Langford K, Tollefsen K E, Vaňková L, Thomas K V, 2015. Characterization of ahr agonists reveals antagonistic activity in European herring gull (*Larus argentatus*) eggs. Science of the Total Environment, 514: 211-218.

Nakata H, Uehara K, Goto Y, Fukumura M, Shimasaki H, Takikawa K, Miyawaki T, 2014. Polycyclic aromatic hydrocarbons in oysters and sediments from the Yatsushiro Sea, Japan: Comparison of potential risks among PAHs, dioxins and dioxin-like compounds in benthic organisms. Ecotoxicology and Environmental Safety, 99: 61-68.

Nelson E A, Hui L L, Wong T W, Hedley A J, 2006. Demographic and lifestyle factors associated with dioxin-like activity (CALUX-teq) in human breast milk in Hong Kong. Environmental Science & Technology, 40: 1432-1438.

Okuyama M, Kobayashi N, Takeda W, Anjo T, Matsuki Y, Goto J, Kambegawa A, Hori S, 2004. Enzyme-linked immunosorbent assay for monitoring toxic dioxin congeners in milk based on a newly generated monoclonal *anti*-dioxin antibody. Analytical Chemistry, 76: 1948-1956.

Pauwels A, Cenijn P H, Schepens P J C, Brouwer A, 2000. Comparison of chemical-activated luciferase gene expression bioassay and gas chromatography for PCB determination in human serum and follicular fluid. Environmental Health Perspectives, 108: 553-557.

Pieterse B, Felzel E, Winter R, van der Burg B, Brouwer A, 2013. PAH-CALUX, an optimized bioassay for AhR-mediated hazard identification of polycyclic aromatic hydrocarbons (PAHs) as individual compounds and in complex mixtures. Environmental Science & Technology, 47: 11651-11659.

Sanderson J T, Aarts J M, Brouwer A, Froese K L, Denison M S, Giesy J P, 1996. Comparison of Ah receptor-mediated luciferase and ethoxyresorufin-*O*-deethylase induction in H4IIE cells: Implications for their use as bioanalytical tools for the detection of polyhalogenated aromatic hydrocarbons. Toxicology and Applied Pharmacology, 137: 316-325.

Schoeters G, Goyvaerts M P, Ooms D, Van Cleuvenbergen R, 2004. The evaluation of dioxin and dioxin-like contaminants in selected food samples obtained from the belgian market: Comparison of TEQ measurements obtained through the CALUX bioassay with congener specific chemical analyses. Chemosphere, 54: 1289-1297.

Sciuto S, Preato M, Desiato R, Bulfon C, Burioli EAV, Esposito G, 2018. Dioxin-like compounds in lake fish species: Evaluation by DR-CALUX bioassay. Journal of Food Protection, 81: 842-847.

Spier C R, Vadas G G, Kaattari S L, Unger M A, 2011. Near real-time, on-site, quantitative analysis of PAHs in the aqueous environment using an antibody-based biosensor. Environmental Toxicology and Chemistry / SETAC, 30: 1557-1563.

Stanker L H, Watkins B, Rogers N, Vanderlaan M, 1987. Monoclonal antibodies for dioxin: Antibody characterization and assay development. Toxicology, 45: 229-243.

Stronkhorst J, Leonards P, Murk A J, 2002. Using the dioxin receptor-CALUX *in vitro* bioassay to screen marine harbor sediments for compounds with a dioxin-like mode of action. Environmental Toxicology and Chemistry, 21: 2552-2561.

Suzuki G, Nakamura M, Michinaka C, Tue N M, Handa H, Takigami H, 2017. Separate screening of brominated and chlorinated dioxins in field samples using *in vitro* reporter gene assays with rat and mouse hepatoma cell lines. Analytica Chimica Acta, 975: 86-95.

Takeuchi S, Iida M, Yabushita H, Matsuda T, Kojima H, 2008. *In vitro* screening for aryl hydrocarbon receptor agonistic activity in 200 pesticides using a highly sensitive reporter cell line, DR-ecoscreen cells, and *in vivo* mouse liver cytochrome P450-1A induction by propanil, diuron and linuron. Chemosphere, 74: 155-165.

Tian W J, Xie H D Q H, Fu H L, Pei X H, Zhao B, 2012. Immunoanalysis methods for the detection of dioxins and related chemicals. Sensors, 12: 16710-16731.

Tillitt D E, Giesy J P, Ankley G T, 1991. Characterization of the H4IIE rat hepatoma-cell bioassay as a tool for assessing toxic potency of planar halogenated hydrocarbons in environmental-samples. Environmental Sciences & Technology, 25: 87-92.

Tsutsumi T, Amakura Y, Nakamura M, Brown D J, Clark G C, Sasaki K, Toyoda M, Maitani T, 2003. Validation of the CALUX bioassay for the screening of PCDD/Fs and dioxin-like PCBs in retail fish. Analyst, 128: 486-492.

Van Leeuwen S P, Leonards P E, Traag W A, Hoogenboom L A, de Boer J, 2007. Polychlorinated dibenzo-*p*-dioxins, dibenzofurans and biphenyls in fish from the netherlands: Concentrations, profiles and comparison with DR CALUX bioassay results. Analytical and Bioanalytical Chemistry, 389: 321-333.

Van Overmeire I, Van Loco J, Roos P, Carbonnelle S, Goeyens L, 2004. Interpretation of CALUX results in view of the EU maximal TEQ level in milk. Talanta, 63: 1241-1247.

Vanderlaan M S L, Watkins B E, Bailey N R, 1989. Monoclonal antibodies and method for detecting dioxins and dibenzofurans. US Patent 4798807.

Vandermarken T, De Galan S, Croes K, Van Langenhove K, Vercammen J, Sanctorum H, Denison M S, Goeyens L, Elskens M, Baeyens W, 2016. Characterisation and implementation of the ERE-CALUX bioassay on indoor dust samples of kindergartens to assess estrogenic potencies. The Journal of Steroid Biochemistry and Molecular Biology, 155: 182-189.

Vondracek J, Pencikova K, Neca J, Ciganek M, Grycova A, Dvorak Z, Machala M, 2017. Assessment of the aryl hydrocarbon receptor-mediated activities of polycyclic aromatic hydrocarbons in a human cell-based reporter gene assay. Environmental Pollution, 220: 307-316.

Wang Y, Yang D Z, Chang A, Chan W K, Zhao B, Denison M S, Xue L, 2012. Synthesis of a ligand-quencher conjugate for the ligand binding study of the aryl hydrocarbon receptor using a

FRET assay. Medicinal Chemistry Research, 21: 711-721.

Wei M Y, Wen S D, Yang X Q, Guo L H, 2009. Development of redox-labeled electrochemical immunoassay for polycyclic aromatic hydrocarbons with controlled surface modification and catalytic voltammetric detection. Biosensors & Bioelectronics, 24: 2909-2914.

Winkler J, 2015. High levels of dioxin-like PCBs found in organic-farmed eggs caused by coating materials of asbestos-cement fiber plates: A case study. Environment International, 80: 72-78.

Zhang D, Wang J J, Ni H G, Zeng H, 2017. Spatial-temporal and multi-media variations of polycyclic aromatic hydrocarbons in a highly urbanized river from South China. Science of the Total Environment, 581-582: 621-628.

Zhang S, Li S, Zhou Z, Fu H, Xu L, Xie H Q, Zhao B, 2018. Development and application of a novel bioassay system for dioxin determination and aryl hydrocarbon receptor activation evaluation in ambient-air samples. Environmental Science & Technology, 52: 2926-2933.

Zhao B, Baston D S, Khan E, Sorrentino C, Denison M S, 2010. Enhancing the response of CALUX and CALUX cell bioassays for quantitative detection of dioxin-like compounds. Science China Chemistry, 53: 1010-1016.

Zhou Z, Zhao B, Kojima H, Takeuchi S, Takagi Y, Tateishi N, Iida M, Shiozaki T, Xu P, Qi L, Ren Y, Li N, Zheng S, Zhao H, Fan S, Zhang T, Liu A, Huang Y, 2014. Simple and rapid determination of PCDD/Fs in flue gases from various waste incinerators in China using DR-EcoScreen cells. Chemosphere, 102: 24-30.

第 10 章 持久性有机污染物分析新方法与新技术

> **本章导读**
> - 新型的 POPs 分析方法。
> - 新方法与新技术在 POPs（或者与 POPs 具有类似性质的物质）实际分析检测中的应用。
> - 未来 POPs 分析技术热点。

10.1 大气压化学电离技术

高速发展的质谱技术一直是发现、分析环境、生物体中持久性有机污染物（POPs）的基石。在过去几十年中，基于电子电离（EI）、化学电离（CI）、基质辅助激光解吸电离（MALDI）、电喷雾电离（ESI）等不同电离方式的常规质谱源，搭配气相和液相色谱技术，对 POPs 类化合物进行分析的报道已经很多。这些分析方法逐渐成为 POPs 常规定性定量分析手段，本书前面几章内容已经对其进行了详细阐述，在此不再赘述。值得注意的是，近些年来，研究人员在一些经典的持久性有机污染物分析方法基础上，不断开发新技术，在发展更快、更简单、更准确的分析方法上做出了不断的尝试。一方面，更高灵敏度、更高通量的分析/电离方法不断出现，对 POPs 分析能够达到的检测限和定量限不断降低，使得以前一些没有检出的化合物被发现，为探讨 POPs 对人类健康影响、其环境行为等提供了技术支持；另一方面，热脱附仪、DESI、双三元液相色谱等快速高灵敏度的进样方法结合质谱技术，使样品前处理方法进一步简化。避免前处理过程使用大量的溶剂、减少净化过程中可能导致的目标化合物损失，实现了环境友好的分析方式。

本章重点介绍几种近些年来发展较快且在环境分析领域已经取得了初步进展的分析方法，以期对相关研究人员开拓研究思路有所帮助。在化合物的选择上，除了传统和新型 POPs 外，还包括一些与 POPs 具有类似物理化学性质的有机污染物。由于一些较新的分析方法是率先针对"类POPs"化学品开展的，目前尚缺乏将其应用于POPs研究的报道。但我们有理由期待，随着分析技术、仪器灵敏度及其分辨率的不断提高，在化合物性质类似、仅含量存在差异的情况下，这些技术在不远的将来，将会被应用于痕量POPs类物质的检测。

液相色谱与质谱联用技术无疑是近些年应用最为广泛的有机污染物分析技术。与气相色谱与质谱联用技术相比，液相色谱适用的目标化合物更为广泛，一些不易气化、在气相色谱分析过程中易分解的化合物应用液质技术能够得到较好的识别和分析。然而液相色谱柱塔板数较低，在分离多组分化合物的过程中，易出现共流出的现象。因此，在实际分析中，要针对目标化合物的物理化学性质及选择的单体选择适合的分析仪器。本节选取了两种源进行了介绍，分别适用于液相色谱质谱和气相色谱质谱技术。

10.1.1　大气压光电离技术

液质联用技术的核心是其离子源的电离方式。一般的液质技术常见的离子源采用大气压电离（atmospheric pressure ionization，API）技术，也被称之为常压电离技术，包括ESI、MALDI、大气压化学电离（APCI）和大气压光电离（APPI）等。大气压化学电离技术的差异性在于其离子化技术的不同。其中，基于ESI和APCI技术的液相色谱/质谱技术已经成为传统和新型POPs分析的主要手段。

APPI是目前除ESI和APCI源之外，应用较为广泛的商品化离子源，对多种有机环境污染物有较好的灵敏度和响应。目前很难绝对地定义ESI、APCI和APPI源适用范围（陈皓，2009）。考虑到这三种源均可搭载液相质谱使用，因此许多研究开展了三种源针对相同目标化合物的对比研究。APPI与APCI在结构上具有相似性，但在分析ESI和APCI源中不容易电离的弱极性或非极性有机物上更有优势。由于APPI的这种特点，研究人员将其应用到多环芳烃等污染物的分析中，对16种USEPA优先控制多环芳烃（PAHs）检测限可达到0.79～168 ng/mL，为传统的依靠气相色谱检测PAHs提供了新的选择（Itoh et al.，2006）。APPI搭载新型质谱经常被用于研究半挥发性有机污染物。如APPI与Orbitrap MS连接，在新型溴代阻燃剂（BFRs）分析方面，就表现出较好的响应（Zacs and Bartkevics，2015）。APPI源与MS/MS（串联质谱仪），对BFRs等的检测限要远低于APCI或者ESI源搭载MS/MS（Nyholm et al.，2013；Zhou et al.，2010）。这说明，与APCI或ESI源相比，APPI源在分析一些分子量较大的半挥发性有机污染物方面可能有其独特的优势，能够提高目标化合物分析灵敏度，扩大了可离子化化合物的范围。

近些年，随着《斯德哥尔摩公约》中POPs名单的不断增加，公约中污染物的物理化学性质差别越来越大。准确分析、监控环境中这些新增污染物出现了迫切需求，同时分析多种POPs及其类似物、代谢物成为了一个新的挑战。考虑到这些新型有机污染物的极性差异较大，通常做法是根据目标化合物的性质的不同，分别进行提取和预处理，并通过液相色谱和气相色谱搭载质谱进行多次检测。有些研究对极性大的化合物进行衍生后，再通过气相色谱分析。APPI源对化合物极性的弱敏感性为同时分析这些性质差异较大的化合物提供了新思路，后续研究有望对多种化合物进行同时分析。

10.1.2 大气压电离气相色谱技术

近些年来，研究人员们在一些经典的持久性有机污染物分析方法基础上，不断开发新技术。譬如，二噁英类化合物分析一般采用的是经典的同位素稀释-高分辨气相色谱/高分辨磁质谱联用法（HRGC/HRMS，参见第2章）。该方法是国际上公认的测定该类化合物的"黄金方法"，也是目前全球各国认同的可以进行国际间比对的二噁英类化合物确证分析方法。但是HRGC/HRMS存在耗电量大、对使用人员要求高、培训困难等缺点。欧盟于2015年颁发指南（Commission Regulation，2014），认为可靠的气相色谱-三重四极杆串联质谱法（GC-MS/MS）可以用于二噁英类化合物的确证分析，并相应地给出了应满足的技术条件。实际上，GC-MS/MS方法之前已经被应用于分析含量相对较高的一些基质中二噁英类化合物（Cunliffe and Williams，2006；Eppe et al.，2004）。近些年，研究人员尝试使用新型大气压气相色谱-三重四极杆串联质谱（APGC-MS/MS）技术，替代经典传统的高分辨磁质谱方法，对二噁英等痕量和超痕量水平的化合物进行分析。

APGC-MS/MS的技术特点是大气压化学电离（APCI）离子源与分离效果更好的气相色谱技术的联合应用，其电离的离子碎片少，对化合物的定性定量均能达到很好的效果。2015年，Organtini等（2015）和van Bavel等（2015）在 *Analytical Chemistry* 上同期撰文，报道了APGC-MS/MS分析测定17种经典氯代二噁英的结果。该方法灵敏度高，分析能力可以达到fg水平。灵敏度测试中，使用BPX-5 30 m×0.25 mm，0.25μm的色谱柱，直接进样10 fg/μL TCDD 1 μL，其信噪比可达56.4，灵敏度优于HRGC/HRMS。在100 fg/μL到1000 pg/μL的浓度范围内，其标准曲线的相关系数 R^2>0.998。检测限与HRGC/HRMS方法相比，在测定底泥和鱼样品时，前者为后者的1/18～1/2。在环境和食品实际样品二噁英分析中，与HRGC/HRMS所得结果线性吻合度达到1.05。但是，这种方法在分析检测限附近含量水平的样品时，结果逊于HRGC/HRMS。此外应当注意的是，APGC-MS/MS进样的浓度一般低于HRGC/HRMS，其重现性上表现也略差于后者，这可能是由检测样品的浓度过低造成的。在分析其他传统氯代有机污染物，如多氯联苯（PCBs）和有机氯农药（OCPs）方面，APGC-MS/MS 技术也显示出与 HRGC/HRMS 相似的检测能力。六点标准曲线线性范围在 0.04～300 pg/μL 范围内，相对标准偏差（RSD）和相对响应因子（RRF）均小于 15%。研究使用标准曲线 CS2 和 CS3 两个浓度开展重现性研究，结果显示相对响应因子的 RSD 值分别在 3.1%～16%和 3.6%～5.5%范围内（Geng et al.，2016）。与 HRGC/HRMS 相比，该研究发现除少数化合物外，APGC-MS/MS 对多数化合物具有更低的检测限。在对血清样品等实际分析时，两种方法的结果吻合度也较好，说明该方法具有良好的可行性。值得注意的是，国际社会对二噁英分析一般是基于 EPA 1613b 等经典方法，是经过多个实验室论证后，最终达成的分析方法指南。因此，使用 APGC-MS/MS 或者其他具有相同能力的 GC-MS/MS 分析二噁英等超痕量化合物时，需要多家实验室共同合作对其精密度、稳定性、重现性以及实验室间比对等关键性数据进行评价。

APGC-MS/MS 在分析溴代有机污染物方面也有较好的响应。一些 BFRs 的分子量较大，如 BDE-209 分子量为 959，具有热不稳定性，在 EI 中电离易产生较多的碎片，不易获得分子离子峰，通常选取 M-2Br、M-4Br 甚至 M-6Br 等离子作为定性定量离子。此外，由于环境中溴代有机化合物种类很多，PBDEs 在 ECNI 源中特异性不强，仅靠选择溴原子的 79 和 81 的两个特征峰，容易受到干扰。而 APGC 源的软电离方式，在分析 BDE-28、47、66、85、99、100、153、154、183、184、191、196、197 和 209 以及 DBDPE、BTBPE 等溴代阻燃剂时，检测限可达到 10 fg 以下（Portolés et al.，2015）。与 EI-MS/MS 相比，该方法对于高溴代化合物有更好的响应，特异性更强。在使用 APGC-MS/MS 分析鱼、海鸟和海豹等多种生物样品中四溴环辛烷（TBCO）、四溴-p-二甲苯（TBX）、五溴甲苯（PTB）、五溴乙苯（PBET）、六溴甲苯（HBB）、多溴联苯（PBB）、多溴二苯醚（PBDEs）及其甲氧基衍生物（MeO-PBDEs）、十溴二苯乙烷（DBDPE）、1,2-二（2,4,6-三溴苯氧基）乙烷（BTBPE）等新型和传统的 BFRs 时，结果显示相对标准偏差（RSD）和相对响应因子（RRF）均小于 16%。对新型 BFRs、BDE-209 和 MeO-PBDEs 检测限可以达到 0.075～0.1 pg/μL，对其他 PBDEs 单体检测限在 0.625～6.25 pg/μL 范围内，显示出对高溴代阻燃剂良好的响应（Geng et al.，2017）。这点与传统的 EI 对于高溴代的检测限明显高于低溴代单体检测限存在明显差异。在对食品样品进行分析时，APGC-MS/MS 对 6 种新型 BFRs 的方法定量限能够达到 8 pg/g ww，并首次从食物中检测到了 PBT（Lv et al.，2017）。对大气压化学电离技术及应用的总结见表 10-1。

表 10-1 大气压化学电离技术及应用

样品基质	大气压化学电离技术	目标化合物	检测限	参考文献
鸟蛋、环斑海豹、北极红点鲑	GC-APCI-MS/MS	溴代阻燃剂（BFRs） 甲氧基多溴二苯醚（MeO-PBDEs）	新型 BFRs: $0.075\sim0.1$ pg/μL BDE-209: $0.075\sim0.1$ pg/μL MeO-PBDEs: $0.075\sim0.1$ pg/μL $Br_{1\sim7}$PBDEs: $0.625\sim6.25$ pg/μL[a]	(Geng et al., 2017)
水	UPLC-APPI-MS/MS	多环芳烃（PAHs）	10.8 pg/μL[c]	(Cai et al., 2009)
粉尘	LC-NI-APPI-MS/MS	多溴二苯醚（PBDEs）	$12\sim30$ pg/μL[c]	(Abdallah et al., 2009)
食用油	LC-APPI-MS/MS	PAHs	$0.02\sim0.43$ μg/kg[c]	(Shi et al., 2015)
海洋沉积物	SPE-LC-DAD-APCI-MS	PAHs	$75\sim100$ ng/g[c]	(González-Piñuela et al., 2006)
废水	GC-APCI-MS	氟调聚醇（FTOHs） 全氟辛烷磺酰胺（FOSAs） 全氟辛烷磺酰胺基乙醇（FOSEs）	$1\sim5$ fg/μL[c]	(Portoles et al., 2015)
橄榄油	GC-APCI-TOF-MS	酚类化合物（phenolic compounds）	$0.13\sim1.05$ μg/g[c]	(Garcia-Villalba et al., 2011)
大西洋鲑鱼和金鱼鲷鱼	GC-APCI-MS/MS	PAHs	$0.5\sim2$ ng/g[c]	(Portoles et al., 2017)
沉积物和鱼	APGC-MS/MS	二噁英（PCDD/Fs）	$0.17\sim2.0$ pg/g[b]	(Organtini et al., 2015a)
动物脂肪、牛奶、鸡蛋、肝脏、植物油、鱼、饲料、土壤、废水	APGC-MS/MS	二噁英（PCDD/Fs） 多氯联苯（PCBs）	dioxin 和 dl-PCB: 0.05 ng/L ndl-PCBs: 0.1 μg/L[d]	(Ten Dam et al., 2016)
灰尘	APGC-MS/MS	PCDD/Fs	$0.15\sim1.4$ pg/g[c]	(Organtini et al., 2015b)
烟气（水泥厂共焚烧、生活垃圾焚烧、危险废物焚烧、金属工业和城市生活垃圾焚烧）	APGC-MS/MS	PCDD/Fs	0.5 fg I-TEQ/Nm³[d]	(Rivera-Austrui et al., 2017)
汽车和 SRM 2975 的不同柴油烟尘	LC-APPI-MS/MS	PAHs	$0.46\sim14.4$ pg/μL[c]	(Hutzler et al., 2011)
食用油	LC-DA-APPI-MS/MS	PAHs	0.24 μg/kg[c]	(Gomez-Ruiz et al., 2009)
大气颗粒物	LC-APPI/MS/MS	含氮多环芳烃（azaarenes）	$0.2\sim1.4$ pg/μL[d]	(Lintelmann et al., 2010)
河流沉积物	LC-APPI/MS/MS	含氮多环芳烃	$0.15\sim2.53$ μg/L[c]	(Brulik et al., 2013)
肝脏或鸡蛋	LC-APPI-MS/MS	全氟及多氟烷基化合物（PFASs）	$0.5\sim0.9$ ng/g ww[b]	(Chu and Letcher, 2008)
河水、饮用水、废水	LC/NI-APPI/MS/MS	BFRs	$0.004\sim0.1$ ng/L[c]	(Bacaloni et al., 2009)

续表

样品基质	大气压化学电离技术	目标化合物	检测限	参考文献
狗脂肪组织	HPLC-APPI/MS/MS	甲基磺酰基多氯联苯代谢物 (methylsulfonyl polychlorinated biphenyl metabolites)	0.01~1.74 ng/g ww[c]	(Cooper et al., 2012)
污泥	UPLC-APCI/MS/MS	PBDEs	0.005~0.66 ng/g (APCI)	(Mascolo et al., 2010)
	UPLC-APPI/MS/MS	其他 BFRs	0.012~1.3 ng/g (APPI)[d]	
鱼	HPLC-APPI-Orbitrap-MS	BFRs	0.001~0.25 ng/L[d]	(Zacs and Bartkevics, 2015)
鱼	LC-APPI-MS/MS	卤代阻燃剂 (HFRs)	0.0027~3.2 ng/g[d]	(Zhou et al., 2010)
沉积物	LC-AA-APPI/MS	六溴环十二烷 (HBCD)	8.5~45.6 pg/μL[c]	(Ross and Wong, 2010)
电子废弃物	GC-APCI-TOF-MS	BFRs	0.5~25 pg[a]	(Ballesteros-Gomez et al., 2013)
牛奶	CEC-APPI-MS	甲基化 PAHs	400 ng/mL[c]	(Zheng and Shamsi, 2006)
牡蛎	UHPLC-APPI-MS	PAHs	0.013~0.129 μg/g[b]	(Cai et al., 2012)

a. 仪器检测限 (instrument detection limit, IDL); b. 方法检测限 (method detection limit, MDL); c. 检测限 (limit of detection, LOD); d. 定量限 (limit of quantification, LOQ)。

10.2 直接电离质谱技术

近年来,直接电离技术的出现为快速、灵敏分析污染物提供了新思路。不同于一些常见的快速分析方法半定量的特点,原位电离技术通常能够较为准确地定性定量样品中"一类"物质的含量,为判断是否需要对样品进行深入分析和鉴定提供了参考。

10.2.1 原理

直接电离(direct ionization,DI)技术是在常温、常压下对样品直接进行电离并进行分析的技术。由于这种技术具有分析成本低、检测速度快、操作简单等特点,因此非常适合复杂样品基质的快速筛查,目前已被广泛应用于食品、药品、生物、环境等样品的分析。直接电离技术代表有电喷雾解吸电离(DESI)、实时直接分析(DART)、电喷雾萃取电离(EESI)、纸喷雾电离(PSI)、低温等离子电离(LTP)、电喷雾辅助激光解析电离(ELDI)、表面采样探针(SSP)、原位超声喷雾电离(EASI)等。

原位电离质谱(ambient ionization mass spectrometry)技术属于直接电离技术的范畴。它是指在大气压条件下,依靠常压电力装置输出初级电荷/能量(如带电液滴等),对待测样品进行快速直接电离(与其进行电荷/能量交换),使得样品中的目标物能够被质谱捕获分析的技术(于湛,2017)。原位电离技术具有快速、微量、灵敏的特点,特别是由于该技术不需要样品前处理,可以在无损样品的情况下,对样品表面化学物质进行分析。对一些珍贵样品、需要进行快速筛查的大量样品尤其适用。直接电离技术和原位电离技术的区分主要在于后者具备对样品表面直接分析的能力。于湛(2017)对此进行了较为详细的论述。在环境和食品分析领域经常使用的DESI、DART等均为原位电离质谱技术。

原位电离技术通常具有以下几个方面特征(Monge and Fernandez,2015):
(1)样品离子化过程在常压环境进行;
(2)样品无需前处理,可对样品表面的化学物质直接进行分析;
(3)适用多种类型质谱;
(4)属于软电离,电离产生的碎片离子较少。

本节内容以在环境和食品安全分析领域应用较多的DESI和DART技术为例,简单介绍其应用。

10.2.2 DESI技术

2004年,Cooks课题组首次提出了电喷雾解吸电离(DESI)技术(Takáts et al.,2004)。DESI技术源于ESI源,是将由ESI产生的带电雾滴,在氮气等辅助气流作用下,高速喷向样品表面,在样品表面发生化学溅射,使目标物从载体上解吸并发生离子化。随后,目标物带电液滴在吹扫气作用下发生去溶剂化,产生的气态离子通过离子通道到达质谱检测器。DESI 同 ESI 源一样,可以分析从低范围到高范围质量数的化合物,获得较多的分子离子峰。DESI 的质谱图与传统 ESI 源得到的质谱图很相像（Weston, 2010）。

近年来,DESI 技术应用逐渐增多。尽管 DESI 分析二噁英、PBDEs 等超痕量化合物仍具有挑战,但是这种技术已经被应用于对含量相对略高的有机污染物,如农药等的快速检测。Gerbig 等（2017）将 DESI-MS 方法应用于快速分析水果和蔬菜表面的 32 种农药残留,通过对比三种不同的样品预处理方式,最终发现通过玻璃载片负载食物样品的方法可获得最高的回收率（88%）,并且这种情况下其检测限（LOD）能够达到 1 pg/mm^2,优于直接对苹果表皮检测获得的 LOD（33 pg/mm^2）。研究获得了线性关系良好的标准曲线,并通过内标方法进行校正。DESI-MS 检测结果与传统的 GC/MS 以及 HPLC-MS/MS 相比,具有相似的检测能力。对实际样品分析结果证明这是一种检测蔬果中农残的快速、简单、有效的定量和半定量筛查方法。Rocca 等（2017）也应用 DESI-MS 对橄榄和葡萄叶中 3 种农药成分进行了分析,并且对检测限、定量限、定量范围、基质效应、日间精密度等进行了评价。结果表明,检测限在 15～50 ng 范围内；定量限在 50～150 ng 范围内；3 种不同化合物定量范围存在一定差异,约在 50～1400 ng 范围内,标准曲线相关系数（R^2）> 0.9。尽管 DESI 技术具有简单快速的特点,但值得注意的是,在方法开发时,仍需对一些参数进行优化,如样品基质表面、待测物质的物化参数、喷雾溶剂和离子源内部关键部件的角度调整等。

10.2.3 DART 技术

2005 年,Cody 等（2005）首次报道了实时直接分析（DART）技术。DART 技术在分析物极性、质量数范围等方面可与 DESI 实现互补,如 DESI 更适合分析离子型化合物,而 DART 则适用于分析非极性化合物的离子化（Gross, 2014）。与 DESI 一般与液相色谱连接不同,DART 一般用气相进行离子化。因此,应用 DART 技术一般需要被分析物具有一定的挥发性。

DART 技术既可以用于分析固体基质,也可以用于分析液体表面的化合物。DART 技术发明之初,曾被用于多种介质表面（如人类皮肤、登机牌、饮料、蔬菜水果、衣服等）的药物及代谢产物、有毒工业品、农残的分析等（Cody et al., 2005）。近年来,DART 技术由于具有快速、对实验空间要求低等特点,特别适用于现场样品快速筛查。在环境分析方面,DART 技术在碳氢化合物、醇类和其他非极性化合物快速鉴定（Haunschmidt et al., 2011；Haunschmidt et al., 2010）、水和化妆品中的有机紫外线过滤材料识别（Grange, 2013）、气溶胶识别（Nah et al., 2013）等方面均表现出了优异的特性。而在食品安全方面,DART 技术被用于分析啤酒中的多种霉菌毒素（Zachariasova et al., 2010）、蜂胶中的酚类化合物（Chernetsova et al., 2012）等。

10.2.4 其他技术与原位电离技术的结合应用

直接进样技术直接用于对样品表面化合物进行分析时，可能由于目标化合物含量太低而无法达到检测要求的灵敏度。因此，通过一些新型材料，对目标化合物进行简单的预处理和富集，去除大分子物质及其他非目标化合物干扰，将会在很大程度上提高分析的灵敏度。由于基质辅助电离技术对样品基质要求较高，因此，多项研究工作围绕着如何开发对环境污染物具有较好负载效应的材料展开。新材料与原位电离技术的结合在新化合物筛查方面将有较好的应用前景，质谱技术与材料科学交叉成为新的研究热点。

Wang 等（2015）基于介孔碳对不同大小分子化合物的差异化选择吸附能力，以石墨烯作为负载物，采用 MALDI-TOF/MS 技术筛选复杂基质中的有害污染物，方法检出限能够达到 ppt 水平，与传统方法相比具有速度快、易操作等优势。该方法能够从人体血清等实际样品中成功识别出全氟化合物等污染物，具有良好的应用前景。随后，该课题组采用介孔碳作为表面增强激光解吸离子化（SELDI）探针和基质，与 TOF/MS 联用，仅仅通过人的 1 滴全血血液，即可识别出其中的全氟化合物（Huang et al.，2016）。该方法对人体尿液和水等基质也有较好的检测能力。该研究还对其他几种持久性有毒污染物，如 BPS、BDE-47、PCP 和 TBBPA 的分析性能进行了考察，结果显示其对纯水中几种化合物的检测限能够分别达到 10 pg/mL、1.5 pg/mL、0.1 pg/mL、100 pg/mL 的水平。对血液中这几种化合物的检测限可达 62 pg/mL、3.3 pg/mL、0.6 pg/mL、330 pg/mL 的水平。对直接电离技术及应用的总结见表 10-2。

表 10-2 直接电离技术及应用

样品基质	直接电离技术	目标化合物	检测限	参考文献
橄榄、葡萄叶	DESI	农药残留（pesticide residues）	15～50 ng [a] 50～150 ng [b]	（Rocca et al.，2017）
番茄、橙子	LC-DESI-MS	农药残留	2.7～265 μg/L [a]	（García-Reyes et al.，2009）
纺织品	LC-DESI-MS/MS	芳香胺（aromatic amines）	0.82～3.5 fg/mm^2 [a]	（Yang et al.，2009）
水果	DESI-MS	农药残留	1 pg/mm^2 [a]	（Gerbig et al.，2017）
红酒	QuEChERS-DART-MS/MS	农药残留	0.5～50 ng/mL [a]	（Guo et al.，2016）
水果、地表水、牛奶	SPME-TM-DART-MS	农药残留	0.1～100 ng/g [a]	（Gomez-Rios et al.，2017）
湖水、橙汁	IT-SPME-DART-MS	三嗪类除草剂（triazine herbicides）	0.02～0.14 ng/mL [a]	（Wang et al.，2014）
谷物	DART-TOF-MS	strobilurin 类杀菌剂	6～30 μg/kg [b]	（Schurek et al.，2008）
果蔬	DART-MS	农药残留	10 mg/L [a]	（Crawford and Musselman，2012）

a. 检测限（limit of detection，LOD）；b. 定量限（limit of quantification，LOQ）。

10.3 大体积进样技术

大体积进样（large-volume injection，LVI）技术在痕量污染物分析方面具有独特优势，通过大幅度提高进样量，降低痕量和超痕量污染物的检出限，实现对在普通进样方式下无法检出的超痕量化合物的识别。在几种常见的大体积进样技术中，比较常用的是柱头进样（on-column injection，OCI）技术和程序升温汽化（programmed-temperature vaporizer，PTV）技术。特别是 PTV 技术，在痕量和超痕量化合物分析方面，应用极为广泛。一般来说，影响 PTV 分析效率的参数主要包括衬管类型、填充物材料、进样速度、吹扫时间、升温程序和汽化时流速等（汤凤梅等，2010）。

Eppe 等（2004）考察了程序升温进样与 GC-MS/MS 联用测定食品和饲料中 PCDD/Fs 的分析效果，并与经典的不分流进样-HRGC/HRMS 分析方法进行比较。在 10 μL 进样量的设定下，对比了两种方法对牛肉脂肪、蛋黄、奶粉、饲料和血清等不同基质样品的分析能力。研究发现两种方法对 2,3,7,8 位取代的单体分析差异不明显，对不同基质中化合物检测结果不存在显著差异，证明该方法是对 HRGC/HRMS 方法的有效补充。Štajnbaher 和 Zupančič-Kralj（2008）建立了 PTV 与 GC/MS 联用技术分析蔬菜和水果中多种农药残留的方法。该研究分别对大体积进样的各个参数进行了优化，并考察了使用带填料衬管和不带填料衬管对于化合物吸附的影响，比较了溶剂快速吹扫和溶剂控速吹扫化合物的分析差异。最终，确定了最优的实验条件为进样量 10 μL，选择空白多级衬管或 CarboFrit 填装衬管，并实现了同时检测蔬菜和水果中 124 种农药残留，该方法检测限可以达到 0.01 mg/kg。García-Rodríguez 等（2010）发现通过 PTV 进样方式可提高检测灵敏度和目标化合物的选择性。通过与三重四极杆质谱联用，该研究对可食海藻中农药的检测限可以达到 0.3 pg/g。标准曲线的线性 $R^2>0.9999$，其相关标准偏差 RSD≤8%。

我国科学工作者也开展了大量研究，通过大体积进样方式提高对痕量化合物的分析检测能力。王亚韡等（2007）通过大体积进样口与 GC/MS 搭载，考察了其对于 PCDD/Fs 的分析能力。分析在同样进样质量下，进样体积分别为 1 μL、5 μL、10 μL、25 μL、50 μL、100 μL 时，化合物的仪器响应差异。结果显示，不同进样体积对色谱峰的峰面积和峰宽均无明显影响，没有发生明显的峰展宽和拖尾现象。说明在 PCDD/Fs 等超痕量目标化合物分析过程中，可以用大体积进样技术代替常规的分流/不分流技术，使一般情况下灵敏度无法达到超痕量检测的仪器，具有对超痕量化合物检测的能力。张磊等（2014）进一步将大体积进样与 HRGC/HRMS 联用，通过优化程序升温大体积进样口的相关参数，建立了测定食品中 PCDD/Fs 分析方法。研究发现进样 15 μL，能够显著地提高待测物峰面积及其信噪比。赵玉丽等（2007）通过大体积脉冲进样与 GC/ECNI-qMS 连接，对 12 种 PBDEs、1 种

PBB、10 种 PCBs、4 种六氯环己烷、HCB 进行了分析，结果显示该方法灵敏度与 HRGC/HRMS 相当，获得了较好的标准曲线线性及方法重现性等。对鱼等生物基质的检测限可达到 0.01~63 pg/g。对大体积进样技术及应用的总结见表 10-3。

表 10-3 大体积进样技术及应用

样品基质	大体积进样技术	目标化合物	检测限	参考文献
奶粉、蛋黄、牛肉脂肪、动物饲料、血清	PTV-LV-GC/MS/MS	PCDD/Fs	200 fg/μL [a]	（Eppe et al.，2004）
香肠、羊肉、	PTV-LV-GC/MS/MS	PAHs	0.11~1.45 μg/kg [b]	（Gomez-Ruiz et al.，2009）
大气颗粒物	PTV-LV-GC-MS	PAHs	0.26~3 pg/m^3 [b]	（Yusà et al.，2006a）
沉积物	PTV-SV-GC-MS	PBDEs 多溴联苯（PBBs）多氯萘（PCNs）	4~20 pg/g [b]	（Yusà et al.，2006b）
废水	LVI-PTV-GC-MS	PAHs PCBs 农药残留 双酚 A（BPA）	1~322 ng/L [b]	（Bizkarguenaga et al.，2012）
沉积物	LVI-GC-LC	PCDD/Fs	0.066~0.554 ng/kg [b]	（Tang et al.，2012）
奶瓶、奶瓶中的食品	PTV-GC/MS	BPA 双酚 F（BPF）	1.97~5.53 μg/L [c]	（Oca et al.，2013）
苔藓	PTV-GC-MS/MS	PAHs	1.7 ng/g [c]	（Concha-Grana et al.，2015）
冻干贻贝	PTV-GC-MS-MS	PAHs	1.04~26.9 ng/g [c]	（Fernandez-Gonzalez et al.，2008b）
城市污水处理厂地表水和污水、河水	SR-LD-LVI-PTV-GC-MS	六六六（HCH）有机氯农药（DDT, DDE, DDD）	HCH：17~65 ng/L OCPs：1~5 ng/L	（Delgado et al.，2013）
水	MASE-LVI-PTV-GC-MS	PAHs PCBs PBBs PBDEs	0.1~317 ng/L [b]	（Prieto et al.，2008）
海洋沉积物	PTV-GC-MS	PAHs	0.01~0.49 μg/kg [b]	（Fernandez-Gonzalez et al.，2008a）
松针、栎树叶	PTV-GC-MS/MS	PAHs	0.11~3.38 ng/g [c]	（De Nicola et al.，2016）
灌溉水	SPE-PTV-GC-MS	内分泌干扰物（EDCs）	0.001~0.036 μg/L [b]	（Brossa et al.，2003）
汽油	PTV-fast GC-MS	PAHs	0.61~6.1 μg/L [b]	（Perez Pavon et al.，2008）
海藻	PTV-LVI-GC-MS/MS	农药残留	0.3 pg/g [b]	（García-Rodríguez et al.，2010）
空气颗粒	GPC-PTV-GC-MS/MS	PBDEs	0.063~0.210 pg/m^3 [b]	（Beser et al.，2014）
污水、污泥	PTV-LVI-GC-MS/MS	PAHs	0.0001~0.005 μg/g [c]	（Pena et al.，2010）

a. 仪器检测限（instrument detection limit，IDL）；b. 检测限（limit of detection，LOD）；c. 定量限（limit of quantification，LOQ）。

10.4 热脱附技术

热脱附技术可直接将吸附材料上的化合物送至分析仪器进行检测，可被用于分析挥发性和半挥发性化合物。目前一般采用的方法是，使用对目标化合物具有较好吸附性能的材料，预富集液体或者气相中的化合物，然后将其置于热脱附腔体内，通过程序升温控制冷阱捕集和热解吸附过程，搭配载气吹扫，实现直接进样分析。热脱附技术能够避免对样品进行复杂的预处理，不使用有机试剂，并且实现样品的全部进样，是一种快速高效的检测方法。

热脱附技术在对大气中污染物分析方面具有优势。使用不同的样品捕集材料（带有不同填料的吸附管、不同涂层的搅拌子），可实现对空气中具有不同特性的污染物富集检测。热脱附技术最初是针对挥发性有机污染物（volatile organic compound，VOC）研发的。由于样品捕集材料经过活化后可反复使用，成本低，分析速度快，适用于大气中VOC的大规模监测工作（Mercier et al.，2012；Ramírez et al.，2010a）。之后，热脱附技术也被用于分析大气中的其他环境污染物。如Ramírez等（2010b）尝试使用大气主动采样器联合热脱附-GC/MS技术分析空气中半挥发性有机污染物[主要为人工麝香、驱虫剂等个人护理品（PCPs）]。该方法比较了不同材质吸附管捕集化合物的能力，其检出限最低能达到 0.03 ng/m^3，且对所有目标化合物均获得了较好的重复性、再现性及标曲线性，还被用于分析室内外实际环境中多种PCPs。Ruan等（2010）使用热脱附与HRGC/HRMS联用技术，对大气中的3类共11种全氟碘烷（PFIs）进行了分析，并考察了Tenax TA和Carbograph 1TD两种填料对目标化合物的吸附性能。该方法最终获得的最优方法是，通过主动采样装置，以150 mL/min的速率共采集了3.75 L的大气样品，热脱附主要参数包括脱附管吹扫时间（8 min）、脱附管吹扫速率（30 mL/min，氦气）、脱附管温度（280℃）、冷阱温度（–10℃）、冷阱脱附温度（300℃）、冷阱脱附时间（3 min）。利用该方法，研究团队首次自大气中检测到5种PFIs（10.8~85.0 pg/L），在目前全氟和多氟烷基化合物应用广泛的情况下，于环境监测具有重要意义。但是值得注意的是，该方法中采用的是更利于挥发性有机污染物分析的UNITY series系列热脱附仪，在对半挥发性有机污染物进行分析时，应当注意仪器传输线过长导致的目标化合物重现性较差、易在传输线中冷凝等现象，而选择传输线更短或者直接搭载仪器进样口的仪器产品。

与固相微萃取（SPME）等吸附技术结合使用，热脱附技术可实现对水中目标化合物快速分析。由于SPME的吸附容量有限，在分析含量较低的化合物时其萃取能力受到了限制。研究人员在此基础上，开发了与SPME工作原理相同，但具有更大的吸附容量的搅拌子吸附萃取（stir bar sorptive extraction，SBSE）技术。SBSE涂层体积大，且兼具采样无需动力、体积微小、方便携带、无需前处理过程等优点，适于野外样品采集。它利用玻璃棒表面涂渍的高吸附性能材料（如聚二甲基硅氧烷）对化合物进行吸附，借助与检测仪器直接相连接的热解析仪器进行脱附、检测，或通过溶剂对搅拌子洗脱后浓缩进样（禹春鹤等，2006）。该技术于1999年由Erik等（1999）首先用于对水相中有机化合物萃取检测。搅拌子固定相涂渍在玻璃磁子表面，当磁子在水相样品中搅拌时，可加快水中化合物吸附平衡。用于此项技术的搅拌子较之于固相微萃取纤维大大提高了固定相容量（50 μL），Baltussen等分别对长10 mm和40 mm两种搅拌子进行测试，实验结果证明，10 mm和40 mm的搅拌子分别适合于10～50 mL和250 mL的液体样品中目标化合物的萃取。

SBSE/SPME与热脱附仪或者PTV联用分析水相中污染物时，可以通过顶空和搅拌子浸入提取两种方式（一般SPME更多采取顶空平衡的采样方法）实现。随后可通过冷阱捕集热解析过程缓慢产生样品流。待捕集结束后，快速加热冷阱并进样，样品快速进入色谱，可获得很好的峰型。Bicchi等（2000）首先将SBSE用于顶空实验中，并对化合物在搅拌子涂层和顶空之间的分配系数、浓度因子、重现性和回收率进行了研究。与SPME相比，SBSE顶空吸附萃取检测限低，更适合痕量和超痕量污染物的检测。Bicchi等（2002）还对顶空吸附萃取、SBSE和SPME进行了比较，发现SBSE的回收率更高。SBSE与热脱附-GC/MS联用分析杀虫剂、PAHs（León et al.，2003）、PCBs（Montero et al.，2004）时均有较好检出和回收率。随着SBSE应用的增多，研究人员自制和商品化的搅拌子均有文献报道。禹春鹤等考察了聚甲基硅氧烷/聚乙烯醇等材料涂覆的搅拌子对蜂蜜中5种有机磷农药的提取性能，结果显示对5种化合物的检出限在0.013～0.081 μg/L之间，样品的平行性测试中RSD在5.3%～14.2%之间（Yu and Hu，2009）。自制的搅拌子经过50次反复使用未见明显的损耗。目前搅拌子已有成熟的商业化产品，文献报道较多的是德国Gerstel公司生产的以PDMS为涂层的Twister TM，厚度有0.5 mm和1 mm两种规格。Blasco等（2004）分别用SBSE与SPME对蜂蜜中6种有机磷杀虫剂进行萃取，结果显示SBSE的富集倍数、回收率、精密度和灵敏度均优于SPME。目前SBSE技术主要应用于对液相中化合物提取检测（Montero et al.，2004；Prieto et al.，2010；Prieto et al.，2008；Prieto et al.，2007；张磊等，2014）。而利用SBSE对大气中的挥发性及半挥发性物质进行富集检测的研究相对较少（David and Sandra，2007；Demeestere et al.，2007）。Henkelmann和Schramm（2007）利用SBSE作为采样器，对大气中PAHs进行了探索性研究，但其对高环PAHs的回收率较差。李晓敏等（2011）也考察了SBSE-热脱附-GC/MS对气相中PAHs分析性能。结果显示16种PAHs标准曲线线性R^2>0.9，检测限在0.02～0.054 ng/样品之间，其回收率在45.1%～109%之间。将该方法应用于对燃煤环境空气中PAHs分析，结果显示燃煤前后室内空气中的16种PAHs含量水平由4.24～5.32 ng/样品变为172～200 ng/样品，结果显示搅拌子技术较为适合于对污染空气中化合物的快速识别和分析（Li et al.，2011）。但是值得注意的是，由于 SBSE 固定相的吸附能力较强，在使用 SBSE 时应对旅行空白和实验室空白样品进行严格控制，防止化合物残留在搅拌子上以及在采样过程中吸附化合物。对热脱附技术及应用的总结见表 10-4。

表 10-4 热脱附技术及应用

样品基质	热脱附技术	目标化合物	检测限	参考文献
海水	TD-GC/MS	OH-PAHs	4.1~1200 pg/L [a]	（Casas Ferreira et al.，2013）
空气	TD-GC/HRMS	全氟碘烷（PFIs）	0.04~1.2 pg/L [b]	（Ruan et al.，2010）
城市灰尘和柴油废气	TD-GC×GC-MS/MS	PAHs	0.0006~0.01 pg/μg [c]	（Fushimi et al.，2012）
大气	TD-GC×GC-TOF-MS	PAHs	0.2~4.1 ng/m³ [a]	（Geldenhuys et al.，2015）
气溶胶	TD-GC/MS	PAHs 正构烷烃	PAHs：0.004~1.14 pg/μL n-alkanes：0.004~2.44 pg/μL [a]	（Ho et al.，2008）
室内空气	TD-GC/MS	PFASs	45~166 pg/m³ [b]	（Wu and Chang，2012）
空气	TD-GC/MS	邻苯二甲酸酯（phthalate esters）有机磷酸酯（organophosphate esters）	0.007~6.7 μg/m³ [b]	（Aragón et al.，2013）
室外/室内空气	TD-PTV-GC/μECD	PBDEs PCBs	0.1~2.3 pg/m³ [b]	（Rowe and Perlinger，2009）
河水	SBSE-TD-GC×GC-HRTOF/MS	OCPs	10~44 pg/L [a]	（Ochiai et al.，2011）
自来水、地表水、地下水	SBSE-TD-GC/MS	OCPs HCH PAHs	0.1~36 ng/L [a]	（León et al.，2006）

a. 检测限（limit of detection，LOD）；b. 方法检测限（method detection limit，MDL）；c. 仪器检测限（instrument detection limit；IDL）。

10.5 有机污染物非靶标筛查分析技术

本书前面几章介绍了《斯德哥尔摩公约》中收录的部分 POPs 及其分析检测技术。值得注意的是，《斯德哥尔摩公约》所列化合物清单是开放型的，随着工业发展，一些新出现的化学品由于具备 POPs 的特性、符合 POPs 的定义，从而被公约审查，进而增列公约中。在 2009~2017 年间，共有 17 种化合物增列公约并受到控制。三氯杀螨醇、全氟辛基羧酸及其盐类和其他类似物、全氟己基磺酸及其盐类和其他类似物等正在接受公约审查。可以预见的是，之后还会有更多的化学品受到公约关注。

过去的一个世纪，人类社会进入工业发展的快车道。特别是近几十年，人类对于化学品种类的需求逐渐变多，对化学品用量的使用日益增大，新化学品层出不穷。根据化学文摘索引库（CAS）统计，截至 2018 年 10 月，在其网站上登记的化学品已超过 144000000 个。这些大量出现的化学品中可能存在一部分与已知的 POPs 物质具有类似特性，可能给环境、野生动物和人类带来危害的类似物质。面对成千上万计化学品，采用传统 POPs 研究模式（发生污染事件—确定危害性化学品—分析其环境和生物风险）显然已经无法满足当前需求。如何高效发现、识别和分析未知有机污染物是环境科学工作者关注的重要问题。

研究人员尝试通过新型的研究手段和研究思路，根据 POPs 的定义，对其持久性、生物富集性等特性进行预测和分析，并且通过高通量筛选的方法，筛查可能进入 POPs 候选清单的化学品，目前已经取得了一定的成效。其中，基于定量结构-活性/性质相关性（quantitative structure activity relationship/quantitative structure property relationship，QSAR/QSPR）计算化学（Gramatica et al.，2015）、非靶标高分辨质谱筛选技术、效应导向分析（effect-directed analysis，EDA）技术（Qu et al.，2011）等方法已成为发现新型持久性有机污染物的重要手段。QSAR/QSPR 计算化学手段已经成为公认的从大量化学品中预测和发现具有环境持久性和生物毒性等潜在有机污染物的重要手段。美国环境保护署有毒物质控制清单（EPA TSCA inventory）、SMILESCAS 数据库等化学品管控清单都是基于计算化学方法，从数以十万计的化学品中筛选出了包括多氯萘、六氯丁二烯等上千个潜在 POPs 类化合物，其中部分被证实符合公约附件 D、附件 E 和附件 F 而被增列《斯德哥尔摩公约》清单。EDA 方法则是评价复杂基质中是否存在具有毒性效应的化学品的有效手段（Qu et al.，2011）。由于本书主要介绍持久性有机污染物分析方法，下面将主要介绍高分辨质谱技术在未知有机污染物筛选方面的研究进展，涉及的质谱仪主要包括飞行时间（TOF）质谱，近些年来蓬勃发展的轨道离子阱（Orbitrap）质谱和傅里叶变换离子回旋共振（FT-ICR）质谱等。

具有相似结构或者分子骨架上存在类似取代基团的化合物可能表现出类似的环境行为和生物效应。通过对比筛选与已知的 POPs 类化合物具有类似结构的化学品，借助高分辨质谱技术筛查基质中是否存在相似基团，并通过质谱精确分子量等信息，可以识别潜在的新型化学品污染。目前，《斯德哥尔摩公约》清单中收录的化学品均为卤代有机化合物，这也使得卤代有机物受到科研人员更多的关注。以溴代有机物为例，在受到化学品污染较为严重的美国五大湖底泥中，研究人员发现了超过 2000 个溴代有机化合物（Peng et al.，2015），借助母离子和碎片离子精确质量数（精度可达到小数点后 4~5 位）进而推断化学品的结构信息，发现目前能够定性定量的溴代阻燃剂（如 PBDEs、HBCD 等）等只占总有机溴代化学品的很小一部分（<1%）。

尽管缺乏标准品和质谱库信息，但是通过对目标化合物色谱行为和精准质量数比较，仍然能够获得不同地区溴代有机化合物的环境行为相似性信息，推断当地潜在污染风险（Peng et al.，2016）。除了人工合成的溴代有机化学品外，海洋中存在丰富的溴原子，海洋生物能够产生天然卤代有机物，如甲氧基多溴二苯醚（MeO-PBDEs）和羟基多溴二苯醚（OH-PBDEs）等。目前，已有超过 2200 个海洋天然溴代有机物被鉴定出来（Gribble，2000），而其中一些化合物的毒性作用有可能比人工合成的溴代化学品还要高（Athanasiadou et al.，2008）。

目前，通过高分辨质谱筛查未知污染物的相关研究大多集中在对污染源周边介质中的高浓度、存在污染风险样品的分析。Newton 等利用高分辨质谱技术对氟化工厂周边地表水和底泥中氟代化合物进行了筛查（Newton et al.，2017）。研究发现，传统的 PFOS 仍为主要单体，但是也发现了一些未知氟代化学品峰。通过精确质量数和质量缺失理论进行推断，认为这种含有 CH_2F_2 片段的化合物可能是代替传统化学品进行生产的原材料。质量缺失方法已经成为自复杂基质中筛选未知有机卤代化学品的重要手段。Jobst 等使用高分辨质谱，通过质量缺失分析，自北美五大湖鱼体内发现了包括氯代多环芳烃、Dechlorane 604 等化合物，并通过标准品证实目标化合物的分析准确性（Jobst et al.，2013）。同样，通过比较高分辨质谱信息，Cariou 等从鳗鱼肌肉样品中筛选出六溴环十二烷、氯化石蜡等多种目前已增列公约清单的 POPs（Cariou et al.，2016）。

基于高分辨质谱技术的非靶标有机物筛查借助对化合物精准质量数识别和数据分析处理，能够实现对有机未知化合物结构推测、鉴定。这项技术能够弥补标准品缺乏、难以通过标准品定性所有未知污染物的不足。虽然目前该项技术还受制于谱库信息有限、全扫描质谱信息量太大、解谱难度大等问题，但随着质谱仪灵敏度和分辨率能力提升、质谱库信息逐渐丰富、计算机对数据解析能力不断提高，高分辨质谱识别和发现未知有机污染物将成为研究 POPs 及其类似物的重要手段。

参 考 文 献

陈皓, 2009. 大气压光电离技术及其在环境污染物分析中的应用. 中国环境监测, 25(2): 1-5.

李晓敏, 张庆华, 王璞, 李英明, 江桂斌, 2011. 搅拌子固相吸附-热脱附-气相色谱/质谱/质谱法快速测定空气中多环芳烃. 分析化学, 39: 1641-1646.

汤凤梅, 倪余文, 张海军, 陈吉平, 2010. 大体积进样技术在环境分析中的应用. 色谱, 28(5): 442-448.

王亚韡, 张庆华, 江桂斌, 贺卿, 2007. 大体积进样技术在气相色谱-质谱法测定二噁英类化合物中的应用. 色谱, 25(1): 21-24.

于湛, 2017. 原位电离质谱技术与应用. 北京: 科学出版社.

禹春鹤, 胡斌, 江祖成, 2006. 搅拌棒吸附萃取研究进展. 分析化学, 34: S289-S294.

赵玉丽, 杨利民, 王秋泉, 2007. 脉冲大体积进样-气相色谱/电子捕获负化学离子化-四级杆质谱同时测定28种卤代持久性有机污染物. 大连: 持久性有机污染物论坛2007暨第二届持久性有机污染物全国学术研讨会, X132.

张磊, 李敬光, 赵云峰, 吴永宁, 2014. 程序升温大体积进样在 HRGC-HRMS 法测定食品中 PCDD/F 的应用. 食品安全质量检测学报, 5(2): 468-474.

Abdallah A E, Harrad S, Covaci A, 2009. Isotope dilution method for determination of polybrominated diphenyl ethers using liquid chromatography coupled to negative ionization atmospheric pressure photoionization tandem mass spectrometry: Validation and application to house dust. Analytical Chemistry, 81: 7460-7467.

Aragón M, Borrull F, Marcé R M, 2013. Thermal desorption-gas chromatography-mass spectrometry method to determine phthalate and organophosphate esters from air samples. Journal of Chromatography A, 1303: 76-82.

Athanasiadou M, Cuadra S N, Marsh G, Bergman Å, Jakobsson K, 2008. Polybrominated diphenyl ethers (PBDEs) and bioaccumulative hydroxylated PBDE metabolites in young humans from Managua, Nicaragua. Environmental Health Perspectives, 116: 400.

Bacaloni A, Callipo L, Corradini E, Giansanti P, Gubbiotti R, Samperi R, Lagana A, 2009. Liquid chromatography-negative ion atmospheric pressure photoionization tandem mass spectrometry for the determination of brominated flame retardants in environmental water and industrial effluents. Journal of Chromatography A, 1216: 6400-6409.

Ballesteros-Gomez A, de Boer J, Leonards P E, 2013. Novel analytical methods for flame retardants and plasticizers based on gas chromatography, comprehensive two-dimensional gas chromatography, and direct probe coupled to atmospheric pressure chemical ionization-high resolution time-of-flight-mass spectrometry. Analytical Chemistry, 85: 9572-9580.

Beser M I, Beltran J, Yusa V, 2014. Design of experiment approach for the optimization of polybrominated diphenyl ethers determination in fine airborne particulate matter by microwave-assisted extraction and gas chromatography coupled to tandem mass spectrometry. Journal of Chromatography A, 1323: 1-10.

Bicchi C, Cordero C, Iori C, Rubiolo P, Sandra P, 2000. Headspace sorptive extraction (HSSE) in the headspace analysis of aromatic and medicinal plants. Hrc-Journal of High Resolution Chromatography, 23: 539-546.

Bicchi C, Iori C, Rubiolo P, Sandra P, 2002. Headspace sorptive extraction (HSSE), stir bar sorptive extraction (SBSE), and solid phase microextraction (SPME) applied to the analysis of roasted arabica coffee and coffee brew. Journal of Agricultural and Food Chemistry, 50: 449-459.

Bizkarguenaga E, Ros O, Iparraguirre A, Navarro P, Vallejo A, Usobiaga A, Zuloaga O, 2012. Solid-phase extraction combined with large volume injection-programmable temperature vaporization-gas chromatography-mass spectrometry for the multiresidue determination of priority and emerging organic pollutants in wastewater. Journal of Chromatography A, 1247: 104-117.

Blasco C, Fernández M, Picó Y, Font G, 2004. Comparison of solid-phase microextraction and stir bar sorptive extraction for determining six organophosphorus insecticides in honey by liquid chromatography-mass spectrometry. Journal of Chromatography A, 1030: 77-85.

Brossa L, Marcé R M, Borrull F, Pocurull E, 2003. Determination of endocrine-disrupting compounds in water samples by on-line solid-phase extraction-programmed-temperature vaporization- gas chromatography-mass spectrometry. Journal of Chromatography A, 998: 41-50.

Brulik J, Simek Z, de Voogt P, 2013. A new liquid chromatography-tandem mass spectrometry method using atmospheric pressure photo ionization for the simultaneous determination of azaarenes and azaarones in Dutch river sediments. Journal of Chromatography A, 1294: 33-40.

Cai S S, Stevens J, Syage J A, 2012. Ultra high performance liquid chromatography-atmospheric pressure photoionization-mass spectrometry for high-sensitivity analysis of US Environmental Protection Agency sixteen priority pollutant polynuclear aromatic hydrocarbons in oysters. Journal of Chromatography A, 1227: 138-144.

Cai S S, Syage J A, Hanold K A, Balogh M P, 2009. Ultra performance liquid chromatography-atmospheric pressure photoionization-tandem mass spectrometry for high-sensitivity and high-throughput analysis of U.S. Environmental Protection Agency 16 priority pollutants polynuclear aromatic hydrocarbons. Analytical Chemistry, 81: 2123-2128.

Cariou R, Omer E, Léon A, Dervilly-Pinel G, Le Bizec B, 2016. Screening halogenated environmental contaminants in biota based on isotopic pattern and mass defect provided by high resolution mass spectrometry profiling. Analytica Chimica Acta. 936, 130-138.

Casas Ferreira A M, Fernández Laespada M E, Pérez Pavón J L, Moreno Cordero B, 2013. *In situ* derivatization coupled to microextraction by packed sorbent and gas chromatography for the automated determination of haloacetic acids in chlorinated water. Journal of Chromatography A, 1318: 35-42.

Chernetsova E S, Bromirski M, Scheibner O, Morlock G E, 2012. DART-Orbitrap MS: A novel mass spectrometric approach for the identification of phenolic compounds in propolis. Analytical and Bioanalytical Chemistry, 403: 2859-2867.

Chu S, Letcher R J, 2008. Analysis of fluorotelomer alcohols and perfluorinated sulfonamides in biotic samples by liquid chromatography-atmospheric pressure photoionization mass spectrometry. Journal of Chromatography A, 1215: 92-99.

Cody R B, Laramée J A, Durst H D, 2005. Versatile new ion source for the analysis of materials in open air under ambient conditions. Analytical Chemistry, 77: 2297-2302.

Commission Regulation (EU), 2014. EU No 589/2014 of 2 June 2014 laying down methods of sampling and analysis for the control of levels of dioxins, dioxin-like PCBs and non-dioxin-like PCBs in certain foodstuffs and repealing Regulation (EU) No 252/2012 Text with EEA relevance.

Concha-Grana E, Muniategui-Lorenzo S, De Nicola F, Aboal J R, Rey-Asensio A I, Giordano S, Reski R, Lopez-Mahia P, Prada-Rodriguez D, 2015. Matrix solid phase dispersion method for determination of polycyclic aromatic hydrocarbons in moss. Journal of Chromatography A, 1406: 19-26.

Cooper V I, Letcher R J, Dietz R, Sonne C, Wong C S, 2012. Quantification of achiral and chiral methylsulfonyl polychlorinated biphenyl metabolites by column-switching liquid chromatography-atmospheric pressure photoionization-tandem mass spectrometry. Journal of Chromatography A, 1268: 64-73.

Crawford E, Musselman B, 2012. Evaluating a direct swabbing method for screening pesticides on fruit and vegetable surfaces using direct analysis in real time (DART) coupled to an Exactive benchtop Orbitrap mass spectrometer. Analytical BioAnalytical Chemistry, 403: 2807-2812.

Cunliffe A M, Williams P T, 2006. Isomeric analysis of PCDD/PCDF in waste incinerator flyash by

GC-MS/MS. Chemosphere, 62: 1846-1855.

David F, Sandra P, 2007. Stir bar sorptive extraction for trace analysis. Journal of Chromatography A, 1152: 54-69.

De Nicola F, Concha Grana E, Aboal J R, Carballeira A, Fernandez J A, Lopez Mahia P, Prada Rodriguez D, Muniategui Lorenzo S, 2016. PAH detection in Quercus robur leaves and *Pinus pinaster* needles: A fast method for biomonitoring purpose. Talanta, 153: 130-137.

Delgado A, Posada-Ureta O, Olivares M, Vallejo A, Etxebarria N, 2013. Silicone rod extraction followed by liquid desorption-large volume injection-programmable temperature vaporiser-gas chromatography-mass spectrometry for trace analysis of priority organic pollutants in environmental water samples. Talanta, 117: 471-482.

Demeestere K, Dewulf J, De Witte B, Van Langenhove H, 2007. Sample preparation for the analysis of volatile organic compounds in air and water matrices. Journal of Chromatography A, 1153: 130-144.

Eppe G, Focant J-F, Pirard C, Pauw E D, 2004. PTV-LV-GC/MS/MS as screening and complementary method to HRMS for the monitoring of dioxin levels in food and feed. Talanta, 63: 1135-1146.

Erik B, Pat S, Frank D, Carel C, 1999. Stir bar sorptive extraction (SBSE), a novel extraction technique for aqueous samples: Theory and principles. Journal of Microcolumn Separations, 11: 737-747.

Fernandez-Gonzalez V, Concha-Grana E, Muniategui-Lorenzo S, Lopez-Mahia P, Prada-Rodriguez D, 2008a. A multivariate study of the programmed temperature vaporization injection-gas chromatographic-mass spectrometric determination of polycyclic aromatic hydrocarbons Application to marine sediments analysis. Talanta, 74: 1096-1103.

Fernandez-Gonzalez V, Muniategui-Lorenzo S, Lopez-Mahia P, Prada-Rodriguez D, 2008b. Development of a programmed temperature vaporization-gas chromatography-tandem mass spectrometry method for polycyclic aromatic hydrocarbons analysis in biota samples at ultratrace levels. Journal of Chromatography A, 1207: 136-145.

Fushimi A, Hashimoto S, Ieda T, Ochiai N, Takazawa Y, Fujitani Y, Tanabe K, 2012. Thermal desorption - comprehensive two-dimensional gas chromatography coupled with tandem mass spectrometry for determination of trace polycyclic aromatic hydrocarbons and their derivatives. Journal of Chromatography A, 1252: 164-170.

García-Reyes J F, Jackson A U, Molina-Díaz A, Cooks R G, 2009. Desorption electrospray ionization mass spectrometry for trace analysis of agrochemicals in food. Analytical Chemistry, 81: 820-829.

García-Rodríguez D, Carro-Díaz A M, Lorenzo-Ferreira R A, Cela-Torrijos R, 2010. Determination of pesticides in seaweeds by pressurized liquid extraction and programmed temperature vaporization-based large volume injection–gas chromatography–tandem mass spectrometry. Journal of Chromatography A, 1217: 2940-2949.

Garcia-Villalba R, Pacchiarotta T, Carrasco-Pancorbo A, Segura-Carretero A, Fernandez-Gutierrez A, Deelder A M, Mayboroda O A, 2011. Gas chromatography-atmospheric pressure chemical ionization-time of flight mass spectrometry for profiling of phenolic compounds in extra virgin olive oil. Journal of Chromatography A, 1218: 959-971.

Geldenhuys G, Rohwer E R, Naude Y, Forbes P B, 2015. Monitoring of atmospheric gaseous and particulate polycyclic aromatic hydrocarbons in South African platinum mines utilising portable denuder sampling with analysis by thermal desorption-comprehensive gas chromatography-mass spectrometry. Journal of Chromatography A, 1380: 17-28.

Geng D, Jogsten I E, Dunstan J, Hagberg J, Wang T, Ruzzin J, Rabasa-Lhoret R, van Bavel B, 2016. Gas chromatography/atmospheric pressure chemical ionization/mass spectrometry for the analysis of organochlorine pesticides and polychlorinated biphenyls in human serum. Journal of Chromatography A, 1453: 88-98.

Geng D, Kukucka P, Jogsten I E, 2017. Analysis of brominated flame retardants and their derivatives by atmospheric pressure chemical ionization using gas chromatography coupled to tandem quadrupole mass spectrometry. Talanta, 162: 618-624.

Gerbig S, Stern G, Brunn H E, Düring R-A, Spengler B, Schulz S, 2017. Method development towards qualitative and semi-quantitative analysis of multiple pesticides from food surfaces and extracts by desorption electrospray ionization mass spectrometry as a preselective tool for food control. Analytical and Bioanalytical Chemistry, 409: 2107-2117.

Gomez-Rios G A, Gionfriddo E, Poole J, Pawliszyn J, 2017. Ultrafast screening and quantitation of pesticides in food and environmental matrices by solid-phase microextraction-transmission mode (SPME-TM) and direct analysis in real time (DART). Analytical Chemistry, 89: 7240-7248.

Gomez-Ruiz J A, Cordeiro F, Lopez P, Wenzl T, 2009. Optimisation and validation of programmed temperature vaporization (PTV) injection in solvent vent mode for the analysis of the 15+1 EU-priority PAHs by GC-MS. Talanta, 80: 643-650.

González-Piñuela C, Alonso-Salces R M, Andrés A, Ortiz I, Viguri J R, 2006. Validated analytical strategy for the determination of polycyclic aromatic compounds in marine sediments by liquid chromatography coupled with diode-array detection and mass spectrometry. Journal of Chromatography A, 1129: 189-200.

Gramatica P, Cassani S, Sangion A, 2015. PBT assessment and prioritization by PBT index and consensus modeling: Comparison of screening results from structural models. Environment International. 77, 25-34.

Grange A H, 2013. Semi-quantitative analysis of contaminants in soils by direct analysis in real time (DART) mass spectrometry. Rapid Communications in Mass Spectrometry, 27: 305-318.

Gribble GW, 2000. The natural production of organobromine compounds. Environmental Science and Pollution Research, 7: 37-49.

Gross J H, 2014. Direct analysis in real time—A critical review on DART-MS. Analytical and Bioanalytical Chemistry, 406: 63-80.

Guo T, Fang P, Jiang J, Zhang F, Yong W, Liu J, Dong Y, 2016. Rapid screening and quantification of residual pesticides and illegal adulterants in red wine by direct analysis in real time mass spectrometry. Journal of Chromatography A, 1471: 27-33.

Haunschmidt M, Buchberger W, Klampfl C W, Hertsens R, 2011. Identification and semi-quantitative analysis of parabens and UV filters in cosmetic products by direct-analysis-in-real-time mass spectrometry and gas chromatography with mass spectrometric detection. Analytical Methods, 3: 99-104.

Haunschmidt M, Klampfl C W, Buchberger W, Hertsens R, 2010. Determination of organic UV filters in water by stir bar sorptive extraction and direct analysis in real-time mass spectrometry. Analytical and Bioanalytical Chemistry, 397: 269-275.

Henkelmann B B A, Schramm K-W, 2007. Evaluation of PDMS-coated stir bars for the use as passive samplers in the analysis of organochlorine pesticides and polycyclic hydrocarbons in air. Organohalogen Compounds, 69: 718-721.

Ho S S, Yu J Z, Chow J C, Zielinska B, Watson J G, Sit E H, Schauer J J, 2008. Evaluation of an in-injection port thermal desorption-gas chromatography/mass spectrometry method for analysis of non-polar organic compounds in ambient aerosol samples. Journal of Chromatography A, 1200: 217-227.

Huang X, Liu Q, Fu J, Nie Z, Gao K, Jiang G, 2016. Screening of toxic chemicals in a single drop of human whole blood using ordered mesoporous carbon as a mass spectrometry probe. Analytical Chemistry, 88: 4107-4113.

Hutzler C, Luch A, Filser J G, 2011. Analysis of carcinogenic polycyclic aromatic hydrocarbons in complex environmental mixtures by LC-APPI-MS/MS. Analytica Chimica Acta, 702: 218-224.

Itoh N, Aoyagi Y, Yarita T, 2006. Optimization of the dopant for the trace determination of polycyclic aromatic hydrocarbons by liquid chromatography/dopant-assisted atmospheric-pressure photoionization/mass spectrometry. Journal of Chromatography A, 1131: 285-288.

Jobst, K J, Shen L, Reiner E J, Taguchi V Y, Helm P A, McCrindle, R, Backus S, 2013. The use of mass defect plots for the identification of (novel) halogenated contaminants in the environment. Analytical and Bioanalytical Chemistry, 405, 3289-3297.

León V M, Álvarez B, Cobollo M A, Munoz S, Valor I, 2003. Analysis of 35 priority semivolatile compounds in water by stir bar sorptive extraction-thermal desorption-gas chromatography-mass spectrometry I. Method optimisation. Journal of Chromatography A, 999: 91-101.

León V M, Llorca-Pórcel J, Álvarez B, Cobollo M A, Muñoz S, Valor I, 2006. Analysis of 35 priority semivolatile compounds in water by stir bar sorptive extraction-thermal desorption-gas chromatography-mass spectrometry. Analytica Chimica Acta, 558: 261-266.

Li X-M, Zhang Q-H, Wang P, Li Y-M, Jiang G-B, 2011. Determination of polycyclic aromatic hydrocarbons in air by stir bar sorptive extraction-thermal desorption-gas chromatography tandem mass spectrometry. Chinese Journal of Analytical Chemistry, 39: 1641-1646.

Lintelmann J, Franca M H, Hubner E, Matuschek G, 2010. A liquid chromatography-atmospheric pressure photoionization tandem mass spectrometric method for the determination of azaarenes in atmospheric particulate matter. Journal of Chromatography A, 1217: 1636-1646.

Lv S, Niu Y, Zhang J, Shao B, Du Z, 2017. Atmospheric pressure chemical ionization gas chromatography mass spectrometry for the analysis of selected emerging brominated flame retardants in foods. Scientific Reports, 7: 43998.

Mascolo G, Locaputo V, Mininni G. 2010. New perspective on the determination of flame retardants in sewage sludge by using ultrahigh pressure liquid chromatography-tandem mass spectrometry with different ion sources. Journal of Chromatography A, 1217: 4601-4611.

Mercier F, Glorennec P, Blanchard O, Le Bot B, 2012. Analysis of semi-volatile organic compounds in indoor suspended particulate matter by thermal desorption coupled with gas chromatography/mass spectrometry. Journal of Chromatography A, 1254: 107-114.

Monge M E, Fernandez F M, 2015. An introduction to ambient ionization mass spectrometry. Ambient Ionization Mass Spectrometry.

Montero L, Popp P, Paschke A, Pawliszyn J, 2004. Polydimethylsiloxane rod extraction, a novel technique for the determination of organic micropollutants in water samples by thermal desorption-capillary gas chromatography-mass spectrometry. Journal of Chromatography A, 1025: 17-26.

Nah T, Chan M, Leone S R, Wilson K R, 2013. Real time in situ chemical characterization of submicrometer organic particles using direct analysis in real time-mass spectrometry. Analytical Chemistry, 85: 2087-2095.

Newton S, McMahen R, Stoeckel J A, Chislock M, Lindstrom A, Strynar M, 2017. Novel polyfluorinated compounds identified using high resolution mass spectrometry downstream of manufacturing facilities near Decatur, Alabama. Environmental Science & Technology, 51(3), 1544-1552.

Nyholm J R, Grabic R, Arp H P H, Moskeland T, Andersson P L, 2013. Environmental occurrence of emerging and legacy brominated flame retardants near suspected sources in Norway. Science of the Total Environment, 443: 307-314.

Oca M L, Ortiz M C, Herrero A, Sarabia L A, 2013. Optimization of a GC/MS procedure that uses parallel factor analysis for the determination of bisphenols and their diglycidyl ethers after migration from polycarbonate tableware. Talanta, 106: 266-280.

Ochiai N, Ieda T, Sasamoto K, Takazawa Y, Hashimoto S, Fushimi A, Tanabe K, 2011. Stir bar sorptive extraction and comprehensive two-dimensional gas chromatography coupled to high-resolution time-of-flight mass spectrometry for ultra-trace analysis of organochlorine pesticides in river water. Journal of Chromatography A, 1218: 6851-6860.

Organtini K L, Haimovici L, Jobst K J, Reiner E J, Ladak A, Stevens D, Cochran J W, Dorman F L, 2015a. Comparison of atmospheric pressure ionization gas chromatography-triple quadrupole mass spectrometry to traditional high-resolution mass spectrometry for the identification and quantification of halogenated dioxins and furans. Analytical Chemistry, 87: 7902-7908.

Organtini K L, Myers A L, Jobst K J, Reiner E J, Ross B, Ladak A, Mullin L, Stevens D, Dorman F L, 2015b. Quantitative analysis of mixed halogen dioxins and furans in fire debris utilizing atmospheric pressure ionization gas chromatography-triple quadrupole mass spectrometry. Analytical Chemistry, 87: 10368-10377.

Pena M T, Casais M C, Mejuto M C, Cela R, 2010. Development of a sample preparation procedure of sewage sludge samples for the determination of polycyclic aromatic hydrocarbons based on selective pressurized liquid extraction. Journal of Chromatography A, 1217: 425-435.

Peng H, Chen C, Cantin J, Saunders D M V, Sun J, Tang S, Codling, G, Hecker M, Wiseman S, Jones P D, Li A, Rockne K J, Sturchio N C, Giesy J P, 2016. Untargeted screening and distribution of prgano-bromine compounds in sediments of Lake Michigan. Environmental Science & Technology, 50, 321-330.

Peng H, Chen C, Saunders D M V, Sun J, Tang S, Codling G, Hecker M, Wiseman S, Jones P D, Li A, Rockne K J, Giesy J P, 2015. Untargeted Identification of organo-bromine compounds in lake sediments by ultrahigh-resolution mass spectrometry with the data-independent precursor isolation and characteristic fragment method. Analytical Chemistry, 87: 10237-10246.

Perez Pavon J L, del Nogal Sanchez M, Fernandez Laespada M E, Moreno Cordero B, 2008. Determination of aromatic and polycyclic aromatic hydrocarbons in gasoline using programmed temperature vaporization-gas chromatography-mass spectrometry. Journal of Chromatography A, 1202: 196-202.

Portoles T, Garlito B, Nacher-Mestre J, Berntssen M H G, Perez-Sanchez J, 2017. Multi-class determination of undesirables in aquaculture samples by gas chromatography/tandem mass spectrometry with atmospheric pressure chemical ionization: A novel approach for polycyclic aromatic hydrocarbons. Talanta, 172: 109-119.

Portoles T, Rosales L E, Sancho J V, Santos F J, Moyano E, 2015. Gas chromatography-tandem mass spectrometry with atmospheric pressure chemical ionization for fluorotelomer alcohols and perfluorinated sulfonamides determination. Journal of Chromatography A, 1413: 107-116.

Portolés T, Sales C, Gómara B, Sancho J V, Beltrán J, Herrero L, González M J, Hernández F, 2015. Novel analytical approach for brominated flame retardants based on the use of gas chromatography-atmospheric pressure chemical ionization-tandem mass spectrometry with emphasis in highly brominated congeners. Analytical Chemistry, 87: 9892-9899.

Prieto A, Basauri O, Rodil R, Usobiaga A, Fernandez L A, Etxebarria N, Zuloaga O, 2010. Stir-bar sorptive extraction: A view on method optimisation, novel applications, limitations and potential solutions. Journal of Chromatography A, 1217: 2642-2666.

Prieto A, Telleria O, Etxebarria N, Fernandez L A, Usobiaga A, Zuloaga O, 2008. Simultaneous preconcentration of a wide variety of organic pollutants in water samples comparison of stir bar sorptive extraction and membrane-assisted solvent extraction. Journal of Chromatography A, 1214: 1-10.

Prieto A, Zuloaga O, Usobiaga A, Etxebarria N, Fernández L A, 2007. Development of a stir bar sorptive extraction and thermal desorption-gas chromatography-mass spectrometry method for the simultaneous determination of several persistent organic pollutants in water samples. Journal of Chromatography A, 1174: 40-49.

Qu G, Shi J, Wang T, Fu J, Li Z, Wang P, Ruan T, Jiang G, 2011. Identification of tetrabromobisphenol a diallyl ether as an emerging neurotoxicant in environmental samples by bioassay-directed fractionation and HPLC-APCI-MS/MS. Environmental Science & Technology, 45, 5009-5016.

Ramírez N, Cuadras A, Rovira E, Borrull F, Marcé R M, 2010a. Comparative study of solvent extraction and thermal desorption methods for determining a wide range of volatile organic compounds in ambient air. Talanta, 82: 719-727.

Ramírez N, Marcé R M, Borrull F, 2010b. Development of a thermal desorption-gas chromatography-mass spectrometry method for determining personal care products in air. Journal of Chromatography A, 1217: 4430-4438.

Rivera-Austrui J, Martinez K, Abalos M, Sales C, Portoles T, Beltran J, Saulo J, Aristizabal B H, Abad E, 2017. Analysis of polychlorinated dibenzo-*p*-dioxins and dibenzofurans in stack gas emissions by gas chromatography-atmospheric pressure chemical ionization-triple-quadrupole mass spectrometry. Journal of Chromatography A, 1513: 245-249.

Rocca L M, Cecca J, L'Episcopo N, Fabrizi G, 2017. Ambient mass spectrometry: Direct analysis of dimethoate, tebuconazole, and trifloxystrobin on olive and vine leaves by desorption electrospray ionization interface. Journal of Mass Spectrometry, 52: 709-719.

Ross M S, Wong C S, 2010. Comparison of electrospray ionization, atmospheric pressure photoionization, and anion attachment atmospheric pressure photoionization for the analysis of hexabromocyclododecane enantiomers in environmental samples. Journal of Chromatography A, 1217: 7855-7863.

Rowe M D, Perlinger J A, 2009. Gas-phase cleanup method for analysis of trace atmospheric semivolatile organic compounds by thermal desorption from diffusion denuders. Journal of Chromatography A, 1216: 5940-5948.

Ruan T, Wang Y, Zhang Q, Ding L, Wang P, Qu G, Wang C, Wang T, Jiang G, 2010. Trace determination of airborne polyfluorinated iodine alkanes using multisorbent thermal desorption/gas chromatography/high resolution mass spectrometry. Journal of Chromatography A, 1217: 4439-4447.

Schurek J, Vaclavik L, Hooijerink H, Lacina O, Poustka J, Sharman M, Caldow M, Nielen M W F, Hajslova J, 2008. Control of strobilurin fungicides in wheat using direct analysis in real time accurate time-of-flight and desorption electrospray ionization linear ion trap mass spectrometry. Analytical Chemistry, 80: 9567-9575.

Shi L K, Liu Y L, Liu H M, Zhang M M, 2015. One-step solvent extraction followed by liquid chromatography-atmospheric pressure photoionization tandem mass spectrometry for the determination of polycyclic aromatic hydrocarbons in edible oils. Anal BioAnalytical Chemistry, 407: 3605-3616.

Štajnbaher D, Zupančič-Kralj L, 2008. Optimisation of programmable temperature vaporizer- based large volume injection for determination of pesticide residues in fruits and vegetables using gas chromatography-mass spectrometry. Journal of Chromatography A, 1190: 316-326.

Takáts Z, Wiseman J M, Gologan B, Cooks R G, 2004. Mass spectrometry sampling under ambient conditions with desorption electrospray ionization. Science, 306: 471-473.

Tang F, Ni Y, Zhang H, Li Y, Jin J, Wang L, Chen J, 2012. A new cleanup method of dioxins in sediment using large volume injection gas chromatography online coupled with liquid chromatography. Analytica Chimica Acta, 729: 73-79.

Ten Dam G, Pussente I C, Scholl G, Eppe G, Schaechtele A, van Leeuwen S, 2016. The performance of atmospheric pressure gas chromatography-tandem mass spectrometry compared to gas chromatography-high resolution mass spectrometry for the analysis of polychlorinated dioxins and polychlorinated biphenyls in food and feed samples. Journal of Chromatography A, 1477: 76-90.

van Bavel B, Geng D, Cherta L, Nacher-Mestre J, Portoles T, Abalos M, Saulo J, Abad E, Dunstan J, Jones R, Kotz A, Winterhalter H, Malisch R, Traag W, Hagberg J, Jogsten I E, Beltran J, Hernandez F, 2015. Atmospheric-pressure chemical ionization tandem mass spectrometry (APGC/MS/MS) an alternative to high-resolution mass spectrometry (HRGC/HRMS) for the determination of dioxins. Analytical Chemistry, 87: 9047-9053.

Wang J, Liu Q, Gao Y, Wang Y, Guo L, Jiang G, 2015. High-throughput and rapid screening of low-mass hazardous compounds in complex samples. Analytical Chemistry, 87: 6931-6936.

Wang X, Li X, Li Z, Zhang Y, Bai Y, Liu H, 2014. Online coupling of in-tube solid-phase microextraction with direct analysis in real time mass spectrometry for rapid determination of triazine herbicides in water using carbon-nanotubes-incorporated polymer monolith. Analytical Chemistry, 86: 4739-4747.

Weston D J, 2010. Ambient ionization mass spectrometry: current understanding of mechanistic theory; analytical performance and application areas. Analyst, 135: 661-668.

Wu Y, Chang V W, 2012. Development of analysis of volatile polyfluorinated alkyl substances in indoor air using thermal desorption-gas chromatography-mass spectrometry. Journal of Chromatography A, 1238: 114-120.

Yang S, Han J, Huan Y, Cui Y, Zhang X, Chen H, Gu H, 2009. Desorption electrospray ionization tandem mass spectrometry for detection of 24 carcinogenic aromatic amines in textiles. Analytical Chemistry, 81: 6070-6079.

Yu C H, Hu B, 2009. Sol-gel polydimethylsiloxane/poly (vinylalcohol)-coated stir bar sorptive extraction of organophosphorus pesticides in honey and their determination by large volume injection GC. Journal of Separation Science, 32: 147-153.

Yusà V, Pardo O, Pastor A, de la Guardia M, 2006a. Optimization of a microwave-assisted extraction large-volume injection and gas chromatography-ion trap mass spectrometry procedure for the determination of polybrominated diphenyl ethers, polybrominated biphenyls and polychlorinated naphthalenes in sediments. Analytica Chimica Acta, 557: 304-313.

Yusà V, Quintas G, Pardo O, Pastor A, Guardia Mde L, 2006b. Determination of PAHs in airborne particles by accelerated solvent extraction and large-volume injection-gas chromatography- mass spectrometry. Talanta, 69: 807-815.

Zachariasova M, Cajka T, Godula M, Malachova A, Veprikova Z, Hajslova J, 2010. Analysis of multiple mycotoxins in beer employing (ultra)-high-resolution mass spectrometry. Rapid Communications in Mass Spectrometry, 24: 3357-3367.

Zacs D, Bartkevics V, 2015. Analytical capabilities of high performance liquid chromatography-Atmospheric pressure photoionization-orbitrap mass spectrometry (HPLC- APPI-Orbitrap-MS) for the trace determination of novel and emerging flame retardants in fish. Analytica Chimica Acta, 898: 60-72.

Zhao Y, Yang L, Wang Q, 2007. Pulsed large volume injection gas chromatography coupled with electron-capture negative ionization quadrupole mass spectrometry for simultaneous determination of typical halogenated persistent organic pollutants. Journal of the American Society for Mass Spectrometry, 18: 1375-1386.

Zheng J, Shamsi S A, 2006. Capillary electrochromatography coupled to atmospheric pressure photoionization mass spectrometry for methylated benzo[a]pyrene isomers. Analytical Chemistry, 78: 6921-6927.

Zhou S N, Reiner E J, Marvin C, Kolic T, Riddell N, Helm P, Dorman F, Misselwitz M, Brindle I D, 2010. Liquid chromatography-atmospheric pressure photoionization tandem mass spectrometry for analysis of 36 halogenated flame retardants in fish. Journal of Chromatography A, 1217: 633-641.

附录 缩略语（英汉对照）

AED	atomic emission detector，原子发射检测器
AhR	aryl hydrocarbon receptor，芳香烃受体
APCI	atmospheric pressure chemical ionization，大气压化学电离
APPI	atmospheric pressure photoionization，大气压光电离
ASE	accelerated solvent extraction，加速溶剂萃取
BFRs	brominated flame retardants，溴代阻燃剂
CALUX	chemical-activated luciferase gene expression，荧光素酶报告基因
CID	collision induced dissociation，碰撞诱导解离
CPs	chlorinated paraffins，氯化石蜡
DDT	dichlorodiphenyltrichloroethane，滴滴涕
DP	dechlorane plus，得克隆
DRD	dioxin responsive domain，二噁英响应区段
DRE	dioxin responsive element，二噁英响应元件
ECD	electron capture detector，电子捕获检测器
ECF	electro-chemical fluorination，电化学氟化法
ECNI	electron capture negative ionization，电子捕获负电离
EDA	effect-directed analysis，效应导向分析
EEDs	environmental endocrine disruptors，环境内分泌干扰物
ELISA	enzyme-linked immunosorbent assay，酶联免疫吸附测定
EROD	ethoxyresorufin *O*-deethylase，乙氧基异吩噁唑酮-*O*-脱乙基酶
FID	flame ionization detector，氢火焰离子化检测器
FLD	fluorescence detector，荧光检测器
FTOHs	fluorotelomer alcohol，氟调聚物醇
GC	gas chromatography，气相色谱
GC/MS	gas chromatography/mass spectrometry，气相色谱/质谱
GPC	gel permeation chromatography，凝胶渗透色谱
HBCD	hexabromocyclododecane，六溴环十二烷
HCH	hexachlorocyclohexane，六六六
HPLC	high performance liquid chromatography，高效液相色谱
HRGC/HRMS	high-resolution gas chromatography/high-resolution mass spectrometry，高分辨气相色谱/高分辨质谱
HRGC/LRMS	high-resolution gas chromatography/low-resolution mass spectrometry，高分辨气相色谱/低分辨质谱

IDL	instrument detection limit，仪器检测限
LC/MS	liquid chromatography/mass spectrometry，液相色谱/质谱
LCCPs	long-chain chlorinated paraffins，长链氯化石蜡
LD$_{50}$	medium lethal dose，半数致死剂量
LLE	liquid-liquid extraction，液液萃取
LOD	limit of detection，检测限
LVI	large-volume injection，大体积进样
MAE	microwave-assisted extraction，微波辅助萃取
MCCPs	medium-chain chlorinated paraffins，中链氯化石蜡
MDL	method detection limit，方法检测限
MMTV	mouse mammary tumor virus，小鼠乳腺癌病毒
MRM	multiple reaction monitoring，多重反应监测
MS/MS	tandem mass spectrometry，串联质谱
OCI	on-column injection，柱头进样
OCPs	organochlorine pesticides，有机氯农药
PAHs	polycyclic aromatic hydrocarbons，多环芳烃
PAPs	polyfluoroalkyl phosphate esters，多氟烷基磷酸酯
PBDDs	polybrominated dibenzo-*p*-dioxins，多溴代二苯并-对-二噁英
PBDEs	polybrominated diphenyl ethers，多溴二苯醚
PBDFs	polybrominated dibenzofurans，多溴代二苯并呋喃
PCA	principal component analysis，主成分分析
PCBs	polychlorinated biphenyls，多氯联苯
PCDDs	polychlorinated dibenzo-*p*-dioxins，多氯代二苯并-对-二噁英
PCDFs	polychlorinated dibenzofurans，多氯代二苯并呋喃
PFASs	perfluoroalkyl and polyfluoroalkyl substances，全氟及多氟烷基化合物
PFCAs	perfluorinated carboxylic acids，全氟羧酸
PFOS	perfluorooctane sulfonic acid，全氟辛基磺酸
PFPAs	perfluorophosphates，全氟膦酸
PFSAs	perfluoroalkyl sulfonic acids，全氟磺酸
POPs	persistent organic pollutants，持久性有机污染物
POSF	perfluorooctane sulfonyl fluoride，全氟辛基磺酰氟
PTV	programmed-temperature vaporizer，程序升温汽化
QA	quality assurance，质量保证
QC	quality control，质量控制
RRF	relative response factor，相对响应因子
RSD	relative standard deviation，相对标准偏差
SBSE	stir bar sorptive extraction，搅拌子吸附萃取
SCCPs	short-chain chlorinated paraffins，短链氯化石蜡
SE	Soxhlet extraction，索氏提取
SFE	supercritical fluid extraction，超临界流体萃取

SIM	selected ion monitoring，选择离子监测
SPE	solid-phase extraction，固相萃取
SPME	solid-phase micro-extraction，固相微萃取
2,3,7,8-TCDD	2,3,7,8-tecrachorodibenzo-*p*-dioxin，2,3,7,8-四氯代二苯并-对-二噁英
TEF	toxicity equivalency factor，毒性当量因子
TEQ	toxicity equivalency quantity，毒性当量
TOC	total organic carbon，总有机碳
UAE	ultrasonic-assisted extraction，超声辅助萃取

索 引

C

层析柱净化 77
长距离传输 1
超声波萃取 74
持久性 1, 145
串联质谱检测器 137
萃取 25

D

大气压电离气相色谱技术 257
大气压光电离技术 256
大气压化学电离技术 255
大体积进样技术 265
得克隆 5, 217
滴滴涕 101
电化学氟化法 169
电子捕获检测器 6
电子轰击电离源质谱 136
定量 110, 161
定性 89
毒杀芬 4, 124
毒性当量 15
短链氯化石蜡 4
多环芳烃 3, 64
多环芳烃衍生化合物 66
多氯联苯 3, 16
多溴二苯醚 3, 19

E

二噁英 2, 13, 232

F

方法检测限 89
非靶标筛查 192
非靶标筛查分析技术 268

分析检测 6
负化学电离源质谱 136

G

高分辨气相色谱/串联质谱联用法 51
高分辨气相色谱/低分辨质谱联用法 31
高分辨气相色谱/高分辨质谱联用法 21, 34, 112, 119
高效液相色谱 85
高效液相色谱-荧光检测器 86
高效液相色谱-紫外检测器 86
固相萃取 69
光电二极管阵列检测器 86

H

化学分析 6
环氧七氯 104
活化硅胶 115

J

加速溶剂萃取 72
检测方法 81
检测限 89
碱性氧化铝 114
校正曲线 89
净化 74, 107, 115, 150, 210
净化吸附剂 67

K

空白实验 88

L

来源解析 95
离子型 PFASs 169
理化性质 101
硫丹 103

六氯环己烷 101
六溴环十二烷 5, 204
氯代二噁英 13
氯丹 102
氯化石蜡 144

M

酶联免疫吸附测定 8, 233
灭蚁灵 104

N

内标 67
内标法 89
凝胶渗透色谱 78, 107
浓缩 210

Q

七氯 104,
气相色谱 6, 20, 29, 81, 106, 133
气相色谱/质谱联用 20, 109, 135
前处理技术 24
氢火焰离子化检侧器 82
全二维气相色谱 9, 134
全氟及多氟烷基化合物 4, 169

R

热脱附技术 265

S

色谱质谱联用 150
生物传感器检测 8
生物毒性 131
生物富集 1, 125
生物检测 8
实时直接分析 262
双(六氯环戊二烯)环辛烷 217
《斯德哥尔摩公约》 1
索氏萃取 25, 70

T

调聚合成法 170

碳骨架反应气相色谱法 152
提取 106, 147, 210
同类物 133
湍流色谱 190
脱硫净化 76

X

洗脱剂 80
新型 PFASs 172
溴代二噁英 16
选择离子监测 109

Y

样品净化 27, 107, 115
样品前处理 106, 115, 209
样品提取 106
液相色谱 7
液相色谱/质谱法 20, 58
液液萃取 68, 148
仪器分析 20, 108, 210
异构体 206, 218
有机氯农药 4, 100
原位电离质谱 261

Z

在线固相萃取-液相色谱-串联质谱法 189
皂化反应 81
直接电离技术 261
直接电离质谱技术 261
质量保证 88, 109
质量控制 88, 109, 212, 223
质谱 83
致癌性 64
中性 PFASs 169
主成分分析 97

其他

AhR 信号通路 236
ASE 148
CALUX 239
MAE 148

彩　　图

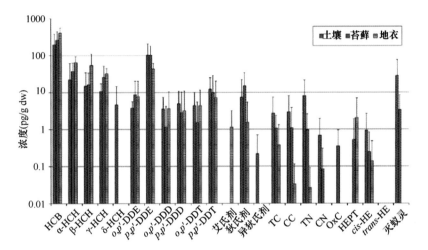

图 4-8　南极土壤、苔藓和地衣样品中 23 种 OCPs 的平均浓度（Zhang et al., 2015）

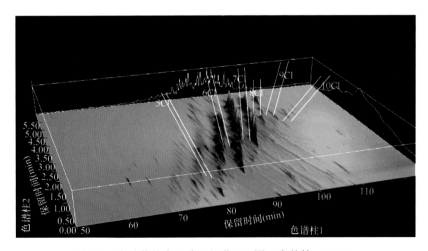

图 5-2　毒杀芬的全二维可视化 3D 图（朱帅等, 2014）

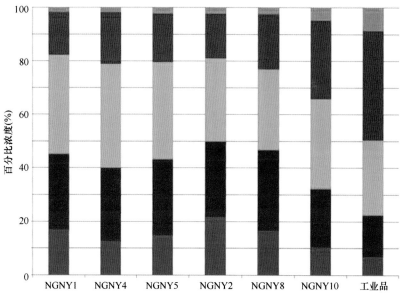

图 5-4 土壤样品中毒杀芬同类物分布特征与工业品毒杀芬的比较

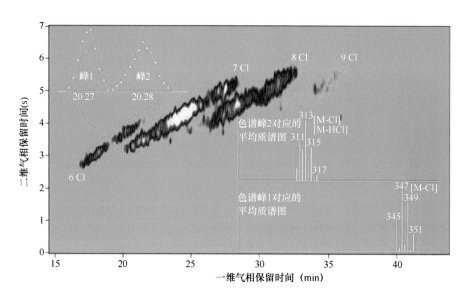

图 6-4 GC×GC-ECNI-qTOF-MS 分析氯代癸烷（65%Cl）（Korytár et al., 2005c）

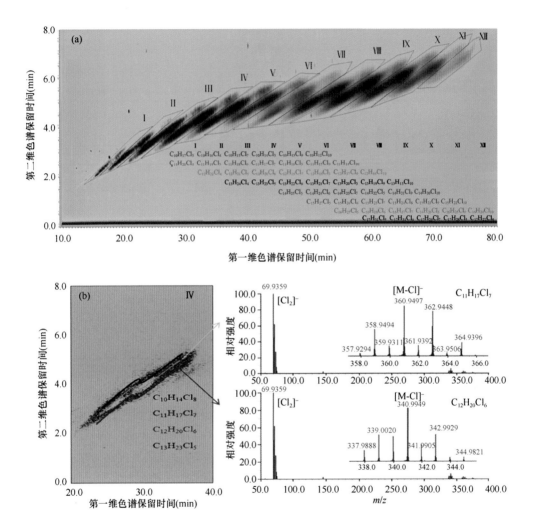

图 6-5 GC×GC-ECNI-HRTOF-MS 分析 SCCPs（51.5%Cl）和 MCCPs（52%Cl）（Xia et al., 2016）

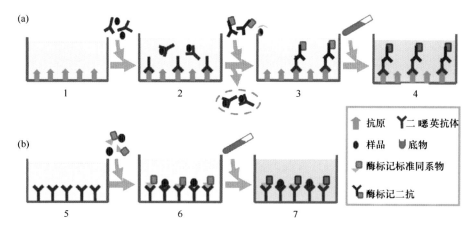

图 9-1 间接竞争法（a）与直接竞争法（b）原理图 ［引自文献（Tian et al.，2012）］

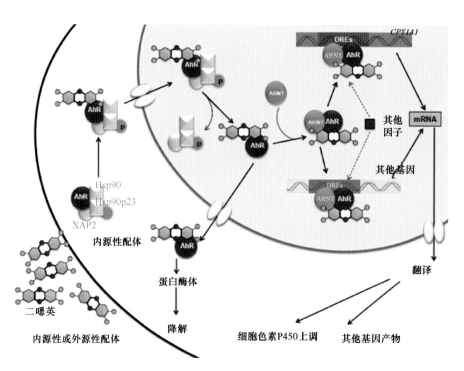

图 9-2 二噁英激活 AhR 信号通路原理图